中国科学技术大学

交叉学科基础物理教程

主编 侯建国 副主编 程福臻 叶邦角

电磁学 第2版

叶邦角 编著

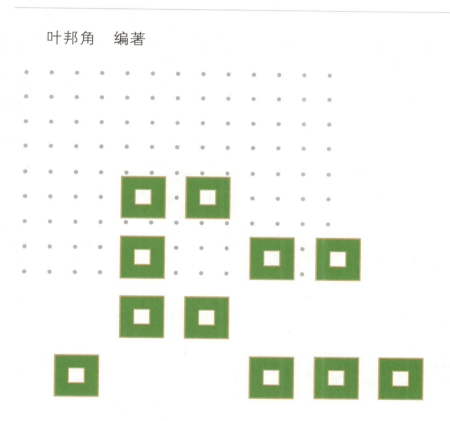

中国科学技术大学出版社

内 容 简 介

　　本书是作者在二十多年教学讲义的基础上,根据交叉学科人才培养的特点,参考国内外不同的物理类和工程技术类所用电磁学教材,同时结合中国科学技术大学学科特色编写而成的。主要内容包括:静电场和静磁场、电场和磁场存在时各种类型材料的电磁特性、稳恒电流场和交变电流场、磁场变化产生电场、麦克斯韦方程组和电磁波。每一章都按电磁学实验发现的脉络,通过理论分析和总结获得电磁基本规律,并紧密结合科学发展的前沿和在各个学科中的应用,最终形成电磁学完整的理论体系,内容力争贴近科学研究和自然界中的实际电磁学问题。书中例题精心挑选,习题适量,既有基本问题,也有综合性的、具有挑战性的问题,其目的是让学生通过解答习题更加精确地理解电磁学基本概念、基本规律,同时使学生在解决实际问题过程中的思维分析能力得到提升。

　　本书可供综合性大学和理工类院校作为普通物理电磁学教材或主要参考书,也可供大专院校物理类教师或中学物理奥林匹克竞赛指导教师参考。

图书在版编目(CIP)数据

电磁学/叶邦角编著.—2版.—合肥:中国科学技术大学出版社,2018.8(2023.6重印)
(中国科学技术大学交叉学科基础物理教程)
中国科学技术大学一流规划教材
安徽省高等学校"十三五"省级规划教材
ISBN 978-7-312-04560-8

Ⅰ. 电… Ⅱ. 叶… Ⅲ. 电磁学—高等学校—教材 Ⅳ. O441

中国版本图书馆 CIP 数据核字(2018)第 198665 号

电磁学
DIANCIXUE

出版	中国科学技术大学出版社
	安徽省合肥市金寨路 96 号,230026
	http://press.ustc.edu.cn
	https://zgkxjsdxcbs.tmall.com
印刷	合肥市宏基印刷有限公司印刷
发行	中国科学技术大学出版社
开本	880 mm×1230 mm　1/16
印张	28.75
字数	678 千
版次	2014 年 8 月第 1 版　2018 年 8 月第 2 版
印次	2023 年 6 月第 7 次印刷
定价	99.00 元

序 ■

物理学从 17 世纪牛顿创立经典力学开始兴起,最初被称为自然哲学,探索的是物质世界普遍而基本的规律,是自然科学的一门基础学科。19 世纪末 20 世纪初,麦克斯韦创立电磁理论,爱因斯坦创立相对论,普朗克、玻尔、海森堡等人创立量子力学,物理学取得了一系列重大进展,在推动其他自然学科发展的同时,也极大地提升了人类利用自然的能力。今天,物理学作为自然科学的基础学科之一,仍然在众多科学与工程领域的突破中、在交叉学科的前沿研究中发挥着重要的作用。

大学的物理课程不仅仅是物理知识的学习与掌握,更是提升学生科学素养的一种基础训练,有助于培养学生的逻辑思维和分析与解决问题的能力,而且这种思维和能力的训练,对学生一生的影响也是潜移默化的。中国科学技术大学始终坚持"基础宽厚实,专业精新活"的教育传统和培养特色,一直以来都把物理和数学作为最重要的通识课程。非物理专业的本科生在一、二年级也要学习基础物理课程,注重在这种数理训练过程中培养学生的逻辑思维、批判意识与科学精神,这也是我校通识教育的主要内容。

结合我校的教育教学改革实践,我们组织编写了这套"中国科学技术大学交叉学科基础物理教程"丛书,将其定位为非物理专业的本科生物理教学用书,力求基本理论严谨、语言生动浅显,使老师好教、学生好学。丛书的特点有:从学生见到的问题入手,引导出科学的思维和实验,再获得基本的规律,重在启发学生的兴趣;注意各块知识的纵向贯通和各门课程的横向联系,避免重复和遗漏,同时与前沿研究相结合,显示学科的发展和开放性;注重培养学生提出新问题、建立模型、解决问题、作合理近似的能力;尽量作好数学与物理的配合,物理上必需的数学内容而数学书上难以安排的部分,则在物理书中予以考虑安排等。

　　这套丛书的编者队伍汇集了中国科学技术大学一批老、中、青骨干教师,其中既有经验丰富的国家级教学名师,也有年富力强的教学骨干,还有活跃在教学一线的青年教师,他们把自己对物理教学的热爱、感悟和心得都融入教材的字里行间。这套丛书从2010年9月立项启动,期间经过编委会多次研讨、广泛征求意见和反复修改完善。在丛书陆续出版之际,我谨向所有参与教材研讨和编写的同志,向所有关心和支持教材编写工作的朋友表示衷心的感谢。

　　教材是学校实践教育理念、达到教学培养目标的基础,好的教材是保证教学质量的第一环节。我们衷心地希望,这套倾注了编者们的心血和汗水的教材,能得到广大师生的喜爱,并让更多的学生受益。

2014年1月于中国科学技术大学

修订说明 ■

　　《电磁学》第 1 版出版至今,综合几所大学使用该教材的老师的意见,对教材做了一些修订:

　　(1) 调整了第 1 章和第 2 章的内容:第 1 章限于静电场及其性质,第 2 章主要是导体和介质存在时的静电场,以及静电场的能量。这样安排更有利于教师的教学习惯。

　　(2) 删除了第 1 版教材中拓展阅读过于详细的部分,但仍保留大部分拓展阅读材料,只是在内容上做了一些压缩。

　　(3) 删除了第 1 版教材中习题部分较难的题目,增加了一些基本题目。

　　在此感谢各位提出意见的老师。

叶邦角

2017 年 11 月 10 日

第 1 版前言　■

　　电磁学是一门实验科学,电磁学的规律经过人类几百年的实验研究,才逐渐形成了一个系统的科学规律体系。电磁学又是一门应用十分广泛的科学,科学研究的各个领域都或多或少地要用到电磁学基本理论。很多在科研上有成就的人回顾大学普通物理,普遍认为电磁学是一门最接近科学研究和实际应用的课程,很多一线的科技工作者最常用到的仍是电磁学中的基本原理。目前高等学校理工科涉及物理学与其他学科交叉的院系的普通物理的教学中,电磁学仍是基本的主干课程,尽管授课内容和学时已经压缩了不少。但是作为交叉科学领域的本科生,通常会遇到两种情况:一是不知道为什么要学习电磁学,也就是不知道学了有什么用;二是电磁学的内容要学多少才合适。编写本书的目的就是希望能解决这两个问题。

　　目前国内外电磁学教材主要有两种类型:第一种主要适用于大学物理院系的本科生,强调电磁学基本规律的发现和电磁理论体系的建立;第二种主要适用于非物理院系的理工科本科生,注重电磁现象的简单规律和少量应用。作为交叉科学领域的电磁学教材,本教材编写的主要宗旨是,既要保持电磁学基本规律的完整性,同时又尽量结合实际应用。本教材的编写原则是:第一要体现交叉,即要把各个学科涉及的电磁现象和应用在本教材中体现出来;第二需要把电磁学基本规律的发现和电磁学理论体系的形成过程尽量做详细介绍,因为这是一个人类发现自然科学规律的妙趣横生和激动人心的历程;第三尽可能地把电磁学中的各个物理概念讲清楚,避免概念学习的"夹生饭"、似是而非;第四是把最基本、最前沿、最有用的东西交待给学生,即要充分考虑到学生学的内容是将来可能有用的;第五是尽量把"场"的概念贯穿在全书中,因为现代物理学中"场"的概念就是从电磁学开始的。在物理内容的选择上,作者主要选择电磁学的最基本规律和最基本应用,同时也在教材中写入一些较新的和现在还在探索的问题,主要是为了整个电磁学知识的系统性并体现电磁学的发展。本教材是一本介于物理类本科生和非物理类本科生之间的教材,物理类和非物理类本科生都可以选择其作为教材和参考书。教学过程中可以根据授课对象而选择相关的内容,有些章节可以让学生自己阅读。

　　本书共分为8章。第1章是电力和电场的基本概念:主要介绍库仑定律、电场强度、高斯定理,以及静电场的电势、电场中的导体。第2章是电势和电场能量:把电势概念放在这一章的主要原因,是电势概念的引进是通过做功和电势能关系,与力学中引进重力势能类似;电容器作为储存电场能量的器件也放在这一章中,而电介质是作为电容器内部的介质而引出的概念,同时极化过程也是与电场相互作用的过程,体现的也是能量的概念;作为应用,还介绍了介观体系的电学特性及生物和医学中的电现象。第3章主要是电流与电路:从前面的静止电荷到本章的运动电荷,逐渐形成电流的概念以及电路的基本方程;除基尔霍夫定律外,本章还介绍了直流电路的另外一些基本规律;作为应用,还介绍了地球的电环境。第4章主要介绍磁力与磁场:从人类对磁现象的认识到磁学基本规律的逐渐发现,一直到磁场概念的引进;由于磁现象的特殊性,磁场的高斯定理和安培环路定律都在本章描述,这样可以加深学生对运动电荷形成电流、电流形成磁场的理解;对带电粒子在磁场中的运动介绍较为详细,此外还专门介绍了天体的磁场与强磁场。第5章主要介绍材料的磁性和磁性材料:主要描述材料在磁场中磁化的基本规律,同时介绍了目前最常见的几种磁性材料,对磁场的测量也做了较为详细的介绍。第6章是电磁感应和磁场能量:从法拉第电磁感应现象的发现到感应线圈,再从感应线圈引出互感与自感概念,再从储能的角度来讨论磁场的能量。第7章是交流电和电力输送:重点介绍交流电路的复数解法,也介绍交流和直流两种输电方式。第8章是对整个电磁学理论体系的总结和提高:从静态的电场和磁场到随时间变化的电场和磁场,再到麦克斯韦方程组;泊松方程和拉普拉斯方程在这章只做简单介绍,同时也介绍解静电场的一种特殊方法——电像法;本章还从麦克斯韦方程组出发导出电磁波方程以及电磁学基本规律;对电路中能量的传输过程描述较为详细。

本书的编写是对基础物理课程教学的一种探索。尽管在内容的难度上要稍微低于物理类电磁学教材,但是其对概念的描述和对电磁现象规律的描述更加详细,更注重交叉和应用;在习题选择上也保持数量不多的特点,但是尽量采用以实际应用为背景的习题,以及将研究中遇到的问题做成习题,难度适中;本书也有收集少量的较难题目供教学中使用。

本书是基于作者在十几年的教学过程中逐渐产生的一种想法而形成的一本教材,在编写过程中得到了中国科学技术大学电磁学教学组各位前辈和老师的帮助与指导,在这里表示感谢。本书能编辑出版,特别要感谢清华大学安宇教授、中山大学黄迺本教授和中国科学技术大学胡友秋教授在评审本书过程中所做的细致的修改工作,并提出了宝贵的修改意见和建议。此外,还要感谢中国科学技术大学2012级物理学院、严济慈班、少年班学院和核科学技术学院的本科生在本教材使用过程中提出的建议和意见。感谢物理学院2013级本科生对本书习题解答做出的贡献。

由于编者水平有限,本书如有错误,敬请读者提出批评和建议。

叶邦角

2013 年 5 月 24 日

目　次

注：带＊的为选讲内容或阅读内容。

绪论 电磁科学的发展及其在近代科学技术中的应用

世界上最大的加速器 CERN-LHC,是电磁科学应用的一部百科全书

0.1 电磁科学体系的建立与"场"理论的诞生

　　法拉第坚信,有力线贯穿于整个空间,而数学家们认为,在这个空间里只有一些超距相互吸引的力心;法拉第认为空间是一种介质,而数学家们认为空间除了距离之外什么也没有;法拉第要寻找这种介质中进行的真实作用现象的活动中心,而数学家们只要发现了加在电流体上的超距作用能够引起电现象就满足了。

　　我提出的理论可以称为电磁场理论,因为这种理论关系到带电体或磁体周围的空间,它也可以称为一种动力学理论,因为它假定在这个空间存在着运动的物质,由此而产生了我们可观察到的电磁现象。

——麦克斯韦《电磁通论》,1873 年

　　物理学主要研究的是物质及其在时空中的运动。更广义地说,物理学是对于大自然的研究分析,其目的是弄明白宇宙的行为。物理学已成为自然科学中最基础的学科之一。可以说物理学是人类对自然界的认识和对自然规律的总结,物理学的历程一直到 19 世纪初期的时候都是以牛顿的物理学思想为基础的,自然界的力、热、电、光、磁逐渐被归结为一系列物质间的相互作用,而这种作用是瞬时的、不需要时间的。

　　1830 年前的物理学的普遍观点是:宇宙空间除了物质以外什么也没有,而没有物质的地方则是一无所有的真空。"真是一无所有吗?"法拉第(M. Faraday,1791－1867)对这种观点产生了怀疑。直觉告诉法拉第,空间不可能除了以超距作用联系着的物质以外,什么东西也没有。法拉第受到电磁感应的启示,在 1838 年提出力线概念,他认为在磁铁周围有一个充满力线的场,感生电流的形成是导体切割力线的结果。他在 1852 年写了一篇论文《论磁力线的物理特征》,详细地介绍了磁力线的性质。这是在物理学历史上第一次有力地向超距作用观念提出了挑战,否定力的相互作用是超距作用的学说,认为电力和磁力是通过电场和磁场传递的,并用电力线和磁力线直观地描述电场和磁场。他认为:力线是物质的,它弥漫在整个空间,并把异号电荷和相异磁极分别连接起来;电力和磁力不是通过空虚空间的超距作用,而是通过电力线和磁力线来传递的,它们是认识电磁现象必不可少的组成部分,甚至它们比产生或"汇集"力线的"源"更富有研究的价值。法拉第的丰硕的实验研究成果以及他的新颖的"场"的观念,为电磁现象的统一理论准备了条件。

麦克斯韦(J. C. Maxwell,1831 – 1879)在剑桥读书期间,在读过法拉第的《电学实验研究》之后,立刻被书中的新颖见解所吸引,他敏锐地领会到了法拉第的"力线"和"场"的概念的重要性。1855 年他发表了第一篇论文《论法拉第的力线》,把法拉第的直观力学图像用数学形式表达了出来。1861 年,麦克斯韦深入分析了变化磁场产生感应电动势的现象,独创性地提出了"涡旋电场"和"位移电流"两个著名假设。这些内容发表在 1862 年的第二篇论文《论物理力线》中。这两个假设已不仅仅是法拉第成果的数学反映,而是对法拉第电磁学做出了实质性的补充和发展。1864 年麦克斯韦发表了第三篇论文《电磁场的动力学理论》,在这篇论文里,他导出了电场与磁场的波动方程,电场和磁场的传播速度正好等于光速。这启发他提出了光的电磁学说,从而进一步认识了光的本质。"光是一种电磁波!"这句话在现在是人人皆知的常识,但在当年却骇人听闻。麦克斯韦只靠数学运算,就做大胆宣言,也难怪当年根本不相信有电磁波的人居多。但他自己却信心满满,当时有人告诉他有关的实验结果不完全成功时,他毫不在意,他坚信他的理论一定是对的。

1873 年,麦克斯韦出版了他的电磁学专著《电磁通论》,全面而系统地总结了电磁学研究的成果,建立了电磁学理论体系,揭示了电荷、电流和电场、磁场之间的普遍联系。《电磁通论》这部巨著与牛顿(I. Newton,1643 – 1727)的《自然哲学的数学原理》交相辉映,成为了经典物理学的重要支柱之一。麦克斯韦给出的电磁场的方程组,使人们认识到一种新型的物理实在——场,以及它与以实物为研究对象的牛顿力学的深刻对立。爱因斯坦(A. Einstein,1879 – 1955)正是基于他对麦克斯韦电磁场理论的协变性的思考提出了相对性原理,1905 年发表了一篇题为《运动物体的电动力学》的论文,宣告相对论的诞生,实现了经典物理理论的协调统一,使麦克斯韦电磁场理论在新的洛伦兹时空变换下具有协变性。爱因斯坦从根本上否定了电磁以太(作为电磁波的假想传播媒质),同时给出了不同的电磁场量在相对论框架下的变换关系。

场和粒子(实物)这两种物质形态的统一应该是所有物质的共性,波粒二象性是 20 世纪发展起来的量子力学理论系统的基础,自然界存在各种各样的场,有光子场(电磁场)、电子场、各种介子场等。各种场处于基态就是真空,而场的激发态表现为粒子,如电磁场的激发态表现为光子,电子场的激发态表现为电子;场的相互作用可以引起场激发态的变化,表现为粒子的各种反应过程。整个物质世界的基本结构就是各种物质对应的各种量子场,物质之间的相互作用归结为场之间的相互作用。

光子作为电磁波的载体,到底是粒子还是波? 科学家们在 300 多年来有各种各样的解释。长久以来,人们都知道光既可以表现出粒子的形式,也可以呈现波动的特征,这取决于实验测定光子的方法,但在此之前,光还从未被发现可以同时表现出这两种状态。2012 年中国科学技术大学李传锋、英国布里斯托大学佩鲁佐（Alberto Peruzzo）、法国尼斯大学凯瑟（Florian Kaiser）等小组对"光子是粒子还是波"进行了细致的实验，证实了实验中光子同时表现得既像一种波又像一种粒子的性质，如图 0.1 所示。

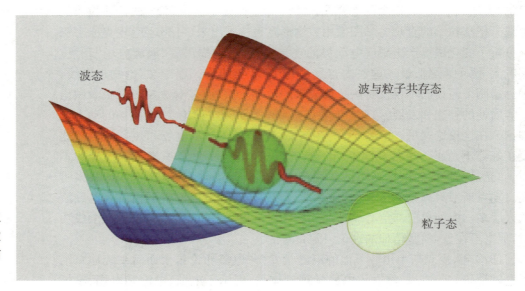

图 0.1　光子既可以表现出粒子态和波态，也同时表现出两者的共存态

近代量子物理认为场是一种更基本的物理实在，基于场这一更基本的物理实在观念发展起来的量子理论，已经成为当今微观物理学发展的基本理论。相对论、量子论以及二者结合产生的量子场论和统一场论的近代物理学革命的主要成果，导致了人类社会对自然界认识的根本改变。

0.2　电磁科学与电气化

法拉第发现电磁感应现象后，英国皇家研究所举办成果展览，英国财政大臣也来参观，看到助手们表演火花放电以娱伦敦民众，不太高兴，便问法拉第："你花了政府这么多钱，就为了表演？"法拉第冷冷地回答了 4 个字："You will tax it!（你会有一天抽它的税!）"

18 世纪 60 年代人类开始了第一次工业革命，并创造了巨大的生产力，人类进入"蒸汽机时代"。100 多年后人类社会生产力发展又有一次重大飞跃，人们把这次变革叫作"第二次工业革命"，而第二次工业革命的科学基础就是电磁科学技术的发展。

1745 年，荷兰莱顿大学教授穆森布洛克（Petrus van Musschenbrock，

1692－1761)发明了储存电能的容器"莱顿瓶";1780 年,意大利波隆大学教授伽伐尼(Luigi Galvani,1737－1798)在对青蛙的实验中发现了"生物电";1793 年,比萨大学教授伏打(Alexandro G. A. A. Volta,1745－1827)发明了"伏打电池产生的电"——这就是最早的电池。雷雨时的闪电、莱顿瓶的火花放电,或伏打电池,电虽然有了,但是消失也太快了,很难获得真正意义上的应用。

1831 年,法拉第发现了电磁感应现象,成为发电机的理论基础,使人们可以制造出真正意义上的现代发电机;法拉第的发现为人类开辟了一条实现新的能源的途径,电力时代的大门由此开启。电力工业起源于 19 世纪后期。1875 年,巴黎北火车站建成世界上第一座火电厂,为附近照明供电。1879 年,美国旧金山实验电厂开始发电,是世界上最早出售电力的电厂。同年,美国人爱迪生(Thomas A. Edison,1847－1931)发明了白炽电灯(以碳化纤维为灯丝)。1880 年,英国和美国建成世界上第一批水电站,1882 年,西屋(George Westinghouse,1846－1914)与特斯拉(Nicola Tesla,1856－1943)制成世界上第一台交流发电机。1896 年,尼亚加拉瀑布水力发电开始。1913 年,全世界的年发电量达 500 亿千瓦·时,电力工业已作为一个独立的工业部门,进入了人类生产生活的各种领域。

图 0.2 纽约夜景图

20 世纪 30 - 40 年代，美国成为电力工业的先进国家，拥有 20 万千瓦的机组 31 台，容量为 30 万千瓦的中型火电厂 9 座。20 世纪 70 年代，电力工业进入以大机组、大电厂、超高压以至特高压输电为特点的新时期。1973 年，瑞士 BBC 公司制造的 130 万千瓦双轴发电机组在美国肯勃兰电厂投入运行。苏联于 1981 年制造并投运世界上容量最大的 120 万千瓦单轴汽轮发电机组。到 1977 年，美国已有 120 座装机容量百万千瓦以上的大型火电厂。

中国的电力工业开始于 1882 年，英国商人在上海设立了电光公司，以后外国资本相继在天津、武汉、广州等地开办了一些电力工业企业。中国资本在 1905 年才开始投资于电力工业，以后虽有一定程度的发展，但增长速度缓慢，到 1949 年全国发电设备容量为 185 万千瓦。而在 1949 年新中国成立之后的半个世纪中，中国的电力工业取得了迅速的发展，平均每年以 10% 以上的速度在增长，到 1998 年全国装机容量已达到 277 GW 以上，跃居世界第二位。2011 年世界各种电力设备总发电量 2.2×10^{12} kW，中国总发电量为 0.47×10^{12} kW，占世界总发电量的 21.3%，位居世界第一位。

电磁科学的发展，直接导致了电力革命，这是继工业革命之后的第二次技术革命，它给人类社会带来了巨大的进步。首先，电力革命再次大大促进了社会生产力的发展；其次，电力革命深刻改变了人类的生活；再次，电力革命使产业结构发生了深刻变化。电力、电子、化学、汽车、航空等一大批技术密集型产业兴起，使生产更加依赖科学技术的进步，技术从机械化时代进入了电气化时代。

0.3　电磁科学与通信

大概 100 万年以前，当非洲的一群猿人从森林下到广袤的大草原，并费力地试图让对方明白彼此吼叫的含义时，他们肯定未曾想到，在 100 万年后，借助现代通信手段，他们后代的一个声音，可以轻而易举地传遍地球的每个角落。

大约 200 年前，我国清朝还使用"烽火"传军情，100 年前出现了电报、电话，再到现代的移动电话、移动互联网和全球导航系统，几百年来人类的通信方式发生了巨大的演变。

电磁学研究的各个阶段一直伴随着各种电磁新技术的不断诞生与发展。1833 年，高斯（C. F. Gauss，1777 - 1855）和韦伯（W. E. Weber，1804 - 1891）就制造出了第一台简陋的单线电报；1837 年，惠斯通（C. Wheatstone，1802 - 1875）和莫尔斯（S. F. B. Morse，1791 - 1872）分别独立发明了电报机，莫尔斯还发明了一套电码,利用他所制造的电报机可通过在移动的纸条上打上点和划来传递信息。1861 年,贝尔(A. G. Bell,1847－1922)发明了电话,后来由爱迪生等人逐步改进。1855 年,汤姆孙(即开尔文)(L. Kelvin,1824－1907)解决了水下电缆信号输送速度慢的问题,1866 年,汤姆孙设计的大西洋电缆铺设成功。

图 0.3　19 世纪末发明的电话机和自动电报记录机

　　德国的赫兹(H. R. Hertz,1857－1894)在麦克斯韦的《电磁通论》发表之时,还只有 16 岁,在导师亥姆霍兹(H. Helmholtz,1821－1894)的影响下,赫兹对电磁学进行了深入的研究,在进行了物理事实的比较后,他确认,麦克斯韦的"场"理论比传统的"超距理论"更令人信服。于是他决定用实验来证实这一点。1886 年开始,赫兹利用电容器放电的振荡性质,设计制作了电磁波源和电磁波检测器,经过反复实验,终于在实验中检测到了电磁波,并于 1887 年 11 月 10日向德国科学院提交了报告证明了电磁波的存在。从 1888 年开始,赫兹又做了一系列关于电磁波和光波类比的实验,表明电磁波也具有折射、衍射、干涉、偏振等一系列物理现象,证明了电磁波具有光波的一切性质。赫兹的实验公布后,轰动了全世界的科学界,由法拉第开创、麦克斯韦总结的电磁场理论,至此取得了决定性的胜利。

　　1895 年,意大利人马可尼(G. Marconi,1874－1937)和俄国人波波夫(Aleksandr Popov,1859－1906)分别实现了无线电信号的传送。1896 年,波波夫又成功地表演了无线电电报的发送,传播距离达到 250 m,传送的第一个电文就是"赫兹"。1896 年,电波已能飞越英吉利海峡(45 英里)。但是要把无线电信号横跨大西洋传送则要难得多,因为当时许多人认为无线电波应该和光一样是直线传播的,而大西洋跨越 3 700 km,这样弯曲的地球表面无论如何也不可能直接传递无线电波。但马可尼从远距离无线电波的成功实现和发射台一端接地的事实出发,坚信有可能使定向电波沿地球表面传播。1900 年,英国建立了一座强大的发射台,成功地接收到了大西洋彼岸的无线电报。实验成功的消息轰动全球,由此诞生了无线电报。从 1903 年开始,从美国向英国《泰晤士报》就用无线电传递新闻,新闻当天即可见报。到了 1909 年,无线电报已经在通信事业上大显身手。在这以后许多国家的军事要塞、海港船舰大都装备有无线电设备,无线电报成为了全球性的事业。

早期的无线电通信,只能限于短距离的符号通信,发展受到限制。1904 年,英国工程师弗莱明(J. A. Fleming,1849-1945)发明了热电子真空二极管,可用来检测无线电信号,有灵敏的检波整流作用。1906 年,美国德福雷斯特(L. de Forest,1873-1961)制成真空三极管,具有放大与控制作用,并可用于产生高频振荡信号,从而代替了电火花发生器和高频交流发电机,成为无线电技术中最基本、最关键的电真空器件,并为无线电技术由长波向短波发展提供了条件。1906 年,美国费森登(R. A. Fessenden,1866-1932)利用 50 kHz 发电机做发射机,用微音器直接串入天线实现调制,首次完成用无线电波从波士顿传送语言和音乐的实验,使大西洋航船上的报务员能够听到,创立了现代意义上的无线电广播。三极管的运用,大大促进了无线电波的发射和接收。第一次世界大战推动了通信技术的发展,随后各种信息的放大器和接收器相继研制成功,使无线电广播与收音机迅速发展。1926 年,美国组成世界上第一个全国广播网。随后,加拿大、澳大利亚、丹麦、苏联、法国、英国、德国、意大利、日本以及墨西哥也都相继建立了无线电台,到 1930 年已经形成全球性的无线电广播系统。

实现了用无线电波传播听觉信号以后,人们又试图用来传播视觉信号,这就需要更高的频率。中短波广播频率一般为 500 kHz,而一般电视频率要几十至几百兆赫,而雷达定位、自动跟踪要求波长更短。光电管、阴极射线管和无线电短波通信等发明为电视、雷达技术准备了条件。1913 年,考恩(A. Korn,1870-1938)第一次用无线电通信从柏林向巴黎传递了画面,但还只是无线电传真的静止图像。到 1918 年,已研制成功波长为 70~150 m 的发射接收设备,到 1930 年以后无线电通信波长已进入 10 m。1923 年,兹沃雷金(V. K. Zvorykin,1889-1982)取得电子显像管专利,到 1933 年又研制成功光电摄像管,至此完成了电视摄像与显像的完全电子化过程,现代电视系统基本成型。至 1939 年 4 月美国无线电公司的全电子电视首先播映,获得巨大成功。

早期无线电通信使用的都是长波,1931 年马可尼开始研究更短波的传递特性,结果于 1932 年在梵蒂冈城和卡斯特尔的波普夏宫之间实现了世界上第一次微波无线电话联系,1935 年又在意大利对雷达原理做了实际表演。20 世纪 40-50 年代产生了传输频带较宽、性能较稳定的微波通信,成为长距离大容量地面无线传输的主要手段,模拟调频传输容量高达几千路,可同时传输高质量的彩色电视,而后逐步进入中容量乃至大容量数字微波传输。80-90 年代发展起来的一整套高速多状态的自适应编码调制解调技术与信号处理及信号检测技术的迅速发展,使卫星通信、移动通信、全数字 HDTV 传输和 GSM 电话迅速发展。通信技术发展至今,已经形成了全球化的信息传输和 GPS 导航定位系统。这个系统是美国从 20 世纪 70 年代开始研制,历时 20 年,耗资 200 亿美元,于 1994 年全面建成,具有在海、陆、空进行全方位实时三维导航与定位能力的新一代卫星导航与定位系统，目前 GPS 已经开放给民间作为定位使用。我国研发的北斗卫星全球定位与通信系统（BDS）从 2012 年 12 月 27 日起向亚太大部分地区正式提供连续无源定位、导航、授时等服务。

　　基于电磁科学发展起来的通信系统，给人类社会带来了前所未有的巨大改变，不仅改变了人类的联络方式，同时也改变了人类社会的经济、政治、军事和文化等所有领域。

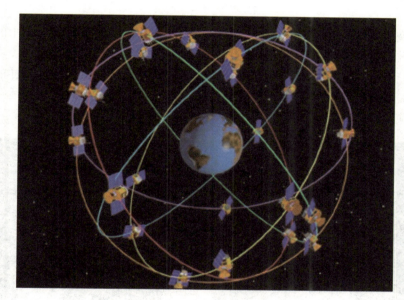

图 0.4　全球通信网

0.4　电磁科学与现代科学和技术

　　《后汉书》中如此记录蔡伦造纸的过程："自古书契多编以竹简，其用缣帛者谓之为纸，缣贵简重，并不便于人，伦乃造意，用树枝、麻头及敝布、渔网以为纸。元兴元年奏上知，帝善其能，自是莫不从用焉，故天下咸称蔡侯纸。"中国古代的四大发明之一——造纸术，改变了人类信息记录的方式，而今天电磁技术的发展使信息记录方式发生了巨大的改变，利用现代磁记录方式，可以在一平方英寸上存储 20 万部《红楼梦》。

　　远在公元前一千多年的商朝，中国就创造了十进制的记数方法。到了周朝，发明了当时最先进的计算工具——算盘。现代计算机只用"0"和"1"，每秒计算速度高达几千万亿次。

电磁学是物理学中最基础的课程之一,是现代科学技术的主要基础之一。电磁学除了在物理学本身的各个基础研究领域中有着广泛的应用外,还与自然科学中的天文学、大气科学、海洋科学、地球物理学、地质学和生物学等学科紧密相关。下面以天文学为例介绍电磁学在自然科学学科研究中的应用。

天文学是研究宇宙空间天体、宇宙结构和宇宙起源的学科。天文学中的课题之一就是研究宇宙中星系的磁结构和磁环境,例如太阳的磁场起源和磁场结构、宇宙空间的磁场和中子星的磁场等等。天文观测需要用到的各种各样的天文望远镜都与电磁学理论和技术紧密相关。各种电磁波波段的天文望远镜开始广泛应用于天文观测,开启了除可见光外电磁波谱的一个新窗口,人类可以

图 0.5 哈勃望远镜

突破地球大气层的阻隔,观察到地球以外天体的紫外线、红外线、X 射线、γ射线等波段的辐射,在不同电磁波段看到的宇宙不同,含有不同的信息,天文学进入了全电磁波段发展的新时代。这些望远镜与空间天文卫星一道,积累了大量的观测资料,发现了活跃星系核、γ 射线暴、X 射线双星、重力透镜、引力波等一大

批宇宙中新的现象。例如,著名的哈勃望远镜就是通过在太空中拍摄电磁波段的红外光谱而获得了宇宙中的各种星系图像。

　　1989 年,美国航天航空局(NASA)发射了宇宙背景探测者卫星(COBE),并在 1990 年测得微波背景辐射余温为 2.726 K,这与大爆炸理论对微波背景辐射所做的预言相符合。2003 年初,威尔金森微波各向异性探测器(WMAP)得到了比 COBE 分辨率更高的微波背景辐射图像,还证实了有一片"中微子海"弥散于整个宇宙等等。

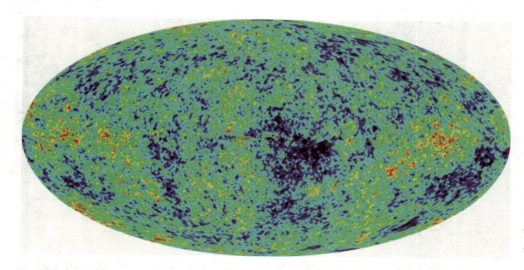

图 0.6　美国 NASA 的 WMAP 太空望远镜拍摄到的宇宙微波背景辐射图像

　　以电磁学为基础发展起来的技术与方法在技术类学科中得到了广泛应用,如与光学工程、仪器科学与技术、材料科学与工程、工程热物理、电气工程、电子科学与技术、信息与通信工程、控制科学与工程、计算机科学与技术、测绘科学与技术、交通运输工程、船舶与海洋工程、航空宇航科学与技术、核科学与技术、生物医学工程等工程技术类学科紧密相关。下面以电子科学技术学科来简单介绍电磁学在该学科中的应用。

　　电子科学技术就是直接在电磁学基础上发展起来的。电子科学技术是一门以应用为主要目的的科学和技术,它主要研究电子的特性和行为、电子器件、电路的设计与制造等实际问题。该学科的发展密切关系到国家微电子、光电子、智能信息、量子信息等前沿领域的发展。电子科学技术包括电磁场与微波技术、微电子学与固体电子学、电路与系统、物理电子学等分支。

　　(1) 微电子与固体电子学是主要研究电子在固体材料中的运动规律及其应用,并利用它实现信号处理功能的科学,是研究在固体材料上构成的微型化电路、电路及系统的电子学分支;它以实现电路的系统和集成为目的。微电子学是研究并实现信息获取、传输、存储、处理和输出的科学,是信息领域的重要基础学科。

图 0.7　集成电路芯片的设计是微电子学科的主要研究对象之一

　　（2）量子电子学是研究利用物质内部量子系统的受激发射来放大或产生相干电磁波的方法及其相应器件的性质和应用的学科。量子电子学的核心器件是微波激射器和激光器，量子电子学目前正在研究和发展单原子晶体管甚至单电子器件。

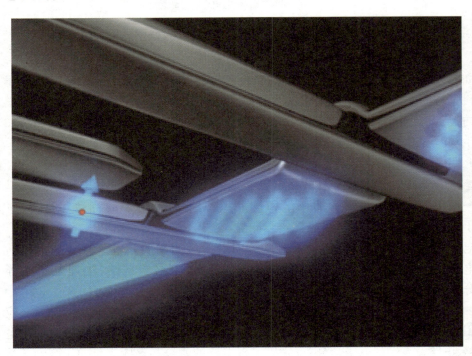

图 0.8　硅单电子晶体管示意图

（3）物理电子学是电子学、近代物理学、光电子学、量子电子学、超导电子学及相关技术的交叉学科，主要在电子工程和信息科学技术领域内进行基础和应用研究；也拓展到了电磁场与微波技术、电路与系统、信息与通信系统等相关学科，如光波与光子技术、信息显示技术与器件、高速光纤通信与光纤网等。物理电子学的另一个重要领域是高能粒子物理、核物理、等离子体物理、激光、天体物理等物理基础与前沿学科中的信息探测与信息处理方法，其特点是时间快、信息量大，是发展大型科学装置中的一个重要的技术支撑学科。

图 0.9　欧洲核子研究中心(CERN)强子对撞机(LHC)中的 ATLAS 探测器

（4）真空电子学是研究带电粒子在真空或气体中运动时与场和物质相互作用的科学和技术。其研究内容涉及相应的器件、仪器和设备，以及相关的原理、材料和技术。带电粒子与电磁场的互作用，电子、离子与表面互作用，电子发射、气体放电和电子光学等方面的理论，是形成真空电子学的理论基础。

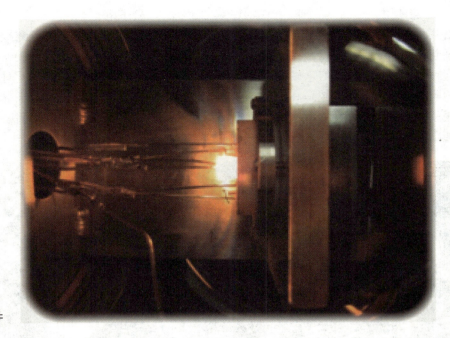

图0.10 太赫兹器件

　　电磁学是一门物理学的基础学科，它给人类带来的科技进步远远超出了原初建立这门学科的物理学大师们的想像。电磁学也是伴随着人类对自然界的认识而不断发展的学科，它正朝着人类对自然界认识的极限迈进。

第 1 章 电力与电场

美丽的闪电是人类认识电的威力的开始

1.1　电力起源

1.1.1　电现象研究简史

　　Electricity(电)这个字的起源来自希腊文的 electron(琥珀)。西晋时期，《博物志》中也有摩擦起电的记载，但是比起磁学来，静电现象的研究要困难得多，因为一直没有找到恰当的方式产生稳定的静电来对静电进行测量。16 世纪是欧洲文艺复兴的鼎盛时期，科学开始萌芽，人们逐渐开始系统地从实验和理论的高度探索电和磁。

　　英国人吉尔伯特(W. Gilbert, 1544 - 1603)是最早研究电磁现象的学者，他认为摩擦后琥珀之间的作用力是不同于磁石之间的作用力的，并称前者为电学，他采用验电针(即绕垂直轴极易转动的金属小针)来检验物体是否是电性体，并把摩擦起电后的物体称为电性体。1660 年，德国人居里克(O. Guericke, 1602 - 1686)发明了摩擦起电机，才有可能对电现象做详细观察和细致研究。1720 年，格雷(S. Gray, 1675 - 1736)研究了电的传导现象，发现了导体与绝缘体的区别，随后他又发现了导体的静电感应现象。1733 年，法国人杜菲(du Fay, 1698 - 1739)经过实验区分出两种电荷，他分别称之为松脂电(即负电)和玻璃电(即正电)，并由此总结出静电作用的基本特性：同性相斥，异性相吸。德国柏林科学院院士埃皮努斯(F. U. T. Aepinus, 1724 - 1802)1759 年对电力做了研究，他在书中假设电荷之间的斥力和吸力随带电物体的距离的减少而增大，于是对静电感应现象做出了更完善的解释。不过，他并没有实际测量电荷间的作用力，因而这只是一种猜测。1760 年，伯努利(D. Bernoulli, 1700 - 1782)首先猜测电力会不会也跟万有引力一样，服从平方反比定律；他的想法显然有一定的代表性，因为在牛顿万有引力定律中力就是与距离平方成反比的。

　　美国著名科学家富兰克林(B. Franklin, 1706 - 1790)进一步对放电现象进行了研究。他发现了尖端放电，发明了避雷针，研究了雷电现象，从莱顿瓶的研究中提出了电荷守恒原理。富兰克林曾观察到放在金属杯中的软木小球完全不受金属杯上电荷的影响，他把这种现象告诉了英国学者普里斯特利(J. Priest-ley, 1733 - 1804)，普里斯特利重做了富兰克林提出的实验，他使空腔金属容器带电，发现其内表面没有电荷，而且金属容器对放于其内部的电荷明显地没有

作用力,普里斯特利在 1767 年的《电学历史和现状及其原始实验》一书中写道:
"难道我们就不可以得出这样的结论:电的吸引与万有引力服从同一定律,即与
距离的平方成反比,因为很容易证明,假如地球是一个球壳,在壳内的物体受到
一边的吸引作用,决不会大于另一边的吸引。"普里斯特利的这一结论不是凭空
想像出来的,因为牛顿早在 1687 年就证明过,如果万有引力服从平方反比定
律,则均匀的物质球壳对壳内物体应无作用。但是,普利斯特利仅仅停留在猜
测上,而没有做深入一步的研究。

　　著名的英国科学家卡文迪什(H. Cavendish,1731 - 1810)在 1777 年向英国
皇家学会的报告中,提出了与普里斯特利相同的推测,但是他的进一步研究成
果没有公开发表,直到他去世后很久,1879 年才由著名的物理学家麦克斯韦整
理、注释出版了他生前的手稿,其中记述了平方反比定律。他还提出每个带电
体周围有"电气",与电场理论很接近,他最早提出了"电势"的概念,并指出导体
上的电势与通过的电流成正比等,这些对静电的发展起到了重要作用。由此可
见,在这个时期,人类逐步把电学的研究推进到定量的、精确的科学范畴,为电
学基本规律的发现奠定了基础。

1.1.2　摩擦起电

　　电学中最基本的概念是电荷。古代人们发现许多物质,如琥珀、玻璃棒、硬
橡胶棒等,经过毛皮或丝绸摩擦后,具有吸引轻小物体的性质(如图 1.1 所示),
便说这些物质带了电荷。任何物体本身都有电荷,只不过很多情况下它们所带
的正负电荷的数量相等。

　　实验表明,用毛皮摩擦过的橡胶棒之间相互排斥;用丝绸摩擦过的玻璃棒
之间也相互排斥;但用毛皮摩擦过的橡胶棒与用丝绸摩擦过的玻璃棒之间则相
互吸引。如图 1.2 所示。

图 1.1　摩擦后的物体可以吸引小纸片

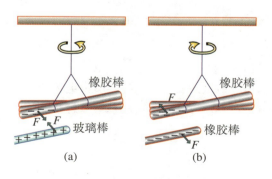

图 1.2　(a) 异种电荷相吸;(b) 同种电荷相斥

　　1747 年,美国科学家富兰克林把在室温下丝绸摩擦过的玻璃棒所带的电荷称为正电荷,毛皮摩擦过的橡胶棒所带的电荷称为负电荷,现在人们都习惯沿用富兰克林的定义,即自然界只有两种电荷:正电荷和负电荷。而事实上正如左和右一样,它们的定义是任意的。

　　摩擦带电是利用机械能使物体带电的一种方式,对摩擦带电本质和机理的研究迄今已有很多论文,虽然各家的结果还不能达成完全一致,但一些基本的结果却是一致的,如摩擦带电是在界面上消耗了功的结果,摩擦会在界面上产生"热点",这样会使温度增加,有利于电荷的转移;摩擦可以增加接触面积等。摩擦带电实验与环境温度、湿度、气压、材料的表面特性等诸多因素有着紧密的关系。

1.1.3　物质结构和电荷

　　1897 年,汤姆孙(J. J. Thomson,1856 - 1940)对气体放电和阴极射线进行了系统研究,并测量了阴极射线粒子的荷质比:

$$\frac{e}{m} \approx 1 \times 10^7 \sim 2 \times 10^7 （电磁单位／克）$$

汤姆孙得出结论:阴极射线是由相同的带电微粒组成的,而这种微粒是一种小粒子,它是各种原子的组成部分。这样汤姆孙发现了电子,并把结果发表在《哲学杂志》上,汤姆孙因此荣获 1906 年诺贝尔物理学奖。

　　1898 年,斯托克斯(G. G. Stokes,1819 - 1903)测量电荷的最小单位是 $e = 5 \times 10^{-10}$ 静电单位(关于静电单位解释见习题 1.2)。1909 - 1913 年间,密立根(R. A. Millikan,1868 - 1953)开展了精确测量电子电荷的工作,用油滴实验通过多次反复测量,测定电荷的最小单位是 $e = 4.774 \times 10^{-10}$ 静电单位,这一结果发表在 1913 年美国《物理评论》杂志上,这一数值被科学家使用了很久。密立根也由此荣获了 1923 年诺贝尔物理学奖。目前,测量电子的电量为 $e = 1.602\,189\,2(46) \times 10^{-19}$ C。

　　电荷是物质的基本属性之一,不存在不依附物质的"单独电荷"。电量就是物体所带电荷的数量。这可以用一些简单的仪器来测量,如验电器、静电计等,其基本原理是利用了同种电荷相互排斥的特性。

　　发现电子后,人们进一步去探索原子的内部结构。1911 年卢瑟福(E. Rutherford,1871 - 1937)提出了原子的核模型;玻尔(N. H. D. Bohr,1885 - 1962)建立了原子的玻尔理论。即自然界的物质都是由原子组成的,原子是由位于原子中心的原子核和围绕着核旋转的一些电子组成的,就像太阳系的行星绕着太阳运行一样。电子的质量为 $9.109\,1\times10^{-31}$ kg,而质子和中子的质量分别是电子的 1 836 倍和 1 839 倍。

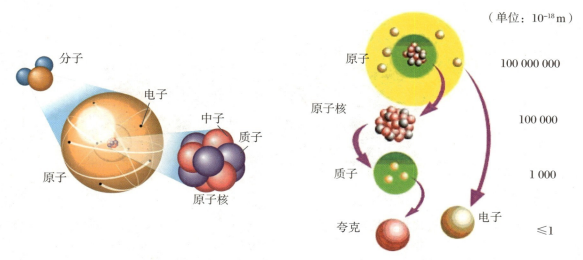

（单位：10^{-18} m）

100 000 000

100 000

1 000

$\leqslant 1$

图 1.3　原子和原子核的结构

　　实验证实,电子的电荷集中在半径小于 10^{-18} m 的小体积内。因此,电子至今仍被当成是一个无内部结构而有有限质量和电荷的"点"。通过高能电子束散射实验测出的质子和中子内部的电荷分布如图 1.4 所示。质子中只有正电荷,都集中在半径约为 10^{-15} m 的体积内。中子虽呈电中性,但内部也有电荷分布,靠近中心为正电荷,靠外为负电荷;正负电荷电量相等,所以对外不显电性。质子和中子是由更小的带分数电荷的夸克组成的,如图 1.5 所示。

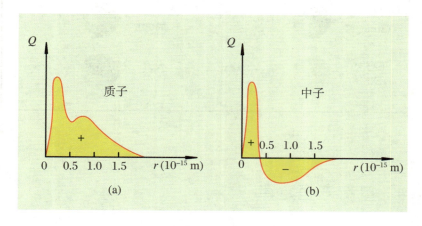

图 1.4　质子和中子内的电荷分布图（$Q=4\pi r^2\rho(r)$ 为单位厚度球壳的电量）

　　可以自由存在的电荷的基本单元就是一个电子所带电量（e）的绝对值。实验证明,在自然界中,电荷总是以一个基本单元的整数倍出现,电荷的这个特性叫作电荷的量子性,即 $Q=Ne$,其中 N 为整数。

　　电荷具有基本单元的概念,最初是根据电解现象中通过溶液的电量和析出物质的质量之间的关系提出的。法拉第和阿伦尼乌斯(S. A. Arrhenius,1859 – 1927)等都为此做过重要贡献。他们的结论是:一个离子的电量只能是一个基本电荷的电量的整数倍。

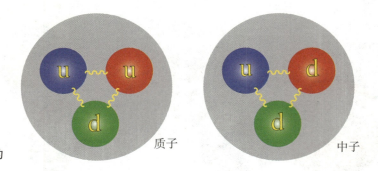

图 1.5　质子和中子是由夸克组成的

微观粒子所带的基元电荷数常叫作它们各自的电荷数,都是正整数或负整数。近代物理从理论上预言基本粒子由若干种夸克或反夸克组成,每一个夸克或反夸克带有 $-e/3$ 或 $+2e/3$ 的电量,如图 1.6 所示。然而至今自由存在的夸克尚未在实验中发现,夸克都是处于囚禁状态。即使发现了自由的夸克,也不过是把基元电荷的大小缩小到目前的 $e/3$,电荷的量子性依然不变。

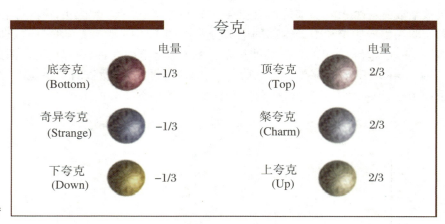

图 1.6　6 种夸克及其所带的电荷

1.1.4　电荷守恒定律

实验指出,对于一个孤立系统,不论发生什么变化,其中所有电荷的代数和永远保持不变,这就是电荷守恒定律。它是自然界的基本定律之一。

如果由于某种原因,物体失去一定量的电子,它就呈现带正电状态;若物体获得一定量过剩的电子,它便呈现带负电状态。物体的带电过程实质上就是使物体失去一定数量的电子或获得一定数量的电子的过程。电荷守恒定律是一切宏观过程和一切微观过程都必须遵循的基本规律,它在所有的惯性系中都成立,而且在不同的惯性系内的观察者对电荷进行测量所得到的量值都相同。换句话说,电荷是一个相对论性不变量。

宏观物体的带电以及物体内的电流等现象实质上是由于微观带电粒子在物体内运动的结果。因此,电荷守恒实际上也就是在各种变化中,系统内粒子的总电荷数守恒。

近代物理实验发现,在一定条件下,带电粒子可以产生和湮没。例如,一个高能光子在一定条件下可以产生一个正电子和一个负电子;一对正负电子可以同时湮没,转化为光子。不过在这些情况下,带电粒子总是成对产生和湮没,两个粒子带电数量相等但正负相反,而光子又不带电,所以电荷的代数和仍然不变。正负电子对产生或正负电子对湮没的过程不仅满足电荷守恒,也满足能量和动量守恒。根据爱因斯坦的质能关系,对两个动能近似为 0 的正负电子,湮灭后产生的每个光子的能量为

$$E = h\nu = m_e c^2 = 0.511 \, \text{MeV}$$

而且发射的 2 个光子满足动量守恒,即 2 个光子成 180° 角的发射。如果正负电子的动能不为 0,发射的 2 个光子的能量要大于电子的静止质量转换的能量,同时 2 个光子之间的发射角度也不是成 180° 角,如图 1.7(a)所示。同理,高能光子进入一个原子核附近,会转换成正负电子对,如图 1.7(b)所示。

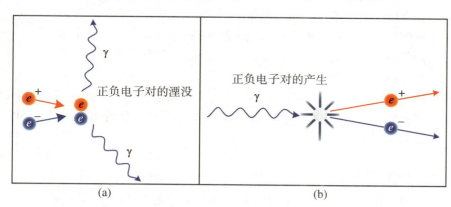

图 1.7　正负电子对的湮没和产生

电荷守恒定律与电荷的量子属性有关。假设 π 介子的电荷等于 $0.73e$,那么,要平衡衰变过程的方程并保持电荷守恒就十分困难。实际上,依据现有的衰变过程的理论,不但在衰变前后,甚至在衰变过程中的每一个中间阶段,电荷都是守恒的。

因此,可以设想单个电荷是一种不可再分割的单位,它只能从一个粒子转移给另一个粒子,而决不会削减下来或者分割开来。

现代的研究表明,电荷守恒定律还与电子的稳定性有关。电子是最轻的带电粒子,它不能衰变。假如电子发生衰变,那一定要违反电荷守恒定律,如果电荷守恒定律基本上有效,而不是完全有效,则电子的寿命将是有限的。1965 年,有人做了一个实验,估计出电子的寿命超过 10^{21} 年(比推测的宇宙年龄还要长得多)。

电子电量的绝对值与质子电量精确相同,这对于宇宙存在的形式是十分重要的。不难设想,如果两者稍有差别,虽然也可以形成稳定的"原子"与"分子",但却是非电中性的。由于电力比引力大 39 个量级,其间的电斥力将超过引力,从而不可能形成星体,各种生命包括人类也就失去了赖以形成的基础。

1.1.5　接触带电和感应带电*

电中性物质带电的主要方式有接触带电和感应带电,当然通过光电效应也可以使电中性物质带电。摩擦带电也是接触带电的一种,这里主要介绍接触带电和感应带电。

1. 接触带电

摩擦带电后的玻璃棒或橡胶棒通过接触金属验电器的顶端,可以使电荷传导到下端的金属箔上,金属箔由于带同种电荷而排斥,分开了一定的角度,根据分开的角度大小可以测量所带的电量值,如图 1.8 所示。

接触带电就是通过接触而带来电荷的转移,电荷从一个物体转移到另一个物体可以借助于 3 种方式:电子的转移、离子的转移和带电荷材料的转移。电荷的转移往往是通过电子的转移。接触带电是一个复杂的微观过程,涉及组成材料的原子体系的能级和表面功函数(从固体中取走一个电子到达真空中必须做的功)等,有人专门做过研究,发现绝缘材料与不同的金属相接触后,其电子的转移过程是不同的。

2. 感应带电

将带电物体移近不带电的导体,可以使导体带电,这种现象叫静电感应;利用静电感应使物体带电,叫感应带电。如图 1.9 所示,两个中性的导体球相互接触,用一个摩擦后的橡胶棒靠近两者,则由于金属中的自由电子被排斥,处于远离的那个导体球上,分开两个球,则左边的球带正电,右边的球带负电,两者的电荷数量相等。图 1.10 是感应带电的另一种方式。

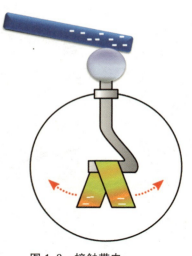

图 1.8　接触带电

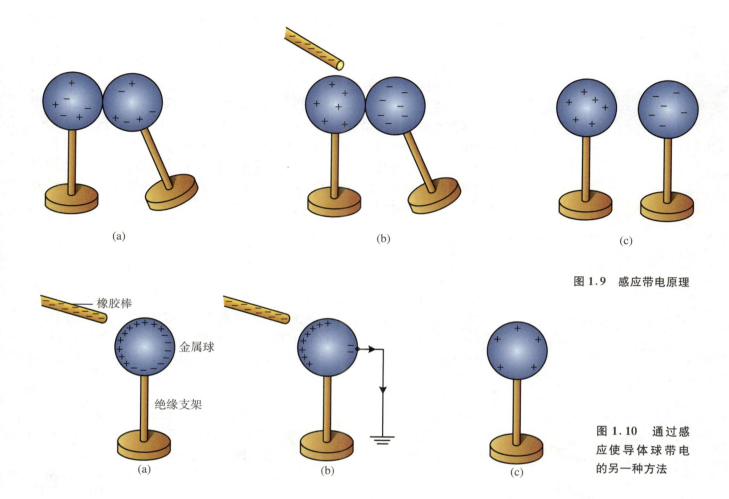

图 1.9　感应带电原理

橡胶棒

金属球

绝缘支架

(a)　　　　　　　　　(b)　　　　　　　　　(c)

图 1.10　通过感应使导体球带电的另一种方法

1.2　库仑定律

1.2.1　库仑定律

1. 库仑定律

　　库仑(C. A. de Coulomb,1736－1806)早年是一名军事工程师,督造了若干年的防御工事。法国大革命时期,库仑辞去一切职务,致力于科学研究。1777

年开始研究静电和磁力问题,1781 年由于有关扭力的论文,他当选为法国科学院院士。在 1784 年送交科学院的一篇论文中,他通过实验确立了决定金属丝的扭力定律,发现这种扭力正比于扭转角度,并指出这种扭力可用来测量 6.48 × 10^{-6} 克重这样小的力。

1785 年,库仑自行设计制作了一台精确的扭秤,测量了电荷之间的相互作用力与其距离的关系,发现了著名的库仑定律。图 1.11 给出了扭秤的构造。库仑做了一系列的实验,对实验结果进行了细致的分析,总结出两个静止点电荷间相互作用力的规律,即库仑定律。库仑定律的主要内容是:同号点电荷之间相互排斥,异号点电荷之间相互吸引;作用力沿两点电荷的连线;力的大小正比于每个点电荷电量;力的大小反比于两点电荷之间距离的平方。用数学公式可表示为

$$\vec{F}_{12} = k\, \frac{q_1 q_2}{r_{12}^2}\, \vec{e}_{12} \tag{1.1}$$

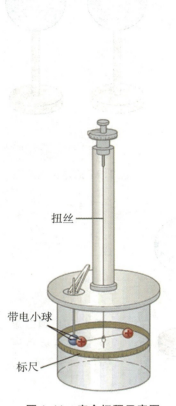

扭丝

带电小球

标尺

图 1.11　库仑扭秤示意图

式中,$\vec{F}_{12}$ 是电荷 2 对电荷 1 的作用力,q_1 和 q_2 是点电荷 1 和点电荷 2 的电量,r_{12} 是两点电荷间的距离,$\vec{e}_{12}$ 是两点电荷间的单位矢量,方向从电荷 2 指向电荷 1,k 是比例系数,在 SI 单位制中写成 $k = 1/4\pi\varepsilon_0$,其中 ε_0 是真空介电常数。

同样,电荷 1 对电荷 2 的作用力 $\vec{F}_{21}$ 和 $\vec{F}_{12}$ 间满足牛顿第三定律,即 $\vec{F}_{12} = -\vec{F}_{21}$。

库仑定律中的比例系数 k 的数值、量纲与单位制的选择有关。在 SI 制中,力的单位是 N(牛顿),电量的单位是 C(库仑);1 C = 1 A·s。其中 A 是 SI 单位制中电流的单位,为安培;s 为时间的单位,为秒。设两个点电荷的电量 $q_1 = q_2 = 1$ C,在真空中相距 $r_{12} = 1$ m,力用 N 量度,这样确定的 k 的值为

$$k = 8.987\,551\,787 \times 10^9\ \text{N} \cdot \text{m}^2 \cdot \text{C}^{-2} \approx 9 \times 10^9\ \text{N} \cdot \text{m}^2 \cdot \text{C}^{-2}$$

由此可以确定 ε_0 的值为

$$\varepsilon_0 = 8.854\,187\,82 \times 10^{-12}\ \text{C}^2 \cdot \text{N}^{-1} \cdot \text{m}^{-2}$$

2. 关于库仑定律的讨论

库仑定律适用于描写点电荷之间的作用力。当一个带电体本身的线度比所研究的问题中涉及的距离小很多时,该带电体的形状与电荷在其上的分布状况均无关紧要,该带电体就可看作一个带电的点,叫点电荷。由此可见,点电荷是一个相对的概念,点电荷是电磁学中一个重要的物理模型。仅当带电体的线度比问题所涉及的距离小多少时,它才能被当作点电荷,这要依问题所要求的精度而定。当在宏观意义上谈论电子、质子等带电粒子时,完全可以把它们视为点电荷。

库仑定律原初的表达式是针对真空中的点电荷,但当研究的两个点电荷周

围有其他带电体存在时,根据力的独立作用原理,两个电荷之间的静电力仍然满足库仑定律。

库仑定律中的点电荷状态原初是指两电荷相对静止,且相对观察者静止。但是这个条件可以放宽成静止源电荷对运动点电荷的作用力,但不能推广到运动点电荷对静止点电荷的作用力。

库仑定律指出两静止电荷间的作用是有心力。力的大小与两电荷间的距离服从平方反比律。我们将看到,静电场的基本性质正是由静电力的这两个基本特性决定的。

库仑定律是一条实验定律。在库仑时代,测量仪器的精度较低(即使在现代,直接用库仑的实验方法,所得结果的精度也不是很高),但是库仑定律中静电力对距离的依赖关系,即平方反比律,却有非常高的精度。要验证平方反比律,可假定力按 $1/r^{2+\delta}$ 变化,然后通过实验求出 δ 的数值。200 多年来,许多科学家进行了电力的平方反比的验证,实验精度也越来越高,测量出与整数 2 的偏差值 δ 也越来越小,1971 年的实验结果是 $\delta < 2 \times 10^{-16}$。

库仑定律给出的平方反比律中,r 值的范围相当大。虽然在库仑的实验中,r 只有若干英寸,但近代物理的实验表明,r 值的数量级大到 10^7 m 而小到 10^{-17} m 的时候,平方反比律仍然成立。实际上,库仑力是长程力,尽管还没有实验直接证明,但理论表明库仑力作用范围还要大得多。

【例 1.1】 氢原子的外层电子与原子核(质子)之间的距离为 0.53×10^{-10} m,比较电子与质子之间的电力与万有引力大小。

【解】 电子与质子之间的库仑力为

$$F_e = \frac{1}{4\pi\varepsilon_0}\frac{q_1 q_2}{r^2} = 9 \times 10^9 \frac{\text{N} \cdot \text{m}^2}{\text{C}^2} \times \frac{(-1.6 \times 10^{-19}\,\text{C})(1.6 \times 10^{-19}\,\text{C})}{(0.53 \times 10^{-10}\,\text{m})^2}$$

$$= -8.2 \times 10^{-8}\,\text{N}$$

负号表示吸引力,这个力对电子来说是一个很大的力,它可以产生一个 9×10^{22} m·s^{-2} 的加速度!

电子与质子之间的万有引力为

$$F_G = G\frac{mM}{r^2}$$

$$= (6.67 \times 10^{-11}\,\text{N} \cdot \text{m}^2 \cdot \text{kg}^{-2})\frac{(9.11 \times 10^{-31}\,\text{kg}) \cdot (1.67 \times 10^{-27}\,\text{kg})}{(0.53 \times 10^{-10}\,\text{m})^2}$$

$$= 3.6 \times 10^{-47}\,\text{N}$$

电力与万有引力大小的比值为

$$\frac{F_e}{F_G} = 2.27 \times 10^{39}$$

可见,万有引力比电力要小 39 个数量级,在微观领域像分子、原子尺度的物理问题中一般不需要考虑原子之间的万有引力,电力是主要的因素。

3. 库仑定律和万有引力的对比

1）电力与引力的比较

电力与引力都遵守平方反比律。电力与距离平方成反比是物理学中最精确的实验定律之一；而引力与距离平方成反比的关系并不精确。例如，对于太阳与行星之间的引力作用势能，按照爱因斯坦的广义相对论，应修正为

$$U = -\frac{GmM}{r} - \frac{3v^2 GmM}{2c^2 r} + \cdots$$

式中，m 是行星质量，M 是太阳质量，r 是它们的距离，v 是行星的速度，G 是万有引力常量，c 是真空中的光速。上式右边第一项是牛顿万有引力定律的结果，称为牛顿项，右边第二项则是广义相对论带来的修正，称为后牛顿项。该式表明，太阳与行星之间的引力不仅与距离有关，还与速度有关。因 $\frac{v^2}{c^2} \approx \frac{GM}{c^2 R}$ $\approx 10^{-6}$，R 为太阳半径，后牛顿项与牛顿项相比，是一个很小的修正。

电磁力和万有引力是自然界的两种基本力。电磁力在这里即为电力，它与万有引力一样是自然界的两种基本力，也是宇宙宏观世界的两种基本力。它们都是长程力，决定着我们宏观宇宙存在的形式。万有引力是自然界四大相互作用力中作用强度最弱的力，与电磁力相比，仅为电磁力的 10^{-39} 倍。

2）电荷与质量的对比

电荷或电量作为电磁学中引入的第一个基本概念，具有重要的地位和意义，它的地位与力学中的质量十分相似。电荷与质量有不少相同或类似之处。

（1）电荷和质量都是物质的基本属性。电力与两点电荷电量乘积成正比。同样，引力质量是为了描述物体之间"万有引力作用而引入的，并通过万有引力与两质点引力质量乘积成正比的定义来确定它的大小"。所以，电量在库仑定律中的地位与引力质量在万有引力定律中的地位相当。

（2）电荷和质量遵循各自的守恒定律。对于一个孤立系统，不论其中发生什么变化，其中所有电荷的代数和永远保持不变。这就是电荷守恒定律，它是物理学最基本的定律之一。同样，孤立系统的质量-能量守恒也是物理学最基本的定律之一。

（3）质量只有一种，万有引力总是使物体彼此吸引；电荷则有正和负两种，同种相斥，异种相吸。正是这一重要区别，使电力可以屏蔽，而引力则无从屏蔽。

（4）质量有相对论效应，电荷无相对论效应。爱因斯坦的狭义相对论给出 $m = m_0 / \sqrt{1 - v^2/c^2}$，式中 m_0 和 m 分别是静止质量和速度为 v 时的质量。即质量的大小随速度变化，这种变化在速度 v 与真空中光速 c 可相比拟时十分显著。这就是质量的相对论效应。与此不同，电子、质子以及一切带电体的电

量都不会因运动而变化,即电量是一个相对论不变量,不存在相对论效应。这
是电荷与质量的又一重要区别。

1.2.2　叠加原理

当空间存在两个以上的静止点电荷时,任意两个点电荷间都存在相互作
用。实验指出,两个点电荷间的作用力不因第三个电荷的存在而改变。不管一
个体系中存在多少个点电荷,每一对点电荷之间的作用力都服从库仑定律,而
任一点电荷所受到的力都等于所有其他点电荷单独作用于该点电荷的库仑力
的矢量和,这一结论称为叠加原理。

设有 n 个点电荷组成的体系,第 j 个点电荷对第 i 个点电荷的作用力为
$\vec{F}_{ij}$,r_{ij} 为 q_i 与 q_j 间的距离,$\vec{e}_{ij}$ 为从 q_j 指向 q_i 方向的单位矢量,如图 1.12 所示,
根据叠加原理,q_i 受到的合力为

$$\vec{F}_i = \sum_{\substack{j=1 \\ j \neq i}}^{n} \frac{q_i q_j}{4\pi\varepsilon_0 r_{ij}^2} \vec{e}_{ij} \tag{1.2}$$

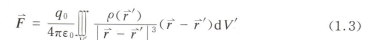

**图 1.12　点电荷体系之间的
库仑力**

如果是静止的带电体系,则设想把带电体分割为许多称为"电荷元"的小部
分,在分析它们各自对点电荷 q_0 的作用时,均可当作点电荷处理。这样,整个带
电体就与点电荷系统等效。为求出各个电荷元的电量,需要引入电荷密度的概
念。定义单位体积的电量为电荷的体密度,即 $\rho = \dfrac{\Delta q}{\Delta V}$,利用叠加原理,就出可
以求出体带电体对点电荷 q_0 的作用力为

$$\vec{F} = \frac{q_0}{4\pi\varepsilon_0} \iiint\limits_{V'} \frac{\rho(\vec{r}')}{|\vec{r} - \vec{r}'|^3} (\vec{r} - \vec{r}') \mathrm{d}V' \tag{1.3}$$

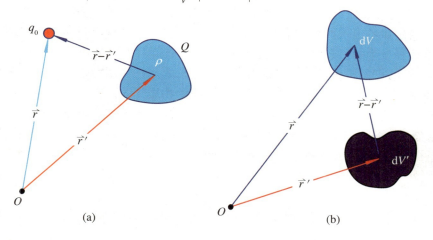

**图 1.13　点电荷与带电体之间的库
仑力(a)和带电体之间的作用力(b)**

同理，一个静止的带电体 V' 对另一个静止的带电体 V 的作用力为

$$\vec{F} = \frac{1}{4\pi\varepsilon_0}\iiint\limits_{V}\iiint\limits_{V'}\frac{\rho(\vec{r})\rho'(\vec{r}')}{|\vec{r}-\vec{r}'|^3}(\vec{r}-\vec{r}')\mathrm{d}V\mathrm{d}V' \tag{1.4}$$

类似地，读者可以自行写出面分布电荷之间的作用力和线分布电荷之间的作用力。

1.3 电场强度

1.3.1 电场

1. 相互作用的传递

对物体间的作用，物理学史上存在着两种作用的争论。

1) 超距作用

力相互作用不需要任何媒介，也不需要时间的传递。1686 年，牛顿发表了万有引力定律，似乎支持超距作用的观点，但牛顿本人并不支持超距作用。在力学发展初期，由于并没有找到近距作用的媒介，同时用万有引力解释太阳系获得巨大的成功，使得超距作用大行其道，数学家拉格朗日（J. L. Lagrange，1736－1813）、拉普拉斯（P. S. Laplace，1749－1827）和泊松（S. D. Poisson，1781－1840）等发展起来的简洁优美的势论，更加有利地支持了超距作用论。

库仑定律给出了两个静止电荷间的相互作用力，但没有说明这种作用是通过什么途径发生的。超距作用的观点认为一个电荷对另一电荷的作用无需经中间物传递，即超距作用的观点认为带电体之间的相互作用力是以无限大速度在两物体间直接传递的，与存在于两物体之间的物质无关。因此持有超距作用观点的人认为带电体之间的相互作用无需传递时间，也不承认电场是传递相互作用的客观物质。超距作用的观点反映了人类认识客观事物的局限（因为在静电学的研究范围内，超距作用与近距作用两种观点等价）。

2) 近距作用

力相互作用要通过接触或媒介，作用需要时间。近距作用的媒介最初被认

为是"以太"。直到法拉第提出了力线和场的概念,以及后来的麦克斯韦建立了近距作用的电磁理论并得到实验证实之后,这种状况才得以改变。1881 年,迈克耳孙(A. B. Michelson,1852 – 1931)设计了一个精密的实验来测量"以太"相对于地球的"以太风",得到"零"的结果;1887 年,他与莫雷(E. Morley,1838 – 1923)合作,重新实验,仍得到"零"的结果,否定了以太的存在。

2. 场的提出,法拉第的力线思想

法拉第是英国伟大的物理学家和化学家,是一位有深刻物理思想的实验物理学家。在电磁学领域,法拉第对电磁现象进行了广泛深入的实验研究,对电磁作用提出了近距作用的物理解释,做出了许多卓越的贡献,其中最重要的是提出了力线的概念和发现了电磁感应现象。法拉第是电磁场概念的创始者和奠基者,他的工作为麦克斯韦建立电磁场理论奠定了基础。

法拉第近距作用观点中的场论思想更多的是用力线语言表达的,因此也被称为力线思想。它具有鲜明的实践来源。近距作用观点中场的思想的确立开始了牛顿以来物理学最伟大的变革。麦克斯韦在法拉第的基础上发展了场论思想,建立了麦克斯韦方程,奠定了经典电动力学的理论基础。

3. 电场

近代物理的发展证明,超距作用的观点是错误的,近距作用的观点才是正确的。电力(磁力也是这样)虽然以极快的速度传递,但该速度仍然有限。在真空中,它的速度就是真空中的光速 c,即

$$c = 2.997\,924\,58 \times 10^8 \text{ m} \cdot \text{s}^{-1} \approx 3 \times 10^8 \text{ m} \cdot \text{s}^{-1}$$

电力(磁力)通过电场(磁场)传递。凡是有电荷的地方,周围就存在电场,即电荷在自己的周围产生电场或激发电场,电场对处在场内的其他电荷有力作用。电荷受到电场的作用力仅由该电荷所在处的电场决定,与其他地方的电场无关,这就是场的观点。

然而,在电场随时间变化的情况下,例如当场源运动时,两种观点的区别就显示出来了。设两点电荷的电量分别为 q_1 和 q_2,在某一时刻 t,它们的距离为 r,这时,q_2 对 q_1 有一定的作用力,若 q_2 突然改变位置,使两电荷的距离发生变化,按超距作用的观点,所受到的作用应同时变化。但按场的观点,当 q_2 位置变化时,q_1 受到的作用力并不立即变化。因为 q_2 在新位置产生的场将以有限的速度 c 向 q_1 传播,经过一定的时间 Δt 之后,当 q_1 所在处的场发生变化时,受到的作用力才变化。所以,q_2 对 q_1 作用力的变化要比 q_2 位置的变化推迟一定时间 Δt。实验结果证明场的观点是正确的。

以后我们还将看到,电场和磁场与实物(由原子或分子构成的物质)一样,具有动量和能量,服从一定的运动规律,它们可以脱离电荷和电流单独存在。

与物质的实物形式一样，电磁场也是物质的一种形式。

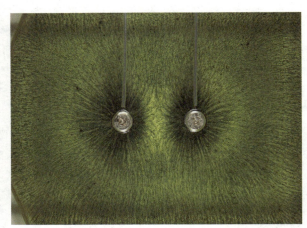

图 1.14 水池中的细草梢在电荷周围显示出场线的分布图

1.3.2 电场强度

静止电荷产生的电场称为静电场，静电场对其他静止电荷的作用力就是静电力。当然电场并不限于静电场，凡对静止电荷有作用力的场都是电场。

为定量研究电场，我们引入试探点电荷的概念。试探点电荷既要电量充分小，以免改变被研究物体的电荷或电场分布；其线度也要充分小，即近似为点电荷。

设试探点电荷在 $\vec{r}$ 处受到的电场力为 $\vec{F}_0$，则 $\vec{F}_0$ 应正比于 $\vec{r}$ 处的电场强度 $\vec{E}(r)$，即

$$\vec{F}_0 = q_0 \vec{E}(r)$$

则有

$$\vec{E}(r) = \frac{\vec{F}_0}{q_0} \tag{1.5}$$

$\vec{E}(r)$ 是与试探点电荷无关的物理量，反映了 $\vec{r}$ 处电场的强度与取向；$\vec{E}(r)$ 称为 $\vec{r}$ 处的电场强度。即：电场内任意一点的电场强度在数值上等于一个单位电量的电荷在该点受到的作用力，电场强度的方向与正电荷在该点受力的方向相同。

电场强度 $\vec{E}(r)$ 是空间坐标的矢量函数，是矢量场，简称为电场。电场就是带电体周围产生的一种物质，在电场分布空间的任一点，电荷都会受到具有一定大小、方向的作用力。

电场强度 E 的单位为 $\mathrm{N \cdot C^{-1}}$,它与实际测量中更为常用的电场强度单位 $\mathrm{V \cdot m^{-1}}$ 等效。

点电荷 q 的位置为坐标原点,在 $\vec{r}$ 处产生的电场强度为

$$\vec{E} = \frac{1}{4\pi\varepsilon_0} \frac{q}{r^2} \vec{e}_r \tag{1.6}$$

点电荷产生的电场的特点是:球对称;方向从源电荷指向场点,如图 1.15 所示;负源电荷场强方向与正电荷方向相反。

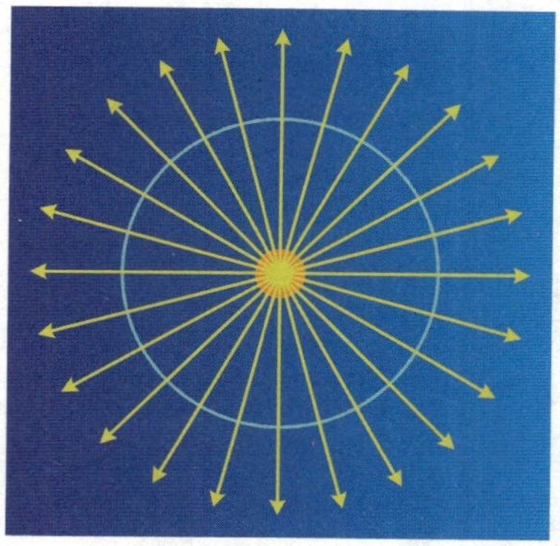

电场强度是矢量,根据力的叠加原理,可以得到电场也满足叠加原理,空间点电荷体系产生的电场强度为

$$\vec{E}(r) = \sum_i \vec{E}_i(r) = \sum_i \frac{1}{4\pi\varepsilon_0} \frac{q_i}{|\vec{r} - \vec{r}_i|^3} (\vec{r} - \vec{r}_i) \tag{1.7}$$

式中,$\vec{r}$ 为所求场点的矢径,$\vec{r}_i$ 是第 i 个电荷的矢径。

对带电体在空间产生的电场强度,可以把带电体分割成无数个点电荷,则电荷元 $\mathrm{d}q$ 产生的电场强度为

$$\mathrm{d}\vec{E}(r) = \frac{\mathrm{d}q}{4\pi\varepsilon_0 |\vec{r} - \vec{r}'|^3} (\vec{r} - \vec{r}') \tag{1.8}$$

图 1.15　点电荷的电场

式中,$\vec{r}'$ 为带电体内任一点的矢径,则带电体在空间的电场强度为

$$\vec{E}(r) = \frac{1}{4\pi\varepsilon_0} \iiint\limits_V \frac{\rho(\vec{r}')}{|\vec{r} - \vec{r}'|^3} (\vec{r} - \vec{r}') \mathrm{d}V' \tag{1.9}$$

求电场强度时,由于电场强度是矢量,这是一个矢量积分,可以化矢量积分为标量积分。

各种带电体产生的电场强度差别很大,在自然界和日常生活中,一些典型的电场强度数值如表 1.1 所示。

表 1.1　一些典型的电场强度数值

地　点	电场强度($\mathrm{N \cdot C^{-1}}$)	地　点	电场强度($\mathrm{N \cdot C^{-1}}$)
铀核表面	2×10^{21}	雷达发射机边	7×10^3
中子星表面	10^{14}	太阳光内(平均)	1×10^3
氢原子电子内轨道处	6×10^{11}	晴天大气中(地面)	1×10^2
X 射线管内	5×10^6	小型激光光束内	1×10^2
空气击穿电场强度	3×10^6	日光灯管内	10
范德格拉夫静电加速器内	2×10^6	无线电波内	10^{-1}
电视机内的电子枪	10^5	家用电路线内	3×10^{-2}
闪电内	10^4	宇宙射线本底(平均)	3×10^{-6}

氢分子中,两个质子之间分开的距离大约为 0.07 nm,那么一个质子在另一个质子所在处产生的电场强度大小为

$$E = \frac{1.602 \times 10^{-19}}{4\pi \times 8.854 \times 10^{-12} \times 0.004\,9 \times 10^{-18}} \approx 2.9 \times 10^{11} (\text{N} \cdot \text{C}^{-1})$$

这个值远远超过任何在原子线度更大的体系所能得到的电场值,并说明在原子和分子等微观领域,静电场的值是巨大的。

【例 1.2】1903 年,英国物理学家汤姆孙提出"果子面包"型的原子模型,即原子内的正电荷和负电荷均匀分布在半径约为 1.0×10^{-10} m 的球体内。1911 年,卢瑟福根据用 α 粒子轰击金箔实验结果提出原子内的正电荷应该集中在很小的范围内(约 10^{-15} m),电子则在核外运动,请计算金原子($Z = 79$,金核半径为 $r = 6.9 \times 10^{-15}$ m)在两种模型下正电荷在核表面产生的电场。

【解】假定金核内正电荷均匀分布在 1.0×10^{-10} m 的球体内,则核表面的电场为

$$E = \frac{Ze}{4\pi\varepsilon_0 r^2} = \frac{9.0 \times 10^9 \times 79 \times 1.6 \times 10^{-19}}{(1.0 \times 10^{-10})^2} = 1.1 \times 10^{13} (\text{V} \cdot \text{m}^{-1})$$

按照卢瑟福模型,正电荷分布在原子核半径为 $r = 6.9 \times 10^{-15}$ m 的球内,则核表面的电场为

$$E = \frac{Ze}{4\pi\varepsilon_0 r^2} = \frac{9.0 \times 10^9 \times 79 \times 1.6 \times 10^{-19}}{(6.9 \times 10^{-15})^2} = 2.4 \times 10^{21} (\text{V} \cdot \text{m}^{-1})$$

可见,两种模型电场相差 10^8 量级。事实上,卢瑟福就是根据 α 粒子轰击金箔实验发现有大角度的 α 粒子散射而提出原子的有核模型的。

【例 1.3】求电偶极子的电场分布。电偶极子即电量相等、符号相反、相隔某一微小距离 l 的两点电荷组成的系统,求在其中垂面、延长线和空间任一点的电场强度,如例 1.3 图所示。

【解】取直角坐标系 XOY,O 为电偶极子的中点,OY 轴过 A 点,OA 距离为 r,E_- 和 E_+ 分别是 $-q$ 和 $+q$ 在 A 点产生的电场强度。由几何关系有

$$E_+ = E_- = \frac{1}{4\pi\varepsilon_0} \frac{q}{r^2 + \left(\frac{l}{2}\right)^2}$$

$$E_y = E_{+y} + E_{-y} = 0$$

$$E_x = E_{+x} + E_{-x} = -2E_+ \cos\theta$$

$$= -2E_+ \frac{l/2}{\left(r^2 + \frac{l^2}{4}\right)^{1/2}} = -\frac{1}{4\pi\varepsilon_0} \frac{ql}{\left(r^2 + \frac{l^2}{4}\right)^{3/2}}$$

当 $r \gg l$ 时,有

$$E_\perp \approx -\frac{1}{4\pi\varepsilon_0} \frac{ql}{r^3}$$

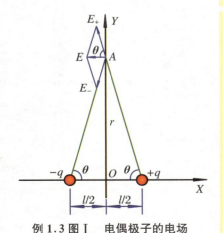

例 1.3 图 Ⅰ 电偶极子的电场

定义 $\vec{p}$ 为电偶极矩，$\vec{p} = q\vec{l}$，其方向由 $-q$ 指向 $+q$，故中轴线上 A 点的电场强度为

$$\vec{E}_\perp = -\frac{1}{4\pi\varepsilon_0}\frac{\vec{p}}{r^3}$$

若 A 点在电偶极子的延长线上，正负电荷产生的场强为

$$E_+ = \frac{1}{4\pi\varepsilon_0}\frac{q}{\left(r-\dfrac{l}{2}\right)^2},\quad E_- = \frac{1}{4\pi\varepsilon_0}\frac{q}{\left(r+\dfrac{l}{2}\right)^2}$$

对 $r \gg l$，有

$$\left(r\pm\frac{l}{2}\right)^{-2} \approx r^{-2}\left(1\mp\frac{l}{r}\right)$$

注意到 $\vec{p}$ 的方向，有

$$\vec{E}_{/\!/} = \frac{1}{4\pi\varepsilon_0}\frac{2\vec{p}}{r^3}$$

考察场中任一点 A，坐标为 (r,θ)，把电偶极子分解成平行分量 $p_{/\!/}$ 和垂直分量 $p_\perp$，有

$$p_{/\!/} = p\cos\theta$$
$$p_\perp = p\sin\theta$$

于是 A 点的场强可以看成由两个电偶极子的叠加而成，由以上结果有

$$E_{/\!/} = \frac{1}{4\pi\varepsilon_0}\frac{2p\cos\theta}{r^3},\quad E_\perp = -\frac{1}{4\pi\varepsilon_0}\frac{p\sin\theta}{r^3}$$

总电场强度为

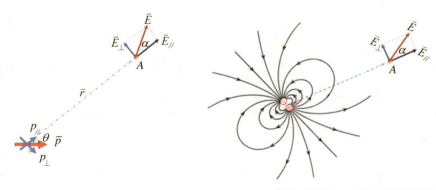

例 1.3 图Ⅱ　电偶极子的电场

$$E = \frac{P}{4\pi\varepsilon_0 r^3}\sqrt{\sin^2\theta + 4\cos^2\theta} = \frac{P}{4\pi\varepsilon_0 r^3}\sqrt{1 + 3\cos^2\theta}$$

如果用 α 表示总电场方向与 $E_{/\!/}$ 方向的夹角（见例 1.3 图 Ⅱ），则为

$$\tan\alpha = \frac{E_\perp}{E_{/\!/}} = \frac{\tan\theta}{2}$$

综合以上结果，我们有

$$\vec{E} = \frac{1}{4\pi\varepsilon_0}\frac{3\vec{e}_r(\vec{p}\cdot\vec{e}_r) - \vec{p}}{r^3}$$

式中，$\vec{e}_r$ 为 r 方向的单位矢量。

1.4 高斯定理

1.4.1 电场线与电通量

1. 电场线

为了形象化地把客观存在的电场表示出来，我们引入电场线（即电力线）这一辅助工具。

1）电场线的定义

电场线上每一点的切线方向与相应点场强的方向一致。电场线的数密度与该点的场强的大小成正比。即

$$\Delta N/\Delta S_\perp = E$$

所谓电场线的数密度，就是通过垂直于场强方向的单位面积的电场线的条数。这样定义的电场线既可以表示场强的方向，又可以表示场强的大小。这样，凡是电场线密集的地方，场强就大；电场线稀疏的地方，场强就小。

2）电场线的性质

对于静电场，电场线起自正电荷或无限远，终止于负电荷或无限远；若体系正负电荷一样多，则正电荷发出的电场线全部终止于负电荷；两条电场线不会

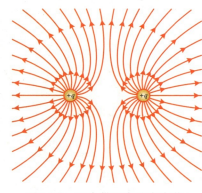

图 1.16 两个带正电的点电荷之间的电场线

相交;静电场中的电场线不会形成闭合曲线。

电场线之所以具有这些基本性质,是由静电场的基本性质和场的单值性决定的。图 1.17 和图 1.18 是多个电荷分布产生的电场线图。

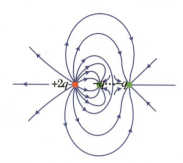

图 1.17 $2q$, $-q$, $-q$ 3 个点电荷电场的电场线

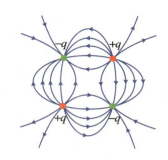

图 1.18 位于正方形四角上的 4 个点电荷电场的电场线

2. 电通量

1) 电通量的定义

穿过某一曲面的电场线的根数。即 $\Delta N = E \cdot \Delta S_\perp$。常用 Φ 表示电通量。通过面元 $\Delta \vec{S}$ 的电通量为 $\Delta \Phi = \vec{E} \cdot \Delta \vec{S} = E \Delta S \cos \theta$。

电通量的正负取决于电场线与曲面的法线方向的夹角 θ。当电场线分布不均匀或曲面不规则时,电通量可以由积分计算:

$$\Phi = \iint_S E \cos \theta \, \mathrm{d}S = \iint_S \vec{E} \cdot \mathrm{d}\vec{S} \tag{1.10}$$

曲面法线方向我们默认的规定是:对开曲面凸侧方向的外法线方向为正;对闭曲面外法线方向为正,内法线方向为负,如图 1.19 所示。

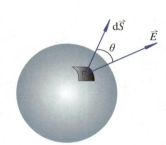

图 1.19 曲面的法线方向与电场方向

2) 电通量的特点

电通量是标量,由电场的叠加原理可推出电通量也满足叠加原理:

$$\Phi = \iint \vec{E} \cdot \mathrm{d}\vec{S} = \iint \sum \vec{E}_i \cdot \mathrm{d}\vec{S} = \sum_i \iint \vec{E}_i \cdot \mathrm{d}\vec{S} = \sum_i \Phi_i \tag{1.11}$$

通过闭合曲面的电通量就是通过该闭合曲面的净电场线根数。

1.4.2 高斯定理

高斯是德国数学家和物理学家。高斯的数学研究几乎遍及所有领域,在数论、代数学、非欧几何、复变函数和微分几何等方面都做出了开创性的贡献。

假定电场由一电量为 q 的点电荷产生，$d\vec{S}$ 是曲面上的任一面元，它的位置由径矢 $\vec{r}$ 表示，$\vec{r}$ 的起点取在点电荷上. 电场对 $d\vec{S}$ 的电通量为

$$d\Phi = \vec{E} \cdot d\vec{S} = \frac{q}{4\pi\varepsilon_0} \frac{\vec{e_r} \cdot d\vec{S}}{r^2}$$

若以 q 所在处为中心、r 为半径做一球面，则 $\vec{e_r} \cdot d\vec{S}$ 就是面元 dS 在球面上的投影 dS_0，dS_0/r^2 为 dS_0 对球心所张的立体角 $d\Omega$，如图 1.20(a) 所示，即

$$d\Omega = \frac{dS_0}{r^2} = \frac{\vec{e_r} \cdot d\vec{S}}{r^2}$$

图 1.20(b) 表明，对一个电荷所做的圆锥，在不同位置处的面元对同一电荷所张的立体角相等，即

$$\frac{\vec{e_r} \cdot d\vec{S_1}}{r_1^2} = \frac{\vec{e_r} \cdot d\vec{S_2}}{r_2^2}$$

$d\Omega$ 的正负由 $d\vec{S}$ 与 $\vec{r}$ 的交角而定，所以电通量为

$$\Phi = \iint_S \vec{E} \cdot d\vec{S} = \frac{q}{4\pi\varepsilon_0} \iint_S d\Omega$$

积分的值取决于点电荷在封闭曲面内部还是外部。

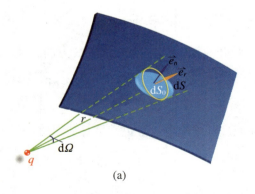
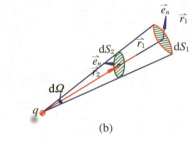

图 1.20　面元 dS 对点电荷 q 的通量　　　　(a)　　　　　　　　　　　　　　(b)

1. 点电荷在曲面内部

若点电荷在封闭曲面内部，如图 1.21 所示，则因封闭曲面对其内 q 所张的立体角和单位圆对 q 所张的立体角相同，均为 4π，故

$$\Phi = \oiint_S \vec{E} \cdot d\vec{S} = \frac{q}{\varepsilon_0}$$

若曲面的形状如图 1.22 所示,点电荷在曲面的内部,从电荷 q 发出的电场线将在 A 区域穿过曲面 3 次,3 次穿进穿出对应的面元对 q 点所张的立体角值相同,穿出为正,穿入为负,故净穿出 1 次。在 B 区域只穿过曲面 1 次。只要电荷在曲面内部,穿进穿出的次数总是奇数次。该曲面对 q 点所张的立体角与单位圆相同,为 4π。

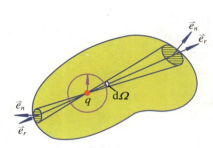

图 1.21　当 q 在封闭曲面内,
曲面 dS 对 q 所张的立体角为 4π

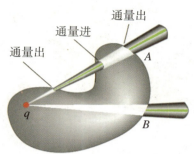

图 1.22　点电荷在曲面的内部,
穿进穿出的次数总是奇数次

2. 点电荷在曲面外部

若点电荷在封闭曲面外部,如图 1.23 所示,由于规定外法线方向为正,因此,dS_1 和 dS_2 对 q 所张的立体角不仅大小相等,而且正负相反。因而两面元对 q 张的立体角之和为 0,即

$$\Phi = \oiint_S \vec{E} \cdot d\vec{S} = 0$$

由于封闭曲面总是由一一对应的一组面元构成,每一组面元对曲面外的 q 电荷所在点所张的立体角都为 0,因此整个闭合曲面对曲面外任一点所张的立体角为 0。

当曲面如图 1.24 所示,电场线重复穿进穿出曲面多次,但只要电荷在曲面的外面,穿进穿出的次数总是偶数,每穿进和穿出 1 次,其立体角的净贡献为 0,这样,总立体角贡献亦为 0。上面的结论仍然成立。

3. 高斯定理

综上所述,对一个点电荷的电场,所取的曲面包含点电荷时,曲面对电荷所张的立体角为 4π,曲面不包含电荷时,曲面对电荷所张的立体角为 0。

若电场由一组点电荷 $q_1, q_2, \cdots, q_N$ 共同产生,用 $E_1, E_2, \cdots, E_N$ 分别代表各点电荷单独产生的电场的场强。设有一任意形状的封闭曲面 S,它把 q_1,$q_2, \cdots, q_i$ 包围在内部,把 $q_{i+1}, \cdots, q_N$ 包围在外部,如图 1.25 所示,则由叠加原理,总电场 E 对任意封闭曲面的电通量为

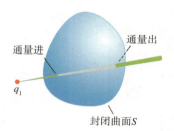

图 1.23　电荷在曲面的外面,
穿进穿出的两曲面对 q 所张
的立体角相互抵消

$$\oiint_S \vec{E} \cdot \mathrm{d}\vec{S} = \oiint_S \sum_i \vec{E}_i \cdot \mathrm{d}\vec{S} = \sum_i \oiint_S \vec{E}_i \cdot \mathrm{d}\vec{S} = \sum_i^{S_内} \frac{q_i}{\varepsilon_0}$$

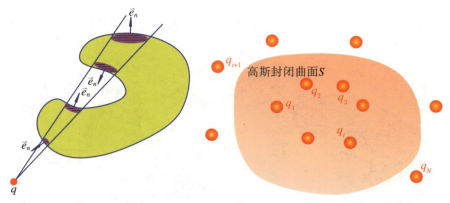

图 1.24 电荷在曲面的外面，　　　　图 1.25 电场对封闭曲面的通量只
穿进穿出的次数总是偶数　　　　　与曲面所包围的电荷有关

或者

$$\oiint_S \vec{E} \cdot \mathrm{d}\vec{S} = \frac{1}{\varepsilon_0} \sum_i^{S_内} q_i \tag{1.12}$$

　　电场对任意封闭曲面的电通量只决定于被包围在封闭曲面内部的电荷，且等于包围在封闭曲面内的电量代数和除以 ε_0，与封闭曲面外的电荷无关。这一结论就是静电场的高斯定理。

　　若包围在 S 面内的电荷具有一定的体分布，电荷体密度为 ρ，则高斯定理可写成

$$\oiint_S \vec{E} \cdot \mathrm{d}\vec{S} = \frac{1}{\varepsilon_0} \iiint_V \rho \mathrm{d}V \tag{1.13}$$

式中，V 是 S 所包围的体积。

　　(1) 高斯定理表明静电场是有源场。电荷是静电场的源。高斯定理给出了场和场源的一种联系，这种联系是场强对封闭曲面的通量与场源间的联系，并非场强本身与源的联系。

　　(2) 高斯面上的电荷问题。高斯面所处的位置把电荷区分为内外两种情况，点电荷是否可能正好处在高斯面上？这是不可能的，因为只有当电荷的线度远小于 q 与高斯面间的距离时，才能视为点电荷。即高斯面上无点电荷分布。

　　(3) 高斯定理中的 E 问题。高斯定理中的 E 是由空间全部电荷所产生的，而不管这些电荷是在曲面内部或在曲面外部。同一高斯面的 E 可能相同，也可能不同，因为高斯面是任意选取的。

（4）高斯定理表明的只是电通量和电荷的关系。如果在高斯面内部或外部电荷分布发生改变,则空间电场分布将发生变化,高斯面上的电场也会发生变化,但只要内部总电荷数不变,高斯定理指出,电场对该封闭曲面的电通量并无变化。

在数学中,一个矢量场 $\vec{A}$ 满足下列的公式(数学上的高斯定理)：

$$\oiint_S \vec{A} \cdot \mathrm{d}\vec{S} = \iiint_V \nabla \cdot \vec{A}\, \mathrm{d}V \tag{1.14}$$

式中,积分区域 V 是封闭曲面 S 对应的体积,"∇"称为微商运算符,具有矢量性质。所以积分形式的高斯定理可以改写成微分形式：

$$\nabla \cdot \vec{E} = \frac{\rho}{\varepsilon_0} \tag{1.15}$$

表明电场线不会在没有电荷的空间产生或消失。

微商运算符"∇"在直角坐标系中为

$$\nabla = \vec{e}_x \frac{\partial}{\partial x} + \vec{e}_y \frac{\partial}{\partial y} + \vec{e}_z \frac{\partial}{\partial z} \tag{1.16}$$

在球坐标系中为

$$\nabla = \vec{e}_r \frac{\partial}{\partial r} + \vec{e}_\theta \frac{1}{r} \frac{\partial}{\partial \theta} + \vec{e}_\varphi \frac{1}{r\sin\theta} \frac{\partial}{\partial \varphi} \tag{1.17}$$

"∇"点乘任意矢量称为对该矢量求散度,$\nabla \cdot \vec{E}$ 就是求电场 $\vec{E}$ 的散度。

4. 高斯定理与库仑定律的关系

1）高斯定理来源于库仑定律

高斯定理是静电场的一条重要基本定理,它是由库仑定律推导出来的。它主要反映了库仑定律的平方反比律,即 $1/r^2$。如果库仑定律不服从平方反比律,我们就不可能得到高斯定理。即若

$$f \propto \frac{1}{r^{2+\delta}}$$

则

$$E \propto f \propto \frac{1}{r^{2+\delta}}$$

因此有

$$\Phi = \oiint_S \vec{E} \cdot \mathrm{d}\vec{S} = \frac{1}{4\pi\varepsilon_0} \oiint \frac{1}{r^\delta} \mathrm{d}\Omega$$

亦即

$$\Phi = \Phi(r)$$

高斯定理不再成立。

因此证明高斯定理的正确性是证明库仑定律中平方反比律是否正确的一种间接方法,直接用扭秤法证明平方反比律的精度是非常低的,通过高斯定理证明平方反比律可获得非常高的精度。

2) 高斯定理比库仑定律更普遍

高斯定理是以库仑定律为基础导出的,但迄今为止的实验事实证实,它对随时间变化的电场也是成立的。库仑定律决定静电场具有平方反比律、径向性和球对称性,加上叠加原理可以推广到任意的静电场。运动点电荷由于在运动方向上的特殊性,破坏了球对称性,匀速直线运动的点电荷的场为(请自行查阅相对论电磁学相关教材)

$$\vec{E} = \frac{1}{4\pi\varepsilon_0}\frac{q}{r^2}\frac{1-\beta^2}{(1-\beta^2\sin^2\theta)^{3/2}}\vec{e}_r \tag{1.18}$$

但仍满足高斯定理,式中,$\beta = v/c$,v 是电荷运动速度,c 是光速。

变化的磁场产生的涡旋电场也满足高斯定理,但涡旋电场不具有径向性和球对称性。

认为高斯定理与库仑定律完全等价,或认为从高斯定理出发可以导出库仑定律的看法是欠妥的,因为高斯定理并没有反映静电场是有心力场这一特性。在静电范围内,库仑定律比高斯定理包含更多的物理信息。

在电荷分布具有某种对称性,从而使场分布也具有某种对称性时,我们可以直接用高斯定理通过电荷分布找到场的分布。

【例1.4】 求均匀带电球面产生的电场。已知球面的半径为 R,电量为 q。

【解】 根据球对称性可以判定,不论在球内还是在球外,场强的方向必定沿球的半径,与球心等距离的各点的场强大小应相等。当 $r<R$ 时,作 S_1 的高斯面,有

$$\oiint_S \vec{E}\cdot\mathrm{d}\vec{S} = \oiint_{S_1} E\mathrm{d}S = E\oiint_{S_1}\mathrm{d}S = E\cdot 4\pi r^2 = 0$$

$$E = 0 \quad (r < R)$$

当 $r>R$ 时,作 S_2 的高斯面,有

$$\oiint_S \vec{E}\cdot\mathrm{d}\vec{S} = \oiint_{S_2} E\mathrm{d}S = E\oiint_{S_2}\mathrm{d}S = E\cdot 4\pi r^2 = \frac{q}{\varepsilon_0}$$

由此得到

$$E = \frac{1}{4\pi\varepsilon_0}\frac{q}{r^2} \quad (r > R)$$

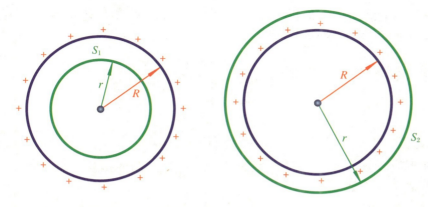

例 1.4 图　均匀带电球面产生的电场

【例 1.5】求无限大均匀带电平面的电场,设电荷面密度为 σ。

【解】根据对称性,可以判定无限大带电平面的电场应指向两侧,离平面等距离处电场强度相同,作一圆柱形高斯面,由于电场垂直于表面,所以侧面无电通量,只有上下两面有电通量。因而可得

$$2E\Delta S = \frac{1}{\varepsilon_0}\sigma\Delta S$$

所以

$$E = \frac{1}{2\varepsilon_0}\sigma$$

对正电荷分布,电场的方向如图所示;对负电荷分布,电场方向相反。

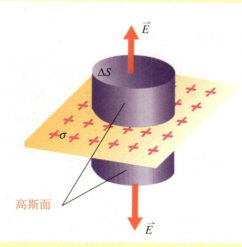

例 1.5 图　无限大均匀带电平面的电场

【例 1.6】求均匀带电球体中所挖出的球形空腔中的电场强度。设球体电荷体密度为 ρ,球体球心到空腔中心的距离为 a。

【解】将空腔看作同时填满 $+\rho$ 和 $-\rho$ 的电荷,腔内任一点的电场强度就

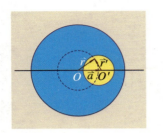

例 1.6 图　球体中的
球形空腔的电场

由一个电荷密度为 $+\rho$ 的实心大球和一个电荷密度为 $-\rho$ 的实心小球叠加而成，如图所示，对实心的正电荷球，有

$$\oiint_S \vec{E}_+ \cdot d\vec{S} = \frac{1}{\varepsilon_0} \rho \frac{4}{3} \pi r^3$$

得

$$\vec{E}_+ = \frac{\rho}{3\varepsilon_0} \vec{r}$$

同理对实心的负电荷球，可得

$$\vec{E}_- = -\frac{\rho}{3\varepsilon_0} \vec{r}'$$

所以

$$\vec{E} = \vec{E}_+ + \vec{E}_- = \frac{\rho}{3\varepsilon_0} \vec{a}$$

式中，$\vec{a}$ 为矢量，方向由 O 指向 O'，可见空腔内电场强度是均匀的。

1.5　环路定理

1.5.1　静电场做功

　　当一个电荷在静电场中受力获得加速度时，它的动能就随之增加。这与重力场中的一个质点在重力作用下加速获得动能的情况相似，重力做功使质点加速，重力场是保守力场，做功与路径无关，只与质点的起始与终止的位置有关。同理，由于库仑力与重力的相似性，静电场也是保守力场，带电粒子在电场中获得的动能与粒子经过的路径也无关。

　　我们来计算一个点电荷 q_0 在另一个点电荷 q 产生的电场中从图 1.26 的 P 点移动到 Q 点，静电场所做的功为

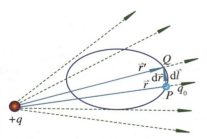

图 1.26　带电粒子在点电荷
电场中移动时电场力做功

$$A = q_0 \int_P^Q \vec{E} \cdot d\vec{l} = \frac{q_0 q}{4\pi\varepsilon_0} \int_P^Q \frac{\vec{r}}{r^3} \cdot d\vec{l} = \frac{q_0 q}{4\pi\varepsilon_0} \int_P^Q \frac{dr}{r^2} = \frac{q_0 q}{4\pi\varepsilon_0} \left(\frac{1}{r_P} - \frac{1}{r_Q} \right)$$

$$(1.19)$$

这说明带电粒子在静电场中移动时，电场力做功只与其初末位置有关。如果静

电场是由多个电荷或带电体产生的,根据电场的叠加原理,我们仍可以得到上面的结论。

1.5.2　静电场的环路定理

如果点电荷在静电场中移动一个闭合的环路 L,如图 1.26 所示,则有

$$A = \oint_L q_0 \vec{E} \cdot \mathrm{d}\vec{l} = q_0 \oint_L \frac{q \, \vec{r}}{4\pi\varepsilon_0 r^3} \cdot \mathrm{d}\vec{l} = q_0 \oint_L \frac{q}{4\pi\varepsilon_0 r^2} \mathrm{d}r$$

$$= -\frac{q_0 q}{4\pi\varepsilon_0} \left(\frac{1}{r} \right) \Big|_{r_p}^{r_p} = 0$$

通常把电场对单位电荷移动一个闭合曲线所做的功称为电场的环量。如果静电场不是由单个点电荷产生的,而是由某种确定的电荷分布例如静止的点电荷系或带电体产生的,由叠加原理可知整个带电系统产生的静电场的环量亦为 0,即

$$\oint_L \vec{E} \cdot \mathrm{d}\vec{l} = 0 \tag{1.20}$$

这就是静电场的环路定理。

该定理表明,静电场是无旋场。它的物理意义是:静电场做功与路径无关,只与起点和终点的位置有关;或者说,静电场对电荷在电场中沿任何闭合环路一周做功为 0。

由数学中的斯托克斯定理,我们有

$$\oint_L \vec{E} \cdot \mathrm{d}\vec{l} = \iint_S (\nabla \times \vec{E}) \cdot \mathrm{d}\vec{S}$$

积分域的面积 S 为闭合回路 L 所圈围的面积。由此可得静电场环路定理的微分形式:

$$\nabla \times \vec{E} = 0 \tag{1.21}$$

静电场的这个性质来源于库仑力的有心力特性,而不是平方反比律。由环路定理可以证明静电场的电力线不可能是闭合曲线。我们采用反证法,若电力线是闭合曲线,单位电荷沿电场线运动一周,则 $\vec{E} \cdot \mathrm{d}\vec{l} = E\cos\theta \, \mathrm{d}l = E\mathrm{d}l$,所以 $\oint_L E \cdot \mathrm{d}l \neq 0$,与环路定理矛盾,故静电场的电力线不可能是闭合曲线。

1.5.3　电势能

　　由静电场的环路定理,即电场力做功与路径无关的性质,可知静电场是保守力场。静电场可以与引力场类比,两者都是做功与路径无关的矢量场,即保守力场。保守力场必是有势场,都可以引进势能的概念。在引力场中,将质点从场中的 P 点移到 Q 点时,引力做功等于由 P 点到 Q 点重力势能的减少,即质量为 m 的质点处在重力场中某个位置,它就具有重力势能。类似地,我们定义电势能为:点电荷处于外电场中某个位置时具有的能量,如图 1.27 所示。当把试探电荷 q_0 在电场中从 P 点移到 Q 点时,电场力对电荷所做的功转化为 P 与 Q 两点电荷电势能的改变量,即

$$A_{PQ} = W_{PQ} = W_P - W_Q = q_0 \int_P^Q \vec{E} \cdot \mathrm{d}\vec{l}$$

W_P 就是点电荷 q_0 在 P 点的电势能,通常把无限远处的电势能定义为 0,那么对于分布于有限空间范围内电荷产生的电场来说,有

$$W_P = W_{P\infty} = q_0 \int_P^\infty \vec{E} \cdot \mathrm{d}\vec{l} = -q_0 \int_\infty^P \vec{E} \cdot \mathrm{d}\vec{l} \qquad (1.22)$$

该式表示从电场中某处 P 移动一个电荷 q_0 到无限远处的过程中,电场力对电荷所做的功就是电荷在该点相对于无限远处的电势能;或者可以说,从无限远处移动一个电荷到达 P 点,外力克服电场力所做的功就是电荷在该点具有的电势能。

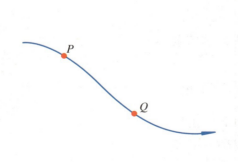

图 1.27　电场力做功电势能减少,与重力做功重力势能减少类似

1.5.4　电势与电势差

1. 电势的定义

点电荷 q_0 在静电场中运动要克服电场力做功。但 W_{PQ}/q_0 与点电荷电量无关,只与静电场的性质有关,从 P 点至 Q 点移动单位电荷电场力所做的功

$$U_{PQ} = \frac{W_{PQ}}{q_0} = \int_P^Q \vec{E} \cdot \mathrm{d}\vec{l} \tag{1.23}$$

称为 P 和 Q 两点的电势差,对电荷分布在有限空间情况,通常取无穷远点电势为 0,则电场中 P 点的电势为

$$U(P) = \int_P^\infty \vec{E} \cdot \mathrm{d}\vec{l} = -\int_\infty^P \vec{E} \cdot \mathrm{d}\vec{l} \tag{1.24}$$

即电场空间某点 P 的电势,就是从无穷远处移动一个单位电荷到该点电场力所做的功的负值,或克服电场力所做的功。那么,P,Q 两点间的电势差可改写为

$$\int_P^Q \vec{E} \cdot \mathrm{d}\vec{l} = \int_P^\infty \vec{E} \cdot \mathrm{d}\vec{l} + \int_\infty^Q \vec{E} \cdot \mathrm{d}\vec{l}$$

$$= \int_P^\infty \vec{E} \cdot \mathrm{d}\vec{l} - \int_Q^\infty \vec{E} \cdot \mathrm{d}\vec{l}$$

或

$$U_{PQ} = U(P) - U(Q) \tag{1.25}$$

即空间任意两点的电势差与电势参考点选择无关。

以上把电势能的零点选在无穷远处,相应电势的零点也选在无穷远处。在实际问题中,常常以大地或电器外壳的电势为 0。改变零点的位置,各点的电势能和电势的数值将随之变化,但都改变一个相同量,以至于不会影响两点间的电势能差以及两点间的电势差,更不会影响电势的分布,如图 1.28 所示,取参考电势 U_1 或 U_2 不会改变电势的分布函数 $U(x)$。

电势能的单位与能量的单位相同,用焦耳(J)表示。而电势的单位与电势能不同,电势是纯粹描述电场性质的物理量,与电场中有没有电荷无关。电势差和电势的单位均为焦耳/库仑(J/C),在 SI 中称为伏特(V),即

$$1\text{ 伏特} = \frac{1\text{ 焦耳}}{1\text{ 库仑}} \quad \text{或} \quad 1\text{ V} = \frac{1\text{ J}}{1\text{ C}}$$

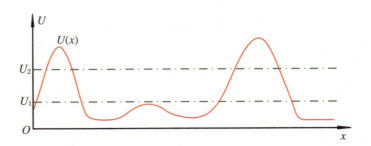

图 1.28　电势的分布函数与参考点的选择无关

【例 1.7】求电偶极子 $\vec{p}$ 在均匀外电场中的电势能。

【解】设电偶极子的电偶极距为 $\vec{p} = q\vec{l}$，则在外电场 $\vec{E}$ 中，有

$$W_e = -qU_- + qU_+ = q(U_+ - U_-) = q\vec{l} \cdot \nabla U$$

即

$$W_e = \vec{p} \cdot \nabla U = -\vec{p} \cdot \vec{E}$$

2. 电势的计算

点电荷产生的电场强度为 $\vec{E} = \dfrac{1}{4\pi\varepsilon_0}\dfrac{q}{r^3}\vec{r}$，由电势的定义可得

$$U(r) = \int_r^\infty \vec{E} \cdot \mathrm{d}\vec{l} = \frac{q}{4\pi\varepsilon_0}\int_r^\infty \frac{\vec{r} \cdot \mathrm{d}\vec{l}}{r^3} = \frac{q}{4\pi\varepsilon_0}\int_r^\infty \frac{\mathrm{d}r}{r^2} = \frac{q}{4\pi\varepsilon_0 r} \quad (1.26)$$

对点电荷体系，用电场的叠加原理，有

$$U(r) = \int_r^\infty \vec{E} \cdot \mathrm{d}\vec{l} = \int_r^\infty \left(\sum_i \vec{E}_i\right) \cdot \mathrm{d}\vec{l} = \sum_i \int_r^\infty \vec{E}_i \cdot \mathrm{d}\vec{l} = \sum_i U_i(r) \quad (1.27)$$

此式表明,点电荷体系产生的电势等于各个电荷单独存在时产生电势的代数和。设 $q_1, q_2, \cdots, q_N$ 分别位于 $\vec{r}_1, \vec{r}_2, \cdots, \vec{r}_N$ 处,由电势叠加原理可知,N 个电荷在 $\vec{r}$ 处产生的总电势为

$$U(\vec{r}) = \sum_i^N U_i(\vec{r}) = \frac{1}{4\pi\varepsilon_0}\sum_{i=1}^N \frac{q_i}{|\vec{r} - \vec{r}_i|} \quad (1.28)$$

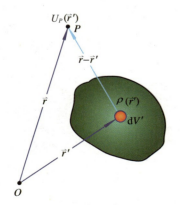

图 1.29　带电体的电势

对于连续分布的带电体产生的电势,先把带电体分割成许许多多的"电荷元",位于 $\vec{r}'$ 处的"电荷元"的电量为 $\mathrm{d}q$,如图 1.29 所示,由电势的叠加原理,连续带电体在 $\vec{r}$ 处产生的总电势为

$$U(\vec{r}) = \int \frac{\mathrm{d}q}{4\pi\varepsilon_0|\vec{r} - \vec{r}'|} = \frac{1}{4\pi\varepsilon_0}\iiint_V \frac{\rho(\vec{r}')\mathrm{d}V'}{|\vec{r} - \vec{r}'|} \quad (1.29)$$

式中，$\rho(\vec{r'})$ 为带电体的电荷体密度。对于面带电体和线带电体，可采用面电荷密度和线电荷密度，亦有类似的表达式，不再另给出。

【例1.8】 求半径为 R 的均匀带电圆盘轴线上一点的电势，设电荷面密度为 σ。

【解】 如图所示，在半径 r 处，取一高度为 dr、宽度为 $rd\varphi$ 的小面元，该小面元在 P 点的电势为

$$dU = \frac{1}{4\pi\varepsilon_0} \frac{\sigma r dr d\varphi}{\sqrt{r^2 + x^2}}$$

根据电势叠加原理，得到整个圆盘在 P 点的电势为

$$U = \iint_0^{R}{}_0^{2\pi} \frac{\sigma r dr d\varphi}{4\pi\varepsilon_0 \sqrt{r^2 + x^2}} = \frac{\sigma}{2\varepsilon_0}\left(\sqrt{x^2 + R^2} - x\right)$$

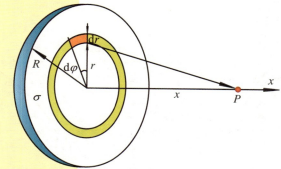

例1.8图　带电圆盘产生的电势

当 $R \to \infty$ 时，电势 $U \to \infty$，这个结果并不合适，因为在本题计算中，我们已经选取无限远处为电势参考点（即零电势点）。所以如果计算无限大带电平面产生的电势，一般不能取无限远处电势为零参考点，通常要选取有限远处任一点作为电势参考点。例如，如果选 $x = x_0$ 为零电势点，则

$$U = U_0 - \frac{\sigma}{2\varepsilon_0}\left(\sqrt{x^2 + R^2} - x\right)$$

$$= \frac{\sigma}{2\varepsilon_0}\left(\sqrt{x_0^2 + R^2} - x_0\right) - \frac{\sigma}{2\varepsilon_0}\left(\sqrt{x^2 + R^2} - x\right)$$

此时，当 $R \to \infty$ 时，有

$$U = \frac{\sigma}{2\varepsilon_0}(x - x_0)$$

1.5.5　等势面

1. 等势面

电势为空间坐标的标量函数，是标量场。标量场常用等值面来进行形象的几何描述，电势的等值面称为等势面，在同一等势面上，电势处处相等。图1.30(a)是对应的正负点电荷系统的等势面（虚线）的示意图，图中还用实线画出了

电场线的分布。图1.30(b)是对应的三维的等势面图。

等势面具有以下几个特性:① 一根电场线不可能与同一等势面相交两次或多次。② 空间某点的电场强度应与该处的等势面垂直。③ 电场强度的大小也可用等势面的疏密程度来量度。

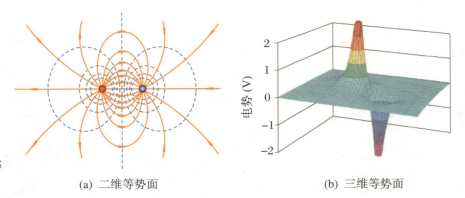

图1.30 两个正负点电荷的等势面(虚线)

(a) 二维等势面   (b) 三维等势面

各种电荷分布的带电体,其等势面的分布可以由电势公式中计算出来,然后把电势相同的点连成曲面,就得到了等势面的分布图。图1.31和图1.32分别是三角形导体和电荷密度沿 x 方向线性增加的立方体的等势面用计算机做图的结果。

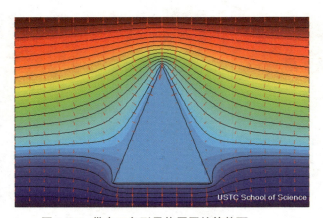

图1.31 带电三角形导体周围的等势面

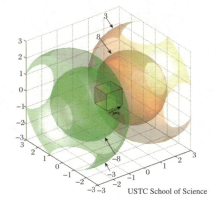

图1.32 电荷密度与 x 成正比的立方体的等势面

2. 电势与电场的关系

电势是标量,从电荷分布计算电势比计算场强方便。若能从电势分布求出场强分布,这显然是非常有意义的。

考虑3个非常靠近的等势面 A, B 和 C,如图1.33所示。设 A, B 和 C 3个等势面的电势值分别为 $U-\Delta U$, U, $U+\Delta U$,单位点电荷从 B 移至 C,电场力对单位电荷所做的功等于电势的减少,即

$$\vec{E} \cdot \Delta \vec{l} = - \Delta U$$

或

$$\Delta U = - E_l \Delta l$$

亦即

$$E_l = - \frac{\Delta U}{\Delta l}$$

可见,改变同样的 ΔU,沿不同的方向,由于 Δl 的长度不同,E_l 并不相同。根据电场强度的方向总是与等势面垂直的特性,要求出电场强度,我们只能选择沿等势面的法线方向移动点电荷,在这个方向上,电场对单位电荷移动单位距离所做的功就是电场强度,所以

$$E = - \frac{\Delta U}{\Delta n}$$

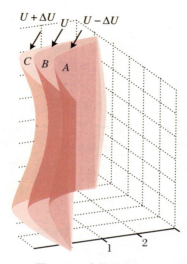

图 1.33 电势的方向导数

式中,Δn 表示沿法线方向移动电荷的微小线元。在数学中,对于任何一个标量场,可定义其梯度,梯度是矢量,其大小等于该标量函数沿其等势面的法线方向的方向导数,方向沿等势面的法线方向,即

$$\nabla U = \frac{\partial U}{\partial n} \vec{n}$$

当沿法线方向移动单位电荷时,电势在该方向的变化率最大,亦即电势的梯度最大,根据矢量的定义,矢量绝对值最大的分量就是矢量本身,所以我们得到电场强度的大小为

$$\vec{E} = - \nabla U = - \frac{\partial U}{\partial n} \vec{n} \tag{1.30}$$

即静电场中任何一点的电场强度的大小在数值上等于该点电势梯度的大小,方向与电势梯度的方向相反,即指向电势降落的方向。

在直角坐标系中,场强 $\vec{E}$ 可用该坐标系中的各分量来表示,即

$$\vec{E} = E_x \vec{e}_x + E_y \vec{e}_y + E_z \vec{e}_z = - \frac{\partial U}{\partial x} \vec{e}_x - \frac{\partial U}{\partial y} \vec{e}_y - \frac{\partial U}{\partial z} \vec{e}_z \tag{1.31}$$

已知电势的值,就可求得电场强度的值。

关于电势有以下几点值得注意:

① 电势 $U(x, y, z)$ 是标量,但场强是矢量,有 3 个分量,为何由 $\vec{E} = - \nabla U$ 能给出 3 个函数 E_x, E_y 和 E_z 呢? 其实,静电场并非一个完全任意的矢量场,它必须满足环路定理,因而 $\vec{E}$ 的 3 个分量并不是独立的。能用一个标量函数 U

来描写静电场,并由之得到一个矢量场(场强),是由静电场的保守场特性决定的。

② 静电场的环路定理是从库仑定律导出的,因为库仑定律已包含了静电场是有心力场这一特性,凡是有心力场,其环路积分都恒为 0。能够用一个标量势函数描写静电场的前提是静电场为有心力场,而且只要求静电场是有心力场就足够了。至于势函数的具体形式,还取决于有心力的具体形式,即需借助于高斯定理。由电荷分布所确定的电势函数公式,已包括了电荷间相互作用遵从距离平方反比律这一内容,即已包含了库仑定律的全部信息。

【例 1.9】求电偶极子的电势及电场的分布。

【解】如图所示,取电偶极子的中点为坐标原点 O,$r \gg l$,则

$$U(r) = \frac{q}{4\pi\varepsilon_0}\left(\frac{1}{|\vec{r}_+|} - \frac{1}{|\vec{r}_-|}\right)$$

由数学的级数展开,近似可以得到

$$|\vec{r}_+| \approx r\sqrt{1 - \frac{l}{r}\cos\theta}$$

$$|\vec{r}_-| \approx r\sqrt{1 + \frac{l}{r}\cos\theta}$$

把以上两式代入,并忽略二次以上高阶项,有

$$U(r) = \frac{ql\cos\theta}{4\pi\varepsilon_0 r^2}$$

考虑到电偶极子的方向,P 点的电势为

$$U(r) = \frac{\vec{p} \cdot \vec{r}}{4\pi\varepsilon_0 r^3}$$

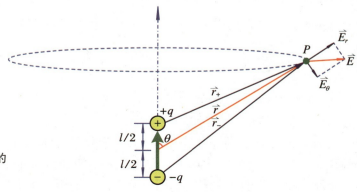

例 1.9 图　电偶极子的电势及电场的分布

由电场强度与电势的关系式,在球坐标下,可求得电场强度

$$\vec{E} = -\nabla U = -\frac{\partial U}{\partial r}\vec{e}_r - \frac{1}{r}\frac{\partial U}{\partial \theta}\vec{e}_\theta - \frac{1}{r\sin\theta}\frac{\partial U}{\partial \varphi}\vec{e}_\varphi$$

$$= \frac{1}{4\pi\varepsilon_0}\frac{2p\cos\theta}{r^3}\vec{e}_r + \frac{1}{4\pi\varepsilon_0}\frac{p\sin\theta}{r^3}\vec{e}_\theta$$

$$= E_r\vec{e}_r + E_\theta\vec{e}_\theta$$

或者,在球坐标中电场的 3 个方向分量为

$$\begin{cases} E_r = \dfrac{1}{4\pi\varepsilon_0}\dfrac{2p\cos\theta}{r^3} \\[3mm] E_\theta = \dfrac{1}{4\pi\varepsilon_0}\dfrac{p\sin\theta}{r^3} \\[3mm] E_\varphi = 0 \end{cases}$$

$E_\varphi = 0$,表示电偶极子的电场分布具有轴对称性。改用矢量表达,则电偶极子在空间任一点的电场强度可写成

$$\vec{E} = -\frac{\vec{p}}{4\pi\varepsilon_0 r^3} + \frac{3(\vec{p}\cdot\vec{r})\vec{r}}{4\pi\varepsilon_0 r^5}$$

【例 1.10】 求例 1.8 中面电荷密度为 σ 的均匀带电薄圆盘轴线上的电场分布。

【解】 例 1.8 中已经求出圆盘轴线上 x 处的电势为

$$U = \frac{\sigma}{2\varepsilon_0}(\sqrt{x^2 + R^2} - x)$$

所以,电场强度 E 为

$$\vec{E} = -\nabla U = -\frac{\partial U}{\partial x}\vec{e}_x$$

故

$$\vec{E} = \begin{cases} \dfrac{\sigma}{2\varepsilon_0}\Big(1 - \dfrac{x}{\sqrt{R^2 + x^2}}\Big)\vec{e}_x & (x > 0) \\[4mm] -\dfrac{\sigma}{2\varepsilon_0}\Big(1 + \dfrac{x}{\sqrt{R^2 + x^2}}\Big)\vec{e}_x & (x < 0) \end{cases}$$

当 $R \to \infty$ 时,即得到无限大均匀带电平面的电场强度为

$$\vec{E} = \begin{cases} \dfrac{\sigma}{2\varepsilon_0}\vec{e}_x & (x > 0) \\[4mm] -\dfrac{\sigma}{2\varepsilon_0}\vec{e}_x & (x < 0) \end{cases}$$

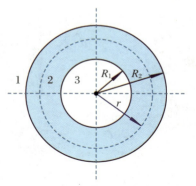

例 1.11 图　均匀带电球壳的
电势和电场

【例 1.11】 均匀带电、密度为 ρ、内外半径分别为 R_1 和 R_2 的球壳，求其电场和电势分布。

【解】 如图所示，用高斯定理先求出电场分布，再求电势分布。

将空间分成 3 个区间，作半径为 r 的高斯面，则

$$\vec{E}_1 = \frac{Q}{4\pi\varepsilon_0 r^2}\vec{e}_r = \frac{\rho}{3\varepsilon_0}(R_2^3 - R_1^3)\frac{\vec{e}_r}{r^2} \quad (r \geqslant R_2)$$

$$\vec{E}_2 = \frac{\rho}{3\varepsilon_0}\left(r - \frac{R_1^3}{r^2}\right)\vec{e}_r \quad (R_1 \leqslant r \leqslant R_2)$$

$$\vec{E}_3 = 0 \quad (r \leqslant R_1)$$

根据 $U(r)$ 和 $\vec{E}$ 的关系，可以由积分得到

$$U_1(r) = -\int_\infty^r \frac{\rho}{3\varepsilon_0}(R_2^3 - R_1^3)\frac{\vec{r}\cdot\mathrm{d}\vec{l}}{r^3} = \frac{\rho}{3\varepsilon_0}(R_2^3 - R_1^3)\frac{1}{r} \quad (r \geqslant R_2)$$

$$U_2(r) = -\int_\infty^{R_2} \vec{E}_1\cdot\mathrm{d}\vec{l} - \int_{R_2}^r \vec{E}_2\cdot\mathrm{d}\vec{l} = U_1(R_2) - \int_{R_2}^r \frac{\rho}{3\varepsilon_0}\left(1 - \frac{R_1^3}{r^3}\right)\vec{r}\cdot\mathrm{d}\vec{l}$$

$$= \frac{\rho}{3\varepsilon_0}\left(\frac{3}{2}R_2^2 - \frac{R_1^3}{r} - \frac{r^2}{2}\right) \quad (R_1 \leqslant r \leqslant R_2)$$

$$U_3(r) = -\int_\infty^{R_2} \vec{E}_1\cdot\mathrm{d}\vec{l} - \int_{R_2}^{R_1} \vec{E}_2\cdot\mathrm{d}\vec{l} - \int_{R_1}^r \vec{E}_3\cdot\mathrm{d}\vec{l}$$

$$= U_2(R_1) = \frac{\rho}{2\varepsilon_0}(R_2^2 - R_1^2) \quad (r \leqslant R_1)$$

【讨论】 由 U_3 与 r 的关系可知，球壳内空腔是等势区域，其电势与球壳内表面相等。

1.5.6　带电粒子在电场中的运动

一个质量为 m、电荷为 q 的粒子在静电场中的运动方程为

$$m\frac{\mathrm{d}^2\vec{r}(t)}{\mathrm{d}t^2} = q\vec{E}(r)$$

式中，$\vec{r}(t)$ 是电荷的位置矢量(时间变量)，$\vec{E}$ 是电场强度。如果电场是均匀

的,且沿 x 轴方向,电荷在 $t=0$ 时从 $x=0$ 处开始运动,则

$$x = \frac{qE}{2m}t^2$$

现让质量为 m、电量为 q 的粒子处于静电场的电势为 U_1 位置处,若速度为 v_1,那么该电荷运动到电势为 U_2 的位置时,其速度为 v_2,对低速运动情况,有

$$\frac{1}{2}mv_1^2 + qU_1 = \frac{1}{2}mv_2^2 + qU_2$$

所以

$$v_2 = \sqrt{v_1^2 + \frac{2q(U_1 - U_2)}{m}}$$

带电粒子在电场中运动,电场力做正功,使粒子的动能增加。如果垂直电场入射,在电场力的作用下将使粒子方向发生偏转。显像管中通常加有水平偏转电场和垂直偏转电场,控制这两个电场(或电势差)就可以让电子束落在显示屏的不同位置。示波管、显像管、雷达指示管、电子显微镜等就是利用电子束的偏转与聚焦来工作的,如图 1.34 所示。

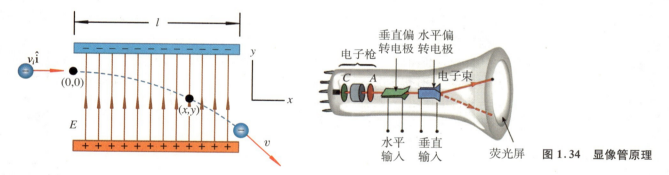

图 1.34 显像管原理

【例 1.12】 电除尘中有一个设计是两段式的,即尘埃带电和除尘分别在两段空间内进行,如图所示的是由平板电极构成的除尘空间。入口处粒子的质量为 m、电荷为 q,水平速度为 v,若希望所有的粒子都在下电极处被捕获,则电极的长度应如何设计?

【解】 设空气处于流通状态,空气的阻力忽略不计,则粒子在垂直方向的运动方程为

$$m\frac{\mathrm{d}^2 y}{\mathrm{d}t^2} = -qE = -\frac{qU}{d}$$

积分该式,得

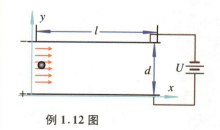

例 1.12 图

$$y = -\frac{qU}{2md}t^2 + C_1 t + C_2$$

设极板间距为 d，$t = 0$ 时，$y = d$，$\mathrm{d}y/\mathrm{d}t = 0$，代入上式，确定积分常数，得

$$y = -\frac{qU}{2md}t^2 + d$$

粒子到达下电极所需的时间为

$$T = \sqrt{\frac{2md^2}{qU}}$$

因为粒子水平方向的飞行速度是恒定的，所以

$$l = vT = v\sqrt{\frac{2md^2}{qU}}$$

设 $q/m = 10^{-4}\ \mathrm{C \cdot kg^{-1}}$，$U = 40\ \mathrm{kV}$，$d = 20\ \mathrm{cm}$，$v = 2\ \mathrm{m \cdot s^{-1}}$，则

$$l = v\sqrt{\frac{2md^2}{qU}} = 28\ \mathrm{cm}$$

　　电子枪的基本结构如图 1.35(a)所示，它由热阴极、栅极和筒状阳极组成，栅极 G 相对于阴极加负电压，使栅极附近的空间为电子的高势能区，如图 1.35(b)所示，在栅极与阴极之间出现了一个势垒，阴极发射的电子的速度具有一定的分布，只有初速度达到一定阈值的电子才能越过势垒后向阳极做加速运动，若栅极电压较小，则有更多的电子穿过势垒，形成较强的电子束，反之则有较弱的电子束。所以，通过控制栅极负电压的大小可以控制电子束的强度，即荧光屏上的亮点的亮度。

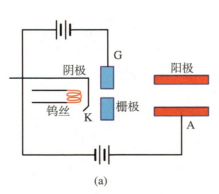

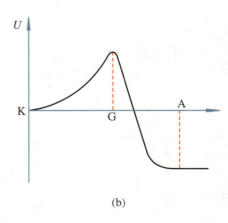

图 1.35　电子枪的结构和势垒分布

　　阳极有两种作用，一是使电子加速具有较高的动能到达荧光屏，二是控制电子的运动轨迹，使电子在运动过程中有聚焦作用，使电子束线变细。这一点

后面将专门介绍。

如果阳极相对于阴极的电势为 U_A,由阴极发射出来的电子具有初速度 v_0,则根据能量守恒,可以得到电子的速度为

$$v = \sqrt{v_0^2 + \frac{2e}{m_e}U_A}$$

电子的初速度通常很小,加速电压可以高达几千甚至几万伏,即到达荧光屏的电子具有较高的动能,以加速电压为1万伏为例,我们可以估算电子的最终速度为(仅仅估算,不考虑相对论效应)

$$v = \sqrt{\frac{2e}{m_e}U_A} = \sqrt{2 \times 1.759 \times 10^{11} \times 10\,000}\ \text{m} \cdot \text{s}^{-1}$$
$$\approx 5.9 \times 10^7\ \text{m} \cdot \text{s}^{-1}$$

其速度已达到光速的20%。

当电子的初速度不为0,运动方向与电场力方向不一致时,电场力不仅改变了电子运动的能量,而且也改变了电子运动的方向。如果我们把静电场的等势面做成凸透镜形状,那么平行电子束将会聚在一点上。静电透镜就是利用这个原理制成的,静电透镜是电子透镜中的一种,指施加一定电位的中心开孔金属薄板或圆筒构成的电子和离子光学器件。由多个静电透镜组成透镜系统,它的主要作用是将带电离子束流聚焦或以很小的发散角送至下一级使用。图1.36是静电透镜的两种结构示意图。在垂直于电场线的方向画出等势面,其形状与凸透镜相似。当平行的电子束入射时,就会在圆筒轴线的某一点上聚焦。

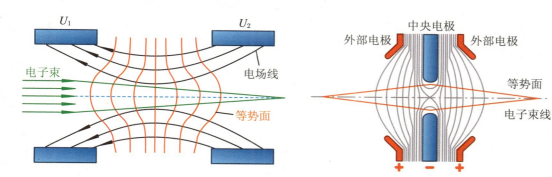

图 1.36 静电透镜原理

早期的电子显微镜中曾使用过静电透镜。由于静电透镜需要很强的电场,常在镜筒内产生弧光放电和电击穿,低真空度情况下尤为严重。静电透镜焦距不能很短,因而不能很好地矫正球差。现在制造的透射电子显微镜,其静电透镜仅用于使电子枪中的阴极发射出的电子会聚成很细的电子束,而不用来成像。

在扫描电子显微镜(STM)中,电子透镜起到调节电子源尺寸的作用,最终

电子束斑(电子探针)用来激发样品表面与该束斑相对应的像素信号,该像素的信号发射区体积的大小,是决定信息的空间分辨率的主要因素。静电透镜和磁透镜统称电子透镜。图 1.37 就是静电透镜在电子显微镜中的作用示意图。1931 年,鲁斯卡(E. Ruska,1906－1988)和克诺尔(M. Knoll,1897－1969)发明第一台透射电子显微镜(分辨率为 50 nm),鲁斯卡为此获得 1986 年诺贝尔奖。

电子显微镜比光学显微镜具有更高的分辨本领,光学显微镜的分辨率大约在 $0.1\ \mu m$,而电子显微镜的分辨本领取决于电子束的能量。通常电子束加速电压范围为 20 kV(0.058 9 Å)～1 MV(0.006 87 Å)。分辨本领可达到点分辨率 1～3 Å,线分辨率 0.5～2 Å。图 1.37 是电子显微镜原理图和用其测量表面原子结构的成像图。

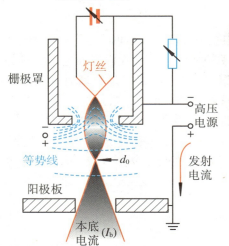

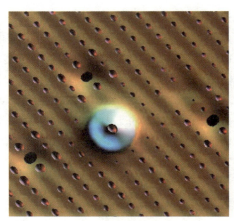

图 1.37　电子显微镜原理和用其测量表面原子结构的图像

第2章 静电场中的物质与电场能量

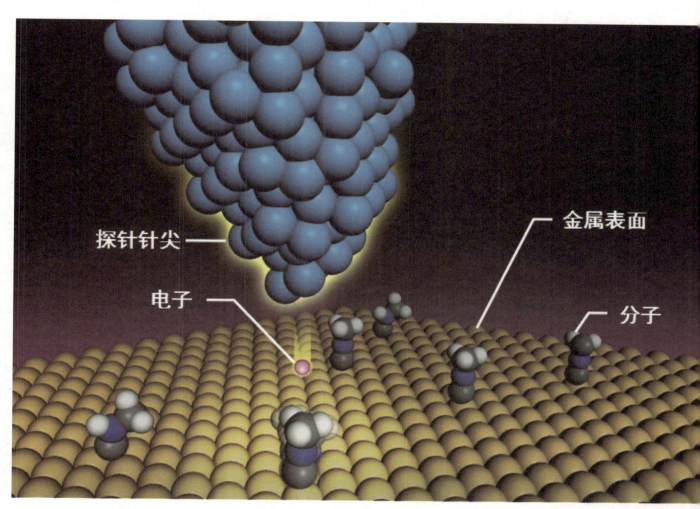

探针针尖

电子

金属表面

分子

1981年科学家发明的电子隧道扫描显微镜(STM)可以使人们看到原子尺度的形貌

2.1 静电场中的导体

2.1.1 静电平衡

静电平衡就是导体中不再有宏观的电荷运动,即导体中的自由电荷的分布在宏观上保持恒定;或自由电荷宏观分布不随时间变化,即

$$\frac{\partial \rho(x,y,z,t)}{\partial t} \equiv 0 \qquad (2.1)$$

要满足导体内电荷不再运动,则导体内宏观电场强度必须处处为 0,即

$$\vec{E}\Big|_{导体内} \equiv 0 \qquad (2.2)$$

即导体是一个处处电势相等的等势体。图 2.1 是导体在外电场中时周围的电场线分布,电场线总是与导体表面垂直。

静电平衡时,导体显示出彻底的"抗电性",表现为导体内电场强度必须处处为 0(图 2.2)。即在外电场中,导体表面会感应出电荷,感应电荷在导体内产生的电场与外电场处处抵消,在导体外总电场为感应电荷的电场和外电场的叠加。

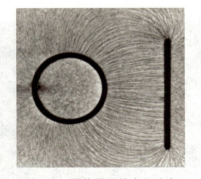

图 2.1　导体周围的电场分布

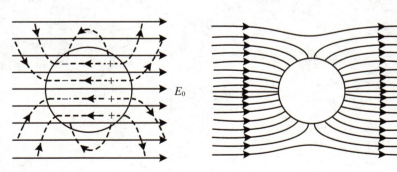

(a) 感应电荷在球内的场强与外场源　　(b) 合电场的电场线
在球内的场强大小相等、方向相反

图 2.2　静电场中的导体显示出彻底的"抗电性"

(1) 静电平衡时,电荷只分布在导体的表面,导体内部体电荷密度处处为

0。导体表面电荷的电荷层一般只有若干个原子的厚度(如图 2.3 所示)。若初始时刻,导体内电荷不为 0(若为 ρ_0),则导体内的电荷密度将按指数衰减,即 $\rho(t) = \rho_0 e^{-t/\tau}$,$\tau$ 是与导体本身性能有关的一个常数,对大部分导体 $\tau \sim 10^{-14}$s,即在很短的时间内,导体内的电荷就会运动到其表面,导体又达到静电平衡。

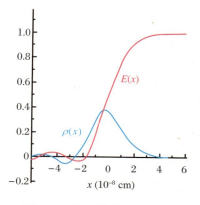

(2)导体表面的电荷分布非常复杂。导体表面的电荷分布与导体的几何形状、导体所带的总电量以及周围其他场源和其他导体的存在等有关,相当复杂。对孤立导体,表面电荷分布只与导体的形状有关,一般情况下,存在一个定性的关系:凸的地方(曲率半径小),面电荷密度大;平坦的地方(曲率半径大),面电荷密度较小(图 2.4)。即电荷分布与其表面的曲率半径有关,但并不存在唯一的函数关系。

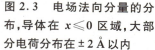

图 2.3　电场法向分量的分布,导体在 $x \leqslant 0$ 区域,大部分电荷分布在 ±2 Å 以内

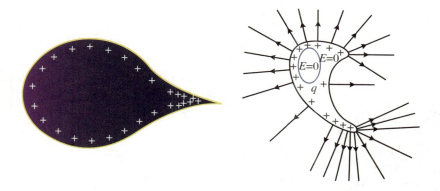

图 2.4　导体表面电荷密度分布示意图

对于一些表面具有简单几何形状的导体,可以找到面电荷密度与曲面曲率之间的函数关系。但一般情况下,面电荷密度与曲面曲率之间并不存在单一的函数关系。例如,对椭球导体,有

$$\frac{x^2}{a^2} + \frac{y^2}{b^2} + \frac{z^2}{c^2} = 1$$

如果其带电总量为 Q,则其表面电荷分布为(朗道《连续介质电动力学》):

$$\sigma = \frac{Q}{4\pi abc} \left(\frac{x^2}{a^4} + \frac{y^2}{b^4} + \frac{z^2}{c^4} \right)^{-1/2}$$

(3)导体表面外侧的电场强度为 σ/ε_0。如图 2.5 所示,在导体的边界取一个圆柱体,圆柱体的高趋近于 0,即使得上圆面紧贴外表面,下圆面紧贴内表面。由于导体内部电场为 0,所以根据高斯定理,有

$$\oiint_S \vec{E} \cdot d\vec{S} = E\Delta S = \frac{\sigma \Delta S}{\varepsilon_0}$$

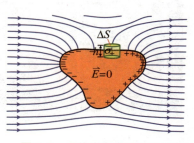

图 2.5　导体表面附近的电场

所以

$$E = \frac{\sigma}{\varepsilon_0} \tag{2.3}$$

σ 是所求位置的导体表面电荷面密度。因为导体表面电场 E 与 σ 成正比，σ 大则 E 大，且垂直于导体表面，强大的电场使空气分子中的自由电荷（电子或离子）被强电场加速，获得足够大的能量，当它们在激烈运动过程中撞上空气分子或某些原子时，就使其电子被打出来（电离），从而产生大量新的离子，相当于使其附近部分气体被击穿而发生放电，这种现象被称为尖端放电。

尖端放电的形式主要有电晕放电和火花放电两种。在导体带电量较小而尖端又较尖时，尖端放电多为电晕型放电。这种放电只在尖端附近局部区域内进行，仅使这部分区域的空气电离，并伴有微弱的荧光和嘶嘶声，因放电能量较小，这种放电一般不会成为易燃易爆物品的引火源，但可引起其他危害。在导体带电量较大、电位较高时，尖端放电多为火花型放电。这种放电伴有强烈的发光和破坏声响，其电离区域由尖端扩展至接地体（或放电体），在两者之间形成放电通道。由于这种放电的能量较大，所以容易引起人体电击等危险。

在雷雨的天气下，带电的雷雨云与地面特别高大的建筑或树木发生的一种剧烈的放电现象，就是通常所说的雷电，放电过程还伴随着轰鸣声（图 2.6）。为了避免高大的建筑物受到雷击，通常在高层建筑物上安装避雷针来避免雷击中建筑物。避雷针是美国科学家富兰克林发明的，其原理正是利用导体尖锐部分表面曲率大，因此电荷密度大、电场强度高的性质。在雷雨时节，大块的云顶部带正电，而底部则有过剩的负电，于是在接近地面时，地面感应产生正电。云底部与地面距离 3～4 km，其电荷大到足以使云与地面之间产生一个 20 MV 或 30 MV 甚至达到 100 MV 的电势差。

避雷针由于具有良好的接地性能，则避雷针尖端电场比其他地方大许多，便率先把周围空气击穿，使云与地面电荷不断中和，避免电荷累积和大规模的放电所带来的危害，所以避雷针实际上是一个引雷针，它把可能击到周围建筑物的雷电引到自身上，然后传到大地。

图 2.6　雷击就是地面与云间产生大规模的放电现象

【**例2.1**】两块相同大小的导体板,它们平行放置,相距很近,忽略边缘效应,若所带的电量分别为 Q_1 和 Q_2,求两个导体板4个表面上的电荷。

【**解**】如图所示,由于导体板间距很小,可以近似认为是无限大导体,做一个圆柱形高斯面,圆柱面的两个圆面正好通过两个导体板内部,则根据高斯原理,有

$$\oiint \vec{E} \cdot \mathrm{d}\vec{S} = 0 = \frac{(\sigma_2 + \sigma_3)S}{\varepsilon_0}, \quad 即 \; \sigma_2 + \sigma_3 = 0$$

由于导体板内的总电场强度为0,取导体中任一点 P,根据电场叠加原理,有

$$E_P = \frac{\sigma_1}{2\varepsilon_0} + \frac{\sigma_2}{2\varepsilon_0} + \frac{\sigma_3}{2\varepsilon_0} - \frac{\sigma_4}{2\varepsilon_0} = 0$$

所以

$$\sigma_1 + \sigma_2 + \sigma_3 - \sigma_4 = 0$$

将上面的 $\sigma_2 + \sigma_3 = 0$ 结果代入上式,得

$$\sigma_1 - \sigma_4 = 0$$

 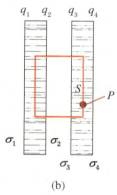

(a)   (b)

例 2.1 图

再根据电荷守恒定律,有

$$Q_1 = (\sigma_1 + \sigma_2)S, \quad Q_2 = (\sigma_3 + \sigma_4)S$$

解得

$$q_1 = q_4 = \frac{1}{2}(Q_1 + Q_2), \quad q_2 = -q_3 = \frac{1}{2}(Q_1 - Q_2)$$

如果两个极板带等量异号的电荷,则 $q_1 = q_4 = 0$,即电荷全部分布在极板内侧;如果两个极板都带正电荷,例如 $Q_1 = 1\,\mathrm{C}$,$Q_2 = 5\,\mathrm{C}$,则 $q_1 = q_4 = 3\,\mathrm{C}$,$q_2 = -q_3 = -2\,\mathrm{C}$。

2.1.2　静电屏蔽

　　有空腔的导体,若空腔内无电荷分布,则导体腔内电场强度处处为 0,即腔外电荷不会在腔内产生电场。如图 2.7 所示,这就是静电屏蔽。

　　当空腔内有带电体时,由于静电感应,空腔内表面和外表面将会出现感应电荷,腔外的电场分布随之发生变化,如图 2.8 所示,所以腔内有电荷分布时,腔内、腔外都有电场,但是腔内对腔外的影响只取决于腔内总电量和空腔的外表面形状,与电荷在腔内的分布无关。

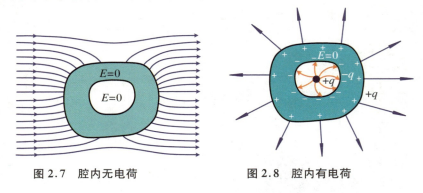

图 2.7　腔内无电荷　　　　　图 2.8　腔内有电荷

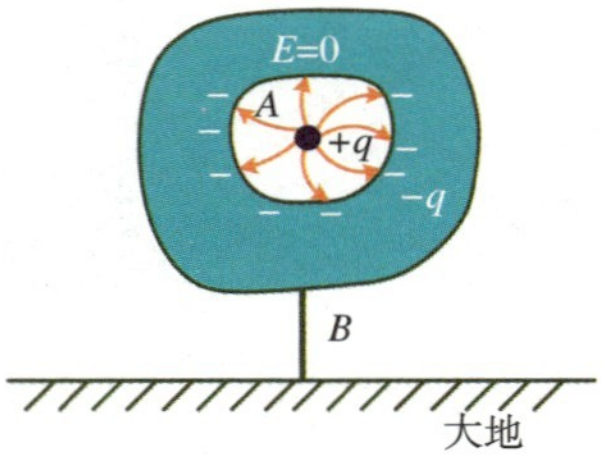

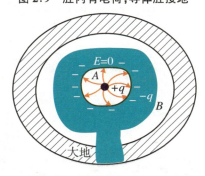

图 2.9　腔内有电荷,导体腔接地

图 2.10　等效图

　　为了排除腔内电荷对腔外的影响,我们可以把空腔接地,这时腔内、腔外互不影响。若腔内有电荷,如图 2.9 所示,记空腔内区域为 A,导体壳的外部区域为 B,并设 B 区不存在其他带电体。考虑到 B 区远离导体壳的地方应和大地等电位,故不妨把大地看成一个包围 B 区的导体壳。这样,大地、导体壳和接地导线一道又构成了一个新的导体壳;对该导体壳而言,B 成为腔内,如图 2.10 所示。由于 B 区已经为腔内,所以不再受其他部分电荷分布的影响,包括不受 A 区带电体的影响;换句话说,导体壳接地可以消除腔内(A 区)带电体对腔外(B 区)电场的影响。

　　在进行电学测量实验时,有时为了排除外界的电场干扰,可以把测量仪器放进一个屏蔽室中。另外一个有趣的例子是,为保证高压线带电检修工人的安全作业,工人全身穿戴金属丝网制成的衣、帽、手套和鞋子,称为均压服。均压服相当于一个导体壳,对人体起到静电屏蔽作用,它大大减弱了高压线电场对人体的影响,保护作业工人不致受到伤害。

2.1.3 静电的应用和测量

1. 场致发射显微镜

场致发射显微镜也是依赖金属尖端上所产生的强电场,原理如图 2.11 所示。中间一根细小的金属针,其尖端的直径约为 1 000 Å,被置于一个先抽成真空后充进少量氦气的玻璃泡中。泡内壁镀上一层十分薄的荧光质导电膜,在这层荧光膜与金属针之间加上一个非常高的电压,当一个氦原子与针尖碰撞时,那里极强的电场会把氦原子中的一个电子剥去,剩下带正电的氦离子。随即氦离子沿着场线跑至荧光壁,撞击荧光膜引起发光,与示波器、电视机显像管中的情况类似(其差别是显像管中是由于电子撞击荧光膜而引起发光的)。那些到达荧光膜某特定点上的氦离子,在很高的近似程度上,可以看作发源于径向场线的另一端,这样,我们根据荧光膜的发光点的位置就可以推断出金属尖端的原子的位置。利用这一装置,把需要研究的金属做成针状样品放入这一设备中,便可获得荧光膜上的斑点图样,进一步分析出待测样品的原子排列(图 2.12)。

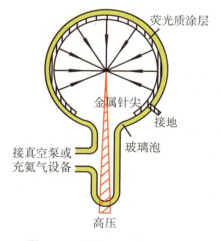

图 2.11 场离子显微镜原理

图 2.12 钨针尖的 FIM 图像

2. 范德格拉夫起电机

范德格拉夫起电机实际上是产生高压静电的装置,又称范德格拉夫静电加速器,是美国物理学家范德格拉夫(R. J. Van de Graaff,1901 – 1967)在 1929年发明的,原子核物理研究中用的静电加速器就是用范德格拉夫起电机制成的。起电机的结构示意如图 2.13 所示,其中 A 为直径可达数米的空心导体球,

放在绝缘圆柱 C 上。圆柱内有橡胶或丝织的传送带 B，它套在两个定滑轮 D 和 D' 上，依靠电动机带动，按箭头方向运转。E 是金属针尖，接在几万伏的直流电源的正极上，通过尖端的电晕放电使传送带带正电。F 为另一针尖，与导体球壳相连，当传送带上的正电荷随带传送到针尖 F 附近时，通过尖端放电使金属球 A 带正电。这样随着传送带不停地运转，A 球壳的电量越来越多，电势不断升高。但由于绝缘圆柱漏电，电势不可能无限升高，一般可达到 10^7 V 左右。在绝缘圆柱内，有一与传送带平行的真空管道通往空心导体球，如果把带电粒子注入管道，粒子在管道中被加速成高能粒子，然后通过管道引至进行实验的地方，目前在半导体工业中把小型范德格拉夫起电机用于离子注入。

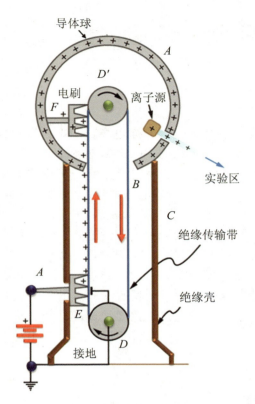

图 2.13 范德格拉夫起电机示意图

静电加速器一般可加速带电粒子能量到 $2\sim5$ MeV，束流强度为 $10\sim100$ μA。其主要优点为能量的单色性高、可连续调节、稳定度高、粒子束聚焦性能好。静电加速器加速的粒子不仅可用于核物理的研究，也可用作能量范围为 $1\sim2$ MeV 的 X 射线源。

此外，这种起电机也可用来演示很多有趣的静电现象，如使头发竖立起来、吸引发泡胶球、产生电火花、用电风使风车旋转等。范德格拉夫起电机也是许多科技馆的传统展示项目，人体通过接触外部的静电球而带静电进而出现"怒发冲冠"的景象，如图 2.14 所示。

3. 静电的其他应用

1）静电复印

早期的复印机采用直接复印，先让复印纸按图画文字深浅，分别带上相应的静电电荷，深处电荷密，浅处电荷稀，从而形成一张与图画文字相对应的静电图像。然后一种显示黑色的墨粉直接被静电图像吸引，通过定影，最后成为一张图画文字的复印品。

图 2.14　"怒发冲冠"是科技馆中的经典展示项目

但是最近几十年国际上采用的都是间接复印法。间接复印时,静电图像不是直接在复印纸上形成,而是先在一种由硒光导体材料构成的"硒鼓"上形成,通过显影,让墨粉末吸附在静电图像上,再转印到复印纸上,成为文字图画的复印品。复印纸即使是普通的纸张,也能复印出来,不需要像直接复印法那样纸张需经带静电处理,因此显得十分方便。

静电复印机中的光导硒鼓是一个圆鼓形结构的筒,表面覆有硒光导体薄膜,光导体薄膜通常用硒、氧化锌、有机光导材料等做成,光导体对光很敏感,没有光线时具有高电阻率(约为 10^{15} $\Omega\cdot cm$),一遇光照,电阻率就急剧下降(降到 $10^{10}\sim10^{12}$ $\Omega\cdot cm$)。光导体表面带有均匀的静电荷。当由图像的反射光形成的光像落在光导体表面上时,由于反射光有强有弱(因为原稿的图像有深有浅),使光导体的电阻率相应发生变化。光导体表面的静电电荷也随光线强弱程度而消失或部分消失,在光导体膜层上形成一个相应的静电图像,也称静电潜像。人们看不到它,好像潜藏在膜层内。这时,一种与静电潜像上的电荷极性相反的显影墨粉末,在电场力的吸引下,加到光导体表面上去。潜像上吸附的墨粉量,随潜像上电荷的多少而增减。于是,在"硒鼓"的表面显现出有深浅层次的墨粉图像。当复印纸与墨粉图像接触时,在电场力的作用下,吸附着墨粉的图像,好比用图章盖印一样,将墨粉转移到复印纸上,在复印纸上也形成了墨粉图像。再在定影器中经加热,墨粉中所含树脂融化,墨粉被牢固地黏结在纸上,图像和文字就在纸上复印出来了。图 2.15 就是一台静电复印机的原理示意图。

除了静电复印外,静电在电子照相、静电印刷、激光打印等印刷工业上也有广泛的用途。

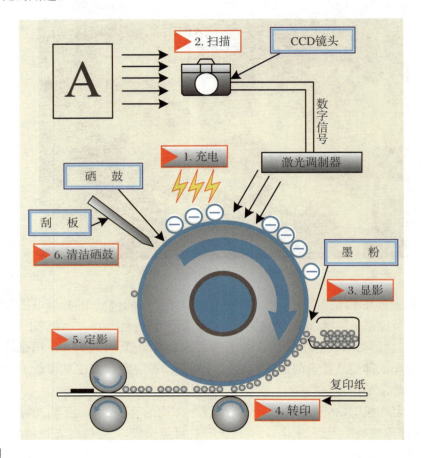

图 2.15 静电复印的原理图

2）静电除尘

高压静电除尘器是以静电净化法来过滤烟气中粉尘的装置,是净化工业废气的理想设备。它的净化工作主要依靠放电极和收集极这两个系统来完成,如图 2.16 所示。当两极间输入高压直流电时,在电极空间将产生正、负离子,电场被作用于通过电离的废气粒子表面;在电场力的作用下,废气粒子向其极性相反的电极移动,并沉积于电极上,达到收集尘埃的目的。两极系统均有振打装置,当振打锤周期性地敲打两极装置时,黏附在其上的粉尘被抖落,落入下部灰斗经排灰装置排出机外。被净化了的废气由出口经烟囱排入大气中,此时完成了烟气净化过程。

3）静电喷漆

静电喷涂的基本原理就是给涂料带上电荷,使工件带上与涂料所带电荷极性相反的电荷,通过异性相吸,从而完成喷涂过程。静电喷漆由于表面质量好、节省油漆、附着力强等优点而被越来越多地应用于各种工业用途中。

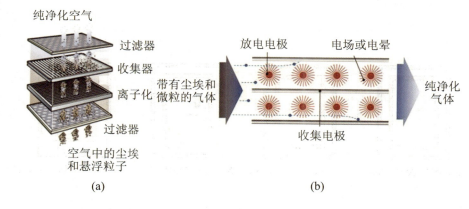

图 2.16 静电空气净化器原理

为了设备制造方便,一般让喷枪装上电极,发射负电子,让工件接地,相当于正极。静电高压为 $0\sim120\,kV$。适用油漆的电阻率在 $1\sim100\,M\Omega$ 之间。

静电喷漆已广泛地应用于汽车表面的喷涂中。为了保证汽车漆层的均匀一致,而且能够抵御高速行驶和各种天气条件的危害以保护汽车的金属内层,汽车的金属车身被覆上一种带正电荷的物质,而涂料则带有负电荷,这一过程确保了漆层的均匀统一,因为当车上已有足够负电荷的油漆时,多余的漆就会被车身上已有的漆排斥。它同时保证了漆不会脱落。图 2.17 是高转速自动静电旋杯喷涂机原理。

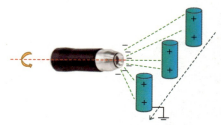

图 2.17 高转速自动静电旋杯喷涂机原理

4. 静电的测量

静电测量与一般电学测量不同,静电的特点是高电压、微电流。常用的电学测量仪器通常是安培或毫安量级,而静电测量通常用微安量级,静电电压又常常在千伏以上,所以其阻抗需要很高的值。静电测量中有很多专门的测量仪器,如超高阻微电流计、法拉第圆筒、兆欧表、象限静电计等,所以这里仅介绍法拉第圆筒测量电荷的原理。

图 2.18 表示一个开口的金属筒,把一个带正电的电荷置于筒内不同位置时,筒周围的电场线分布情况。

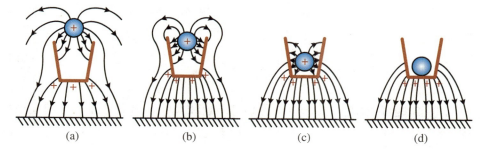

(a)   (b)   (c)   (d)

图 2.18 开口的金属筒的内电荷在不同位置时的电场线分布

图 2.19(a)－(c)所示是金属制的双层容器,内外侧绝缘,外侧接地,如果能测出内侧容器的电压,就可以求出容器的电量。这种容器与电荷在筒内的位置和分布无关,测量的是内部总电荷量,如图 2.19(c)中的总电量为 $Q = \sum_i Q_i$,这种容器被称为法拉第圆筒。

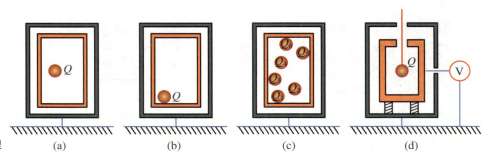

图 2.19　法拉第圆筒原理　　　(a)　　　　　(b)　　　　　(c)　　　　　(d)

实际应用中的法拉第圆筒大都是开口的,因为需要把电荷导入内部,但开口都很小,不会影响测量,如图 2.19(d)所示。也有使用法拉第罩的,可以用于测量一个带电粒子束流运动的电荷量。

2.2　电容与电容器

2.2.1　导体的电容

1. 孤立导体的电容

电荷在导体表面的分布必须保证满足导体的静电平衡条件。对于孤立导体,电荷在导体表面的相对分布情况由导体的几何形状唯一地确定,因而带一定电量的导体外部空间的电场分布以及导体的电势亦完全确定。根据叠加原理,当孤立导体的电量增加若干倍时,导体的电势也将增加若干倍,即孤立导体的电势与其电量成正比:

$$q = CU \qquad\qquad (2.4)$$

式中,比例系数 C 称为孤立导体的电容。

电容的值只取决于孤立导体的几何形状和尺寸。孤立导体电容的大小反映了该导体在给定电势的条件下储存电量能力的大小。孤立导体的电容实际上就是导体与大地之间的电容,如图 2.20 所示。

一半径为 R 的孤立导体球,当带有电荷 q 时,其电势为 $U = \dfrac{q}{4\pi\varepsilon_0 R}$,故其电容为

$$C = 4\pi\varepsilon_0 R \tag{2.5}$$

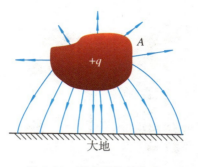

图 2.20　孤立导体的电容

电容的单位是法拉(F),1 F = 1 C·V^{-1},F 是一个很大的单位,电容为 1 F 的孤立导体球的半径约为 9×10^9 m,而地球的半径只有 6.4×10^6 m。常用的电容单位还有:毫法(mF,1 mF = 10^{-3}F)、微法(μF,1 μF = 10^{-6}F)、纳法(nF,1 nF = 10^{-9}F)和皮法(pF,1 pF = 10^{-12}F)。

现在来估算人与大地之间的电容,假设人的横截面积为 300 cm^2,人的脚站在大地上,如图 2.21 所示,与地面的间距约为 5~10 mm,则估算的电容器一般为 $C_P = 50\sim200$ pF,实际测量值一般为 $C_P' = 60\%C_P\sim70\%C_P$。人坐在地面上的电容大约为 800 pF。

2. 电容器

当导体附近存在其他带电体或导体时,电量与电势差之间的关系将受到影响。可以采用静电屏蔽的方法,保证两导体间的电势差与电量间的简单正比关系不受周围其他带电体或导体的影响。如图 2.22 所示,导体 A 和 B 之间的电势差将仅与导体 A 的电量成正比,与导体 B 周围的其他带电体如导体 C 无关。

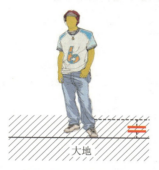

图 2.21　人体与大地之间的电容

这种特殊的导体组称为电容器,组成电容器的两个导体 A 和 B 分别称为电容器的两个极板。电路中常用的电容器标注电容值 C,设 $U = U_1 - U_2$,为两导体之间的电势差。则该电容器的电容值为

$$C = \frac{q}{U} \tag{2.6}$$

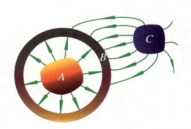

图 2.22　导体屏蔽构成了电容器

电容器的电容与其带电状态无关,与周围的带电体也无关,完全由电容器的几何结构决定。电容的大小反映了当电容器两极间存在一定电势差时,极板上贮存电量的多少。

3. 几种常见电容器的电容

图 2.23 是市场上购买的各种电容器,其设计主要是图 2.24 中所示的 3 种。实际电容器以平板电容器和圆柱形电容器居多,也有球形电容器。

图 2.23 常用的电容器

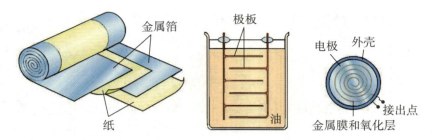

金属箔
纸
极板
油
电极 外壳
接出点
金属膜和氧化层

图 2.24 商业上常用的 3 种电容器设计

1）平行板电容器

这是一种常见的电容器。最简单的平行板电容器由两块平行放置的金属板组成，如图 2.25 所示，当极板的面积 S 足够大、两极板间的距离 d 足够小时，两极板可视为均匀带电，带电量为 $\pm q$，极板间的电场由极板上的电荷分布唯一确定。忽略极板的边缘效应，两板之间的电势差为

$$U_{ab} = \int_a^b \vec{E} \cdot \mathrm{d}\vec{l} = Ed = \frac{\sigma_e}{\varepsilon_0} d$$

故平行板电容器的电容为

$$C = \frac{q}{U_{ab}} = \frac{\varepsilon_0 S}{d} \tag{2.7}$$

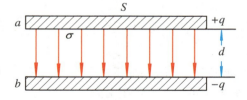

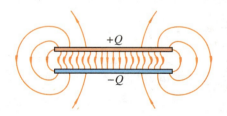

图 2.25 理想的平行板电容器和实际的平行板电容电场

由此可见，对于平行板电容器，增大极板面积、减小两极板间的距离可使电容器的电容量增大。严格讲，平行板电容器并不是屏蔽得很好的导体组，它们的电势差或多或少受到周围导体和带电体的影响，或多或少会存在边缘效应，其电场分布如图 2.25 所示。以上的公式只有在其他导体或带电体远离平行板电容器时才严格成立。实际使用中的平行板电容器往往加有屏蔽罩或卷成筒状，使屏蔽效果大大改善。

计算机键盘上的每个字母块就是利用电容器的原理设计的，通过压力来改

变电容极板之间的距离以改变电容值来发出一个指令,如图 2.26 所示。

2) 球形电容器

由两个同心金属球壳制成的电容器。设内球壳 A 的外半径为 R_A,外球壳 B 的内半径为 R_B,A 带正电荷 q 时,B 的内壁带 $-q$,如图 2.27 所示,两球壳间的场强为

$$E = \frac{q}{4\pi\varepsilon_0 r^2}$$

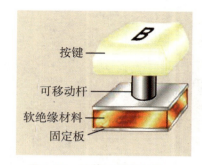

图 2.26   计算机键盘利用
电容器的原理设计

两球壳的电势差为

$$U_{AB} = \int_A^B \vec{E} \cdot \mathrm{d}\vec{l} = \frac{q}{4\pi\varepsilon_0}\left(\frac{1}{R_A} - \frac{1}{R_B}\right)$$

其电容为

$$C = \frac{q}{U_{AB}} = \frac{4\pi\varepsilon_0 R_A R_B}{R_B - R_A} \tag{2.8}$$

若 $R_B \gg R_A$,即外球壳 B 远离球 A,则回到孤立导体球的电容公式;若 R_A 和 R_B 都很大,而且都比 $R_B - R_A = d$ 大很多,则 $R_A \times R_B = R^2$,则式(2.8)回到平板电容器的公式。

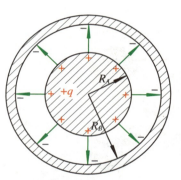

图 2.27   同心金属球壳
电容器

3) 圆柱形电容器

由两个同轴导体圆筒 A 和 B 组成的电容器。设圆筒半径分别为 R_A 和 R_B,高为 L,当 $L \gg R_B - R_A$ 时,可近似地认为圆筒是无限长的,边缘效应可忽略。设 η 为单位长度的内圆筒所带的电量,如图 2.28 所示,则两圆筒间的场强 E 为

$$\vec{E} = \frac{\eta}{2\pi\varepsilon_0 r^2}\,\vec{r}$$

电势差为

$$U_{AB} = \int_{R_A}^{R_B} \frac{\eta}{2\pi\varepsilon_0 r^2}\,\vec{r}\cdot\mathrm{d}\vec{r} = \int_{R_A}^{R_B} \frac{\eta}{2\pi\varepsilon_0 r}\mathrm{d}r = \frac{\eta}{2\pi\varepsilon_0}\ln\frac{R_B}{R_A}$$

由于电容器每个电极上的电量绝对值 $q = \eta L$,故电容为

$$C = \frac{q}{U_{AB}} = \frac{2\pi\varepsilon_0 L}{\ln(R_B/R_A)} \tag{2.9}$$

如果 $d = R_B - R_A \ll R_A$,则采用一级近似公式:$\ln(1 + x) \approx x$,$x \ll 1$,可以很容易证明,圆柱形电容器的公式就是平行板电容器的公式。

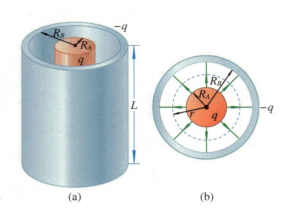

图 2.28　同轴导体圆柱形电容器　　　　(a)　　　　　　(b)

4. 导体之间的电容

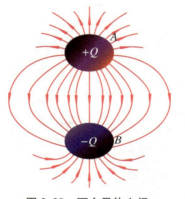

图 2.29　两个导体之间的电场分布

　　当带电导体周围存在其他导体时,不论其他导体是否带电,由于静电感应,这些导体上都会产生一定分布的感应电荷,而且这些感应电荷的分布将因其他带电体带电情况的改变而改变,从而改变原有带电导体的电势。因此,在一般情况下,非孤立导体上的电荷与其电势并不成正比。

　　对于由任意两个导体组成的导体组,当周围不存在其他导体或带电体,而其中一个导体带电荷为 Q,另一导体带电荷为 $-Q$ 时,如图 2.29 所示,这两导体间的电势差 U 与电量成正比,或者说,电量与电势差的比值是一个恒量。通常把这比值称为这两个导体构成的导体组的电容

$$C = \frac{Q}{\Delta U} \tag{2.10}$$

这种定义任意两个导体极板之间的电容与上一节电容器的定义一致,但这里的 A 和 B 两个极板不一定相互屏蔽,也就是说空间任意两个导体之间存在电容,但这样的导体不一定能当电容器使用。

　　空间存在多个带电导体时,每个导体的电势是空间所有带电体在该导体上产生电势的叠加,即导体上的电势与自身及其他导体上的电量之间是一个线性关系,即

$$\begin{cases} U_1 = p_{11}q_1 + p_{12}q_2 + \cdots + p_{1n}q_n \\ U_2 = p_{21}q_1 + p_{22}q_2 + \cdots + p_{2n}q_n \\ \qquad\qquad \cdots\cdots\cdots\cdots \\ U_n = p_{n1}q_1 + p_{n2}q_2 + \cdots + p_{nn}q_n \end{cases} \tag{2.11}$$

式中,p_{ij} 称为电势系数,它们只与导体的几何构形有关,而与电势和电量无关。所以上式为一线性方程组,可用矩阵表示:

$$\begin{bmatrix} U_1 \\ U_2 \\ \vdots \\ U_n \end{bmatrix} = \begin{bmatrix} p_{11} & p_{12} & \cdots & p_{1n} \\ p_{21} & p_{22} & \cdots & p_{2n} \\ \vdots & \vdots & & \vdots \\ p_{n1} & p_{n2} & \cdots & p_{nn} \end{bmatrix} \begin{bmatrix} q_1 \\ q_2 \\ \vdots \\ q_n \end{bmatrix} \tag{2.12}$$

为了更清楚地表示各导体上电荷与电势的关系,将上式改写为

$$\begin{cases} q_1 = C_{11}U_1 + C_{12}(U_1 - U_2) + \cdots + C_{1n}(U_1 - U_n) \\ q_2 = C_{21}(U_2 - U_1) + C_{22}U_2 + \cdots + C_{2n}(U_2 - U_n) \\ \qquad\qquad \cdots\cdots\cdots\cdots \\ q_n = C_{n1}(U_n - U_1) + C_{n2}(U_n - U_2) + \cdots + C_{nn}U_n \end{cases} \tag{2.13}$$

式中,系数 C_{ij} 称为电容系数,C_{ii} 是第 i 个导体自身部分电容(与大地之间),C_{ij} 是第 i 个导体与第 j 个导体之间的电容。可以证明,$p_{ij} = p_{ji}$,$C_{ij} = C_{ji}$。其物理意义是第 i 个导体带单位电量时,在第 j 个导体上产生的电势与第 j 个导体上带单位电量时,在第 i 个导体上产生的电势相等。图 2.30 表示了 3 个导体存在时,3 个导体之间以及它们与大地构成的分布电容情况。

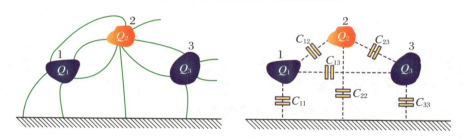

图 2.30 多个导体之间的电容

触摸屏就是利用人的手指与屏幕之间的"亲密接触"来激发信号的,电容式触摸屏是在玻璃表面贴上一层透明的特殊金属导电物质,当手指触摸在金属层上时,手指触点屏幕之间存在着的分布电容就会发生变化,电容改变带来的信号激发控制系统,使得与之相连的振荡器频率发生变化,通过测量频率变化可以确定触摸位置获得信息。现在的手机和一些显示屏,常常用触摸屏取代传统的键盘和鼠标。其原理如图 2.31 所示。

电容式触摸屏手机

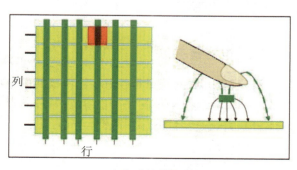

电容式触摸屏原理

图 2.31 电容式触摸屏的原理

2.2.2　电容器的联结

1. 电容器串联

电容器串联的特点是各电容器极板上的电量的绝对值都相等。注意到串联电容器组两端的总电压等于各电容器两极板间的电压之和,如图 2.32 所示,电容分别为 $C_1, C_2, \cdots, C_n$ 的 n 个电容器串联后,由于串联时总电压等于各个电容器上电压的代数和,即

$$U = U_1 + U_2 + \cdots + U_n$$

或

$$\frac{q}{C} = \frac{q}{C_1} + \frac{q}{C_2} + \cdots + \frac{q}{C_n} = q\left(\frac{1}{C_1} + \frac{1}{C_2} + \cdots + \frac{1}{C_n}\right)$$

所以,串联后其等效电容 C 为

$$\frac{1}{C} = \sum_{i=1}^{n} \frac{1}{C_i} \tag{2.14}$$

实际电容器很少串联使用,因为一旦一只电容器被击穿,其他电容器上的分压会增加,就有可能使其他电容器相继被击穿。

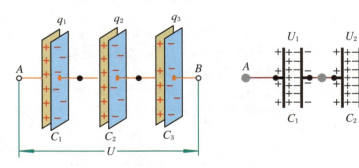

图 2.32　电容器串联

2. 电容器并联

电容器并联的特点是各电容器两极间的电压都相等,如图 2.33 所示,电容分别为 $C_1, C_2, \cdots, C_n$ 的 n 个电容器并联后,其等效电容 C 极板上的总电量等于各电容极板电容的代数和,即

$$q = q_1 + q_2 + \cdots + q_n$$

或

$$CU = C_1 U + C_2 U + \cdots + C_n U$$

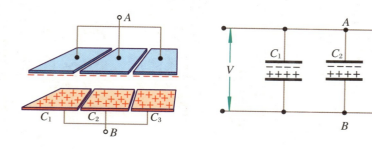

图 2.28 电容器并联

所以,并联后的等效电容 C 为

$$C = \sum_i^n C_i \tag{2.15}$$

电容器并联后可以获得较大的电容。

【例2.2】求两个相距为 d 的导体球之间的电容。设两个球的半径分别为 a 和 b,且 $d\gg a, d\gg b$。

【解】设 a 球带 $+q$,b 球带 $-q$。由于 $d\gg a, d\gg b$,所以计算 a 和 b 球带电量在对方球上产生的电势时,可以近似地看成是点电荷,因此

$$U_a = \frac{q}{4\pi\varepsilon_0}\left(\frac{1}{a} - \frac{1}{d}\right)$$

$$U_b = \frac{q}{4\pi\varepsilon_0}\left(-\frac{1}{b} + \frac{1}{d}\right)$$

两个球的电势差为

$$\Delta U = U_a - U_b = \frac{q}{4\pi\varepsilon_0}\left(\frac{1}{a} + \frac{1}{b} - \frac{2}{d}\right)$$

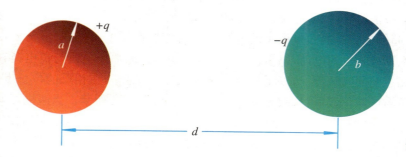

例2.2图 两个导体球之间的电容

所以，两个导体球之间的电容为

$$C = \frac{q}{\Delta U} = \frac{4\pi\varepsilon_0}{\left(\frac{1}{a} + \frac{1}{b} - \frac{2}{d}\right)}$$

假设 $d \to \infty$，则有

$$C = \frac{4\pi\varepsilon_0}{\left(\frac{1}{a} + \frac{1}{b}\right)} = \frac{4\pi\varepsilon_0 ab}{a + b}$$

相当于两个孤立导体球电容的串联，即

$$C = \frac{C_1 C_2}{C_1 + C_2} = \frac{4\pi\varepsilon_0 a \cdot 4\pi\varepsilon_0 b}{4\pi\varepsilon_0 a + 4\pi\varepsilon_0 b} = \frac{4\pi\varepsilon_0 ab}{a + b}$$

请思考：为什么两个相距很远的导体球之间的电容是串联的？

2.2.3　超级电容器*

　　发展基于充电技术的超级电容器，可以获得较大的电能储存，可以部分或全部替代传统的化学电池用于车辆的牵引电源和启动能源，甚至更大的超级电容器充电后可以直接作为汽车的工作动力。

　　传统电容器的面积是导体的表面积，为了获得较大的容量，导体材料卷制得很长，有时用特殊的组织结构来增加它的表面积。传统电容器是用绝缘材料分离它的两极板，一般为塑料薄膜、纸等，这些材料通常要求尽可能薄。传统制作电容器的方法由于材料和结构的限制，一般不可能获得较大的电容值。

　　超级电容器是利用双电层原理的电容器。当外加电压加到超级电容器的两个极板上时，与普通电容器一样，极板的正电极存储正电荷，负电极存储负电荷，在超级电容器的两极板上的电荷产生的电场作用下，在电解液与电极间的界面上形成相反的电荷，以平衡电解液的内电场，这种正电荷与负电荷在两个不同相之间的接触面上，以正负电荷之间极短间隙排列在相反的位置上，这个电荷分布层叫作双电层，因此电容量非常大，如图 2.34 所示。当两极板间电势低于电解液的氧化还原电极电位时，电解液界面上的电荷不会脱离电解液，超级电容器为正常工作状态，如电容器两端电压超过电解液的氧化还原电极电位时，电解液将分解，为非正常状态。随着超级电容器放电，正负极板上的电荷被外电路泄放，电解液的界面上的电荷相应减少。由此可以看出，超级电容器的

充放电过程始终是物理过程,没有化学反应,因此其性能是稳定的,与利用化学反应的蓄电池是不同的。

超级电容器通常使用多孔碳材料,该材料的多孔结构允许其面积达到 $2\,000$ $m^2 \cdot g^{-1}$,通过一些措施可实现更大的表面积。超级电容器电荷分离开的距离是由被吸引到带电电极的电解质离子尺寸决定的。该距离(<10 Å)和传统电容器薄膜材料所能实现的距离相比更小。这种庞大的表面积再加上非常小的电荷分离距离使得超级电容器较传统电容器而言有着大得惊人的静电容量,这也是其"超级"所在。

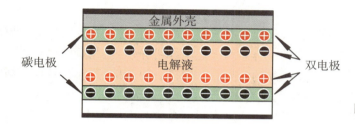

图 2.34 双层超级电容器原理

双层电容器通常采用活性碳、碳纤维、碳气凝胶和碳纳米管等作为电极材料,电容值达到法拉量级,有的甚至达到几千法拉。采用多层叠片串联组合而成的高压超级电容器,可以达到 300 V 以上的工作电压。超级电容器的发展将取代常规的电源用在各种动力系统中,特别是在汽车工业,将从目前的汽油发动机转到混合动力,直至发展成为纯电源动力汽车。图 2.35 是市场上可以购买到的几款超级电容器。

图 2.35 市场上几种超级电容器

2.3 静电场中的介质

2.3.1 电介质材料

通常的电容器的两极板间隙中都填充有电介质,其目的是增加电容值和增加击穿强度。若将已充电的电容器两极板用导线分别接到静电计上,静电计的指针便显示出电容器两极板间的电势差。保持一切条件不变,在极板间插入电介质,实验发现静电计指示的电势差减小,由 $C = Q/U$ 知,电容器插入电介质后其电容增大了,如图 2.36 所示。这表明电介质与电场发生了相互作用,最终改变了两极板之间的电场分布,即改变了两极板之间的电势差。

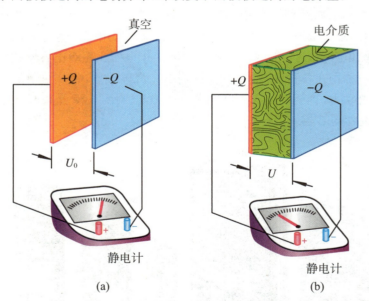

图 2.36 电容中的电介质   (a)   (b)

用 C 表示真空时的电容值,C' 表示充满绝缘介质时的电容值,则比值 C'/C 只与绝缘介质的特性有关:

$$\frac{C'}{C} = \varepsilon_r \tag{2.16}$$

式中,ε_r 称为绝缘介质的相对介电常数,是电介质材料的一个主要指标。

电介质的另一个主要指标是介电强度,也可称为击穿强度,当两个极板之间充满电介质时,给两个极板之间加上一个电压,当电压升高到一定程度时,介质会被击穿,单位厚度的绝缘材料在击穿之前能够承受的最高电压,即电场强度最大值称为击穿强度,单位是 kV · mm^{-1}。空气击穿强度为 3 ～ 5 kV · mm^{-1}。图 2.37 是空气被高压击穿时放电的实验演示。表 2.1 给出几种常见材料的相对介电常数和介电强度值。

表 2.1   几种常见材料的相对介电常数和介电强度

电介质	相对介电常数(ε_r)	介电强度 （kV · mm^{-1}）
干燥空气	1.000 6	4.7
蒸馏水	81.0	30
硬　纸	5.0	15
玻　璃	7.0	15
石英玻璃	4.2	25
云　母	6.0	80
聚乙烯	2.3	18
聚四氟乙烯	2.0	35

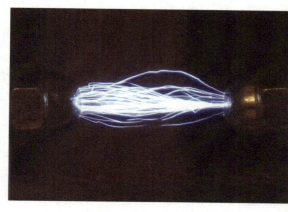

图 2.37　高压下空气被击穿的实验演示

2.3.2　电介质的极化

　　电介质是绝缘介质,不导电,理想的绝缘介质内部无自由电荷,只有束缚电荷,约束在分子或原子的范围内,即该类物质中的电子绕核运动而不是自由运动。纸张、空气、熔融石英、琥珀、云母等等都属于电介质。

　　通过实验分析表明,电介质在电场中会出现宏观分布的束缚电荷。若考虑电介质中的某个原子或分子,一般情形下它当然是电中性的,其正电荷来自于一个或多个原子核,而负电荷则对应于核外运动的电子,可以看成一个正电荷中心和一个负电荷中心,如果正负电荷中心不重合,就相当于一个电偶极子,由此将会有电偶极矩。实际上,这一微观层次上的电偶极矩将直接导致宏观上的电场分布的改变。

1. 极化强度

　　为了描述不同的电介质与外电场相互作用的强弱程度,我们引进了极化强度的概念。考虑单位体积的电介质,定义极化强度为单位体积的电偶极矩的矢量和:

$$\vec{P} = \frac{\sum_i \vec{p}_i}{\Delta V} = n\vec{p}_m \tag{2.17}$$

式中，n 是电偶极子密度，$\vec{p}_m$ 是每个偶极子的平均偶极矩。

对各向同性电介质，实验表明，极化强度的方向与外电场相同，大小与电场强度 $\vec{E}$ 成正比例关系，即

$$\vec{P} = \chi\varepsilon_0\vec{E} \tag{2.18}$$

式中，ε_0 是真空介电常数，χ 是材料的极化率。

电介质通常分为三类：极性电介质、非极性电介质和铁电体。

1）极性电介质

极性电介质的分子具有固有的电偶极矩，也就是说，即使在没有外加电场的情况下，极性电介质的分子的正电荷中心与负电荷中心不重合，因而整个分子的电矩不为 0。例如 H_2O，HCl，CO 等，如图 2.38 所示。

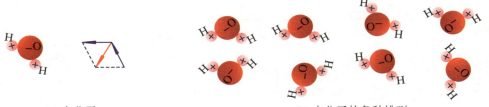

图 2.38 极性分子-水分子　　　(a) 水分子　　　　　　　　　　　　　(b) 水分子的各种排列

在没有外加电场时，由于热运动的无规性，各个分子电偶极子的方向是随机的，于是整个电介质不表现出电极化现象。在外电场中，电偶极子的方向将尽可能地趋向与电场方向一致，这将在整体上有所体现。这种极化称为取向极化，如图 2.39 所示。

水分子　　　　　　　　　无外场　　　　　　　　　有外场

图 2.39 水分子的极化

2）非极性电介质

非极性电介质的分子没有固有电偶极矩,例如 O_2,N_2,H_2,CCl_4,CO_2 等等。除了净电荷为 0 外,由于电子云分布的对称性,整个分子系统的电偶极矩亦为 0。处在电场中时,正负电荷中心被拉开一定的距离形成一个电偶极子,具有一定的电矩(图 2.40),电矩的方向与外电场的方向相同,产生的电矩称为感应电矩,外电场越强,感应电矩越大。

这种极化称作位移极化。由于原子核的质量比电子质量大得多,无极分子在电场作用下,其原子核实际上并未移动,感应电矩几乎完全是因为电子在外场作用下发生位移的结果,所以无极分子组成的电介质的极化称为电子位移极化。

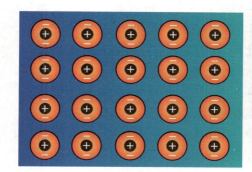
无外场

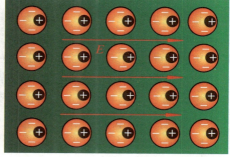
有外场

图 2.40　无极分子的位移极化

实际上即使是有极分子组成的电介质,在电场作用下,分子也能出现感应电矩,发生电子位移极化,不过一般来说,取向极化的效应比电子位移极化的效应强得多(大一个数量级)。只有在外场的频率很高时,由于分子惯性大,跟不上外场的变化,才只有电子的位移极化。有些电介质比如离子晶体在电场作用下,正负离子将发生位移,从而使介质极化,这种极化称为离子位移极化。

3）铁电体

铁电体有自发的电极化强度,就是说即使没有外场,该种物质本身也会有电极化强度。钛酸钡($BaTiO_3$)就是一例,其极化机理较复杂,将专门在 2.3.5 小节中讨论。

2. 极化电荷

电介质置于电场中,其分子的正负电荷中心将沿电场方向有所偏离。可以想象,介质内部每一个电偶极子的头部紧挨着另一个电偶极子的尾部,正负电荷的效应相互抵消,但在与场强方向相垂直的介质表面上,一个侧面处聚集了电偶极子的头部,因而表面上有正电荷分布;在另一侧表面上聚集着电偶极子的尾部,因而有负电荷分布。所以均匀极化后的电介质,在远处的电效应相当于在介质表面的薄层内分布一些电荷,是一种面电荷,束缚在介质表面上,如图 2.41 所示。

由于这种电荷是因介质的极化产生的,故称为极化电荷,当介质均匀极化后极化电荷只分布在介质的表面上,在介质内部,无极化电荷分布,实际上即使极化不均匀,只要介质本身是均匀的,这一结论亦是正确的。

对于两种不同(包括密度不同)的均匀介质,除在介质的表面上束缚着一层面分布的极化电荷外,在两种介质的交界面上,亦有极化电荷分布。

设想在一大块电介质中有一假想的体积 V,如图 2.42 所示。现分析 V 的边界 S 上的极化电荷。凡是完全处在体积 V 内的那些电偶极子,它们对 V 内的净电荷无贡献,全部位于 V 外的那些电偶极子,对 V 内的净电荷也无贡献。被 S 面切割的偶极子的情况则不同,它们中有的正电荷在 S 面的外部,因而对 V 内贡献一负电荷;有的负电荷则在 S 面的外部,因而对 V 内贡献一正电荷,V 内的净电荷正是由这些偶极子提供的。

在 S 面上任取一面积元 ΔS,以 ΔS 为底,电偶极子正负电荷之间的距离 l 的一半为斜高,在 ΔS 两侧各做一圆柱体,圆柱体的中心对称轴与 $\vec{p}_m$ 平行,两个圆柱体的体积之和 $\Delta V = l\Delta S\cos\theta$。

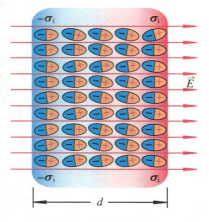

图 2.41　极化面电荷

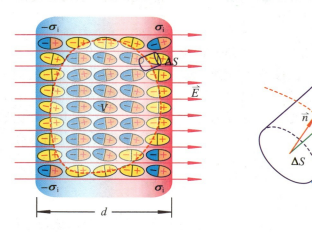

图 2.42　极化面电荷-水分子

若单位体积内的分子数为 n,则 ΔV 内的电偶极子数为

$$\Delta N = n\Delta V = n\Delta Sl\cos\theta$$

因取 S 面的外法线方向为正,所以这些电偶极子对 S 内部贡献的电荷为 $-q\Delta N$,即

$$\Delta Q' = -qnl\Delta S\cos\theta = -np_m\Delta S\cos\theta = -P\cos\theta\Delta S = -\vec{P}\cdot\Delta\vec{S}$$

将上式对整个闭曲面 S 积分,便得到包围在 S 面内的极化电荷的净电量为

$$Q_p = -\oiint_S \vec{P}\cdot d\vec{S} \tag{2.19}$$

　　介质内部任何体积 V 内的极化电荷的电量等于极化强度对包围 V 的表面 S 的通量的负值。极化强度相当于一个大电矩,其头部为正电,尾部为负电。

　　应用数学上的高斯定理,式(2.19)改写成

$$\iiint_V \rho' dV = -\oiint_S \vec{P}\cdot dS = -\iiint_V (\nabla\cdot\vec{P})dV$$

所以有

$$\rho' = -\nabla\cdot\vec{P} \tag{2.20}$$

上式便是介质内部极化电荷的体密度与极化强度的关系。显然,若介质是均匀极化的,即 $\vec{P}$ 是与坐标无关的常矢量,则 $\vec{P}$ 的散度为 0,介质内部不存在极化电荷,与我们的直观想像是一致的。

　　但是在两种极化介质的交界面上,或者在介质的表面(实际上是介质与真空的交界面)上,存在着面分布的极化电荷。若有两种极化强度分别为 $\vec{P}_1$ 和 $\vec{P}_2$ 的电介质,假定极化强度在每一种电介质中都是位置的连续函数,仅在两种介质的交界面上才发生突变。

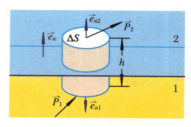

图 2.43　介质交界面的极化电荷

　　在两种介质交界面处取一圆柱体,如图 2.43 所示,并让圆柱体的高 h 趋于 0,则圆柱体内的极化电荷的电量为

$$Q' = -\oiint_S \vec{P}\cdot d\vec{S} = -\left[\vec{P}_1\cdot\Delta\vec{S}_1 + \vec{P}_2\cdot\Delta\vec{S}_2 + \delta\right]$$

$$= \left[(\vec{P}_2 - \vec{P}_1)\cdot\vec{e}_n\Delta S + \delta\right] = \rho' h\Delta S$$

式中,δ 为侧面的通量,当 $h\to 0$ 时 $\delta\to 0$,而且 $\rho' h\to\sigma'$,所以

$$\sigma' = -(\vec{P}_2 - \vec{P}_1)\cdot\vec{e}_n = P_{1n} - P_{2n} \tag{2.21}$$

即在两种介质的交界面上,极化电荷的面密度等于两种电介质的极化强度的法向分量之差。图 2.44 表明了介质界面的极化电荷与两种介质的介电常数的关系。图 2.45 表明了各种形状的电介质与真空交界面的极化电荷分布情况。

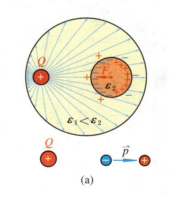

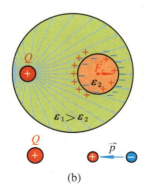

图 2.44　两种介质交界面的极化电荷分布与两种材料的介电常数有关

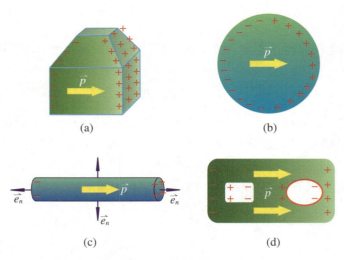

图 2.45　各种形状的介质交界面的极化电荷

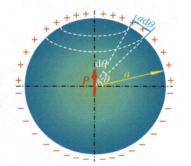

例 2.3 图　介质球的极化

【例 2.3】一个半径为 a 的均匀极化的介质球,其电极化强度为 $\vec{P}$,将该介质球置于空气中,球心处的电场强度是多少?

【解】如图所示,设极化强度矢量 $\vec{P}$ 沿 z 方向,在介质球内部各点处 $\vec{P}$ 是相同的,球表面的极化电荷面电荷密度为 $\vec{P} \cdot \vec{n} = P\cos\theta$。由对称性可知球心处的电场沿 $-z$ 方向,其大小为

$$E' = -\frac{1}{4\pi\varepsilon_0} \frac{1}{a^2} \int_0^\pi \mathrm{d}\theta \int_0^{2\pi} \mathrm{d}\varphi (a^2\sin\theta)(P\cos\theta)\ \cos\theta$$

$$= -\frac{1}{3\varepsilon_0}P$$

负号表明球心处的电场方向与极化强度矢量的方向相反。这里我们计算的是球心处的场强,实际上在整个介质球内部由极化电荷产生的场强是均匀的,其大小正是 $P/(3\varepsilon_0)$。对处于均匀外电场中的介质棒、片和球,以及椭球,体内 $\vec{E}'$ 均匀并严格与 $\vec{P}$ 相反,即与外场 $\vec{E}_0$ 方向相反;但对任意的几何形状的介质体、非均匀的电介质或非均匀的外电场等情况,介质内的 $\vec{E}'$ 只是大体上与外场 $\vec{E}_0$ 方向相反。

3．极化强度与电场的关系

电介质在外电场 $\vec{E}_0$ 中极化,出现极化电荷,极化电荷将产生电场 $\vec{E}'$,空间任一点的电场由两者叠加而成:

$$\vec{E} = \vec{E}_0 + \vec{E}' \tag{2.22}$$

极化电荷在介质以外空间产生的电场很复杂。在电介质内,极化电荷产生

的电场总是与外场方向相反,总电场随之减弱,极化强度亦减弱,故称为退极化场,如图 2.46 所示。

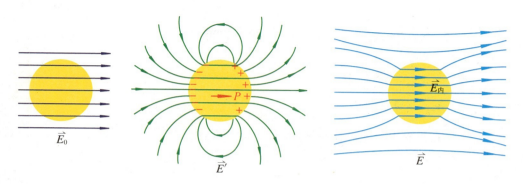

图 2.46 均匀介质球在外场中的极化

现在我们以平行板电容器为例,讨论介质中的总电场强度,如图 2.47 所示。

介质表面的极化电荷密度为

$$\sigma' = \pm P$$

极化电荷产生的场强为

$$E' = \frac{\sigma'}{\varepsilon_0} = \frac{P}{\varepsilon_0}$$

由于退极化场与外电场方向相反,上式写成矢量形式为

$$\vec{E}' = -\frac{\vec{P}}{\varepsilon_0} = -\chi \vec{E}$$

式中,$\vec{E}$ 为总场强。另一方面总场强 $\vec{E}$ 又是外场 $\vec{E}_0$ 和退极化场 $\vec{E}'$ 的叠加,即

$$\vec{E} = \vec{E}_0 + \vec{E}' = \vec{E}_0 - \chi \vec{E}$$

解得

$$\vec{E} = \frac{\vec{E}_0}{1 + \chi} = \frac{\vec{E}_0}{\varepsilon_r} \tag{2.23}$$

式中,ε_r 称为相对介电常数,通常

$$\varepsilon = \varepsilon_0 \varepsilon_r \tag{2.24}$$

电容器充满介质后的电容值为

$$C = \frac{q}{U} = \varepsilon_r \frac{q}{U_0} = \varepsilon_r C_0$$

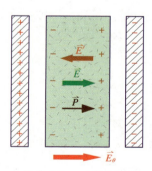

图 2.47 电容器内的退极化场

式中,C_0 为真空时的电容值。

2.3.3　电介质的基本电学特性

1. 高斯定理

在没有电介质存在时,电场的高斯定理为

$$\oiint_S \vec{E} \cdot d\vec{S} = \frac{1}{\varepsilon_0} \sum_{S_内} q_0$$

在电介质中,介质内部或界面出现极化电荷,极化电荷产生的电场也满足高斯定理,即

$$\oiint_S \vec{E} \cdot d\vec{S} = \frac{1}{\varepsilon_0} \sum_{S_内} q_0 + \frac{1}{\varepsilon_0} \sum_{S_内} q'$$

因为介质内部的极化电荷满足

$$\sum_{S_内} q' = -\oiint_S \vec{P} \cdot d\vec{S}$$

所以

$$\oiint (\varepsilon_0 \vec{E} + \vec{P}) \cdot d\vec{S} = \sum_{S_内} q_0$$

令

$$\vec{D} = \varepsilon_0 \vec{E} + \vec{P} \tag{2.25}$$

则有

$$\oiint \vec{D} \cdot d\vec{S} = \sum_{S_内} q_0 \tag{2.26}$$

式中,$\vec{D}$ 称为电位移矢量。这就是电介质存在时新的高斯定理。该式表明:电位移矢量的电通量与极化电荷无关,只与自由电荷有关,即电位移线发自正自由电荷,终止于负自由电荷,不受极化电荷的影响。其微分形式为

$$\nabla \cdot \vec{D} = \rho_0 \tag{2.27}$$

该公式具有一般性意义,即对于任意电场和任意介质均成立;新的高斯定理只

涉及自由电荷。

对于线性极化的电介质,由 $\vec{P}$ 的表达式,可以把 $\vec{D}$ 改写为

$$\vec{D} = \varepsilon_0 \varepsilon_r \vec{E} \tag{2.28}$$

该式也称为线性均匀电介质的本构方程。但是对于那些非线性极化的电介质,由于 $\vec{P}$ 与 $\vec{E}$ 不是简单的线性关系,于是 $\vec{D}$ 亦不能有上述简单的表示。

2. 环路定理

静电场的环路定理说明静电场是保守场或电场的无旋性,在没有介质的静电场中,有 $\nabla \times \vec{E} = 0$。引入电介质后,当然会出现极化面电荷或极化体电荷,这些极化电荷都处于静止状态,由它们所产生的电场与静止的自由电荷产生的电场并无本质上的不同,它们同属于静电场,也同样遵从库仑定律。在有介质存在的情形下,由自由电荷和极化电荷共同形成的静电场仍然是保守场,即仍然遵从无旋性:

$$\nabla \times \vec{E} = 0 \tag{2.29}$$

【例2.4】 平板电容器内充满两层均匀介质,厚度分别为 d_1 和 d_2,相对介电常数为 ε_1 和 ε_2,电容器所加电压为 U。求:(1) 电容器的电容;(2) 介质分界面的极化电荷面密度。

【解】 电容器接上电源,设上下极板自由电荷面密度为 $\pm \sigma_0$,通过做一个圆柱形的高斯面穿过上极板,高斯面的上下端面的面积为 ΔS,根据介质存在时的高斯定理,有

$$\vec{D} \cdot \Delta \vec{S} = \sigma_0 \Delta S$$

即

$$D = \sigma_0$$

根据式(2.28),得到在两种介质中的电场强度分别为

$$E_1 = \frac{\sigma_0}{\varepsilon_0 \varepsilon_1}, \quad E_2 = \frac{\sigma_0}{\varepsilon_0 \varepsilon_2}$$

两个极板间的总电势差为

$$\Delta U = \int_0^{d_1} \vec{E}_1 \cdot \mathrm{d}\vec{l} + \int_{d_1}^{d_1+d_2} \vec{E}_2 \cdot \mathrm{d}\vec{l} = \frac{\sigma_0}{\varepsilon_0}\left(\frac{d_1}{\varepsilon_1} + \frac{d_2}{\varepsilon_2}\right)$$

根据电容的定义,得到该电容器的电容值为

$$C = \frac{Q}{\Delta U} = \frac{\varepsilon_0 S}{\dfrac{d_1}{\varepsilon_1} + \dfrac{d_2}{\varepsilon_2}} = \frac{\varepsilon_0 S}{d_{\text{eff}}}$$

极板上自由电荷总电量为

$$Q = CU = \frac{\varepsilon_0 S U}{d_{\text{eff}}}$$

$$\sigma_0 = \frac{Q}{S} = \frac{\varepsilon_0 U}{d_{\text{eff}}}$$

最终有

$$E_1 = \frac{U}{\varepsilon_1 d_{\text{eff}}}, \quad E_2 = \frac{U}{\varepsilon_2 d_{\text{eff}}}$$

也可直接把该电容器看成两个电容串联,见例 2.4 图右边示意图,则总电容为 $C = \dfrac{C_1 C_2}{C_1 + C_2}$,而得到上式。式中,$d_{\text{eff}}$ 称为有效厚度,相当于插入两种介质后,相对于真空情况,电容器极板之间的间距从 d 减少到 d_{eff}。

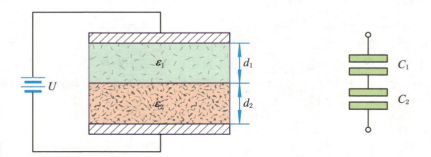

例 2.4 图

电容器内两种介质的极化强度分别为

$$P_1 = \varepsilon_0(\varepsilon_1 - 1)E_1 = \left(1 - \frac{1}{\varepsilon_1}\right)\sigma_0$$

$$P_2 = \varepsilon_0(\varepsilon_2 - 1)E_2 = \left(1 - \frac{1}{\varepsilon_2}\right)\sigma_0$$

两种介质交界面的极化电荷面密度为

$$\sigma' = P_1 - P_2 = \left(\frac{1}{\varepsilon_2} - \frac{1}{\varepsilon_1}\right)\sigma_0 = \frac{\varepsilon_1 - \varepsilon_2}{\varepsilon_1 \varepsilon_2} \frac{\varepsilon_0 U}{\dfrac{d_1}{\varepsilon_1} + \dfrac{d_2}{\varepsilon_2}} = \frac{(\varepsilon_1 - \varepsilon_2)\varepsilon_0 U}{\varepsilon_2 d_1 + \varepsilon_1 d_2}$$

2.3.4 低介电常数材料与高介电常数材料 *

1. 低介电常数材料

随着信息工业与计算机工业的飞速发展,集成电路的特征尺寸将降低到 nm 量级时,这时器件内部金属连线的电阻和绝缘介质层的电容所造成的延时、串扰、功耗已经成为限制器件性能的主要因素。目前集成电路的金属连线-介质层材料为铝-二氧化硅配置,用电阻率更小的铜取代铝作金属连线,用低介电常数(信息工业用 K 表示相对介电常数 ε_r)材料取代二氧化硅作介质层是一个重要的发展方向。低介电常数材料或称 Low-K 材料,传统半导体使用二氧化硅作为介电材料,氧化硅的相对介电常数 K 约为 4。真空的 K 为 1,干燥空气的 K 接近于 1。通过降低集成电路中使用的介电材料的介电常数,可以降低集成电路的漏电电流,降低导线之间的电容效应,降低集成电路发热,等等。图 2.48 是一个 CPU 的内部结构示意图,它使用了低介电常数来减少层间电容等参数。

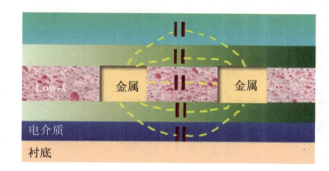

图 2.48 CPU 内部结构和等效的层间电容

根据 K 值的差异,层间介质基本分为三类:$K > 3.0$,$K = 2.5 \sim 3.0$ 和 $K < 2.2$。表 2.2 给出了不同的集成电路技术节点对介电常数的要求。

表 2.2 不同技术节点的层间介质选择和 K 值要求

线宽(nm)	制备方法	K
250	SiO_2	3.9
130~180	氟化 SiO_2(FSG)	3.6
90	CVD low-K	2.9~2.7
65	CVD low-K	2.9~2.5
45	介孔超低 low-K	<2.2

多孔介质分为微孔、介孔两类,微孔的孔径小于 2 nm,而介孔的孔径在 2～50 nm 之间。根据采用的材料,目前的多孔介质分为 Si 基(SiCCH,p-Si,p-SiO$_2$)和 C 基(α-C:F)两大类。根据制备技术的差异,多孔介质目前主要采用甩胶技术和化学气相沉积技术制备,通过汽化或溶解后处理工艺形成孔隙。目前的研究结果表明,采用 CVD 技术汽化后处理相结合工艺制备的 Si 基微孔介质与微电子工艺的兼容性好,更适于未来集成电路工业的应用。

2. 高介电常数材料

高介电常数材料(高 K 材料)是指相对介电常数大于二氧化硅($K=4$)的介电材料的泛称。常用的高 K 材料因物理特性、化学组成不同可以大致分为三类:铁电材料、金属氧化物、氮化物。由于制备方法、工作条件、材料中各元素的组分不同等因素的影响,同一类材料的相对介电常数也有所不同。目前越来越多的电子元件,如介质基板、介质天线、介电薄膜、嵌入式电容等,都需要材料具备优异的介电性能。

表 2.3 是部分介电材料常温下相对介电常数的对比,可见,就相对介电常数而言,氮化物相对较低,金属氧化物相对高一点,而铁电材料一般显著高于前两者,某些铁电材料在常温下的相对介电常数可以达到 1 000 以上。

表 2.3　部分介电材料在常温下的相对介电常数

高 K 材料	制备方法	K
SiO$_2$	氧化法	3.9
Si$_3$N$_4$	凝胶气相淀积法	6～7
ZnO	溶胶-凝胶法或射频溅射法	8～12
Ta$_2$O$_5$	金属有机物化学气相沉积法	25～50
HfO$_2$	金属有机物分解	21
ZrO$_2$	真空蒸发法	25
BST	金属有机物化学气相沉积法或分子束外延法	180
PZT(铁电材料)	金属有机物化学气相沉积法或分子束外延法	400～800

金属-氧化物-半导体结构的晶体管简称 MOS 晶体管,有 P 型 MOS 管和 N 型 MOS 管之分。MOS 管构成的集成电路称为 MOS 集成电路,而 PMOS 管和 NMOS 管共同构成的互补型 MOS 集成电路即为 CMOS-IC。图 2.49 表示两种三极管结构,第二种选用高 K 介质和金属门。

为了减少元件所占的空间,通常在设计电路时使用嵌入式电容来代替表面安装电容。由于嵌入式电容面积有限,在大功率电容器中必须填充具有高介电常数和低损耗的材料。

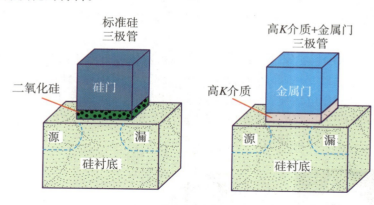

图 2.49　两种 MOS 结构示意图

目前常见的高介电材料是无机铁电陶瓷,如钛酸钡($BaTiO_3$)、钛酸锶钡($Ba_xSr_{1-x}TiO_3$)、钛酸铅($PbTiO_3$)等。尽管介电常数很高,但陶瓷易开裂,难以制造形状各异的电容器。相比之下,聚合物材料易于加工、柔性好、质量轻,与有机基板或印刷电路板的相容性好,可以大面积成膜。聚合物基介电材料主要分为以下三类:聚合物/陶瓷、聚合物/导电颗粒介电材料和纯聚合物介电材料。

2.3.5　铁电体介质和压电效应

有一些电介质如钛酸钡($BaTiO_3$)、钛酸锶($SrTiO_3$)[图 2.50(a)]和酒石酸钾钠($KNaC_4H_4O_6 \cdot 4H_2O$)等,它们的极化规律非常复杂,存在滞后现象。这种介质叫作铁电体介质。每一种铁电材料都有一个转变温度,称为居里温度或居里点,当温度低于居里点时,材料呈铁电性,当温度高于居里点时,材料的性质与一般电介质相同,如钛酸钡的居里温度为 120 ℃。

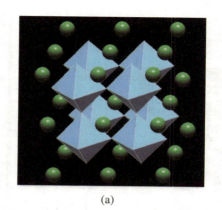

(a)

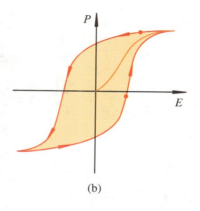

(b)

图 2.50　$BaTiO_3$ 的结构(a)和铁电体介质的极化曲线(b)

在居里温度之下,铁电材料中出现自发极化,并且自发极化可以随外电场反向而反向;在交变电场作用下,显示电滞回线,如图 2.50(b)所示,此时晶体中形成电畴。

1880 年,法国科学家居里兄弟发现了压电效应。某些各向异性的晶体在机械力作用下发生形变时,晶体的表面上会出现极化电荷,这种现象称为压电效应。铁电体具有压电效应,但有压电效应的介质不一定是铁电体,如石英晶体是压电体,但不是铁电体。石英是一种 SiO_2 的晶体,其压电效应与其内部结构有关,图 2.51 是石英晶体的示意图和晶轴。

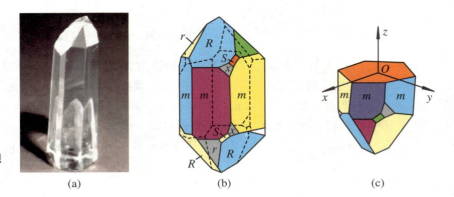

图 2.51 石英晶体(a)、石英理想外形(b)和石英晶体的晶轴(c)

(a)   (b)   (c)

如图 2.52(a)所示,晶体不受外力时,若晶体各电畴的总电偶极矩分别为 $\vec{p}_1,\vec{p}_2$ 和 $\vec{p}_3$,有

$$\vec{p}_1 + \vec{p}_2 + \vec{p}_3 = 0 \tag{2.30}$$

当晶体受到外力作用时,如图 2.52(b)和(c)所示,则

$$\vec{p}_1 + \vec{p}_2 + \vec{p}_3 \neq 0 \tag{2.31}$$

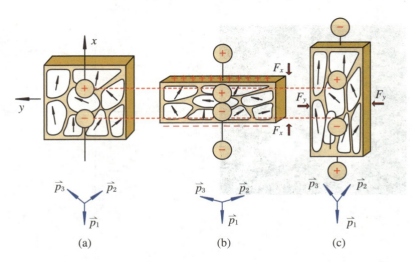

图 2.52 晶体的压电效应

(a)   (b)   (c)

压电效应还有其逆效应——电致伸缩。压电材料在工业、军事、医疗和家电等领域具有广泛的应用。

获 1986 年诺贝尔奖的扫描隧道显微镜 STM 中探头移动步长 100 ～ 1 000 Å，是由电致伸缩完成的。晶片的固有振荡频率由尺寸大小决定，在外场作用下可获得稳定的电振荡，稳定度达 10^{-13} 量级，图 2.53 是扫描隧道显微镜的示意图和获得的原子尺度的形貌图像。

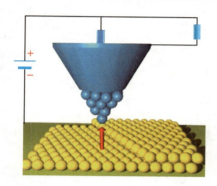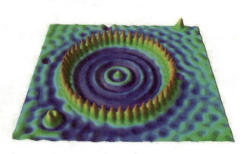

图 2.53　STM 中的针尖和图像

STM 是将原子尺度的极细针尖和被研究物质的表面作为两个电极，当样品与针尖的距离非常接近时，在外加电场的作用下，电子会穿过两个电极之间的绝缘层流向另一电极。由于隧道电流的强度对针尖与样品间的距离非常敏感，所以可以进行极高灵敏度的检测。STM 使人们能够直接观察到原子在物质表面的排列状态，使在纳米尺度上研究物质表面的原子和分子结构及与电子行为有关的物理和化学性质成为可能。

2.4　静电场的能量

电场是物质存在的一种形态，电场与带电物质之间会发生相互作用，因此就会发生能量、动量等的相互转换，本节主要讨论静电场的能量，即静电能。

2.4.1　点电荷系统的静电相互作用能

我们从最简单的两个点电荷情形开始分析。如果空间只有这两个电荷，q_1 和 q_2 组成静电体系具有的相互作用能的物理意义是，在无电场的空间先把 q_1 从无限远处移到 q_1 所在处 r_1，此时移动 q_1 不需要做功，因为空间还没有其他电荷的电场;然后再从无限远处把 q_2 移到它所在处 r_2,移动 q_2 过程需克服 q_1 所产生的电场做功,所做的功就转化为两个电荷系统的相互作用能。

$$W = - q_2 \int_{\infty}^{r_{12}} \vec{E}_1 \cdot \mathrm{d}\vec{l} = \frac{1}{4\pi\varepsilon_0} \frac{q_1 q_2}{r_{12}} = q_2 U_{21} \tag{2.32}$$

式中,r_{12} 是两个电荷之间的距离,U_{21} 是 q_1 在 q_2 所在处的电势。

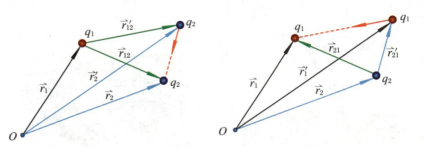

图 2.54　两点电荷体系的相互作用能

若先移动 q_2 后再移动 q_1,初态与末态两电荷的位置与之前的相同,因为静电场做功与移动电荷的次序无关,所以静电能也可写成 $W = q_1 U_{12}$。

由对称性,我们可以把由 q_1 和 q_2 组成的静电体系具有的相互作用能写成对称形式:

$$W_{12} = \frac{1}{2}(q_1 U_{12} + q_2 U_{21}) = \frac{1}{2}\left(\frac{1}{4\pi\varepsilon_0} \frac{q_1 q_2}{r_{12}} + \frac{1}{4\pi\varepsilon_0} \frac{q_2 q_1}{r_{21}}\right) \tag{2.33}$$

式中,右边的项当交换下标 1 和 2 时保持不变。

式(2.33)很容易推广到 N 个点电荷系统中,即

$$W_{互} = \frac{1}{2}\sum_{i=1}^{N} q_i U_i \tag{2.34}$$

U_i 表示除自身外,所有其他点电荷在该处所产生的电势,即

$$U_i = \sum_{\substack{j=1 \\ (j \neq i)}}^{N} U_{ji} = \frac{1}{4\pi\varepsilon_0} \sum_{\substack{j=1 \\ (j \neq i)}}^{N} \frac{q_j}{r_{ij}}$$

或

$$W_{互} = \frac{1}{8\pi\varepsilon_0} \sum_{i=1}^{N} \sum_{\substack{j=1 \\ (i \neq j)}}^{N} \frac{q_i q_j}{r_{ij}} \tag{2.35}$$

下标 i 和 j 对称,表示外界做功与电荷移入的次序无关。该式结果可以用数学归纳法证明,读者自行证明。

因此,点电荷体系的静电能即点电荷体系的相互作用能,就是建立这种电荷分布需要外界提供的能量。外界为建立这种电荷分布需要做功,这个功以静

电能的形式储存在电场中。

【例2.5】在边长为 a 的正六边形各顶点有固定的点电荷,它们的电量相间地为 Q 和 $-Q$.

求:(1) 系统的静电能;(2) 若外力将其中相邻的两个点电荷缓慢地移到无限远处,移动过程中始终保持两个电荷距离不变,其余4个电荷位置不变,外力需做多少功?

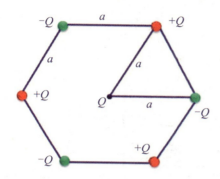

例2.5图 6个电荷组成的正
六角形分布

【解】(1) 任一电荷 Q 所在处的电势为

$$U_+ = 2\frac{-Q}{4\pi\varepsilon_0 a} + 2\frac{Q}{4\pi\varepsilon_0 \sqrt{3}a} + \frac{-Q}{4\pi\varepsilon_0 2a} = \frac{Q}{4\pi\varepsilon_0}\left(\frac{2}{\sqrt{3}} - \frac{5}{2}\right)$$

由对称性,有

$$U_- = -U_+$$

系统的静电能为

$$W = \frac{1}{2}\left[3QU_+ + 3(-Q)U_-\right] = 3QU_+ = \frac{3Q^2}{4\pi\varepsilon_0 a}\left(\frac{2}{\sqrt{3}} - \frac{5}{2}\right)$$

(2) 移走两个相邻电荷后,余下4个点电荷系统的静电能为

$$W_1 = \left[\frac{-Q^2}{4\pi\varepsilon_0 a} + \frac{(-Q)^2}{4\pi\varepsilon_0 \sqrt{3}a} + \frac{-Q^2}{4\pi\varepsilon_0 2a}\right] + \left[\frac{-Q^2}{4\pi\varepsilon_0 a} + \frac{Q^2}{4\pi\varepsilon_0 \sqrt{3}a}\right] + \frac{-Q^2}{4\pi\varepsilon_0 a}$$

$$= \frac{Q^2}{4\pi\varepsilon_0 a}\left(\frac{2}{\sqrt{3}} - \frac{7}{2}\right)$$

由于移动两个电荷过程中始终保持距离为 a,所以无限远处一对电荷之间的静电能为

$$W_2 = -\frac{Q^2}{4\pi\varepsilon_0 a}$$

做功等于系统静电能的改变：

$$A = (W_1 + W_2) - W$$

即

$$A = \frac{Q^2}{4\pi\varepsilon_0 a}\left(3 - \frac{4\sqrt{3}}{3}\right)$$

2.4.2　带电体的静电能

把点电荷体系的相互作用能推广到连续分布的带电体系，对体分布电荷系统，有

$$W_e = \frac{1}{2}\iiint\limits_{V} \rho_e(\vec{r}) U_1(\vec{r})\mathrm{d}V \tag{2.36}$$

式中，$U_1(\vec{r})$ 表示除 $\rho_e(\vec{r})\mathrm{d}V$ 以外，其他所有电荷在 $\vec{r}$ 处产生的电势。它与带电体所有电荷在 $\vec{r}$ 处产生的电势 $U(\vec{r})$ 是不同的，即

$$U_1(\vec{r}) = U(\vec{r}) - U'(\vec{r})$$

式中，$U'(\vec{r})$ 为电荷元 $\rho_e\mathrm{d}V$ 在其自身所在处产生的电势。

可以证明，将 $\rho\mathrm{d}V$ 看成点电荷，若 ρ 为有限值，随 $\mathrm{d}V$ 趋于 0，$\rho\mathrm{d}V$ 为三阶无穷小量，在自身处产生的电势 $U'(\vec{r})$ 为二阶无穷小量，即总电势中不必考虑每个电荷元在自身所在处产生的电势 $U'(\vec{r})$。因此，体分布带电体的静电能可以改写成

$$W_e = \frac{1}{2}\iiint\limits_{V} \rho_e(\vec{r}) U(\vec{r})\mathrm{d}V \tag{2.37}$$

对面电荷分布的带电体，类似地可以得到其静电能为

$$W_e = \frac{1}{2}\iint\limits_{S} \sigma_e(\vec{r}) U(\vec{r})\mathrm{d}S \tag{2.38}$$

空间存在多个带电体（图 2.55），则总电势可以分为两部分，即

$$U(\vec{r}) = U_i(\vec{r}) + U^{(i)}(\vec{r})$$

式中，$U_i(\vec{r})$ 表示除第 i 个带电体外其他所有带电体在 $\vec{r}$ 处产生的电势；

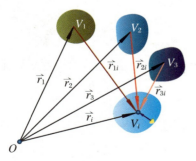

图 2.55　多个带电体组成的体系

$U^{(i)}(\vec{r})$表示第 i 个带电体在 $\vec{r}$ 处产生的电势。总静电能可以写成

$$W_e = \frac{1}{2}\sum_{i=1}^{N}\iiint_{V_i}\rho_e(\vec{r})U(\vec{r})dV$$

$$= \frac{1}{2}\sum_{i=1}^{N}\iiint_{V_i}\rho_e(\vec{r})U^{(i)}(\vec{r})dV + \frac{1}{2}\sum_{i=1}^{N}\iiint_{V_i}\rho_e(\vec{r})U_i(\vec{r})dV$$

$$= W_{自} + W_{互} \tag{2.39}$$

式中，$W_{自}$ 和 $W_{互}$ 分别表示带电体的自能和相互作用能。

在计算点电荷体系的电场能量时，只计算其相互作用能，而不计算其自能（实际上也无法计算）；而计算带电体的电场能量时，不仅要计算带电体之间的相互作用能，还要计算每一个带电体的自能。

计算带电体的互能时，只要第 i 个带电体的尺寸远小于它和其他带电体的距离，就可当成点电荷处理。计算互能时，有

$$U_i(\vec{r}) \approx U_i(\vec{r}_i) = U_i$$

$$\frac{1}{2}\iiint_{V}\rho_e(\vec{r})U_i(\vec{r})dV \approx \frac{1}{2}U_i\iiint_{V}\rho_e dV = \frac{1}{2}q_i U_i$$

当所有带电体的自身尺寸都远小于它们之间的距离时，有

$$W_{互} = \frac{1}{2}\sum_{i=1}^{N}\iiint_{V_i}\rho_e(\vec{r})U_i(\vec{r})dV = \frac{1}{2}\sum_{i=1}^{N}q_i U_i \tag{2.40}$$

这正是点电荷之间相互作用能的公式。

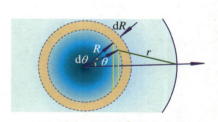

例 2.6 图　氢原子电荷分布

【例2.6】设氢原子处于基态时，核外电子云的电荷分布为

$$\rho = -\frac{q}{\pi a^3}e^{-\frac{2r}{a}}$$

式中，q 是电子的电荷量，a 是玻尔半径，r 是到核心的距离，求核外电荷分布的自能。

【解】如图在离球心距离为 r 处的电势为（请读者自行验证）

$$U = \frac{q}{4\pi\varepsilon_0}\left[\left(\frac{1}{a} + \frac{1}{r}\right)e^{-\frac{2r}{a}} - \frac{1}{r}\right]$$

故核外电荷分布的自能为

$$W = \frac{1}{2}\iiint_{V}U\rho dV$$

$$= \frac{1}{2} \frac{q}{4\pi\varepsilon_0} \int_0^\infty \left[\left(\frac{1}{a} + \frac{1}{r} \right) e^{-\frac{2r}{a}} - \frac{1}{r} \right] \left(-\frac{q}{\pi a^3} e^{-\frac{2r}{a}} \right) 4\pi r^2 dr$$

$$= -\frac{q^2}{2\pi\varepsilon_0 a^2} \left[\frac{1}{a} \frac{2}{(4/a)^3} + \frac{1}{(4/a)^2} - \frac{1}{(2/a)^2} \right]$$

$$= \frac{5q^2}{64\pi\varepsilon_0 a}$$

【例 2.7】 计算一个电量为 Q、半径为 R 的均匀带电球体的自能。

【解】 假设球内介电常数为 ε_0、半径为 R 的均匀带电球产生的电场强度为

$$\vec{E} = \begin{cases} \dfrac{\rho}{3\varepsilon_0} \vec{r} & (r < R) \\ \dfrac{1}{4\pi\varepsilon_0} \dfrac{Q}{r^2} \vec{e}_r & (r > R) \end{cases}$$

球内一点 r 处的电势为

$$U(r) = \int_r^\infty \vec{E} \cdot d\vec{r} = \int_r^R \vec{E} \cdot d\vec{r} + \int_R^\infty \vec{E} \cdot d\vec{r} = \frac{\rho}{6\varepsilon_0}(3R^2 - r^2)$$

所以均匀带电球的自能为

$$W = \frac{1}{2} \iiint \rho(r) U(r) dV = \frac{\rho^2}{12\varepsilon_0} \int_0^R (3R^2 - r^2) 4\pi r^2 dr$$

$$= \frac{4\pi\rho^2 R^5}{15\varepsilon_0} = \frac{3Q^2}{20\pi\varepsilon_0 R}$$

如果球内相对介电常数为 ε_r，球外为真空，则该带电球体的自能又为多少？

这就是一个均匀带电球体的自能，若带电球体的半径 $R \to 0$ 而保持 Q 不变，则 $W \to \infty$，即点电荷具有无穷大的自能。电子为最小的带电体，若把电子看作点电荷，则其自能将趋于无限大，在理论上造成发散困难。为了避免发散困难，必须假定电子的电荷分布在一定区域中，例如分布在半径为 R_e 的球体内，此时，常把 R_e 称为电子的经典半径。

下面我们来总结一下关于能量的 4 个概念：静电能、相互作用能、自能、电势能。在不少教科书及参考书中这些概念经常出现，有时甚至比较混乱。首先，静电能就是静电场的能量，包括带电体的自能和相互作用能。在点电荷情况下，静电能就只能是各个点电荷之间的相互作用能，不存在点电荷自能的概

念。在多个带电体的情况下,静电能包括各个带电体的自能和相互作用能两部分。因此静电能、相互作用能和自能这 3 个概念是描述电场能量的!而电势能则不同,它是描述一个电荷分布处在一个外电场中具有的能量,即外电场对它的作用能,并不涉及外电场本身的能量。

2.4.3 电容器的储能

在实际问题中常遇到电荷分布在几个等势面上,这时若第 i 个等势面的电荷为 Q_i,电势为 U_i,则

$$W_e = \frac{1}{2} \sum_i U_i \iint_{S_i} \sigma_i \mathrm{d}S = \sum_i \frac{1}{2} U_i Q_i \qquad (2.41)$$

电容器就是这样一种情况,若电容器两极板分别带 $+Q$ 和 $-Q$ 的电量,假设带电量为 Q 的极板在自身和对方上产生的电势分别为 φ_1 和 φ_1',带电量为 $-Q$ 的极板在自身和对方上产生的电势分别为 φ_2 和 φ_2',根据电势的叠加原理,可以得到极板间的电势差 U 为

$$U = U_1 - U_2 = (\varphi_1 + \varphi_2') - (\varphi_2 + \varphi_1')$$

则这个电容器的静电能为

$$\begin{aligned}
W_e = W_{自} + W_{互} &= \frac{1}{2} Q \varphi_1 + \frac{1}{2}(-Q)\varphi_2 + \frac{1}{2} Q \varphi_2' + \frac{1}{2}(-Q)\varphi_1' \\
&= \frac{1}{2} Q (U_1 - U_2) \\
&= \frac{1}{2} QU \qquad (2.42)
\end{aligned}$$

这就是理想电容器存储的电场能量,或者说这就是电容器充电过程中外界所做的功。该表达式只能在电容器的两个极板带等量异号的电量的情况下使用,若人为地使两个极板带上不等量的电量,则需使用式(2.41)计算。

2.4.4 电场的能量

带电系统的静电能并不是全部集中在电荷上,也并非全部集中在带电体上(如电容器极板),而是存储于电场存在的空间中。根据上面得到的静电场的静

电能的计算公式,即

$$W_e = \frac{1}{2} \iiint\limits_V \rho_0(\vec{r}) U(\vec{r}) dV$$

易使人产生误解,即若 $\rho_0 = 0$,则 $W_e = 0$,但事实并非如此。静电能应该为电场所具有,电荷的相互作用就是通过具有能量的电场来实现的,但是在静电场范畴内,人们确实无法区分静电场的能量是与电荷相联系还是与电场相联系,因为一定的静电场分布总是与一定的电荷分布相对应。但是在电场随时间变化的情况下,电场可以脱离电荷而存在,电磁波就是电磁场的能量在空间的传播。所以式(2.36)只是计算电场能量的一种方式,用该式可以计算全部电荷产生的静电能,我们也可以用另一种方式计算。

现在来考虑充有线性无损耗介质电容器的储能,根据式(2.42),电容器储能也可写成

$$W_e = \frac{1}{2} C U^2 = \frac{1}{2} \frac{Q^2}{C} \tag{2.43}$$

以平行板电容器为例,电容、极板上电荷和电容器内部的电位移矢量分别为

$$C = \frac{\varepsilon_0 \varepsilon_r S}{d}, \quad Q = \sigma_0 S = DS, \quad \vec{D} = \varepsilon_0 \varepsilon_r \vec{E}$$

代入式(2.43)中,有

$$W_e = \frac{1}{2} \varepsilon_0 \varepsilon_r E^2 Sd = \frac{1}{2} (\vec{D} \cdot \vec{E}) V \tag{2.44}$$

单位体积的能量即能量密度为

$$w_e = \frac{W_e}{V} = \frac{1}{2} \vec{D} \cdot \vec{E} \tag{2.45}$$

可以证明,该式对各向同性、各向异性介质均适用。可见,电场的能量是存储于电场中的,虽然该式是从平行板电容器中推出的,但它是普遍适用的,即总静电能为

$$W_e = \iiint\limits_V w_e dV = \frac{1}{2} \iiint\limits_V \vec{D} \cdot \vec{E} dV \tag{2.46}$$

积分体积 V 遍及电场分布的全部空间。该式比用电荷表示的公式更加普遍。在静电场中,因为电荷与电场总是相伴而生、同时存在的,无法分辨能量是与电场相联系还是与电荷相联系,所以既可用 $\frac{1}{2} \iiint\limits_V \rho_0 U dV$ 计算,也可用 $W_e = \frac{1}{2} \iiint\limits_\infty \vec{D} \cdot \vec{E} dV$ 计算。但在随时间变化的电场中,电场可以脱离电

荷而存在!

【例 2.8】电量 Q 均匀分布在一球壳体内,壳体的内外半径分别为 a 和 b,试求这个系统产生的电场的能量。

【解】设球壳的介电常数为 ε_0,由高斯定理求出 3 个区域的电场强度为

$$
\begin{cases}
\vec{E}_1 = 0 \quad (r < a) \\
\vec{E}_2 = \dfrac{Q}{4\pi\varepsilon_0(b^3 - a^3)}\left(r - \dfrac{a^3}{r^2}\right)\vec{e}_r \quad (a < r < b) \\
\vec{E}_3 = \dfrac{Q}{4\pi\varepsilon_0 r^2}\vec{e}_r \quad (r > b)
\end{cases}
$$

于是所求电场的能量为

$$
W_e = \frac{\varepsilon_0}{2}\iiint_V E^2 \mathrm{d}V = \frac{\varepsilon_0}{2}\int_a^b E_2^2 4\pi r^2 \mathrm{d}r + \frac{\varepsilon_0}{2}\int_b^\infty E_3^2 4\pi r^2 \mathrm{d}r
$$

$$
= \frac{\varepsilon_0}{2}\int_a^b \left[\frac{Q}{4\pi\varepsilon_0(b^3 - a^3)}\left(r - \frac{a^3}{r^2}\right)\right]^2 4\pi r^2 \mathrm{d}r + \frac{\varepsilon_0}{2}\int_b^\infty \left(\frac{Q}{4\pi\varepsilon_0 r^2}\right)^2 4\pi r^2 \mathrm{d}r
$$

$$
= \frac{Q^2}{8\pi\varepsilon_0(b^3 - a^3)^2}\int_a^b \left[r^4 - 2a^3 r + \frac{a^6}{r^2}\right]\mathrm{d}r + \frac{Q^2}{8\pi\varepsilon_0}\int_b^\infty \frac{\mathrm{d}r}{r^2}
$$

$$
= \frac{3(3a^3 + 6a^2 b + 4ab^2 + 2b^3)Q^2}{40\pi\varepsilon_0(a^2 + ab + b^2)^2}
$$

当 $a = b$ 时,$W_e = \dfrac{Q^2}{8\pi\varepsilon_0 a}$;当 $a = 0$ 时,$W_e = \dfrac{3Q^2}{20\pi\varepsilon_0 b}$。

2.5　介观体系的电学特性 *

"介观(mesoscopic)"一词第一次是在 1976 年一篇关于随机过程的文章中提到的。直观地讲,介观系统是指尺度介于微观和宏观尺度之间的系统,它可以看成是尺度缩小的宏观物体。它的标志特征在于其物理可观测性质中明确地呈现出量子相位相干的效应。因此,从物理意义上讲,尺度与相位相干长度接近的电子系统就是介观的。研究这类尺度缩小的宏观物体中量子相干性引起的物理问题,便形成了所谓"介观物理"的学科。在介观尺度上,一些电学特性与宏观材料的电学特性也有很大的不同。

2.5.1　量子化电导(量子点接触)*

量子点接触是两个大的导电区域之间由于突然收缩而变成狭窄通道,在收缩区域的宽度小到电子波长(纳米到微米量级)的接触而产生的导电效应,如图 2.56(a)所示。量子点接触产生的效应首次是于 1988 年由荷兰和英国研究者独立发现的。实验室中人们利用力学的方法,能够以可控的方式制备出单个原子的接触结。若施加电压在量子点接触诱导电流的流动,则电流由欧姆定律 $I = GU$ 给出,这里 G 是量子点接触处的电导。然而有一个根本的区别是,在这里是小尺寸。在低的温度和电压下,1988 年研究者发现在二维电子气上实验测出的点接触的电导是以 $2e^2/h$ 为单位量子化的,如图 2.56(b)所示,即

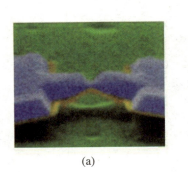

图 2.56　量子点接触的 STM 照片(a)和电导测量示意图(b)

(a)　　　　　　　　(b)

$$G = G_0 N, \quad G_0 = \frac{2e^2}{h} = 7.75 \times 10^{-5}\ \Omega^{-1}, \quad N = 1,2,3,\cdots \quad (2.47)$$

N 是一个整数,如图 2.57 所示。这表明对量子点接触,电导是一个直接与量子力学相联系的概念。量子点接触系统造成了电导的量子化,这正是量子力学的典型特征。

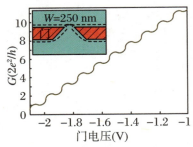

图 2.57　量子点接触产生的电导随电压的量子化变化

2.5.2　库仑阻塞和单电子隧穿*

库仑阻塞效应是 20 世纪 80 年代所发现的极其重要的物理现象之一。当体系的尺度进入纳米量级时,体系电荷是"量子化"的,即充电和放电过程是不连续的,充入一个电子所需能量为 $W = e^2/2C$。可见体系越小,即 C 越小,W 就越大,我们称 W 为库仑阻塞能。库仑阻塞能是前一个电子对后一个电子的库仑排斥能,这就导致对一个小体系的充放电过程,电子不能集体传输,而是一

个一个单电子地传输,通常把小体系的这种单电子输运行为称为库仑阻塞效应。

图 2.58 表示一个电容器两个极板之间的电子隧穿现象。电子隧穿前,电容器的能量为 $W_1 = Q^2/2C$,当 $Q>0$ 时,一个电子从负极隧穿到正极,此时电容器的能量为 $W_2 = (Q-e)^2/2C$,因此,隧穿前后的能量改变为

$$\Delta W = W_1 - W_2 = \frac{e\left(Q - \dfrac{e}{2}\right)}{C}$$

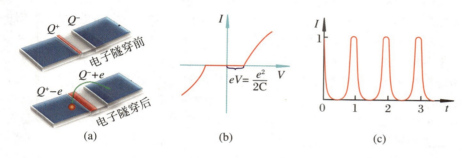

图 2.58 库仑阻塞效应示意图 (a)、对应的 $I\text{-}V$ 曲线(b)和隧穿电流振荡(c)

隧穿后体系能量不可能增加,即 $W_2<W_1$ 或 $\Delta W>0$,解之得

$$Q > \frac{e}{2}$$

设电容器隧穿前的电压为 $U = Q/C$,则 $C|U| > e/2$,即

$$U > \frac{e}{2C} \quad 或 \quad U < -\frac{e}{2C} \tag{2.48}$$

这就是电子隧穿发生的条件。即当 $Q>e/2$ 或 $U>e/(2C)$ 时,可以发生隧穿;当 $0<Q<e/2$ 时,不能发生隧穿。容易证明,当 $Q<0$ 时,电子发生隧穿的条件是 $Q<-e/2$ 或 $U<-e/(2C)$。此外,当 $Q=0$,即 $U=0$ 时,电子也不能发生隧穿。因此,隧穿不发生在极板电量在 $-e/2<Q<e/2$ 之间,或结电压在 $-e/(2C)<U<e/(2C)$ 之间。结电流与电压的关系如图 2.58(b)所示。

如果热能可以利用,则 ΔW 可以小于 0。如果一个电子进入了一个小的孤立区域,这个区域的静电能就会升高。所以,如果一个量子点的充电能 $e^2/(2C)$ 比热运动的能量 kT 大(此处 C 为量子点的电容,k 为玻尔兹曼常数,T 为温度),那么电子就不能进入量子点,这就是库仑阻塞现象。通常在低温下的量子点中可以观测到这种现象,但如果量子点的尺度小到 10 nm,即电容达到 10^{-15} F 时,单电子效应就可以在室温下被观测到。

2.5.3 单电子存储器 *

自从 1947 年晶体管发明以来,晶体管器件在尺寸方面持续减少而在开关速度上不断增加。但是,当器件的尺寸接近纳米尺度时,量子效应对器件工作的影响变得越来越显著,因此,需要采用新概念的晶体管结构。此结构中的一个典型例子是单电子晶体管(SET)。单电子晶体管是单电子存储器最主要的组成部分,单电子晶体管的特性在一定程度上决定了基于它制备的存储器的性能,所以它的发展在很大程度上制约着单电子存储器的发展。

单电子晶体管一般由五部分组成,如图 2.59 所示。① 库仑岛(或量子点):由三维被势垒包围的极微小金属或半导体颗粒构成,它在某一方向上分别通过两侧的隧道势垒与源、漏区相连接;② 隧道势垒:它可以由极薄的绝缘层构成,也可以由构成库仑岛的窄禁带半导体材料与构成源、漏区的宽禁带半导体材料之间形成的异质结势垒构成,还可以由界面态或外加电压等引起的势场构成;③ 势垒区:由较厚的绝缘层或宽禁带半导体材料构成;④ 栅氧化层:由几十纳米厚的氧化层或电介质层构成;⑤ 源、漏、栅极:由金属或掺杂半导体构成,与外部连接。

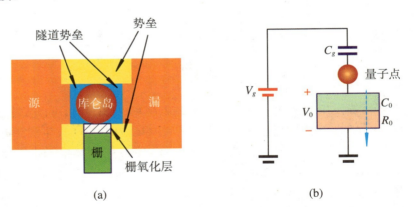

图 2.59 单电子晶体管示意图:
(a)结构示意图;(b)电路示意图

随着纳米加工技术的飞速发展,目前单电子晶体管的工作温度已经接近室温,并且损耗很小。目前制备出来的单电子存储器通常具有单个或多个量子点结构,并且利用量子点的库仑阻塞效应作为器件设计的理论依据。通常这些存储器单元都是在单电子晶体管结构的基础上完成设计和制备的,这样的结构使得存储的工作只需要控制很少的电子就可以完成。目前制备这些单电子存储器的材料主要有三类,即金属材料、有机或生物材料和半导体材料。采用不同的材料和制备工艺可以获得具有不同存储特点的存储器。

尽管单电子存储器有着极其诱人的发展前景,但是其中存在的问题也不容忽视,离实际应用还有一段很长的距离。目前超大型集成电路的发展使器件不断地走向小型化,单电子集成化是其发展的可能趋势之一。

2.6　生物和医学中的电现象 *

2.6.1　细胞的生物电现象 *

　　生物体在生命活动过程中表现的电现象,称为生物电现象。早在 18 世纪后期,意大利生物学家伽伐尼在解剖一只青蛙时第一次观察到了生物电现象,几年后,他在伦敦的博物馆看到了展示的"电鳗"能放电的现象,得到启发,经过了一系列研究,证实了生物电的存在。1792 年,他发表了著名论文《论肌肉运动中的电力》。现在的实验已揭示,不仅动物,所有生物都有生物电活动,生物电现象是自然界普遍存在的一种电现象。

　　目前被公认的一种基本观点是:生物电来源于细胞的功能。细胞是由细胞膜、细胞核和细胞质组成的,如图 2.60 所示。细胞膜的结构很复杂,它一方面

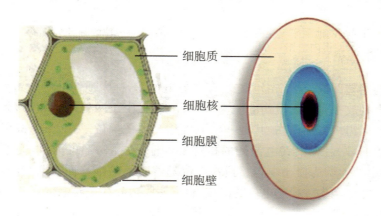

细胞质

细胞核

细胞膜

细胞壁

图 2.60　细胞的结构

把细胞与外界环境分开,同时膜上又存在一些孔道,允许细胞与周围环境交换某些物质。实验测得在细胞内外存在多种离子,膜内主要是钾离子(K^+)及一些大的负离子基团(A^-,A^- 不能通过细胞膜),膜外主要是钠离子(Na^+)和氯负离子(Cl^-)。在不受外界刺激的静息状态下,实验测得活细胞的细胞膜外部带正电、内部带负电,膜内侧电位一般为 $-90 \sim 70$ mV。这种电位称为静息电位,如图 2.61 所示。

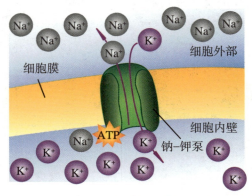

(a) 一个神经细胞蛋白质泵使用ATP来从细胞内泵出Na⁺离子，同时把K⁺泵进

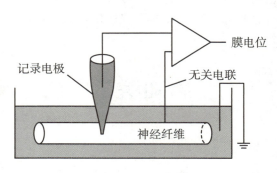

(c) 静息电位的测量框图

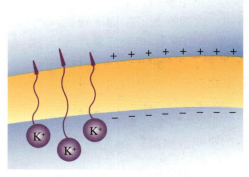

(b) 细胞膜对K⁺离子有更高的泄漏率，使更多的K⁺离子泄漏到膜外，使得内壁相对外壁带负电

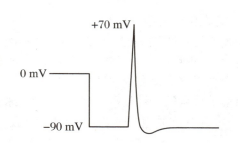

(d) 静息电位的测量示意图

图 2.61　静息电位

　　活组织的完整部位与损伤部位之间存在着电位差,称为损伤电位。如将电位计的两个电极放在完整无损伤的肌肉或神经表面,由于两处电位相等,无任何电位差。如果组织局部损伤,其中一个电极移至损伤部位,另一个电极仍处于完整部位表面,则可观察到电位计的指针发生偏转,损伤部位为负,完整部位为正,此种电位差即为损伤电位。损伤电位随着时间的推移而逐渐下降,直至组织死亡而完全消失。损伤电位的出现,也证明膜内外存在着电位差,即膜电位。

　　神经元与其他细胞不同,图 2.62 是一个神经元的结构,一个神经元周围有很多树突帮助它传送信息,同时树突把信息反馈给神经元,轴索终端把信息通过轴索与神经细胞联系,传输和反馈信号。通过神经细胞元的工作把信息从人的大脑传输到人的整个神经系统。

　　当神经细胞受外界刺激时,能做出主动反应,称为细胞的兴奋。生理学上将那些兴奋较强的组织,如神经、肌肉和腺体等统称为可兴奋组织。它们的细胞所做出的主动反应表现在当外界刺激强度达到一定阈值时,细胞膜对离子的通透性会发生突然变化,最后使电位发生改变。细胞内的电位可从负电位突然

变为正电位,正常的膜电位的轴突内神经细胞是静息电位。当外界刺激发生
时,出现一个钠和钾通道打开和关闭的过程,导致膜电压的改变,持续约 1 ms,
很快又恢复到原来的静息电位,这种变化的电位称为动作电位,如图 2.63
所示。

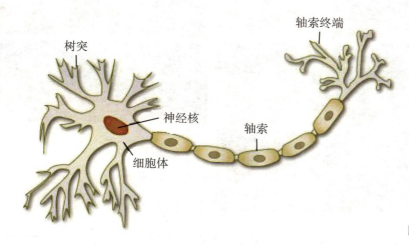

图 2.62   神经元的结构

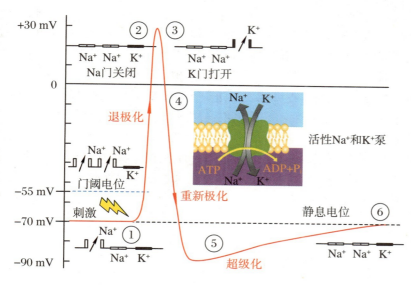

图 2.63   神经纤维动作电位的实验
模式图

图 2.64 中(a)-(c)表示动作电位产生的 5 个过程:(a) 静息时,由于高
浓度的正电荷的钠离子在神经元外面,里面的神经元轻微带负电。(b) 当刺
激阈值时(对人类约为 - 30 mV),钠通道开放和钠涌入轴突,造成轴突区域带
正电荷。这个过程被称为去极化。(c) 轴突区正电荷引起附近的电压门控钠
通道关闭。钠通道关闭后,钾通道敞开,使得电荷穿过膜,使其静息电位回
落。这就是所谓的复极化。(d) 这个过程沿轴突持续成为一个连锁反应:钠
进入轴突去极化,钾流出轴突复极化。(e) 钠/钾泵恢复到静息时钠和钾离子

的浓度。

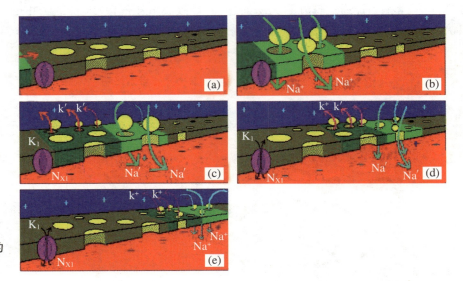

图 2.64 神经元动作电位的 5 个过程

动作电位全过程包括峰电位和后电位两大部分。① 峰电位：在刺激后几乎立即出现，潜伏期不超过 0.06 ms。其幅度为静息电位与超射值之和。峰电位总是伴随着冲动出现，两者具有相同的阈值、相同的传导速度，并可在一些因素的作用下同时被阻断。峰电位持续时间约 0.5 ms，在此期间，神经纤维不再对第二个刺激发生反应，即处于绝对不应期。根据离子学说，此时钠通道处于被激活后的暂时失活状态，不可能发生进一步的钠内流，从而保证了它作为一个独立信息单位而不受干扰。② 后电位：峰电位过后即为历时较长的后电位，先为负后电位，历时约 15 ms，其幅度一般为峰电位的 5%～6%，其机制同钠通道仅部分地恢复有关；正后电位持续 60～80 ms，其幅度仅为峰电位的 0.2%，正后电位与低常期同时出现，可能是由膜在复极化过程中膜外阳离子暂时性积聚造成的轻度超极化所致。

2.6.2　心电图原理 *

心脏是循环系统中重要的器官。由于心脏不断地进行有节奏的收缩和舒张活动，血液才能在闭锁的循环系统中不停地活动。心脏在机械性收缩之前，首先产生电激动。心肌激动所产生的微小电流可经过身体组织传导到体表，使体表不同部位产生不同的电位。假如在体表放置两个电极，分别用导线连接到心电图机（即精密的电流计）的两端，它会按照心脏激动的时间顺序，将体表两点间的电位差记录下来，形成一条连续的曲线，这就是心电图。

心电图是从体表记录的心脏电位随时间而变化的曲线。它可以反映出心脏
兴奋的产生、传导和恢复过程中的生物电位变化。在心电图记录纸上,横轴代表
时间,如图 2.65 所示。当标准走纸速度为 $25\ mm \cdot s^{-1}$ 时,每 1 mm 代表 0.04 s;纵
轴代表波形幅度,当标准灵敏度为 $10\ mm \cdot mV^{-1}$ 时,每 1 mm 代表 0.1 mV。

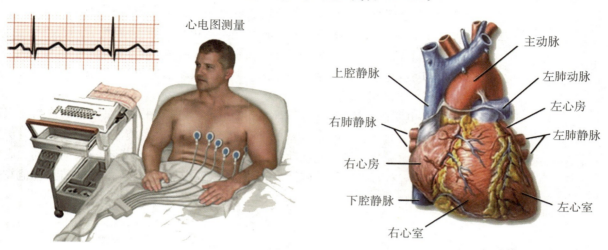

图 2.65　心电图的测量和心脏图示

　　图 2.66 是心电图机典型波形(以下所述的心电图各波形的参数值,是在心电
图机处于标准记录条件下,即走纸速度为 $25\ mm \cdot s^{-1}$、灵敏度为 $10\ mm \cdot mV^{-1}$ 时
记录得出的值)。

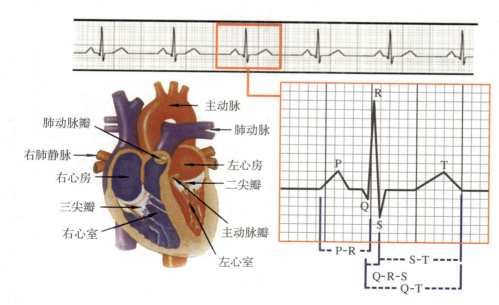

图 2.66　正常心脏剖面和
心电图示意图

P 波：由心房的激动所产生。前一半主要由右心房所产生，后一半主要由左心房所产生。正常 P 波的宽度一般不超过 0.12 s，振幅在肢体导联时一般小于 0.25 mV，胸导联一般小于 0.2 mV。

QRS 波群：反映左、右心室的电激动过程，称 QRS 波群的宽度为 QRS 时限，代表全部心室肌激动过程所需要的时间。正常人最高不小于 0.12 s。

T 波：代表心室激动后复原时所产生的电位。在 R 波为主的心电图上，一般情况下，T 波不大于 R 波的 1/10 高度。

U 波：位于 T 波之后，可能是反映心肌激动后电位与时间的变化。人们对它的认识仍在探讨之中。

心电图已广泛使用在医学诊断和临床上，心电图对心肌梗塞的诊断有很高的正确性，而且还可确定梗塞的病变期部位范围以及演变过程。此外，对房室肌大、心肌炎、心肌病、冠状动脉供血不足和心包炎的诊断有较大的帮助。心电监护已广泛应用于手术、麻醉、用药观察以及航天、体育等的心电监测和危重病人的抢救。

第 3 章 电流与电路

电路已成为信息、计算机、自动化、航空航天、大科学装置等领域的基本技术，成为人类社会信息化的一个基本工具

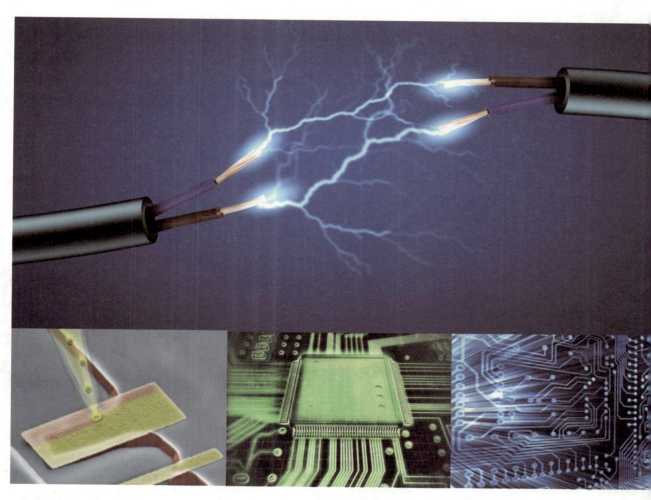

3.1 电流与电流密度

3.1.1 电流的形成

1. 产生电流的条件

电荷运动形成电流。在宏观范围内，电流就是大量电荷的定向运动。

要产生电流，一方面必须存在可以自由运动的电荷，即载流子。在多数情况下，载流子是电子或某种带电微粒，如正负离子。由于导体对载流子的定向运动具有阻力，要维持电荷的定向运动，需要一种作用克服这种阻力来保持电荷的定向运动，这种作用可以是多种多样的，如电磁作用、机械作用、化学作用等。

不同导体中的载流子类型也不一样。

（1）金属导体中的载流子是自由电子。金属中存在着大量的自由电子，当金属处在电场中时，自由电子因电场力驱动而做定向运动，从而形成金属中的电流，由于电子的质量很小，金属中的电流不会引起宏观上可观察到的质量迁移，如图 3.1 左图所示。

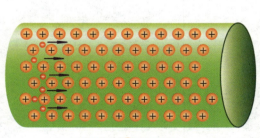

● 电子　✛ 原子核

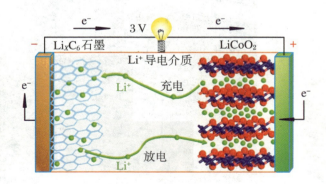

图 3.1 **导体中的电流和锂电池中的电流**

（2）电解质溶液中的载流子是正负离子。当酸、碱、盐等电解质溶液处在电场中时，正、负离子因受电场作用而分别向相反的方向做定向运动，从而形成电解质溶液中的电流。从电量迁移的角度来看，正电荷向某一方向运动与负电荷向相反方向运动所产生的效果是相同的。电解质溶液中的电流会引起质量迁移，一般还伴随化学反应。

（3）半导体材料中的载流子是电子和空穴。半导体材料中的载流子是电子（导带中）和带正电的空穴（满带中），电子或空穴在电场作用下运动而形成半导体中的电流。半导体中载流子的密度和定向运动与作用电场的强度和频率，以及温度、光照等因素密切相关。

（4）导电气体中的载流子是电子和正负离子。通常，气体中没有可以自由移动的电荷，故气体没有导电性，是良好的绝缘体。但是，紫外线、X射线、宇宙线以及火焰等所谓的电离剂会使气体分子电离，产生电子和正负离子，从而使气体具有导电性。

2. 真空中的电流

1）热电子发射

真空中没有自由电荷，故在一般情况下真空中不会有电流。金属内部的自由电子可以在金属内部自由运动，由于金属表面存在一个相对电子动能大得多的势垒，因此它们很难进入真空。不过随着金属温度的升高，动能大的电子增多，当金属达到灼热时，动能大的电子会很多，当动能高于金属表面的逸出功时，就会有大量电子从金属中逸出，这就是热电子发射，如图3.2所示。真空二极管中的电流就是由阴极发出的热电子形成的。

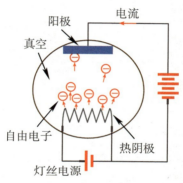

图 3.2　热电子发射形成电流

2）隧道电流

微观粒子由于具有波粒二象性，因而具有贯穿势垒的隧道效应，即使金属的温度不高，电子仍有一定的概率贯穿势垒进入真空，从而可在特定的条件下在真空中形成微弱的隧道电流。

1981年，IBM苏黎世实验室的宾尼（Gerd. Binnig，1947－）博士和罗雷尔（J. H. Rohrer，1933－2013）博士及同事们成功地研制出了一种新型的表面分析仪器——扫描隧道显微镜（简称STM）。1983年，他们又第一次利用STM在硅单晶表面观察到周期性排列的硅原子阵列，这是人类有史以来首次直接看到原子。由于这一成就，他们获得了1986年的诺贝尔物理学奖。

扫描隧道显微镜有一个针尖在样品表面上扫描，针尖和样品之间的距离小于1 nm时，就会有隧道电流。这个隧道电流对针尖和样品之间的距离非常敏感，如果控制了隧道电流恒定不变，就控制了针尖和样品之间的距离不变，而距离不变就意味着针尖随着样品表面的形貌起伏而起伏，若把针尖高低运动的轨迹记录下来，就得到表面原子的形貌，如图3.3所示。

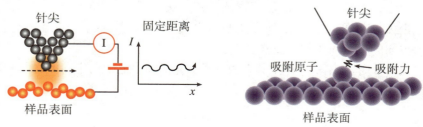

图 3.3　扫描隧道显微镜原理示意图

3.1.2　电流强度与电流密度

1. 电流强度

电流强度即单位时间内通过导体横截面的电量。设在时间间隔 dt 内通过某一根导体截面的电量为 dQ,则电流强度定义为

$$I = \frac{dQ}{dt} \tag{3.1}$$

电流强度的单位为库仑/秒($C \cdot s^{-1}$),称为安培,符号为 A。电流强度的常用单位还有毫安($10^{-3}A$)和微安($10^{-6}A$),符号分别为 mA 和 μA。

由于电子服从量子力学的规律,即使处于绝对零度附近,金属中的自由电子仍必须分布在一系列能量不同的状态上,因而电子不规则运动的平均速率仍非常大,其数值约为 10^{6} m $\cdot$ s^{-1}。但是电子的平均速度为 0,故电子的不规则运动并不引起宏观上的电流。我们规定带正电的载流子的定向运动方向为电流的方向。

2. 电流密度

用电流强度这个物理量描述导体中的电流有时似乎太"粗糙"。电流强度只表示导体中某一截面的总电流大小,而不能描述电流沿截面的分布情况。电流是有流动方向的,它指向正电荷运动的方向。导体中各点的电流不仅强弱有别,而且方向也可能不一致。为了描述导体中各点电流的大小和方向,人们引入一个更"精细"的物理量——电流密度。

考虑导体中某一给定点 P,在该点沿电流方向做一单位矢量 $\vec{n}_0$,并取一面元 ΔS_0 与 $\vec{n}_0$ 垂直,如图3.4所示。设通过 ΔS_0 的电流强度为 ΔI,则定义 P 点处的电流密度为

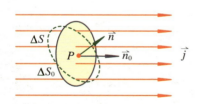

图3.4　电流密度示意图

$$\vec{j} = \frac{\Delta I}{\Delta S_0} \vec{n}_0 \tag{3.2}$$

由上式可知,所定义的电流密度的单位为安培/米²($A \cdot m^{-2}$)。电流密度是一个矢量,它的方向表示导体中某点电流的方向,数值等于通过垂直于该点电流方向的单位面积的电流强度。

设 n 为单位体积导体中的自由电子数量,$\vec{v}$ 是电子的定向漂移平均速度,则导体中的电流密度为

$$\vec{j} = \frac{dQ \cdot \vec{n_0}}{dt \cdot dS} = \frac{ne\,dS\,d\vec{l}}{dt \cdot dS} = ne\,\frac{d\vec{l}}{dt} = ne\,\vec{v} \qquad (3.3)$$

电流密度是空间位置的矢量函数，它细致地描述了导体中的电流分布，称为电流场，如图 3.5 所示。为形象地描述电流场，对电流场也可以通过引入"电流线"的概念，电流线即电流所在空间的一组曲线，其上任一点的切线方向和该点的电流密度方向一致。一束这样的电流线围成的管状区域则称为电流管。已知导体中的电流密度，可以求得通过该点任一曲面 S 的电流强度，即

$$I = \iint\limits_{S} \vec{j} \cdot d\vec{S} \qquad (3.4)$$

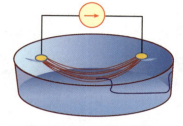

图 3.5　两个电极之间的电流场分布

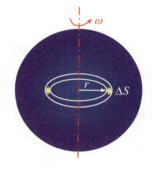

【例 3.1】 电荷量 Q 均匀地分布在半径为 R 的球体内，该球以均匀角速度 ω 绕它的一个固定直径旋转。求球内离转轴为 r 处的电流密度 $\vec{j}$。

【解】 在包括转轴的一个固定平面内，离转轴为 r 处，设想一个面积元 ΔS。该面积元绕转轴转动划出一个体积为 $2\pi r\Delta S$ 的环带，该环带的电荷量为

$$\Delta Q = \rho \cdot 2\pi r\Delta S = \frac{3Q}{4\pi R^3} 2\pi r\Delta S$$

因此电流强度为

$$I = \frac{\Delta Q}{T} = \frac{3Q\omega}{8\pi^2 R^3} 2\pi r\Delta S = \frac{3r\omega Q\Delta S}{4\pi R^3}$$

离轴线 r 处的电流密度为

$$\vec{j} = \frac{I}{\Delta S} = \frac{3Q}{4\pi R^3}\,\vec{\omega} \times \vec{r} = \rho\,\vec{\omega} \times \vec{r} = \rho\,\vec{v}$$

例 3.1 图

3.1.3　电流连续性方程

按照电荷守恒定律，电荷的代数和保持不变，电荷只能由一个物体转移到另一个物体，或由物体的某一部分转移到其他部分。因此，如果在导体内取任一闭合曲面 S，所围区域为 V，则某段时间内流出曲面 S 的电量应当等于同一段时间内区域 V 中减少的电量。若在 S 面上规定面积元矢量 $d\vec{S}$ 指向的外法线方向为正方向，则

$$\oiint_{S} \vec{j} \cdot \mathrm{d}\vec{S} = -\frac{\mathrm{d}}{\mathrm{d}t}\iiint_{V} \rho_{e}\mathrm{d}V \qquad (3.5)$$

这就是电流连续性方程的积分形式,它反映电流分布和电荷分布之间存在的普遍关系,它实际上是电荷守恒定律的数学表示。

电流连续性方程的微分形式为

$$\nabla \cdot \vec{j} + \frac{\partial \rho_{e}}{\partial t} = 0 \qquad (3.6)$$

电流连续性方程表明,电流线只能起、止于电荷随时间变化的地方。在电流线的起点附近的区域中,会出现负电荷的不断累积,即电荷密度不断减小;而在电流线的终点附近的区域中,会出现正电荷的不断积累,即电荷密度不断增加。对于电荷密度不随时间变化的地方,电流线既无起点又无终点,即电流线不可能中断,如图3.6所示。

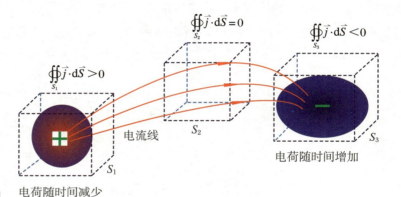

图3.6 电流连续性的示意图

3.1.4 稳恒条件

由于稳恒电流的电流密度不随时间变化,如果存在电流线发出或汇聚的地方,那么这些地方电荷的增加或减少的过程就将持续进行下去,这必将导致这些地方正电荷或负电荷的大量积聚,从而形成越来越强的电场,电场将阻碍电荷的继续积聚,电流也将随之消失。依据式(3.6),对于真正的稳恒电流,必须不存在这种电荷不断积聚的地方,$\vec{j}$对任何封闭曲面的通量必须等于0,即

$$\oiint\limits_{S} \vec{j} \cdot d\vec{S} = 0 \qquad (3.7)$$

这就是稳恒条件的积分形式。这就是说,任何时刻进入封闭曲面的电流线条数与穿出该封闭曲面的电流线条数相等,在电流场中既找不到电流线发出的地方,也找不到电流线汇聚的地方,稳恒电流的电流线只可能是无头无尾的闭合曲线。这是稳恒电流的一个重要特性,称为稳恒电流的闭合性。

上式的微分形式为

$$\nabla \cdot \vec{j} = 0 \qquad (3.8)$$

即电荷的分布不因电流的存在而随时间变化,由它产生的电场亦不随时间变化,这种电场称为稳恒电场,它是一种静态电场。稳恒电场与静电场具有相同的性质,服从相同的场方程式,电势的概念对稳恒电场仍然有效。

3.2　欧姆定律

3.2.1　欧姆与欧姆定律

1. 欧姆和欧姆定律的发现

1826 年,德国物理学家欧姆(G. S. Ohm,1789 - 1854)通过直接的实验,得出了电磁学的基本实验定律之一——欧姆定律。欧姆定律不仅是电路的基本规律,而且是重要的介质方程之一,意义重大。

当时,库仑定律问世已约 40 年,伏打电池已诞生 20 多年,电流磁效应和温差电现象等也已相继被发现。但是,由于实验设备和测量仪器都还相当原始,所以尽管欧姆定律的数学形式很简单,但要发现它,却非易事。1825 年 5 月,欧姆在几年研究的基础上,发表了一篇重要的电学论文《金属传导接触电所遵循的定律的暂时报告》,该论文介绍了他用实验研究载流导线产生的电磁力与导线长度的关系。1825 年 7 月,欧姆用类似的实验装置比较各种金属导线的电导率。欧姆把各种金属(金、银、锌、黄铜、铁、铂、锡、铅等)制成直径相同的各种导线,实验时调节它们的长度,使每次测量时扭秤的磁针都指在相同的位置,从而由导线的相对实验长度确定各种金属的相对电导率。

1826 年 4 月,欧姆在题为《金属传导接触电所遵循的定律的测定以及关于

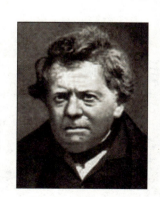

图 3.7　德国物理学家欧姆

伏打装置和施威格倍增器的理论提纲》的重要论文中,详细地描绘了他的实验工作,并给出了他总结实验结果得出的电路定律。

由于当时的伏打电池输出不稳定,电极又容易极化,很难做好实验。欧姆采用稳定的温差电偶做电源。1826 年 4 月,欧姆又发表了题为《由伽伐尼电力产生的验电器现象的理论尝试》的论文。在这篇论文中,欧姆得到了电路中一段导体的欧姆定律。

1827 年,欧姆出版了《用数学研究的伽伐尼电路》一书。在这本书里,欧姆假定了电路的 3 条基本原理,由此建立起电路的运动学方程,通过求解运动学方程,得出了他一年前通过实验发现的定律。

遗憾的是,欧姆定律建立后,不仅没有立刻获得承认和应有的评价,反而遭到一些有权势者的反对,斥之为"纯粹不可置信的欺骗,它唯一的目的是要亵渎自然的尊严"。这种不幸的遭遇给欧姆带来了巨大的痛苦,甚至使欧姆失去了工作,连生活都很困难。但是,欧姆的工作仍然得到了韦伯和高斯等人的赏识。直到 19 世纪 40 年代初,人们才认识到欧姆工作的重要意义。1841 年,英国皇家学会把开普利奖章授予欧姆后,他的学术地位和有关工作才得到公认。

2. 欧姆定律

1)欧姆定律的微观形式

实验指出,当金属导体中存在宏观电场时,导体中便出现宏观电流。当导体中的电场恒定时,形成的电流也是恒定的,一旦撤除电场,电流亦随之停止。进一步的实验指出,当保持金属的温度恒定时,金属中的电流密度 $\vec{j}$ 与该处的电场强度 $\vec{E}$ 成正比,即

$$\vec{j} = \sigma\vec{E} \tag{3.9}$$

比例系数 σ 称为金属的电导率。当作用电场不太强时,对线性各向同性导体该式都是成立的,称为欧姆定律的微分形式,也就是导体导电性的本构方程,它反映了导体内部任一点的电流密度与该点的电场分布和电导率有关。电导率 σ 的倒数称为电阻率,用 ρ 表示,即

$$\rho = \frac{1}{\sigma} \tag{3.10}$$

若导体是均匀的,则导体内各处的电导率都相等;若导体是非均匀的,则电导率是位置的函数。

在更加一般的情况下,电导率 σ 本身也可以是电场强度 $\vec{E}$ 的函数,这时

$$\vec{j} = \sigma(\vec{E})\vec{E} \tag{3.11}$$

此时电流密度就不再与电场强度成线性关系了。

在 SI 单位制中,电导率的单位是(欧·米)$^{-1}$($\Omega^{-1} \cdot m^{-1}$);电阻率的单位是欧·米($\Omega \cdot m$),这里 Ω 是电阻的单位,称为欧姆。

欧姆定律的微分形式对频率不是非常高的非稳恒电流亦适用。

2）欧姆定律的宏观形式

稳恒电流的闭合性要求通过同一导体各个横截面的电流相等。设流过一段粗细均匀、材料均匀的导线,导线的截面积为 S,电导率为 σ。显然,导线的每一横截面都是等势面,相距为 l 的两个横截面间的电势差为

$$U = \int \vec{E} \cdot \mathrm{d}\vec{l} = \int \rho \, \vec{j} \cdot \mathrm{d}\vec{l} = I \int \frac{\rho \mathrm{d}l}{S} \tag{3.12}$$

设

$$R = \int \frac{\rho \mathrm{d}l}{S} \tag{3.13}$$

R 即为所考察的两等势面间导体的电阻,它与导体材料的性质、几何形状等因素有关,则

$$U = IR \quad 或 \quad I = \frac{U}{R} \tag{3.14}$$

这就是一段导体的欧姆定律。

实际上即使为同一导体,当电流流动的方式不同时,对应的电阻也不同。如圆筒形导体,电流沿筒的轴向流动时的电阻与电流沿筒的径向流动时的电阻就完全不同。尽管电阻与导体形状及电流流动方式有关,但电阻率却与这些因素无关,仅由材料性质决定。表 3.1 给出了几种材料的电阻率。

表 3.1　几种材料的电阻率

材　料	电阻率($\Omega \cdot m$)	材　料	电阻率($\Omega \cdot m$)
铜	1.67×10^{-8}	锗	0.64
铁	9.71×10^{-8}	石墨	1.4×10^{-5}
镍	9.71×10^{-8}	玻璃	$10^{10} \sim 10^{14}$
锡	1.59×10^{-8}	石英	1×10^{13}
钨	5.51×10^{-8}	食盐饱和溶液	4.4×10^{-2}
汞	9.58×10^{-8}	硫	2×10^{19}
镍铬合金	100×10^{-8}	木材	$10^{8} \sim 10^{11}$

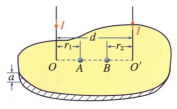

例 3.2 图 Ⅰ

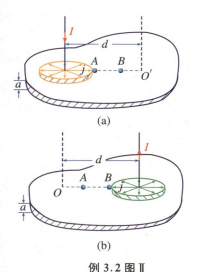

(a)

(b)

例 3.2 图 Ⅱ

【例 3.2】 一无限大平面金属薄膜,厚度为 a,电阻率为 ρ,电流 I 自 O 点注入,从 O' 点流出,OO' 之间的距离为 d,在 OO' 的连线上有 A,B 两点,A 点距 O 点的距离为 r_1,B 点距 O' 点的距离为 r_2,求 AB 之间的电阻。

【解】 应用叠加原理,只考虑电流从 O 点流入,则薄膜空间的电流在以 O 为圆心,r 为半径的圆柱侧面上均匀分布,如例 3.2 图 Ⅱ(a)所示,电流密度为

$$j = \frac{I}{2\pi ra}$$

根据欧姆定律微分形式,有 $E = \frac{\rho I}{2\pi ra}$,故 A,B 两点的电势差为

$$U'_{AB} = \int_{r_1}^{d-r_2} \frac{\rho I}{2\pi ra} \mathrm{d}r = \frac{\rho I}{2\pi a} \ln \frac{d-r_2}{r_1}$$

同理,只考虑 O' 流出电流 I,在以 O' 为中心,半径为 r 的圆柱面上电流密度处处相等,如例 3.2 图 Ⅱ(b)所示,所以 A,B 两点的电势差为

$$U''_{AB} = \int_{r_2}^{d-r_1} \vec{E} \cdot \mathrm{d}\vec{r} = \int_{r_2}^{d-r_1} \frac{\rho I}{2\pi ra} \mathrm{d}r = \frac{\rho I}{2\pi a} \ln \frac{d-r_1}{r_2}$$

以上两种情况叠加,得到 A,B 两点的总电势差为

$$U_{AB} = U'_{AB} + U''_{AB} = \frac{\rho I}{2\pi a} \ln \frac{(d-r_1)(d-r_2)}{r_1 r_2}$$

根据欧姆定律,求得 AB 之间的电阻为

$$R = \frac{U_{AB}}{I} = \frac{\rho}{2\pi a} \ln \frac{(d-r_1)(d-r_2)}{r_1 r_2}$$

3. 电阻率与温度的关系

材料的电阻率与温度有关。实验测量表明,纯金属的电阻率随温度的变化较有规律,当温度变化的范围不很大时,电阻率与温度成线性关系,即

$$\rho = \rho_0(1 + \alpha T) \tag{3.15}$$

式中,ρ 是 $T \,℃$ 时的电阻率,ρ_0 是 $0 \,℃$ 时的电阻率,α 称为电阻的温度系数。大部分金属的电阻温度系数在 0.4% 每摄氏度。类似地,电阻随温度变化的关系可以用下式表示:

$$R = R_0(1 + \alpha T) \tag{3.16}$$

电阻随温度变化的较精确的关系式为

$$R = R_0(1 + 0.003\,985T - 0.000\,000\,586T^2) \tag{3.17}$$

上面两式中，R 是 $T\,^\circ\!C$ 时导体的电阻，R_0 是 $0\,^\circ\!C$ 时导体的电阻。图 3.8(a) 表明了几种金属电阻率与温度的变化关系。

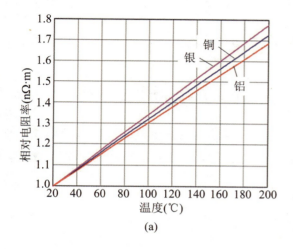

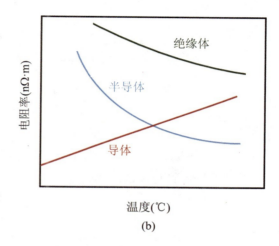

图 3.8　电阻率随温度变化的关系：(a) 几种金属材料的电阻率与温度关系；(b) 导体、半导体和绝缘体电阻率随温度的定性变化关系

　　大多数绝缘材料和半导体具有负的电阻温度系数，也就是电阻率随温度的升高而减少，并且电阻率随温度的变化比金属的更大，如图 3.8(b) 所示。

　　热敏电阻可用于测量和控制温度，常使用的电桥型热敏电阻温度计，是把热敏电阻接到电桥的一个臂上，如果电流计的灵敏度为 2×10^{-10} A，就可以测量出 $0.000\,5\,^\circ\!C$ 的温度变化。如果将电流计上的信号取出并放大，再送到电压的控制器就可以进行温度的调节和控制，图 3.9 分别是用热敏电阻控制的恒温箱和微波功率计。

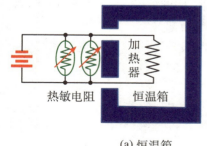

(a) 恒温箱

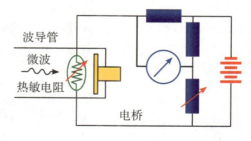

(b) 热敏电阻微波功率计

图 3.9　热敏电阻的应用：(a) 恒温箱；(b) 热敏电阻微波功率计

3.2.2　电流的功和功率

电流通过导体时,正电荷从高电势处向低电势处运动,在这个过程中,电场对电荷做功。电场做的功为

$$\mathrm{d}A = \vec{F} \cdot \mathrm{d}\vec{l} = Nq\vec{E} \cdot \mathrm{d}\vec{l} = Nq\vec{E} \cdot \vec{v}\mathrm{d}t$$

式中,N 为一段长为 Δl、截面积为 S 的导线内的自由电荷数目,$\vec{v}$ 为电荷定向运动速度,那么单位体积内的自由电荷数目 $n = N/(S\Delta l)$,单位时间所做的功即电流的功率为

$$P = \frac{\mathrm{d}A}{\mathrm{d}t} = Nq\vec{v} \cdot \vec{E} = (nqvS)(\vec{E} \cdot \vec{\Delta l}) = IU \tag{3.18}$$

根据欧姆定律,或改写成

$$P = I^2 R = U^2/R \tag{3.19}$$

电场做的功将转变成其他形式的能量。电场做的功为

$$\Delta A = I^2 R\Delta t \tag{3.20}$$

电流通过欧姆介质时,由于自由电子不断与分子或晶格碰撞,电能将以发热的形式释放出来,即

$$Q = \Delta A = I^2 R\Delta t \tag{3.21}$$

这就是熟知的焦耳定律。这一结论只对纯电阻 R 的情况成立,如果所用的电器不是纯电阻,则无焦耳热功率可言,但电功率仍有意义。

单位体积的导体内的电功率称为电功率密度。若用 p 表示电功率密度,则由欧姆定律的微分形式,可得

$$p = \frac{P}{\Delta V} = \frac{I}{S} \cdot \frac{U}{\Delta l} = \vec{j} \cdot \vec{E} = \frac{j^2}{\sigma} \tag{3.22}$$

这就是焦耳定律的微分形式。

3.2.3　不同导体分界面电流的关系

利用第 2 章学过的介质存在时的高斯定理,把它应用到两个介质的交界面上,可以得到介质分界面两边的电位移矢量 $\vec{D}$ 满足

$$(D_{2n} - D_{1n}) = \sigma_0 \tag{3.23}$$

式中,σ_0 是分界面上的自由电荷面密度。根据电位移矢量与电场强度的关系,上式可以改写为

$$(\varepsilon_0 \varepsilon_{r2} E_{2n} - \varepsilon_0 \varepsilon_{r1} E_{1n}) = \sigma_0$$

当电流从一个导体进入另一个导体时,可以近似认为在导体中 $\varepsilon_{r1} \approx 1$ 和 $\varepsilon_{r2} \approx 1$。因此在两个导体上分别使用欧姆定律的微分形式,上式改写为

$$\sigma_0 = \varepsilon_0 \left(\frac{j_{2n}}{\sigma_2} - \frac{j_{1n}}{\sigma_1} \right) = \varepsilon_0 (\rho_2 j_{2n} - \rho_1 j_{1n}) \tag{3.24}$$

这就是不同界面上的电流密度的关系。如果导体的分界面如图 3.10 所示,即两边的电流强度相同,导体的横截面积也相同,则

$$Q_0 = \sigma_0 S = \varepsilon_0 (\rho_2 I_2 - \rho_1 I_1) = \varepsilon_0 I (\rho_2 - \rho_1) \tag{3.25}$$

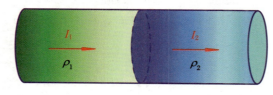

图 3.10　两个导体分界面的电流

即在两种导体的分界面上将出现自由电荷的积累,但这个积累的电荷量很小。我们可以估算 1 A 的电流流过一根导线,导线的一段是铜,一段是铁,两部分以相同的截面积焊接起来,则在两种材料的分界面上积累的电荷量为

$$Q_0 = \varepsilon_0 I (\rho_2 - \rho_1) \approx 5 \times 10^{-18} \text{ C}$$

可见只有若干个电子电量。这个奇怪的现象说明经典电磁学不能很好地描述微观现象,只有用量子力学才能给出合理的解释。重要的是,这个值是不随时间变化的定值,因此这个电荷积累将不会影响稳恒电流的连续性。

3.2.4　金属导电的德鲁特模型

　　1900 年,德鲁特(P. K. Drude,1863－1906)提出了关于金属导电的微观解释,对理解金属导电的微观机制起到了一定的作用。金属可以简单地看成是位于晶格点阵上带正电的原子实与自由电子的集合。原子实虽然被固定在晶格上,但可以在各自的平衡位置附近做微小的振动。德鲁特假设金属中的自由电子是原子弱束缚的价电子,当原子在金属中规则排列时,自由电子则在晶格间做激烈的不规则自由运动,在没有外场或其他因素(如温度梯度、电子数密度梯度)时,不规则的运动一般并不形成宏观电流,但存在随机涨落,如图 3.11(a)所示。

　　当存在外电场时,自由电子将获得一加速度,由于与晶格的碰撞,电子会改变速率和方向,与弹子球在重力作用下滚下斜面与钉子发生碰撞相似,如图3.11(b)和(c)所示。设在 $t=0$ 的时刻正好发生一次碰撞,碰撞后的速度为 v_0,则在下一次碰撞前,载流子的位移为

$$s = v_0 t + \frac{1}{2} a t^2 = v_0 t + \frac{1}{2} \frac{q}{m} E t^2$$

式中,t 是连续两次碰撞之间所经历的时间,即自由时间。不同的电子,在碰撞后所具有的速度 v_0 各不相同,自由时间 t 也各不相同。对大量的电子求平均,有

$$\langle s \rangle = \frac{1}{2} \left(\frac{q}{m} \right) E \langle t^2 \rangle$$

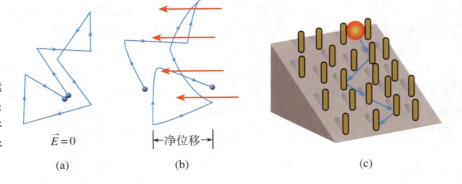

图 3.11　自由电子在导体中的运动:(a) 无电场时随机碰撞运动;(b) 有电场时定向运动;(c) 弹子球在重力作用下滚下斜面与钉子发生碰撞

$\vec{E} = 0$　　　|←净位移→|

(a)　　　　　　　(b)　　　　　　　(c)

由于 t 和 v_0 都是完全随机的,因而 $v_0 t$ 的平均值为 0。电子的定向运动平均速率为

$$u = \left\langle \frac{s}{\tau} \right\rangle$$

对不同的载流子,自由时间 t 是不同的,由分子运动论可知,设单位体积的载流子为 n 个,自由时间为 t 到 $t + \mathrm{d}t$ 间隔内的粒子数与 $\mathrm{e}^{-t/\tau}\mathrm{d}t$ 成正比,平均值为

$$\langle t^2 \rangle = 2\tau^2$$

所以,导体中的电流密度为

$$\vec{j} = nq\vec{u} = n\frac{q^2}{m}\tau\vec{E} \tag{3.26}$$

这就是欧姆定律的微分形式,对应的电导率 σ 为

$$\sigma = n\frac{q^2}{m}\tau \tag{3.27}$$

这就是德鲁特关于欧姆定律的经典电子论解释,如果 σ 与 E 无关,这个解释是成功的。实际上,在电场较弱时,n,q,m 近似与电场 E 无关,τ 是否也与 E 无关呢?τ 可能与电子平均速率有关,但电场 E 主要影响电子的漂移速度,电子的漂移速度仅在 10^{-4} m·s^{-1} 数量级,而电子的平均速率 u 可达 10^6 m·s^{-1},可见电场 E 对平均速率的影响很小,因此近似认为 τ 与 E 也是无关的,从而由德鲁特模型导出了欧姆定律。

下面分析电导率与温度的关系。由平均气体分子运动论知道,平均自由时间 τ、平均速率 u 和平均自由程 λ 三者的关系为

$$\lambda = \langle u \rangle \tau$$

由于 λ 与温度无关,而 $\langle u \rangle \propto \sqrt{T}$,代入电导率 σ 的公式,故电导率 σ 与温度的关系为

$$\sigma = n\frac{q^2\lambda}{m\langle u \rangle} \propto \frac{1}{\sqrt{T}} \tag{3.28}$$

这与实验结果不相符,因此德鲁特模型是相当粗糙的,所以经典电子论对金属的导电性的解释在定量方面并不成功,真正的解释需要量子力学理论。其原因是金属中的电子运动不适宜用牛顿第二定律,而应该采用量子力学的薛定谔方程。

【**例 3.3**】假定铜原子有一个自由电子，设铜中电子的平均速率为 10^6 m·s^{-1}，单位体积的自由电子数为 8.48×10^{28}，求：20 ℃时铜的自由电子平均自由时间和平均自由程。

【**解**】平均自由时间为

$$\tau = \frac{m}{ne^2\rho} = \frac{9.11 \times 10^{-31}}{8.48 \times 10^{28} \times (1.6 \times 10^{-19})^2 \times 1.673 \times 10^{-8}}$$
$$= 2.51 \times 10^{-14} \text{(s)}$$

平均自由程为

$$\lambda = \langle u \rangle \tau = 10^6 \times 2.51 \times 10^{-14} = 10^{-8} \text{(m)}$$

这个值约为铜中最靠近的相邻原子间距离的 100 倍。

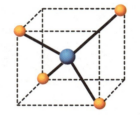

(a) 硅单晶结构

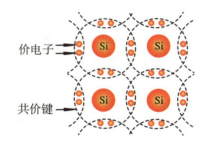

价电子

共价键

(b) 共价键结构

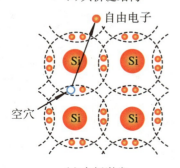

自由电子

空穴

(c) 本征激发

图 3.12 硅单晶结构和共价键

3.2.5 半导体的导电机制 *

半导体在现代科学技术的发展中起到重要作用，例如二极管、晶体管和集成电路等，从德鲁特模型可知，电导率与载流子的浓度成正比，而载流子浓度是控制半导体特性的一个重要因素。

1. 本征半导体的导电机制

最常用的半导体是锗和硅，都是四价元素。将锗或硅材料提纯后形成的完全纯净、具有晶体结构的半导体就是本征半导体。硅原子有 14 个电子，最外层有 4 个未配对的电子（3 个 3p 电子和 1 个 3s 电子），硅单晶的结构是以正四面体为核心的金刚石结构，如图 3.12(a) 所示，硅单晶的共价键中的两个电子，称为价电子，如图 3.12(b) 所示。价电子在获得一定能量（温度升高或受光照）后，即可挣脱原子核的束缚，成为自由电子（带负电），同时共价键中留下一个空位，称为空穴（带正电），如图 3.12(c) 所示。这一现象称为本征激发。

温度愈高，晶体中产生的自由电子便愈多。在外电场的作用下，空穴吸引相邻原子的价电子来填补，而在该原子中出现一个空穴，其结果相当于空穴的运动（相当于正电荷的移动）。当半导体两端加上外电压时，在半导体中将出现两部分电流：(1) 自由电子做定向运动，即电子电流；(2) 价电子递补空穴，即空穴电流。

自由电子和空穴成对产生的同时，又不断复合。在一定温度下，载流子的产生和复合达到动态平衡，半导体中的载流子便维持一定的数目。但是本征半导体中载流子数目极少,其导电性能很差。由于温度愈高,载流子的数目愈多,半导体的导电性能也就愈好,所以,温度对半导体器件性能影响很大。

一般来说,本征半导体相邻原子间存在稳固的共价键,导电能力并不强。但有些半导体在温度增高、光照等条件下,导电能力会大大增强,利用这种特性可制造热敏电阻、光敏电阻等器件。

2. N型半导体和P型半导体的导电机制

在本征半导体中掺入微量的杂质(某种元素),形成杂质半导体。当掺入的杂质为磷或其他五价元素时,磷原子在取代原晶体结构中的原子并构成共价键时,多余的第五个价电子很容易摆脱磷原子核的束缚而成为自由电子,使掺杂后自由电子数目大量增加,自由电子导电成为这种半导体的主要导电方式,称为电子半导体或N型半导体,如图3.13(a)所示。在N型半导体中自由电子是多数载流子,空穴是少数载流子。

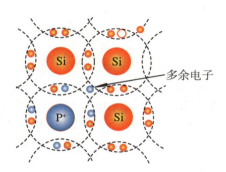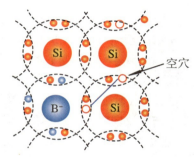

(a) 掺入磷后,磷多余的电子贡献为自由电子

(b) 掺入硼后,硼接收一个电子成为离子,空穴增多

图 3.13　半导体掺杂后形成的 N 型半导体和 P 型半导体

若掺入的杂质为硼或其他三价元素,硼原子在取代原晶体结构中的原子并构成共价键时,将因缺少一个价电子而形成一个空穴,使掺杂后空穴数目大量增加,空穴导电成为这种半导体的主要导电方式,称为空穴半导体或P型半导体,如图3.13(b)所示。在P型半导体中空穴是多数载流子,自由电子是少数载流子。但无论N型还是P型半导体都是中性的,对外不显电性。

3. PN二极管导电机制

电路中有许多电子元件都是结型元件,最简单的就是PN结二极管,它很容易让载流子通过某一方向流动,但不能反方向流动。PN结的形成机制主要是载流子的两种运动——扩散运动和漂移运动。扩散运动是指电中性的半导体中载流子从浓度高的区域向浓度较低区域的运动。漂移运动是指在电场作用下,载流子有规则的定向运动。扩散和漂移这一对相反的运动最终达到动态平衡,空间电荷区的厚度固定不变。内电场越强,漂移运动越强,而漂移使空间电荷区变薄;扩散的结果则使空间电荷区变宽。这样形成的空间电荷区称为PN

结,如图 3.14 所示。

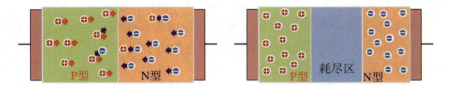

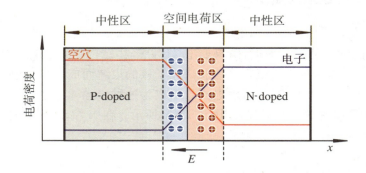

图 3.14　PN 结形成机制示意图

PN 结加正向电压（正向偏置）时，即 P 区一端的电势高于 N 区的电势，从而产生一个从左到右的电流，在 P 区，空穴从左到右流动，而在 N 区，电子从右到左流动。因为在结区（耗尽层）很容易发生电子与空穴的结合，相互抵消，使载流子不断流动，形成稳定的电流，PN 结处于导通状态，如图 3.15 右上图所示。

PN 结加反向电压（反向偏置）时，即 P 区的电势低于 N 区的电势，从而 P 区的空穴从右到左流动，N 区的电子从左到右流动，但结区不能不断地产生电子-空穴对来维持这种流动，因此 PN 结处于截止状态，如图 3.15 左下图所示。

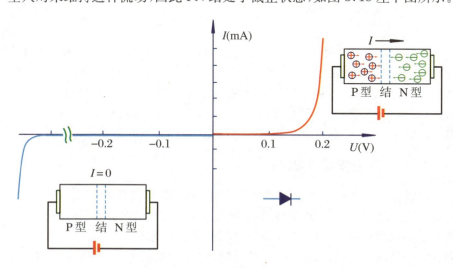

图 3.15　PN 结加正反向偏置使得导通和截止示意图

总之，二极管加正向电压（正向偏置，阳极接正、阴极接负）时，二极管处于正向导通状态，二极管正向电阻较小，正向电流较大。二极管加反向电压（反向偏置，阳极接负、阴极接正）时，二极管处于反向截止状态，二极管反向电阻较大,反向电流很小。当外加电压大于反向击穿电压时,二极管被击穿,失去了单向导电性。二极管的反向电流会受温度的影响,温度愈高反向电流愈大。图3.15 表示了这两种状态的 $I-V$ 曲线示意图。

3.2.6　导电介质

导电介质既具有介质的特性,又具有导体的特性。实际上大部分材料既具有绝缘介质的特性,也具有导体的特性,如大地、一些溶液(如水),此外,绝缘体在一定条件下也会转变成导体材料。导电介质在电场中,既要满足导体的基本方程,即欧姆定律,又要满足介质的基本规律。因此,在处理这类问题时需要兼顾这两种材料的电学特性。

处理导电介质的基本方程有:

静电场的环路定理

$$\oint_L \vec{E} \cdot \mathrm{d}\vec{l} = 0$$

稳恒电流的连续性方程

$$\oiint_S \vec{j} \cdot \mathrm{d}\vec{S} = 0$$

导体和介质的本构方程

$$\vec{j} = \sigma \vec{E}, \quad \vec{D} = \epsilon \vec{E}$$

当问题涉及界面时,还需使用边值关系:

$$\vec{n} \times (\vec{E}_1 - \vec{E}_2) = 0, \quad \vec{n} \cdot (\vec{j}_1 - \vec{j}_2) = 0 \qquad (3.29)$$

式中, $\vec{n}$ 为界面的单位法向矢量。

事实上,导电介质中的电场分布还要满足介质中的高斯定理。但是在处理该类问题时,稳恒电流的连续性方程可以取代介质中的高斯定理,通过该式就可以求出电流密度 j,再使用欧姆定律求出电场分布 $\vec{E}$,然后由介质本构方程得到 $\vec{D}$,一旦得到导电介质中的 $\vec{E}$ 和 $\vec{D}$,就可以由它们计算载流导电介质中的自由电荷密度和导电介质界面上的自由电荷面密度。

综上所述,导电介质问题的基本思路是:

① 载流导电介质中的稳恒电流和静电场的稳定分布规律取决于导电介质

的导电性质,即与导电介质的电导率有关,而与导电介质的极化性质即导电介质的介电常量无关。

② 由静电场 $\vec{E}$ 可根据高斯定理确定载流导电介质的总电荷分布,这一分布也只取决于导电介质的导电性质,而与导电介质的极化性质即导电介质的介电常量无关。

③ 导电介质中的自由电荷和极化电荷在总电荷中所占的份额与导电介质的极化性质有关,即与导电介质的介电常量有关。

对导电介质,其电阻和电容这两个与材料本身特性相关的电学参数之间存在着必然的联系。当图 3.16(a) 所示的两个导体之间充满导电介质时,仅考虑介质的介电特性,如图 3.16(b) 所示,两个导体极板之间的电容为

$$C = \frac{Q}{\Delta U} = \frac{\varepsilon \iint\limits_S \vec{E} \cdot \mathrm{d}\vec{S}}{\int\limits_+^- \vec{E} \cdot \mathrm{d}\vec{l}}$$

仅考虑介质的导电性,如图 3.16(c) 所示,则两个导体之间的电阻的倒数为

$$\frac{1}{R} = \frac{I}{\Delta U} = \frac{\sigma \iint\limits_S \vec{E} \cdot \mathrm{d}\vec{S}}{\int\limits_+^- \vec{E} \cdot \mathrm{d}\vec{l}}$$

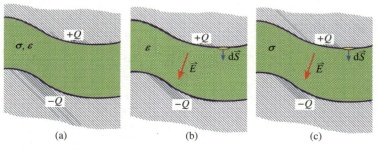

图 3.16　两个导体之间充满导电介质
　　　　　　　　(a)　　　　　　　(b)　　　　　　　(c)

比较以上两个式子,我们很容易得到

$$RC = \frac{\varepsilon}{\sigma} = \rho\varepsilon \tag{3.30}$$

RC 乘积表示漏电时间的快慢,即时间常数 $\tau = RC = \rho\varepsilon$,是由导电介质的本身性质决定的。

【**例 3.4**】 两块导体嵌入电导率为 σ、介电常数为 ε 的无限大介质中,如图所示,用万用表测量得到两导体之间的电阻为 R,求导体间的电容。

【**解**】 设导体分别带 $+Q$,$-Q$,任取一高斯面包围 $+Q$ 导体,则流出该导

体的电流为

$$I = \oint_S \vec{j} \cdot d\vec{S} = \oint_S \sigma\vec{E} \cdot d\vec{S} = \sigma\oint_S \vec{E} \cdot d\vec{S} = \frac{\sigma Q}{\varepsilon}$$

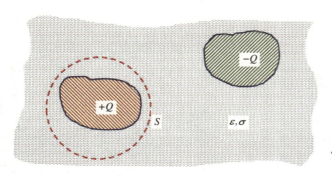

例 3.4 图　导电介质

由欧姆定律得到两导体之间的电势差为

$$U = IR = R\sigma\frac{Q}{\varepsilon}$$

故导体间的电容为

$$C = \frac{Q}{U} = \frac{\varepsilon}{\sigma R}$$

该题就是以一个例子来证明式(3.30)。

【例 3.5】一平行板电容器两极板的面积为 S,两板间充满两层均匀介质,它们的厚度分别为 d_1 和 d_2,介电常数分别为 ε_1 和 ε_2,电导率分别为 σ_1 和 σ_2,当两极板间加电势差为 U 时,略去边缘效应,如图所示。试求:(1) 通过电容器中的电流;(2) 电流密度;(3) 两介质中的 E 和 D 并计算电荷面密度;(4) 两个极板之间漏电的时间常数 τ。

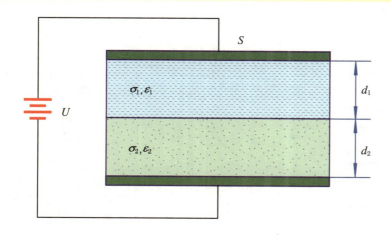

例 3.5 图　平行板电容器内存在两层导电介质

【解】（1）两极板间的电阻为

$$R = \frac{d_1}{\sigma_1 S} + \frac{d_2}{\sigma_2 S} = \frac{\sigma_2 d_1 + \sigma_1 d_2}{\sigma_1 \sigma_2 S}$$

通过电容器的电流为

$$I = \frac{U}{R} = \frac{\sigma_1 \sigma_2 SU}{\sigma_2 d_1 + \sigma_1 d_2}$$

（2）电流密度为

$$j = \frac{I}{S} = \frac{U}{SR} = \frac{\sigma_1 \sigma_2 U}{\sigma_2 d_1 + \sigma_1 d_2}$$

（3）电场强度和电位移矢量分别为

$$\begin{cases} \vec{E}_1 = \dfrac{\vec{j}}{\sigma_1} = \dfrac{\sigma_2 U}{\sigma_2 d_1 + \sigma_1 d_2} \vec{e} \\[2mm] \vec{E}_2 = \dfrac{\vec{j}}{\sigma_2} = \dfrac{\sigma_1 U}{\sigma_2 d_1 + \sigma_1 d_2} \vec{e} \end{cases}, \quad \begin{cases} \vec{D}_1 = \varepsilon_1 \vec{E}_1 = \dfrac{\varepsilon_1 \sigma_2 U}{\sigma_2 d_1 + \sigma_1 d_2} \vec{e} \\[2mm] \vec{D}_2 = \varepsilon_2 \vec{E}_2 = \dfrac{\varepsilon_2 \sigma_1 U}{\sigma_2 d_1 + \sigma_1 d_2} \vec{e} \end{cases}$$

设 $\vec{n}_1$ 和 $\vec{n}_2$ 分别为界面法线方向的单位矢量，$\vec{n}_1$ 向下，$\vec{n}_2$ 向上，则交界面上的自由电荷面密度为

$$\sigma_0 = \vec{n}_1 \cdot \vec{D}_1 + \vec{n}_2 \cdot \vec{D}_2 = \frac{\varepsilon_2 \sigma_1 U}{\sigma_2 d_1 + \sigma_1 d_2} - \frac{\varepsilon_1 \sigma_2 U}{\sigma_2 d_1 + \sigma_1 d_2}$$

$$= -\frac{(\varepsilon_1 \sigma_2 - \varepsilon_2 \sigma_2)U}{\sigma_2 d_1 + \sigma_1 d_2}$$

交界面上的极化电荷面密度为

$$\sigma' = \sigma'_1 + \sigma'_2 = \frac{\varepsilon_0 - \varepsilon_2}{\varepsilon_2} \frac{\varepsilon_2 \sigma_1 U}{\sigma_2 d_1 + \sigma_1 d_2} - \frac{\varepsilon_0 - \varepsilon_1}{\varepsilon_1} \frac{\varepsilon_1 \sigma_2 U}{\sigma_2 d_1 + \sigma_1 d_2}$$

$$= -\frac{\left[(\varepsilon_0 - \varepsilon_1)\sigma_2 - (\varepsilon_0 - \varepsilon_2)\sigma_1\right]U}{\sigma_2 d_1 + \sigma_1 d_2}$$

（4）漏电时间常数 $\tau = RC$，R 已经得到，只要求出 C 就可以了。这种电容器可以看成两个电容器的串联，每个电容器内充满同一种介质，所以

$$C = \frac{C_1 C_2}{C_1 + C_2} = \frac{(\varepsilon_1 S/d_1) \cdot (\varepsilon_2 S/d_2)}{(\varepsilon_1 S/d_1) + (\varepsilon_2 S/d_2)} = \frac{\varepsilon_1 \varepsilon_2 S}{\varepsilon_1 d_2 + \varepsilon_2 d_1}$$

因此，时间常数为

$$\tau = RC = \frac{\sigma_2 d_1 + \sigma_1 d_2}{\sigma_1 \sigma_2 S} \cdot \frac{\varepsilon_1 \varepsilon_2 S}{\varepsilon_1 d_2 + \varepsilon_2 d_1} = \frac{\varepsilon_1 \varepsilon_2}{\sigma_1 \sigma_2} \cdot \frac{\sigma_2 d_1 + \sigma_1 d_2}{\varepsilon_1 d_2 + \varepsilon_2 d_1}$$

当 $d_1 = d_2$ 时,有

$$\tau = \frac{\varepsilon_1 \varepsilon_2}{\sigma_1 \sigma_2} \cdot \frac{\sigma_1 + \sigma_2}{\varepsilon_1 + \varepsilon_2}$$

3.2.7 欧姆定律的失效问题

若平均自由时间 τ 与电场无关,则电流密度与电场强度成线性关系,这种导电介质就是欧姆介质;而当 τ 与电场有关时,电导率 σ 本身与场强有关,欧姆定律失效,即 $\vec{j}$ 与 $\vec{E}$ 的线性关系或者说 I 与 U 的线性比例关系遭到破坏,而代之以非线性关系。

1) 电场很强时

当金属中电场很强,例如 $E > 10^3 \sim 10^4$ V·m^{-1} 时,电子漂移速度会很大,大到可以与平均速率 u 相比拟,这时,电子的平均自由飞行时间必然受到电场 $\vec{E}$ 的影响。$\vec{j}$ 与 $\vec{E}$ 不再是线性关系,而是非线性关系。

2) 低气压下的电离气体

此时,气体分子的平均自由程 $\bar{\lambda}$ 很长,即使电场强度不很高时,平均速率 u 很大,使 $\bar{\lambda}$ 也很大,从而导致欧姆定律失效。

3) 晶体管、电子管等器件

I 与 U 的关系也是非线性的,如图 3.15 所示。

4) 超导介质

超导介质内部的电流一经激发就能长期维持,而电场强度却处处为 0,不能简单地把超导介质视为电导率 σ 为无限大的导体,因为它的导电规律与通常的导体完全不同。如果简单地认为超导体的电阻率为 0,则表面面电流密度将趋于无限大,显然这是不可能的。电流在超导体中的流动必定有特定的形式,以保证体系的能量处于最低态。

5) 其他情况

例如,对某些晶体和处于磁场中的等离子体,其导电特性与电流的方向有关,表现出各向异性,这时 $\vec{j}$ 与 $\vec{E}$ 不再同向,电导率 σ 为张量。

3.3　电源及电动势

3.3.1　电源与电动势

1．电源

稳恒电流必须是闭合的。显然，闭合电流意味着电荷必须沿闭合回路运动。当沿闭合回路绕行一周之后，所经历的电势总改变量为 0。这意味着，在闭合回路中，如果有电势下降的路段，就必有电势上升的路段。当正电荷沿电势下降的路段运动时，静电力做功，电荷的电势能减少，这部分电功将全部转化为热能或其他形式的能量。而当正电荷沿电势上升的路段运动时，电荷的电势能增加，静电力将对电荷的运动起阻碍作用，此外，电荷的运动还受到导体内部的阻碍，因此正电荷沿电势上升路段的定向运动将逐步减速。所以，在闭合回路中，正电荷无法回到原来电势能较高的位置。回路中电荷出现堆积，电流随时间变化，电流的闭合性遭到破坏。一句话，稳恒电流无法维持。因此，在稳恒电路中，一定还有一种非静电本质的力作用于电荷。

电源是提供非静电力的装置。通常电源有正负两极，电势高的叫正极，电势低的叫负极。如图 3.17 所示，电源的作用包括两个方面：① 它通过极板及外电路使各处累积的电荷在外电路中产生静电场 $\vec{E}$，使电流经外电路由正极指向负极；② 在电源内部除了有静电力之外还存在非静电力，在二者的联合作用下，电流经电源内部由负极流向正极。上述两部分电流一起形成了闭合的稳恒电流。

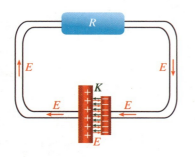

图 3.17　电源内部的非静电力

为了定量地描述电源提供的非静电力特性，要引进两个物理量：$\vec{K}$ 和 $\mathscr{E}$。$\vec{K}$ 表示电源内部单位正电荷受到的非静电力。电荷除受非静电力作用之外，还会受到静电力作用。因此，电荷 q 受到的合力应当是静电力和非静电力之和，即 $q(\vec{E} + \vec{K})$。

这时的欧姆定律应改写为

$$\vec{j} = \sigma(\vec{E} + \vec{K}) \tag{3.31}$$

该式是欧姆定律向稳恒电路的推广，它表明电流是静电力和非静电力共同作用的结果。

对通常的电源,在连接它的外电路中只有静电力,$\vec{K}=0$,上式就回到通常的欧姆定律形式。

2. 电动势

实际上,描述电源的性质即它所提供的非静电力的性质,更常用的不是物理量 $\vec{K}$,而是电动势 $\mathscr{E}$,它定义为将单位正电荷从负极经电源内部移到正极时非静电力所做的功,即

$$\mathscr{E} = \int_{\substack{- \\ \text{电源内部}}}^{+} \vec{K} \cdot \mathrm{d}\vec{l} \tag{3.32}$$

显然,电动势和电压单位相同,即“伏特”(V);一个电源的电动势反映电源中非静电力做功的本领,它反映的是电源本身的特性,与外电路的性质以及是否接通无关。

有些电源无法区分电源内部和外部,$\vec{K}$ 分布于电路各处,这时我们把电动势定义为沿闭合回路的线积分,即

$$\mathscr{E} = \oint_{L} \vec{K} \cdot \mathrm{d}\vec{l} \tag{3.33}$$

称它为整个闭合回路的电动势。

3.3.2　常见的几种稳恒电源

常见的电源有化学电源、温差电源等,此外,还有发电机、浓差电源等。

1. 化学电源

通过化学反应直接把化学能转变成电能的装置称为化学电源,各类电池和蓄电池都属于化学电池,如常见的锌锰干电池、铅酸电池等。典型的化学电池是伏打电池,它由浸在稀硫酸溶液中的一块铜片和一块锌片组成。图 3.18 是科技馆中制作电池的一个简单方法,即可以在水果(如芒果)上插上锌片和铜片,然后串联起来,就是一个简单的电池,它可以使二极管发光。伏打电池的应用价值不高,后来发展成为丹聂耳(J. E. Daniell,1790－1845)电池。化学电源的电动势一般来源于第一类导体与第二类导体接触层中的化学反应。

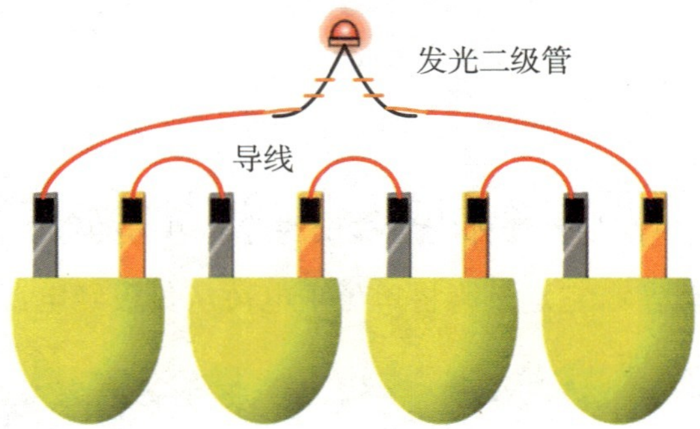

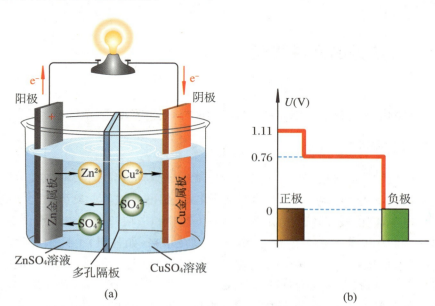

图 3.18　水果做的电池

　　下面以丹聂耳电池为例来说明化学电池的原理。丹聂耳电池由两个相邻的液池组成,一个池中盛有硫酸锌溶液,其中插有锌棒,另一个池中盛有硫酸铜溶液,其中插有铜棒,两池之间用多孔的陶瓷板隔开,但离子仍可自由通过陶瓷板,如图 3.19(a)所示。其中发生的过程大致是:锌棒上的锌离子通过化学作用而自动溶入溶液,使锌棒带负电,溶液带正电,在锌棒和溶液之间形成一个偶电层,偶电层的电场阻止锌棒上的锌离子继续向溶液溶解,最后,化学作用和电场作用达到平衡,这时溶液和锌棒之间保持约 0.766 3 V 的电势差。在铜棒附近,溶液中的铜离子团因化学作用而被吸附到铜棒上,使铜棒带正电,溶液带负电,在铜棒与溶液间也形成偶电层,偶电层的静电场阻止铜离子继续移向铜棒,平衡时铜和溶液之间保持约 0.337 V 的电势差,而两池的溶液之间由于离子的交换而保持等电势,最后形成如图 3.19(b)所示的电势分布,铜棒为正极,锌棒为负极,两者之间的电势差约为 1.11 V。

图 3.19　丹聂耳电池图(a)和丹
聂耳电池空载时的电势分布(b)

　　当电池通过外电路放电时,在导线中就有电流,电流使正极电势降低、负极电势升高。溶液中,负极一边的溶液电势升高,正极一边的溶液电势降低,正离子从负极流向正极,负离子从正极流向负极。电极与溶液间的电场减弱,化学作用(非静电作用)占优势,锌离子的溶解、铜离子的吸附过程继续进行,从而在回路中形成闭合的电流,这时的电势分布如图 3.20 所示。这种过程可以一直持续到锌棒全部溶于溶液成为硫酸锌,或硫酸铜溶液降低到一定浓度为止。

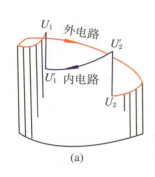
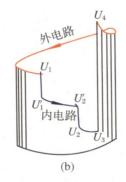

图 3.20 丹聂耳电池有负载时的电势分布:
(a) 放电时;(b) 充电时

干电池是常用的一种化学电池,其结构示意图如图 3.21 所示。外壳通常用锌皮做成,壳内是氯化铵(NH_4Cl)和氯化锌($ZnCl_2$)与淀粉组成的糊状物;电解液中间是一根碳棒,碳棒周围紧裹有二氧化锰(MnO_2)、石墨粉及乙炔黑等的混合物。在锌皮与电解液接触处,化学作用促使锌皮中的锌原子失去电子而成为锌离子进入电解液,使锌皮带负电,而在碳棒与电解液接触处,电解液中的铵离子在与 MnO_2 的化学反应过程中,从碳棒取得电子,使碳棒带正电。这样,在碳棒(正极)和锌皮(负极)之间就可维持一定的电势差(约 1.5 V)。

传统的铅酸蓄电池是由正负极板、隔板、壳体、电解液和接线桩头等组成的,正极板活性物质和负极板活性物质在电解液(H_2SO_4)的作用下进行化学反应使其放电,其中极板的栅架是用铅锑合金制造的。图 3.21(b)是汽车用的蓄电池结构示意图。

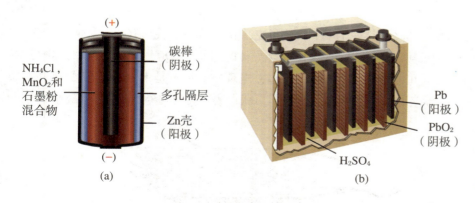

图 3.21 常用电池的结构:
(a) 干电池;(b) 汽车用的蓄电池

化学电池按其工作性质及贮存方式可分为四类,如表 3.2 所示。

表 3.2　化学电池的分类

电池类型	特 性	主要种类	用 途
一次电池	因为放电过程中进行的化学反应不可逆,放电后不能再用充电方法使其复原后再次使用	锌锰干电池;锌汞电池;镉汞电池;锌银电池;锂亚硫酰电池	低功率到中功率放电,使用方便,相对价廉,外形以扁形、扣式和圆柱形为主
二次电池	因为放电过程中的化学反应是可逆的,故可放电、充电多次循环使用,放电后可用充电方法使活性物质复原后再放电	铅酸电池;镉镍电池;锌银电池;锌氧(空)电池;氢镍电池	较大功率的放电,可用在人造卫星、宇宙飞船、空间站和潜艇、电动车辆方面
贮备电池	正负极活性物质和电解液在贮存期间不直接接触,在使用前临时让电解液与电极接触,故电池可长时间贮存电量	镁银电池;锌银电池;铅高氯酸电池;钙热电池	贮存寿命或工作寿命特别长,可用作心脏起搏器和计算器存贮系统的电源
燃料电池	这类电池可把活性物质连续注入电池,从而使电池能长期不断进行放电	氢氧燃料电池等	已用于"阿波罗"飞船等登月飞行器和载人航天器中,并正在进一步研究燃料电池电站,并入公用电网供电

2. 温差电源、热电偶

　　温差电源就是利用温差电效应把热能直接转化成电能的装置。实验发现,两种不同的金属紧密接触在一起时,两金属间会出现一定的电势差,这种现象称为接触电现象,两金属间的电势差称为接触电势差,这一现象由德国物理学家塞贝克(T. J. Seebeck,1770 - 1831)于 1821 年发现,又称为塞贝克效应。

　　在一定的温度范围内,温差电动势在数值上与两接点处的温度差有关,如图 3.22 所示,在温差不大时有

$$\mathscr{E} = (S_B - S_A)(T_2 - T_1) \tag{3.34}$$

式中,S_A 和 S_B 分别为两种材料的塞贝克系数,与金属的性质有关。金属的温差电效应较小,系数 S 为 0～80 $\mu V \cdot K^{-1}$,半导体的温差电效应较大,系数 S 为 50～1 000 $\mu V \cdot K^{-1}$,可制造温差电池。由于温差电现象效果不是十分明显,因此使用时需要多个温差电池串联组成温差电堆,可获得实用的电动势,如图 3.23 所示。

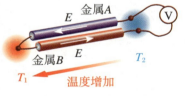

金属A
E
金属B　E
T_2
T_1
温度增加

图 3.22　塞贝克效应

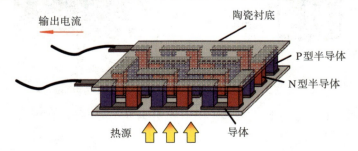

输出电流
陶瓷衬底
P型半导体
N型半导体
热源
导体

图 3.23　温差电堆示意图

当两种金属材料确定以后,常数 S_A 和 S_B 便可确定。如果保持一个接触点于已知的固定温度,则通过测量回路中的电动势或开路两端的电势差,就可求得另一接触点的温度,从而成为一种温度计。这就是温差电偶温度计或热电偶,如图 3.24 所示。

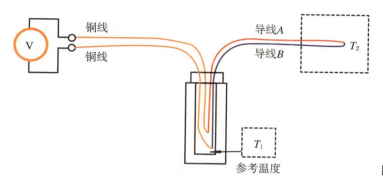

图 3.24　热电偶测温原理图

当回路中接有第三种金属时,只要该金属两端的温度保持相同,电路中的电动势并不因存在第三种金属而改变。热电偶测温有灵敏度高、测温范围大、受热面积和热容量小等优点。灵敏度高的原因是热电偶是通过对电动势的测量来测量温度的,而对电动势的测量精度是非常高的。

3. 光电池(太阳能电池)

光电池就是将光能转变为电能的电池。最常见的如太阳能电池,它将太阳的光能转化为电能,常用于人造卫星、宇宙飞船、空间站。其简单原理是,当太阳光照到对光敏感的半导体表面时,通过光电效应,表面发射电子,这些电子被收集到另一邻近的金属表面,造成正负电荷分离,产生电动势,若接通外电路,便会产生电流,如图 3.25 所示。太阳能电池种类主要有硅、硫化镉、锑化镉以及砷化镓等太阳能电池。

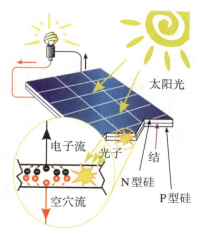

图 3.25　太阳能电池原理与电池板阵列

4. 放射性同位素电池

放射性同位素电池是一种新型的电池,它是利用放射性同位素在衰变过程中放出的各种粒子(如 α 和 β 粒子)或 γ 射线与物质的相互作用,射线的动能被物质阻止后转变为热能,通过换能器把热能转化成电能。放射性同位素电池的核心是换能器,它利用热电偶的原理在不同的金属中产生电位差,从而发电。它的优点是可以做得很小,只是效率颇低,热利用率只有 10%~20%,大部分热能被浪费掉。这种电池具有以下特点:一是放射性同位素衰变时放出的能量大小、速度,不受外界环境中的温度、化学反应、压力、电磁场的影响,因此,放射性同位素电池以抗干扰性强和工作准确可靠而著称;另一个特点是衰变时间很长,这决定了放射性同位素电池可长期使用。现有 3 000 余种放射性核素经过筛选,可作为同位素电池的核素只有 10 余种,它们是^{60}Co,^{90}Sr,^{137}Cs,^{144}Ce,^{147}Pm,^{170}Tm,^{210}Po,^{238}Pu,^{242}Cm,^{244}Cm 等,实际上都采用半衰期较长的同位素如 ^{90}Sr(半衰期为 28 年)、^{238}Pu(半衰期为 89.6 年)、^{210}Po(半衰期为 138.4 天)等。将它们制成圆柱形电池,燃料放在电池中心,周围用热电元件包覆,放射性同位素发射出高能量的粒子或射线,然后在热电元件中将热量转化成电流。

作为在陆地和海洋中用的同位素电池常常采用 β 和 γ 射线为热源,其中以 ^{90}Sr(β 热源)居多,主要是因其价格低廉,但需要较大的屏蔽系统。作为 α 热源,^{210}Po 和 ^{242}Cm 的比功率很高,屏蔽简单,因此常常用在空间探测和航空航天中。

3.3.3 全电路欧姆定律

1. 全电路欧姆定律

考虑到非静电力 $\vec{K}$ 的作用,欧姆定律的微分形式为 $\vec{j} = \sigma(\vec{E} + \vec{K})$。因为当存在非静电力时,电流是由静电力和非静电力共同产生的。沿外电路和电源组成的闭合路径,静电力和非静电力对单位正电荷做的功为

$$\oint(\vec{E} + \vec{K}) \cdot d\vec{l} = \oint \frac{\vec{j}}{\sigma} \cdot d\vec{l} = \int_{外} \frac{\vec{j}}{\sigma} \cdot d\vec{l} + \int_{内} \frac{\vec{j}}{\sigma} \cdot d\vec{l}$$

因为稳恒电场是保守场,其环流为 0,但非静电场的环流不为 0,即 $\mathscr{E} = \oint \vec{K} \cdot d\vec{l}$,在外电路,$\vec{K} = 0$,又 $I = \vec{j} \cdot \vec{S}$,所以

$$\int_{外} \frac{\vec{j}}{\sigma} \cdot \mathrm{d}\vec{l} = I \int_{外} \frac{\mathrm{d}l}{\sigma S} = IR$$

设电源内阻为 r，则有

$$\int_{内} \frac{\vec{j}}{\sigma} \cdot \mathrm{d}\vec{l} = I \int_{内} \frac{\mathrm{d}l}{\sigma S} = Ir$$

电源附近的内外电极周围的电场分布如图 3.26 所示。这样，我们就有

$$\mathscr{E} = I(R + r) \tag{3.35}$$

这就是全电路欧姆定律。

图 3.26　电源和灯泡构成的回路

【例 3.6】一电缆 AB 长 50 km，中间某点发生漏电，现在做下列的检查，如图所示，将 B 端断开，在 A 端加上 200 V 电压，测得 B 端电压为 40 V；再将 A 端断开，在 B 端加上可调的电压，当调到 300 V 时，A 端电压为 40 V。求发生漏电的地点离 A 端的距离。

例 3.6 图

【解】设电缆每千米电阻为 λ，漏电处的漏电电阻为 R，在 A 端加上 200 V 电压时，B 端的电压为

$$U_B = I_A R = \frac{200R}{2\lambda x + R} = 40 \, (\mathrm{V})$$

得 $\lambda x = 2R$。在 B 端加 300 V 电压时，A 端的电压为

$$U_A = I_B R = \frac{300R}{2\lambda(50 - x) + R} = 40 \, (\mathrm{V})$$

得 $200\lambda - 4\lambda x = 13R$，最后解得

$$x = 19 \, (\mathrm{km})$$

2．稳恒电路的特点

由稳恒条件 $\nabla \cdot \vec{j} = 0$ 和欧姆定律 $\vec{j} = \sigma \vec{E}$，可以得到对均匀介质（σ 为常数）$\nabla \cdot \vec{E} = 0$，亦即 $\rho = 0$，因此有：① 在稳恒电流情况下，均匀各向同性线性导体内部宏观电荷密度为 0，净电荷只分布在导体表面或导体内不均匀的地方。② 外电路中，电流线和电力线方向一致，且平行于导体表面。③ 在电源内部，电流线的方向由 $\vec{E}$ 和 $\vec{K}$ 共同决定。

3．稳恒电路中静电场的作用

在稳恒电路中，静电场的作用是非常重要的，主要表现在以下两个方面：① 调节电荷分布的作用。在电流达到稳恒的过程中，静电场担负着重要的调节作用，这种调节作用不仅表现在导线表面上的电荷分布的变化，还包括非均匀导体内部体电荷分布的变化，以及在两种不同导体交界面上电荷分布的变化。当电路中的电流已经达到稳定后，回路形状的变化又会破坏电流的稳定性，但导线上电荷分布的变化能调节电场分布，使电流重新达到稳定。当然调节作用仅发生在非常短的时间内。② 静电场起着能量的中转作用。从能量的转换看，在整个闭合电路中静电场做的总功为 0。但是，在电源外部以及电源内部不存在非静电场的地方，静电场在把正电荷从高电势处送到低电势处的过程中做正功，以消耗电场能为代价。存在非静电场的地方，非静电场把正电荷从低电势处送到高电势处的过程中，反抗静电场做功，消耗非静电能，使电场能增加，在绕闭合电路一周的过程中，静电场做的总功为 0，静电能变化的总和等于 0。静电场起着能量的中转作用，它把电源内部的非静电能转送到外电路上。

3.4 直流电路的基本规律

3.4.1 基尔霍夫定律

欧姆定律只能用于求解比较简单的电路。复杂的电路，整个电路由若干个闭合回路组成，同一回路的各段电路中的电流并不相同。对于这类复杂电路，欧姆定律无法解决。1847 年，德国物理学家基尔霍夫（G. R. Kirchhoff，1824 - 1887）给出了求解一般复杂电路的方程组，它包括节点电流方程和回路电压方程，两者构成了完备的方程组，原则上可以解决任何直流电路问题。基尔霍夫方程组不仅在恒定条件下严格成立,而且在似稳条件(即整个电路的尺度远小于电路工作频率下的电磁波的波长)下也符合得相当好。总的来说,无论直流或低频交流电路的求解问题,均可由基尔霍夫定律解决。

1. 基本概念

节点:在电路中,3条或3条以上导线相交在一起的点。如图3.27所示,有 A, B, C 和 D 4个节点。

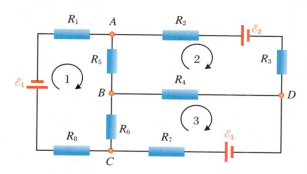

图 3.27 多回路直流电路

支路:两个相邻节点间,由电源和电阻串联而成的且不含其他节点的通路。如图3.27中的 AB 支路、BC 支路和 BD 支路等,共有6个支路。通过支路的电流叫支路电流;支路两端的电压叫支路电压。

回路:起点和终点重合在一个节点的电流回路。如图3.27中的1回路。

独立回路:各回路线性无关,不相重合。独立回路有各种取法,一种简单易行的办法是取各回路互不包含,这样取定的回路肯定相互独立。如图3.27中有1、2和3三个独立回路。独立回路数目减1正好等于支路的数目减去节点的数目,这给独立回路选择的正确与否提供了一个重要判据。实际上对平面网络,其网孔数目就是独立回路数目,如图3.27所示,该电路网络正好有3个网孔,所以独立回路数为3。

2. 基尔霍夫第一方程

对于电路中每一个节点,有的电流流入节点,有的电流自节点流出,根据电荷守恒定律和稳恒电流条件,流入该节点的电流应等于流出该节点的电流,因此,对于每一个节点,有

$$\sum_i I_i = 0 \tag{3.36}$$

在求和时,流入节点的电流用"$+$"号,流出节点的电流用"$-$"号,这就是基尔霍夫第一方程,其实质就是稳恒电流情况下的电荷守恒定律。

电路中的节点可以是一个广义的节点,在电路中作任一闭合回路(三维时,可以是任何闭合曲面),则该闭合曲面内部可认为是一广义节点,则进出该广义

节点的电流代数和为 0,如图 3.28 所示。

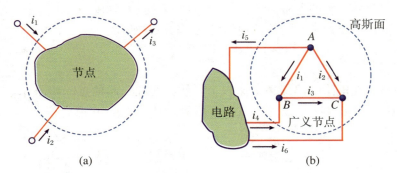

图 3.28　广义节点

3. 基尔霍夫第二方程

对于复杂电路中任一闭合回路,沿闭合回路绕行一周,回路中各电阻上电势降落的代数和等于该回路中各电源的电动势造成的电势升高的代数和,这一结论称为基尔霍夫第二方程,即

$$\sum U = \sum (\pm \mathscr{E} \pm Ir \pm IR) = 0 \tag{3.37}$$

式中,$\mathscr{E}$ 为回路的电动势,r 是电源内阻,R 是电源外部的电阻。正负号规定如下:先任意假定回路绕行方向和各支路的电流方向,当绕行方向由正极穿进电源从负极出来时,$\mathscr{E}$ 取正号,反之取负号。当回路绕行方向与所经过的支路的电流方向一致时,该支路中电阻上的电压取正号,反之取负号。

4. 基尔霍夫方程的完备性

任意复杂的电路,原则上都可以用基尔霍夫两组方程组联立求解。在应用基尔霍夫方程解题时,应注意以下几点:① 电流方向:在实际问题中,电流方向不一定已知,但我们可以任意假定各支路中的电流方向,若最后求得的该支路中的电流为正,则表示原初假定的电流方向与实际方向相同,若求得的电流为负,则表示原初假定的该支路的电流方向与实际电流的方向相反。② 独立节点方程数:根据基尔霍夫第一方程,对每一个节点,可列出一个方程,但对 n 个节点,只有 $n-1$ 个方程是独立的。③ 独立电压方程数:对每一个闭合回路,可以列一个基尔霍夫第二方程。

对支路数目为 k 的一个复杂电路网络,如果网络中有 n 个节点,则就有 $k-n+1$ 个独立回路,因此可以列出的方程为

$$\begin{cases} \sum_i I_i = 0, & i = 1, 2, \cdots, n-1 \\ \sum_j U_j = 0, & j = 1, 2, \cdots, k-n+1 \end{cases} \tag{3.38}$$

所以总的基尔霍夫方程的个数是 k 个,正好是未知数即各支路电流的数目,因此基尔霍夫方程组是完备的。

【**例 3.7**】在图中,如果各电源的电动势分别为 $\mathscr{E}_1 = \mathscr{E}_2 = \mathscr{E}_4 = 6\ \mathrm{V}$,$\mathscr{E}_3 = 12\ \mathrm{V}$,各电阻阻值分别为 $R_1 = R_2 = R_3 = 2\ \Omega$,$R_4 = R_5 = R_6 = 4\ \Omega$,$R_7 = 6\ \Omega$,各电源的内阻均为 $2\ \Omega$,求各支路上的电流。

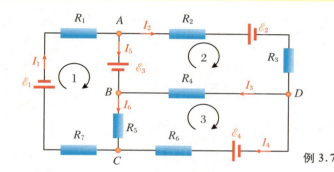

例 3.7 图

【**解**】电路有 6 个电流支路,即有 6 个未知数。电路中有 4 个节点和 3 个独立回路,各支路的电流方向标注和回路绕行方向标注如图所示。根据基尔霍夫方程,可以列出 3 个节点方程和 3 个回路方程:

节点 A:$I_2 + I_5 - I_1 = 0$

节点 B:$I_6 - I_5 - I_3 = 0$

节点 C:$I_1 - I_6 - I_4 = 0$

回路 1:$I_1(R_1 + R_7 + r_1) + \mathscr{E}_3 + I_5 r_3 + I_6 R_5 + \mathscr{E}_1 = 0$

回路 2:$I_2(R_2 + R_3 + r_2) + \mathscr{E}_2 + I_3 R_4 - I_5 r_3 - \mathscr{E}_3 = 0$

回路 3:$-I_3 R_4 + I_4(R_6 + r_4) - \mathscr{E}_4 - I_6 R_5 = 0$

6 个方程共有 6 个待求的未知数,把节点方程代入回路方程,用消元法得到 3 个方程为

$$\begin{cases} 4I_2 + 2I_3 + 7I_5 = -9 \\ 6I_2 + 4I_3 - 2I_5 = 6 \\ 4I_2 - 8I_3 - 2I_5 = 3 \end{cases}$$

该方程组的系数行列式的值为

$$\Delta = \begin{vmatrix} 4 & 2 & 7 \\ 6 & 4 & -2 \\ 4 & -8 & -2 \end{vmatrix} = -536$$

未知数 I_3,I_2 和 I_5 对应的行列式的值为

$$\Delta_2 = -\begin{vmatrix} -9 & 2 & 7 \\ 6 & 4 & -2 \\ 3 & -8 & -2 \end{vmatrix} = -192$$

$$\Delta_3 = \begin{vmatrix} 4 & -9 & 7 \\ 6 & 6 & -2 \\ 4 & 3 & -2 \end{vmatrix} = -102$$

$$\Delta_5 = \begin{vmatrix} 4 & 2 & -9 \\ 6 & 4 & 6 \\ 4 & -8 & 3 \end{vmatrix} = 828$$

$$I_2 = \frac{\Delta_2}{\Delta} = 0.358(A)$$

$$I_3 = \frac{\Delta_3}{\Delta} = 0.190(A)$$

$$I_5 = \frac{\Delta_5}{\Delta} = -1.545(A)$$

再代回到节点方程,得到

$$I_1 = -1.187(A)$$
$$I_6 = -1.355(A)$$
$$I_4 = 0.167(A)$$

电流值为"-",表示实际电流方向与图上电流标注方向相反。

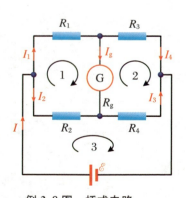

例 3.8 图　桥式电路

【**例 3.8**】如图是一电桥电路,R_1,R_2,R_3和 R_4 是四臂的电阻,G 是内阻为 R_g 的电流计,电源的电动势为 $\mathscr{E}$,并忽略其内阻,求通过电流计 G 的电流 I_g 与四臂电阻的关系。

【**解**】该桥式电路由 4 个节点和 6 条支路组成,可列出 3 个节点方程和 3 个回路方程,共 6 个独立方程:

$$\begin{cases} 节点\ A: I_1 + I_2 - I = 0 \\ 节点\ B: I_g + I_3 - I_1 = 0 \\ 节点\ C: I - I_3 - I_4 = 0 \\ 回路\ 1: I_1 R_1 + I_g R_g - I_2 R_2 = 0 \\ 回路\ 2: I_3 R_3 - I_4 R_4 - I_g R_g = 0 \\ 回路\ 3: I_2 R_2 + I_4 R_4 - \mathscr{E} = 0 \end{cases}$$

简化后,得到 3 个方程:

$$\begin{cases} R_1 I_1 - R_2 I_2 + R_g I_g = 0 \\ R_3 I_1 - R_4 I_2 - (R_3 + R_4 + R_g) I_g = 0 \\ (R_2 + R_4) I_2 + R_4 I_g = \mathscr{E} \end{cases}$$

采用行列式法解该方程组,则

$$I_g = \frac{\Delta_g}{\Delta}$$

其中 Δ_g 和 Δ 分别为

$$\Delta = \begin{vmatrix} R_1 & -R_2 & R_g \\ R_3 & -R_4 & -(R_3 + R_4 + R_g) \\ 0 & R_2 + R_4 & R_4 \end{vmatrix}$$

$$= (R_1 R_2 + R_1 R_4 + R_2 R_3 + R_3 R_4) R_g$$
$$+ (R_3 + R_4) R_1 R_2 + (R_1 + R_2) R_3 R_4$$

$$\Delta_g = \begin{vmatrix} R_1 & -R_2 & 0 \\ R_3 & -R_4 & 0 \\ 0 & R_2 + R_4 & \mathscr{E} \end{vmatrix} = (R_2 R_3 - R_1 R_4) \mathscr{E}$$

若 $I_g = 0$,则 Δ_g 必为 0,由此必有

$$\frac{R_1}{R_3} = \frac{R_2}{R_4}$$

　　桥式电路可以用于测量电阻,若 R_3 为可变电阻,R_2 / R_4 的比值一定,则通过调节 R_3,使 $I_g = 0$,由上式就可求得未知电阻 R_1 的值。

3.4.2　叠加原理

　　在具有几个电动势的电路中,几个电动势共同在某一支路中引起的电流,等于每个电动势单独存在时在该支路上所产生的电流之和,如图 3.29 所示。这个关于各个电动势作用独立性的原理称为叠加原理。

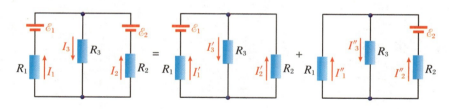

图 3.29　叠加原理的图示

　　应用叠加原理可以把一个复杂的电路分解成若干个比较简单的电路。在每一个比较简单的电路中,仅有一个电动势在所研究的问题中起作用,其他电动势假定被短接了,不过它们的内电阻应包括在相应的各支路的电阻内。

3.4.3　电容的充电和放电

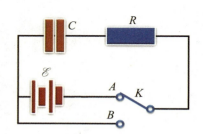

图 3.30　电容充电过程

1. 电容充电

　　考虑如图 3.30 所示的电容充电电路。当开关位于 A 时,接上电源,电容开始充电。设某时刻 t 电路中的电流为 I,电容极板充电的电量为 q,则根据回路方程,有

$$IR + \frac{q}{C} = \mathscr{E}$$

考虑到 $I = \mathrm{d}q/\mathrm{d}t$,上式也可以写成

$$R\frac{\mathrm{d}q}{\mathrm{d}t} + \frac{1}{C}q = \mathscr{E}$$

利用初始条件 $q|_{t=0} = 0$,可求得上式的解为

$$q = q_0(1 - \mathrm{e}^{-\frac{t}{\tau}}) \tag{3.39}$$

相应的充电电流为

$$I = I_0\mathrm{e}^{-\frac{t}{\tau}} \tag{3.40}$$

式中,$q_0 = C\mathscr{E}$,$I_0 = \mathscr{E}/R$,$\tau = RC$。τ 称为 $R\text{-}C$ 电路的时间常数。上面结果表明,当电容充电时,电容的电荷由 0 逐渐增加到 q_0,而电流则由 I_0 逐渐减小到 0。τ 越小时,上述过程进行得越快,如图 3.31 所示。

　　根据电容充电过程的解,我们可以求出电容器充电的能量为

$$W_C = \int_0^\infty I(t)U_C(t)\mathrm{d}t = \int_0^\infty \frac{\mathscr{E}^2}{R}(1 - \mathrm{e}^{-\frac{t}{\tau}})\mathrm{e}^{-\frac{t}{\tau}}\mathrm{d}t = \frac{C\mathscr{E}^2}{2}$$

充电过程中电阻消耗的电能为

$$W_R = \int_0^\infty I^2(t)R\mathrm{d}t = \int_0^\infty \frac{\mathscr{E}^2}{R}\mathrm{e}^{-\frac{2t}{\tau}}\mathrm{d}t = \frac{\mathscr{E}^2\tau}{2R} = \frac{C\mathscr{E}^2}{2}$$

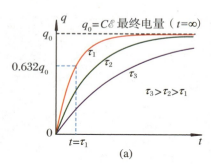

(a)

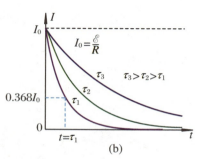

(b)

图 3.31　电容充电过程中电容极板上的电荷和电路上电流随时间的变化

电源提供的能量为

$$W_t = \int_0^\infty I(t)\mathscr{E}\,\mathrm{d}t = \int_0^\infty \frac{\mathscr{E}^2}{R}\mathrm{e}^{-\frac{t}{\tau}}\,\mathrm{d}t = \frac{\mathscr{E}^2\tau}{R} = C\mathscr{E}^2$$

可见,电容充电过程中只能获得电源提供电能的一半,另一半消耗在电路的负载上。电容得到一半能量的结论也只有在充电过程中电动势恒定的情况下成立,如果充电过程中电动势变小,则电容将得不到电源提供的一半能量。

2. 电容放电

在图 3.30 中,当开关由 A 拨至 B 时,电容开始放电。该电路的方程为

$$R\frac{\mathrm{d}q}{\mathrm{d}t} + \frac{1}{C}q = 0$$

满足 $q\big|_{t=0} = q_0$ 的解为

$$q = q_0\mathrm{e}^{-\frac{t}{\tau}} \tag{3.41}$$

相应的放电电流为

$$I = I_0\mathrm{e}^{-\frac{t}{\tau}} \tag{3.42}$$

这说明,在放电过程中,电荷由 q_0 逐渐减小到 0,电流则由 I_0 逐渐变化到 0。

在这个过程中由于不存在电源,电容储存的能量将全部转化为电阻的焦耳热,读者可以自行证明。

3.5   雷电形成机制与安全用电*

3.5.1   雷电形成机制*

现代大气物理研究认为,雷电是一种瞬态大电流的放电过程,根据放电通道位置划分,主要有云际闪电、云内闪电和云地闪电 3 种形式。前两种称云闪,后一种称地闪。

产生雷电现象的云称雷雨云,雷雨云内部电荷分布较为复杂,但总的来说

其上部带正电荷,中下部带负电荷,但在下部强对流区往往也集中有正电荷。雷雨云的形成需要一定的条件,从局地条件来看,首先,大气的垂直结构必须是不稳定的,以便诱发对流活动的发生和发展;其次,空气中要有足够的水分,能够满足云的生成。从天气背景来看,应当有促发局地对流发展的天气形势,如冷锋过境、正在填塞中的低压、反气旋后部、小波动以及高空下股冷空气活动等。雷雨云往往由积云发展而来,它是对流云发展的成熟阶段。一个发展完整的对流云,一般都有一个形成、成熟和消散的过程。

目前一般有 3 种理论来解释雷雨云起电:温差起电机理、感应起电机理和水滴破裂起电机理。温差起电主要发生在 0 ℃ 层高度以上,由于冰晶各部的温度差使得正负离子浓度不均衡,冰晶破裂时造成一部分带正电,一部分带负电。感应起电认为雷雨云起电是由于大气电场的作用,大气电场线总是自上而下的,悬浮在大气中的冰晶、水滴等被大气电场极化,上部带负电,下部带正电,在由于重力作用而下落的过程中,下部先与其他水滴和冰晶碰撞,弹出带正电的更小的水滴,这些带正电的水滴带走了大水滴下部的部分正电,被上升气流卷到雷雨云上部,其结果是进一步加强了局部大气电场,这就是感应起电机理。此外,水滴在运动中破裂也使得雷雨云带电。

一般认为在降水过程初期,温差起电机理起主要作用,逐渐加强局部电场;而随着大气局部电场增强,感应起电逐渐上升到主要地位。雷雨云起电是一个复杂的过程,虽然有一些实验结果支持上述机理的发生机制,但尚不能完满地解释云中电场的复杂变化。

雷电是云与云之间、云与地之间或者云体各部位之间的强烈放电现象。积雨云通常产生电荷,底层为负电,顶层为正电,在雷雨云的下方,大气的电场与晴天时正好相反,也就是说,此时地面带正电荷,它是由雷雨云感应产生的。正电荷和负电荷彼此相吸,但空气却不是良好的传导体。正电荷奔向树木、山丘、高大建筑物的顶端甚至人体之上,企图和带有负电的云层相遇;负电荷枝状的触角则向下伸展,越向下伸越接近地面,整个雷电发生时间很短,如图 3.32所示,整个过程从图 3.32(a) - (c)总共只需大约 0.1 s 的时间。巨大的电流沿着一条传导气道从地面直向云涌去,产生一道明亮夺目的闪光。闪电的温度为15 000 ~ 30 000 ℃,相当于太阳表面温度的 3~5 倍。闪电的极度高热使沿途空气剧烈膨胀。空气移动迅速,因此形成波浪并发出声音。如果闪电距离近,听到的就是尖锐的爆裂声;如果距离远,听到的则是隆隆声。你在看见闪电之后可以开动秒表,听到雷声后即把它按停,然后用所得的秒数除以 3,即可大致知道闪电离你有几千米。

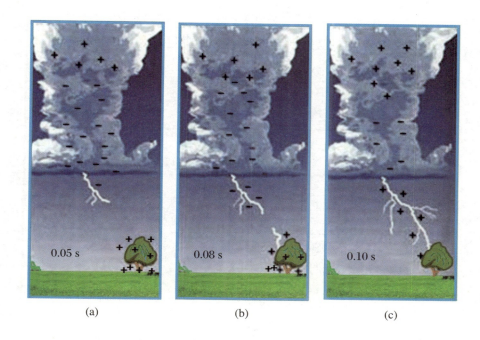

图 3.32　雷电的发展示意图

3.5.2　安全用电 *

　　人的皮肤是相当好的绝缘体,1 cm² 干燥的皮肤与导体接触,其电阻可达 10^5 Ω,但实际上这个阻值又与皮肤厚度、湿度、温度等因素有关,因人而异。国际电工委员会给出人体的两只手之间的总电阻值(皮肤干燥,大的接触面积),见表 3.3,表中 100 V、95% 表示在 50 Hz 的交流电 100 V 加到人体的两只手上时,95% 人的电阻是 3 200 Ω。表 3.4 给出了电流在人体内持续 1 s 所引起的生物效应。在交流电的情况下,如果人体通入电流为 10 mA,就可以造成强烈的肌肉痉缩和疼痛,并且伴有烧伤,其电阻将减少,电流随之增大;到 20 mA 时,可能会造成人的呼吸停止,如果持续几分钟就可能会使人窒息而亡,并造成电源 "不能放手" 的效应。不同电流在持续 1 s 时间对人体产生的生物学效应如表 3.4 所示。要造成相同的生物效应,直流电的电流大约需要交流电对应电流的 5 倍。我们国家规定 36 V 交流电压为安全电压,这是对绝大部分人体而言的,有些人因个体差异,就像人体的电阻,有 5% 人群比大部分人群的电阻要小,在接触低于这个电压时,仍是十分危险的。

表 3.3　人体两手之间总电阻(%表示人群比例)　单位:Ω

电压(V)	5%	50%	95%
25	1 750	3 250	6 100
100	1 200	1 875	3 200
220	1 000	1 350	2 125
1 000	700	1 050	1 500

表 3.4　电流在人体内持续 1 s 所引起的生物效应

电流	生 物 效 应	电压(V)	
		人体电阻为 10^5 Ω 时	人体电阻为 10^3 Ω 时
1 mA	感觉阈值,刺痛的感觉	100	1
5 mA	可承受的最大电流	500	5
10~20 mA	开始持续肌肉收缩("不能放手")	1 000~2 000	10~20
100~300 mA	致命的心室颤动,如果继续,呼吸功能衰竭	10 000	100
6 A	持续性心室收缩,呼吸麻痹和烧伤	600 000	6 000

电击或触电的主要因素有:① 总电流;② 电流进入人体的路径;③ 持续的时间;④ 交流电的频率 f(对直流电 $f=0$ Hz)。

当发现人身触电后,应立即采取如下急救措施:① 首先尽快使触电者脱离电源。如电源开关或刀闸距触电者较近,则尽快切断电源。如电源较远,可用绝缘钳子或带有干燥木柄的斧子、铁锨等切断电源线,也可用木杆、竹竿等挑开电源线,使之脱离触电者。② 在电源未切断之前,救护人员切不可直接接触触电者,以免发生救护人员也触电的危险。③ 当触电者脱离电源线后,如触电者神智尚清醒,仅感到心慌、四肢麻木、全身无力,或曾一度昏迷但未失去知觉,可使触电者平躺于空气畅通且保温的地方,并严密观察。④ 发生触电事故后,一方面要进行现场抢救,另一方面应立即与附近医院联系,要求迅速派医务人员前来抢救。⑤ 抢救时不能只根据触电者没有呼吸和脉搏,就擅自判断触电者已死亡而放弃抢救。因为有时人触电后会出现一种假死现象,故必须由医生到现场后做出触电者是否死亡的诊断。

第 4 章 磁力与磁场

太阳磁场形成的日珥和太阳风作用于地球磁场形成的漂亮的空间磁场图景

4.1 磁现象与磁力

4.1.1 磁现象研究历史和磁性的起源

1. 磁现象研究简史

我国是对磁现象认识最早的国家之一,公元前 4 世纪左右成书的《管子》中就有"上有慈石者,其下有铜金"的记载,这是关于磁的最早记载。公元前 2 世纪左右的《吕氏春秋》中也可以找到相关记载:"慈石召铁,或引之也。"东汉高诱在《吕氏春秋注》中谈到:"石,铁之母也。以有慈石,故能引其子。石之不慈者,亦不能引也。"在东汉以前的古籍中,一直将"磁"写作"慈",意为"慈爱"。相映成趣的是古希腊泰勒斯、苏格拉底曾提到的"磁石",在法文、西班牙文和匈牙利文中被称为"爱的石头"。磁石只能吸铁,而不能吸金、银、铜等其他金属,也早为我国古人所知。公元前 1 世纪的《淮南子》中有记载:"慈石能吸铁,及其于铜则不通矣。"

我国很早就发现了磁石的指向性,并制造出了指向仪器——司南。《韩非子》中有"故先王立司南,以端朝夕"的记载。东汉王充(公元 27－97)在《论衡·是应篇》中记有"司南之杓,投之于地,其柢指南"。沈括(1031－1095)在《梦溪笔谈》中指出司南"常微偏东,不全南也"。指南针用于航海的记录,最早见于宋代朱彧的《萍洲可谈》:"舟师识地理,夜则观星,昼则观日,阴晦则观指南针。"以

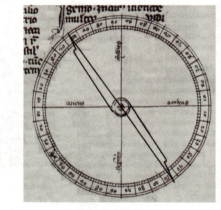

图 4.1 中国的司南(公元前 1 世纪)和欧洲的罗盘(公元 13 世纪)

后,关于指南针的记载极丰。南宋吴自牧在《梦粱录》中谈到当时海船上由"火长"职位的人掌管罗盘。船在风雨阴天"惟凭针盘而行","毫厘不敢误差,盖一舟人命所系也"。南宋后,罗盘在航海中被普遍使用。到了明代,遂有郑和下西洋,远洋航行到非洲东海岸之壮举。中国指南针约于 12 世纪末 13 世纪初由海路传入阿拉伯,又由阿拉伯传到欧洲。西方关于指南针航海的记载,是在 1207 年英国纳肯(A. Neckam,1157－1217)的《论器具》中。

英国学者马里古特(P. Maricourt)做了不少磁学实验,并于 1269 年写了一本小册子,他发现磁极有两极,并将其命名为 N 极和 S 极,异极相吸,同极相斥。13 世纪,罗马人裴雷格尼(Peregrines)在《论磁体的信》中已经对磁铁的均匀性、重量、吸引力和极的概念进行了描述,并指出了"同性相斥,异性相吸"的特性。英国伊丽莎白女王的御医吉尔伯特在 1600 年写了一本名为《论磁性》的书,他在书中表明地球是一个巨大的磁体,并提出了磁极和磁力的概念。

早期人们对磁现象的了解和研究基本停留在对磁极、相互作用力和地球的磁性等磁现象的表面阶段,并没有进行系统的科学实验和测量。直到 19 世纪 20 年代,奥斯特(H. C. Oersted,1777－1851)发现了电流的磁效应后,才出现了磁学研究的新纪元。

2. 磁的基本现象

对一条形或针形磁体而言,其两端吸引铁磁性物质的能力最强,即磁性最强,称为磁极。如果在条形或针形磁体的中心将它悬挂起来,并使之能在水平面内自由转动,则由于地磁场的作用,其中一个磁极总是指向北方,称为北磁极(N 极);另一个磁极总是指向南方,称为南磁极(S 极)。实验表明,同性磁极互相排斥,异性磁极互相吸引,如图 4.2 所示。上述特征和电现象非常类似,它启发库仑等人曾引入"磁荷"概念来研究静磁力,得到了一些重要的结果,但是由于磁荷并不存在,这种方法已经不再使用了。

图 4.2   磁极的相互作用

地球是一个磁体,宛如一个巨大的条形磁铁,地球的北部磁极(S 极)位于北半球加拿大的 Ellesmere 岛附近,根据加拿大国家地理数据,在 2001 年磁极位置是 81.3°N 110.8°W,在 2005 年位置变为 83.1°N 117.8°W,到 2017 年位置已迁移为 86.5°N 172.6°W。

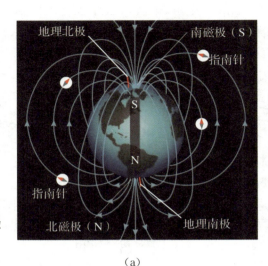
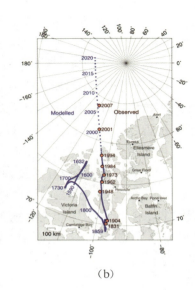

图 4.3 地球的磁极和地球北部磁极随年代的迁移

(a)　　　　　　　　　(b)

工业上可以制造出各种各样的磁铁。磁铁能够吸引铁磁性物质,如铁、镍、钴等金属。磁铁可分为"永久磁铁"与"非永久磁铁",即"硬磁"与"软磁"。永久磁铁可以是天然矿物,又称天然磁石,天然磁铁的主要成分是四氧化三铁(Fe_3O_4),常称"磁性氧化铁",磁铁矿具有强磁性。

人工制造更强磁性材料的过程却十分缓慢,直到 20 世纪 70 年代制造出稀土磁铁才使磁学科技得到了飞速发展,强磁材料也使得元件更加小型化。到目前为止,具有最强磁力的永久磁铁是钕磁铁,也称为钕铁硼磁铁,它是一种人造的永久磁铁,图 4.4 显示的是市场上的各种人造磁铁。

钕磁铁　　　　　　铝镍钴磁铁　　　　　　钐钴磁铁

图 4.4 目前市场上各种各样的磁铁

3. 电与磁的联系

电与磁有没有联系?当时许多学者认为它们之间没有因果关系,但一些实际的事例却不断引起了人们注意。1751 年,富兰克林发现在莱顿瓶放电后钢针被磁化了。电真的会产生磁吗?这个疑问促使 1774 年德国一家研究机构悬赏征解,题目是"电力和磁力是否存在实际和物理的相似性?"许多人纷纷做实验进行研究,但是都没有成功。

丹麦著名物理学家奥斯特由于受康德(I.Kant,1724—1804)哲学中的自然哲学的影响,坚信自然力是可以相互转化的。富兰克林发现的莱顿瓶放电使钢针磁化的现象启发了奥斯特,使他认识到电向磁的转化也是可能的。1820年4月,在一次偶然的机会中奥斯特发现了导线接通电源的瞬间,旁边的小磁针发生了跳动。此后奥斯特花了3个月,做了大量的实验,于1820年7月21日发表了题为《关于磁针上的电流碰撞的实验》的论文,从实验总结出结论:电流的作用仅存在于载流导线的周围,沿着螺旋方向垂直于导线;电流对磁针的作用可以穿过各种不同的介质,作用的强弱决定于介质,也决定于导线到磁针的距离和电流的强弱;铜和其他一些材料做的针不受电流作用;通电的环形导体相当于一个磁针,具有两个磁极;等等。这篇仅4页的论文使欧洲物理学界产生了极大震动,导致了大批实验成果的出现,由此开辟了物理学的新领域——电磁学。1820年,奥斯特获得英国皇家学会科普利奖章。1824年,他倡议成立丹麦自然科学促进会,1829年出任哥本哈根理工学院院长,直到1851年3月9日在哥本哈根逝世,终年74岁。

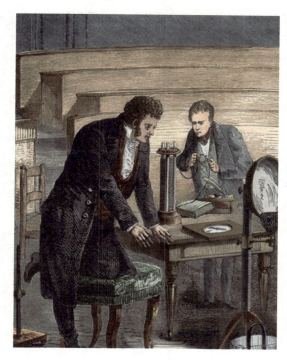

图4.5 奥斯特和他的助手在做实验

4. 物质磁性的起源

关于物质磁性的来源,历史上有许多不同的学说。18世纪库仑提出了关于铁的两种磁流体的磁分子学说,认为在铁分子中存在着数量相同、磁性相反的两种磁流体,在一般情况下,两种磁流体相互结合而不显示磁性,但在外磁场的作用下,两种磁流体发生位移而错位,便显示出磁极性。

安培(A. Ampère,1775－1836)通过一系列经典而简单的实验,认识到磁是由运动的电荷产生的。他用这一观点来说明地磁的成因和物质的磁性。安培还提出了分子电流假说:电流从分子的一端流出,通过分子周围空间由另一端注入;非磁化的分子的电流呈无规分布,对外不显示磁性;当受外界磁体或电流影响时,分子电流呈有规分布,显示出宏观磁性,这时分子就被磁化了。这就是著名的安培"分子电流假说",即每个分子形成的圆形电流就相当于一根小磁针。安培的这个假说与现代原子分子结构的概念相符合,如电子围绕原子核运动形成环形电流。

真正的磁性起源是在 20 世纪初期量子力学创建后才得到成功的解释。量子力学诞生后,人们先后将电子的自旋、质子和中子的磁矩、原子核的磁矩与宏观物质的磁性联系到一起,成功地揭示了各种物质磁性的起源及其物理本质。

构成宏观物质的最小单元是分子和原子,分子的特征是既能保持宏观物质的基本物理化学特性。分子是由多个原子构成的,但是分子的磁性并不是构成分子的原子磁性的简单相加,而与分子的结构、分子中原子间的相互作用等多种因素有关。原子的磁性是分子磁性的根源,原子又是由原子核和核外电子组成的。但是原子核的磁性与核外电子的磁性相比要小得多,大约与它们的质量成反比,故原子的磁性一般主要考虑电子的磁性。经典物理的解释是,原子中的核外电子在一定的轨道上围绕原子核运动,称为轨道运动,轨道运动相当于一个环形电流;同时电子还有自旋运动,电子的轨道磁矩和自旋磁矩是原子磁性的主要来源。

图 4.6 电子的轨道和自旋运动产生环形电流从而产生磁性

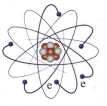

电子轨道运动

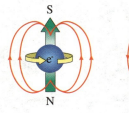
电子自旋运动

环形电流与小磁针的等效性

4.1.2 安培定律

1820 年 12 月前后,安培进行了电流之间相互作用的实验测量,他设计了

4 个漂亮的实验,根据实验结果和分析,安培获得了电流之间相互作用力的公式。

安培首先设计制作了无定向秤。所谓无定向秤,实际上是两个方向相反的通电线圈,悬吊在水银槽下,如果两个线圈受力不均衡,就会发生偏转。无定向秤的结构如图 4.7 所示。安培用一根硬导线弯成两个共面的大小相等的矩形线框,线框的两个端点 A,B 通过水银槽和固定支架相连。接通电源时,两个线框中的电流方向正好相反。整个线框可以以水银槽为支点自由转动。在均匀磁场(如地磁场)中,它所受到的合力和合力矩为 0,处于随遇平衡;但在非均匀磁场中,它会发生运动。

接着安培设计了 4 个精巧的实验来分析电流与电流之间的相互作用力,如图 4.8 所示。

第一个实验证明电流反向,作用力也反向。安培将一对折的通电导线移近无定向秤以检验对折导线对无定向秤有无作用力,结果无定向秤丝毫不动。实验结论是:当对折导线通电时,强度相等、方向相反的两个靠得很近的电流对另一电流产生的吸力和斥力在绝对值上是相等的,如图 4.8(a)所示。

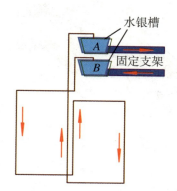

图 4.7 安培制作的无定向秤

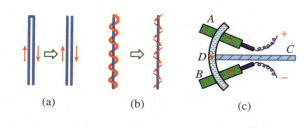

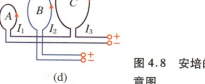

图 4.8 安培的 4 个示"零"实验示意图

第二个实验证明磁作用的方向性。安培将对折导线中的一段绕在另一段上,呈螺旋形,通电后,将它移近无定向秤,无定向秤仍无任何反应。这表明一段螺旋状导线的作用与一段直长导线的作用相同,从而证明电流元具有矢量性质,即许多电流元的合作用是各单个电流元作用的矢量叠加,如图 4.8(b)所示。

第三个实验研究作用力的方向。安培把圆弧形导体架在水银槽上,经水银槽通电。改变通电回路或用各种通电线圈对它作用,圆弧导体都不动,说明作用力一定垂直于载流导体,如图 4.8(c)所示。

第四个实验检验作用力与电流及距离的关系。安培用了 3 个相似的线圈 A,B 和 C,其周长比为 $1:k:k^2$。A,C 两线圈相互串联,位置固定,通入电流 I_1。线圈 B 可以活动,通入电流 I_2,如图 4.8(d)所示。实验发现,只有当 A,B 间距与 B,C 间距之比为 $1:k$ 时,线圈 B 才不受力,即此时 A 对 B 的作用力与 C 对 B 的作用力大小相等、方向相反。

在这些实验的基础上,安培假设:两个电流元之间的相互作用力沿它们的连线方向。安培得到两个电流元之间的作用表达式为

$$\mathrm{d}F_{21} = k\frac{I_1 I_2 \mathrm{d}l_1 \mathrm{d}l_2 \sin\theta_1 \sin\theta_2}{r_{21}^2} \tag{4.1}$$

图 4.9 两个电流元之间的作用力

其角度 θ_1 和 θ_2 如图 4.9 所示。该式也可改写成矢量的形式：

$$\mathrm{d}\vec{F}_{21} = k \frac{I_2\mathrm{d}\vec{l}_2 \times (I_1\mathrm{d}\vec{l}_1 \times \vec{e}_\mathrm{r})}{r_{21}^2} \tag{4.2}$$

式中，$\vec{e}_\mathrm{r}$ 是施力电流元 $I_1\mathrm{d}\vec{l}_1$ 到受力电流元 $I_2\mathrm{d}\vec{l}_2$ 方向的单位矢量，k 为比例系数，根据力和电流量纲，可以确定 k 的量纲为 $[k] = \mathrm{MLT}^{-2}\mathrm{I}^{-2}$，通常也把 k 写成 $k = \frac{\mu_0}{4\pi} = 10^{-7}\mathrm{N} \cdot \mathrm{A}^{-2}$，其中 μ_0 是真空磁导率，其值为 $\mu_0 = 4\pi \times 10^{-7}\mathrm{N} \cdot \mathrm{A}^{-2}$。

式(4.2)是目前普遍采用的式子，但并不是安培原初的式子(见胡友秋等编著的《电磁学与电动力学》上册 5.3.2 小节)。式(4.2)的正确性无法用实验来直接检验，因为无法得到稳恒电流元。此外，电流元之间的相互作用力不一定满足牛顿第三定律，原因是实际上不存在孤立的稳恒电流元，它们总是闭合回路的一部分。如图 4.10(a)中的两个电流元之间满足牛顿第三定律，但是图 4.10(b)中的两个电流元并不满足牛顿第三定律。

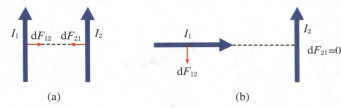

图 4.10 两个电流元之间的作用力并不一定满足牛顿第三定律

但是可以证明，式(4.2)在计算两个线圈的作用力时是正确的。即若沿闭合回路积分，得到的合成作用力总是与反作用力大小相等，如图 4.11 所示，即

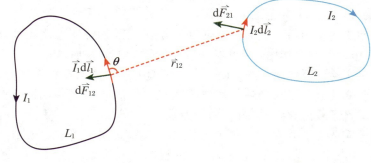

图 4.11 两个通电线圈之间的作用力满足牛顿第三定律

$$\oint_{L_1} \vec{F}_{12} \cdot \mathrm{d}\vec{l}_1 = -\oint_{L_2} \vec{F}_{21} \cdot \mathrm{d}\vec{l}_2 \tag{4.3}$$

但作用力与反任用力不一定沿连线方向，读者可以自行证明。

4.2　电流的磁场

4.2.1　磁感应强度

1. 磁感应强度的定义

电荷之间的库仑力是通过电场来相互作用的。电流之间的相互作用也是通过场来实现的,这个场称为磁场。磁体周围存在磁场,磁体间的相互作用就是以磁场作为媒介的。电流、运动电荷、磁体或变化电场周围空间存在着一种特殊形态的物质——磁场。由于磁体的磁性来源于电流,电流是电荷的运动,因而概括地说,磁场是由运动电荷或电场的变化而产生的。电流之间的作用也不是超距作用,它是通过磁场来传递的。

磁场对载流导体和运动的电荷都会发生作用,我们可以根据载流导线在磁场中受到的安培力或运动电荷受到的洛伦兹力来定义磁场。但是由于历史的原因,磁场最先是根据磁荷和电荷的对称关系被定义为单位磁荷的作用力,而历史上使用这种定义的磁场强度就是我们在后面将要讲到的物理量 H,但由于磁荷并不存在,这种用磁荷来定义的磁场强度不再使用;此外用磁荷来定义的磁场强度与现在所说的磁场不是同一个物理量,但是由于磁场强度在历史上已经被使用过,因此我们现在定义的磁场换一个名称——磁感应强度 B,它是一个矢量。

为了定义载流导体在空间产生的磁场,我们引进“电流元”的概念,电流元即一段很小的载流导线,用 $I_0 \mathrm{d}\vec{l}_0$ 来描述,同样要满足其线度很小而且其电流 I_0 也很小的要求。仿照在电场中引入试探点电荷来定义电场强度的方法,我们在磁场中引进试探电流元 $I_0 \mathrm{d}\vec{l}_0$,但实际上并不存在这样的电流元,所以试探电流元只是一个假想的模型。

试探电流元受到的作用力大小除了与本身电流元大小有关外,还与作用于它的磁场的强弱和取向有关,即

$$\mathrm{d}\vec{F}_0 = I_0 \mathrm{d}\vec{l}_0 \times \vec{B} \tag{4.4}$$

我们可以在磁场中该点转动电流元的方向,使其受到的力为最大,即 $(\mathrm{d}F_0)_{\max} = (I_0 \mathrm{d}l_0)B$,因此单位电流元在空间某点受到的最大的力与该点的磁感应强度 B 有关,所以

$$B = \frac{(\mathrm{d}F_0)_{\max}}{I_0 \mathrm{d}l_0} \tag{4.5}$$

磁感应强度 B 的方向为 $\vec{F}_0$ 与电流元 $I_0\mathrm{d}\vec{l}_0$ 的右手螺线方向,即当电流元受到的力为最大时,三者成正交关系。受力方向也可用左手定制判断,即让磁场线穿过左手手心,四指指向电流方向,大姆指方向就是受力方向,如图 4.12 所示。

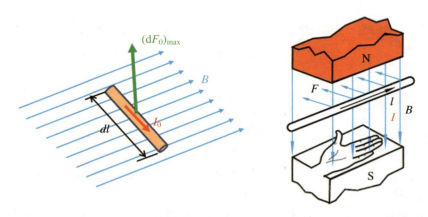

图 4.12　磁感应强度方向与电流方向和受力方向三者的关系

在国际单位制(SI)中,磁感应强度的单位是特斯拉,简称特(T),即

$$1\ \mathrm{T} = 1\ \mathrm{N \cdot A^{-1} \cdot m^{-1}}$$

在高斯单位制中,磁感应强度的单位是高斯(Gs 或 G),$1\ \mathrm{T} = 10\ \mathrm{kGs}$ 或 $10^4\,\mathrm{Gs}$。

2. 毕奥 – 萨伐尔定律

受奥斯特发现电流磁效应的消息的启发,法国物理学家毕奥(J. B. Biot,1774 – 1862)和萨伐尔(F. Savart,1791 – 1841)更仔细地研究了直线载流导线对磁针的作用,确定这个作用力正比于电流强度,反比于电流与磁极的距离,力的方向垂直于这一距离。

为了计算载流导线所产生的磁场,我们把试探电流元放置在一个闭合线圈的周围,如图 4.13 所示,根据磁感应强度的定义,它受到圆环上一小段电流元 $I\mathrm{d}\vec{l}$ 在该点产生的磁场施加的安培力由式(4.4)表示,即

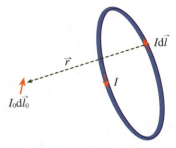

图 4.13　试探电流元测定空间的磁场分布

$$\mathrm{d}\vec{F} = I_0\mathrm{d}\vec{l}_0 \times \mathrm{d}\vec{B} \tag{4.6}$$

式中,$\mathrm{d}\vec{B}$ 为圆环电流中的一段电流元 $I\mathrm{d}\vec{l}$ 在 $I_0\mathrm{d}\vec{l}_0$ 处产生的磁场。由安培定律,有

$$\mathrm{d}\vec{F} = \frac{\mu_0}{4\pi} I_0\mathrm{d}\vec{l}_0 \times \frac{I\mathrm{d}\vec{l} \times \vec{r}}{r^3} = I_0\mathrm{d}\vec{l}_0 \times \left(\frac{\mu_0}{4\pi}\frac{I\mathrm{d}\vec{l} \times \vec{r}}{r^3}\right) \tag{4.7}$$

比较上面两个式子,得到

$$\mathrm{d}\vec{B} = \frac{\mu_0}{4\pi}\frac{I\mathrm{d}\vec{l} \times \vec{r}}{r^3} \tag{4.8}$$

这就是电流元 $I\mathrm{d}\vec{l}$ 在空间任一点 $\vec{r}$ 处所产生的磁感应强度,此式即为毕奥－萨伐尔定律。

同理可得到面电流分布和体电流分布所产生的磁感应强度分别为

$$\mathrm{d}\vec{B} = \frac{\mu_0}{4\pi}\frac{\vec{i}\,\mathrm{d}S \times \vec{r}}{r^3} \quad 和 \quad \mathrm{d}\vec{B} = \frac{\mu_0}{4\pi}\frac{\vec{j}\,\mathrm{d}V \times \vec{r}}{r^3} \tag{4.9}$$

由叠加原理,闭合电流分布的载流导线的磁场为

$$\vec{B} = \frac{\mu_0}{4\pi}\oint_L \frac{I\mathrm{d}\vec{l} \times \vec{r}}{r^3} \tag{4.10}$$

【例 4.1】 无限长直线电流 I 在距 I 为 r_0 处一点 P 的磁场。

【解】 如例 4.1 图 I 所示,在直导线上取一电流元 $I\mathrm{d}l$,根据磁感应强度的叠加原理,有

$$B = \int_{A_1}^{A_2}\mathrm{d}B = \frac{\mu_0}{4\pi}\int_{A_1}^{A_2}\frac{I\mathrm{d}l\sin\varphi}{r^2}$$

进行变量替换: $l = -r_0\cot\varphi, \mathrm{d}l = \frac{r_0\mathrm{d}\varphi}{\sin^2\varphi}$,所以

$$B = \frac{\mu_0}{4\pi}\int_{\varphi_1}^{\varphi_2}\frac{I\sin\varphi\mathrm{d}\varphi}{r_0} = \frac{\mu_0 I}{4\pi r_0}(\cos\varphi_1 - \cos\varphi_2)$$

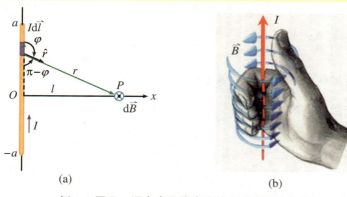

(a)　　　　(b)

例 4.1 图 I　通电直导线产生的磁感应强度和方向

例 4.1 图 II　直流电路中导线产生的磁场示意图

对无限长直导线，$\varphi_1 = 0, \varphi_2 = \pi$，所以有 $B = \dfrac{\mu_0 I}{2\pi r_0}$，方向如例 4.1 图 I（b）所示。

对一个直流电路，每段导线中的电流在其周围都要产生磁场，如例 4.1 图 II 所示。

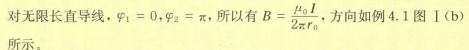

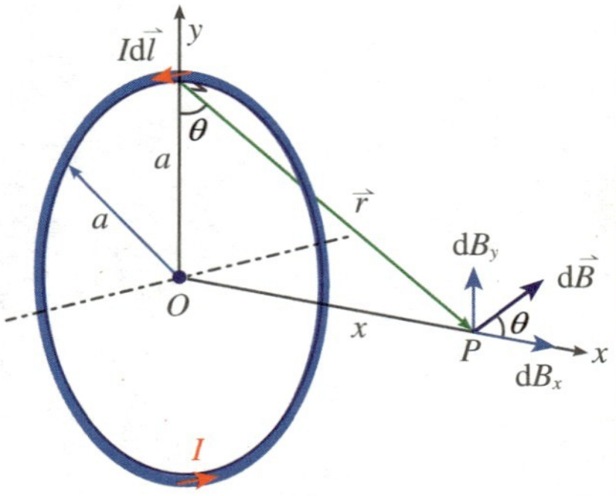

【例 4.2】 半径为 a 的圆形电流 I 在轴线上距离为 x 的 P 点的磁场。

【解】 由于对称性，x 轴上 P 点处的磁感应强度只有 x 分量，其余分量互相抵消，根据磁感应强度叠加原理，在轴线上的磁感应强度为

$$B_x = \oint \mathrm{d}B \cos\theta$$

在圆环上取一电流元 $I\mathrm{d}l$，它与 r 的夹角为 $\pi/2$，所以，$\mathrm{d}B = \dfrac{\mu_0}{4\pi}\dfrac{I\mathrm{d}l}{r^2}$，由于 $x = r\sin\theta$，因此

$$B_x = \frac{\mu_0}{4\pi}\oint \frac{I\mathrm{d}l}{x^2}\sin^2\theta\cos\theta = \frac{\mu_0}{4\pi}\frac{I\sin^2\theta\cos\theta}{x^2}\oint \mathrm{d}l$$

此外，根据几何关系有

$$\cos\theta = \frac{a}{\sqrt{a^2+x^2}}, \quad \sin\theta = \frac{x}{\sqrt{a^2+x^2}}, \quad \oint \mathrm{d}l = 2\pi a$$

所以

$$B_x = \frac{\mu_0}{2}\frac{a^2 I}{(a^2+x^2)^{3/2}}$$

或改写为 $\vec{B} = \dfrac{\mu_0}{2\pi}\dfrac{\vec{\mu}}{r^3}$，其中 $\vec{\mu} = I\vec{S}$ 为线圈的磁矩，其方向为电流 I 形成闭合曲面的法线方向，该法线方向取电流 I 流动方向的右手螺线方向。在圆心处的磁感应强度为 $B_x = \dfrac{\mu_0}{2}\dfrac{I}{a}$。

例 4.2 图　通电圆线圈在轴线上的磁感应强度

利用例 4.2 的结果我们可以计算氢原子中的电子以速率 v 在半径为 a 的圆周轨道上做匀速率运动时轨道中心产生的磁感应强度。因为 $I = \dfrac{e}{T} = \dfrac{ev}{2\pi a}$，所以 $B = \dfrac{\mu_0 I}{2a} = \dfrac{\mu_0}{2r}\cdot\dfrac{ev}{2\pi r} = \dfrac{\mu_0 ev}{4\pi r^2}$，方向如图 4.14 所示。

现在来比较一下电偶极子产生的电场和圆形电流环产生的磁场。图 4.15 表示电偶极子产生的电场和圆形电流环产生的磁场，尽管在近处（靠近电偶极子或电流环）这两者的场分布截然不同，但是在远处，这两种场的分布则完全

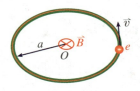

图 4.14　电子在原子核处产生的磁场

相同。

　　事实上在远处(距离远大于电偶极子或环形电流的线度),电偶极子产生的电场为

$$\vec{E} = \frac{1}{4\pi\varepsilon_0}\frac{2p_{//}}{r^3}\vec{e}_{//} - \frac{1}{4\pi\varepsilon_0}\frac{p_\perp}{r^3}\vec{e}_\perp = -\frac{\vec{p}}{4\pi\varepsilon_0\, r^3} + \frac{3(\vec{p}\cdot\vec{r})\,\vec{r}}{4\pi\varepsilon_0\, r^5}$$

这里 $\vec{e}_{//}$ 和 $\vec{e}_\perp$ 是在电偶极子延长线方向和中垂线方向上的单位矢量。

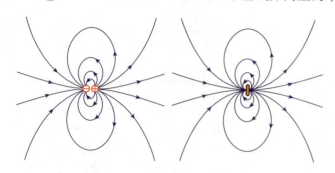

图 4.15　电偶极子产生的电场和圆形电流产生的磁场

　　而圆环电流(其实不一定是圆环电流,任意一个构成小的闭合形状的电流曲线,只要其磁矩 $\vec{\mu} = I\vec{S}$ 相同即可,式中 S 是闭合电流的面积)在远处产生的磁场为

$$\vec{B} = \frac{\mu_0}{4\pi}\frac{2\mu_{//}}{r^3}\vec{e}_{//} - \frac{\mu_0}{4\pi}\frac{\mu_\perp}{r^3}\vec{e}_\perp = -\frac{\mu_0}{4\pi}\frac{\vec{\mu}}{r^3} + \frac{\mu_0}{4\pi}\frac{3(\vec{\mu}\cdot\vec{r})\,\vec{r}}{r^5} \quad (4.11)$$

这里 $\vec{e}_{//}$ 和 $\vec{e}_\perp$ 是在磁矩的延长线方向和中垂线方向上的单位矢量。

　　用该式还可以计算条形磁铁所产生的磁场。圆形电流环的磁场与条形磁铁所产生的磁场在远处具有很好的相似性,如图 4.16 所示。只要知道条形磁铁的磁矩,就可以算出条形磁铁在远处产生的磁场的大小。

3. SI 制的电流单位安培的定义

　　现在来计算两根相距为 d,通有电流 I_1 和 I_2 的平行导线之间的安培力。两条电流导线都会在其周围分别形成磁场 B_1 和 B_2,在距离为 d 的对方处所形成的磁场大小分别为(见例 4.1)

$$B_1 = \frac{\mu_0 I_1}{2\pi d}, \quad B_2 = \frac{\mu_0 I_2}{2\pi d}$$

于是两条电流线段 l_1 和 l_2 分别都会受到对方所形成磁场的作用力 F_{12} 和 F_{21},即

$$F_{12} = I_1 l_1 B_2 \sin 90° = I_1 l_1 \frac{\mu_0 I_2}{2\pi d}$$

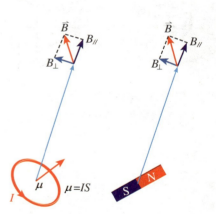

图 4.16　圆形电流环的磁场与条形磁铁所产生的磁场在远处的相似性

$$F_{21} = I_2 l_2 B_1 \sin 90° = I_2 l_2 \frac{\mu_0 I_1}{2\pi d}$$

如果电流方向相同,如图 4.17 所示,则它们之间是吸引力,单位长度上的作用力为

$$\frac{F_{12}}{l_1} = \frac{F_{21}}{l_2} = \frac{\mu_0 I_1 I_2}{2\pi d} \tag{4.12}$$

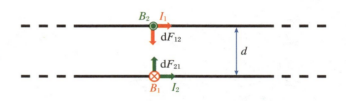

图 4.17 平行导线通以相同方向的电流相互吸引

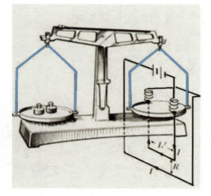

图 4.18 电流天平 – 通过安培力来测量电流的仪器

SI 制(国际单位制)中的电流单位——安培(A)就是根据式(4.12)来定义的,1948 年的第 9 届国际计量大会决定采用电流单位安培的标准为:"1 安培等于两条圆形无限长且截面积可忽略之极细导线,相距 1 米平行放置于真空中,通以同值恒定电流时,使每米长之导线间产生 2×10^{-7} 牛顿作用力之电流。"所以电流强度也可以用电流天平测量出来(见图 4.18)。

2018 年 11 月 16 日,第 26 届国际计量大会通过"修订国际单位制"决议,将 1 安培定义为"1 秒内 $\frac{1}{1.602176634}\times10^{19}$ 个电子移动所产生的电流强度"。此定义于 2019 年 5 月 20 日(世界计量日)起正式生效。

4. 亥姆霍兹线圈的磁场

由上面例 4.2 的结果可知,一个载流圆线圈在轴线(通过圆心并与线圈平面垂直的直线)上某点 x 处的磁感应强度为

$$B = \frac{\mu_0 I R^2}{2(R^2 + x^2)^{3/2}}$$

其磁场沿轴线的分布如图 4.19 所示。

亥姆霍兹线圈是一对彼此平行且连通的共轴圆形线圈,每一线圈 N 匝,两线圈内的电流方向一致、大小相同,如图 4.20 所示。线圈之间的距离 d 正好等于圆形线圈的平均半径 R,两个线圈的中点的磁场具有较好的均匀度,并且是一个近似的均匀磁场。

根据圆环轴线上磁场的表达式,两个同轴线圈在轴线上一点的磁感应强度为

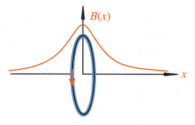

图 4.19 圆环线圈在轴线上的磁场随距离的分布

$$B(x) = \frac{\mu_0 I R^2}{2\left[R^2 + \left(\frac{d}{2} + x\right)^2\right]^{3/2}} + \frac{\mu_0 I R^2}{2\left[R^2 + \left(\frac{d}{2} - x\right)^2\right]^{3/2}}$$

该式对 x 求导，并使 $\dfrac{\mathrm{d}B(x)}{\mathrm{d}x}=0$，可以求出 $x=0$ 处为磁场的极值点。

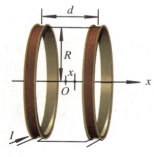

图 4.20　亥姆霍兹线圈示意图

亥姆霍兹线圈的目的是在中点形成一个近似均匀的磁场区间，因此需要让其二阶导数为 0，即

$$\left.\frac{\mathrm{d}^2 B(x)}{\mathrm{d}x^2}\right|_{x=0}=0$$

通过解这个代数式（作为练习，请同学们自行求解），可以得到 $d=R$。

如上所述，两个亥姆霍兹线圈的间距 $d=R$ 时，其中心处的磁场是近似均匀的磁场。磁感应强度的大小为

$$B_0=2\times\frac{\mu_0 IR^2}{2\left[R^2+\left(\dfrac{R}{2}\right)^2\right]^{3/2}}=\left(\frac{4}{5}\right)^{3/2}\frac{\mu_0 NI}{R} \tag{4.13}$$

在许多科学研究中需要测量一个样品内部的磁场，为了排除地磁场的干扰，通常把样品放置在亥姆霍兹线圈的中心，并使中点由线圈电流产生的磁场与该点的地磁场大小相等、方向相反，这样就可以抵消地磁场影响。使用亥姆霍兹线圈比使用螺线管线圈的好处在于样品在中点可以方便操作，也方便外加其他测量条件，如加温、加压、外加激光照射等。

5. 运动电荷产生的磁场

考虑一段导体，其截面积为 S，其中自由电荷的密度为 n，载流子带正电 q，以同一平均速度 v 运动，如图 4.21 所示，则电流为

$$I=\frac{\Delta q}{\Delta t}=nqvS$$

在该导体上选取一个电流元 $I\mathrm{d}\vec{l}$，该电流元产生的磁场为 $\mathrm{d}\vec{B}=\dfrac{\mu_0}{4\pi}\dfrac{I\mathrm{d}\vec{l}\times\vec{r}}{r^3}$；电流元产生的磁场相当于电流元内 $\mathrm{d}N$ 个运动电荷产生的磁

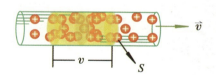

图 4.21　导线上各电荷定向运动的电流

场。而电流元内电荷的数目为 $\mathrm{d}N = n\mathrm{d}V = nS\mathrm{d}l$，由此得到一个运动电荷产生的磁场为

$$\vec{B} = \frac{\mathrm{d}\vec{B}}{\mathrm{d}N} = \frac{\mu_0}{4\pi}\frac{I\mathrm{d}\vec{l}\times\vec{r}}{\mathrm{d}N\,r^3} = \frac{\mu_0}{4\pi}\frac{vSnq\mathrm{d}\vec{l}\times\vec{r}}{nS\mathrm{d}l\,r^3}$$

$$= \frac{\mu_0}{4\pi}\frac{\mathrm{d}lq}{\mathrm{d}l}\frac{\vec{v}\times\vec{r}}{r^3} = \frac{\mu_0}{4\pi}\frac{q\vec{v}\times\vec{r}}{r^3} \tag{4.14}$$

需要指出的是该式仅在低速运动下成立。由于电场与磁场是相对的，在一个参考系 S 中静止的电荷，对处于 S 系的观察者来说，只产生电场。但在另一个相对 S 系以 v 做匀速直线运动的惯性系 S' 中，电荷除产生电场外，还将产生磁场，以 v 速度运动的电荷产生的磁场上面已经给出，该式还可以表示为

$$\vec{B} = \frac{\mu_0}{4\pi}\frac{q\vec{v}\times\vec{r}}{r^3} = \vec{v}\,\mu_0\varepsilon_0\times\vec{E} = \frac{1}{c^2}\,\vec{v}\times\vec{E} \tag{4.15}$$

该式中 $c = \dfrac{1}{\sqrt{\varepsilon_0\mu_0}}$ 是真空中的光速，E 是静止电荷产生的电场，对稳恒电流情况，这是一种很好的近似结果。但是对更普遍的情况，式(4.15)中的电场 E 需要使用运动电荷产生的 E 的表达式代入。

$$\vec{E} = \frac{1}{4\pi\varepsilon_0}\frac{q(1-\beta^2)}{r^2\,(1-\beta^2\sin^2\theta)^{3/2}}\,\vec{e}_r \tag{4.16}$$

$$\vec{B} = \frac{1}{c^2}\,\vec{v}\times\vec{E} = \frac{1}{4\pi\varepsilon_0}\frac{qv(1-\beta^2)}{c^2r^2\,(1-\beta^2\sin^2\theta)^{3/2}}\,\vec{e}_\varphi \tag{4.17}$$

式中，$\beta = v/c$，感兴趣的读者可以参考相对论电磁学的有关章节。

4.2.2　通电导线在磁场中所受的力与力矩

1. 均匀磁场中的力与力矩

由磁感应强度的定义，根据力的叠加原理，可以得到在外磁场中的线电流受到的安培力为

$$\vec{F} = \int_L I\mathrm{d}\vec{l}\times\vec{B} \tag{4.18}$$

根据力矩的定义 $\vec{M} = \vec{r}\times\vec{F}$，$\vec{r}$ 是电流元的位矢，可以得到通电导线在外磁场中的力矩为

$$\vec{M} = \int_L \vec{r} \times (I\mathrm{d}\vec{l} \times \vec{B}) \tag{4.19}$$

一个闭合的载流线圈在均匀的外磁场中的受力为 0,因为 $\vec{B}$ 是常矢量,即

$$\vec{F} = \oint_L I\mathrm{d}\vec{l} \times \vec{B} = \left(\oint_L I\mathrm{d}\vec{l}\right) \times \vec{B} = I\left(\oint_L \mathrm{d}\vec{l}\right) \times \vec{B} = 0 \tag{4.20}$$

闭合的载流线圈在均匀的外磁场中所受的力矩为

$$\vec{M} = \oint_L \vec{r} \times (I\mathrm{d}\vec{l} \times \vec{B})$$

由于 $\mathrm{d}\vec{l} = \mathrm{d}\vec{r}$,如图 4.22 所示,利用矢量叉乘的关系:

$$\vec{r} \times (\mathrm{d}\vec{r} \times \vec{B}) = \frac{1}{2}(\vec{r} \times \mathrm{d}\vec{r}) \times \vec{B} + \frac{1}{2}\mathrm{d}\left[\vec{r}(\vec{r} \cdot \vec{B})\right] - \vec{B}(\vec{r} \cdot \mathrm{d}\vec{r})$$

有

$$\vec{M} = \oint_L \frac{I}{2}(\vec{r} \times \mathrm{d}\vec{r}) \times \vec{B} + \oint_L \frac{I}{2}\mathrm{d}\left[\vec{r}(\vec{r} \cdot \vec{B})\right] - I\oint_L \vec{B}(\vec{r} \cdot \mathrm{d}\vec{r})$$

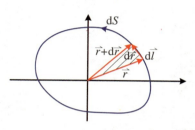

图 4.22　闭合回路的面积元

因为

$$\vec{S} = \frac{1}{2}\oint_L \vec{r} \times \mathrm{d}\vec{r}, \quad \oint_L \mathrm{d}\left[\vec{r}(\vec{r} \cdot \vec{B})\right] = 0, \quad \vec{r} \cdot \mathrm{d}\vec{r} = \frac{1}{2}\mathrm{d}r^2, \quad \oint_L \mathrm{d}r^2 = 0$$

所以

$$\vec{M} = \left(\frac{I}{2}\oint_L r \times \mathrm{d}\vec{r}\right) \times \vec{B} = I\vec{S} \times \vec{B} = \vec{\mu} \times \vec{B} \tag{4.21}$$

式中, $\vec{\mu} = \dfrac{I}{2}\oint_L \vec{r} \times \mathrm{d}\vec{r}$ 是任意闭合载流线圈的磁矩,可以证明对面分布和体分布的电流,对应的磁矩分别为 $\vec{\mu} = \dfrac{1}{2}\iint_S \vec{r} \times \vec{i}\,\mathrm{d}S$ 和 $\vec{\mu} = \dfrac{1}{2}\iiint_V \vec{r} \times \vec{j}\,\mathrm{d}V$,在均匀外磁场中所受的力矩都可用上式计算。

2. 非均匀磁场中的力和力矩

如果外磁场是非均匀磁场,闭合载流线圈的受力不再为 0,其受力为

$$\vec{F} = (\vec{\mu} \cdot \nabla)\vec{B} \tag{4.22}$$

该力也称为梯度力。如果线圈尺寸不大,在线圈的范围内磁场变化不太大,则力矩仍可以用上面的式(4.21)计算;精确的计算需要加上梯度力的力矩。

4.3 静磁场的基本定理

4.3.1 磁感应线与磁通量

1. 磁感应线

与电场类似,磁场是个矢量场,为了形象地表达它,我们可以引入磁感应线。任一点磁场的方向规定为放在该点的一个小磁针 N 极所指的方向,即磁感应线是磁场中一些有方向的曲线,其上每点的切线方向与该点的磁感应强度方向一致。图 4.23 中分别是 U 形磁铁、条形磁铁、通电螺线管磁场的磁感应线图。

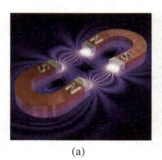
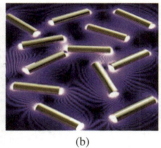
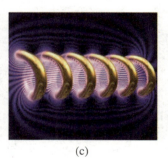

图 4.23 磁场的磁感应线:(a) U 形磁铁;(b) 条形磁铁;(c) 通电螺线管

(a)   (b)   (c)

2. 磁通量

磁场通过某一曲面 ΔS 的磁通量的定义为

$$\Delta \Phi = \vec{B} \cdot \Delta \vec{S}$$

磁通量是为了描述垂直穿过这个面元 ΔS 的磁感应线的根数。磁通量是标量,可以直接求代数和。对一个较大的曲面 S,其磁通量可以通过求和即积分得到:

$$\Phi = \iint_S \vec{B} \cdot \mathrm{d}\vec{S} \tag{4.23}$$

磁通量的单位为韦伯(Wb),$1\ \mathrm{Wb} = 1\ \mathrm{T \cdot m^2}$。

4.3.2 磁场高斯定理

1. 高斯定理

通过任意闭合曲面 S 的磁通量等于 0。这就是磁场的高斯定理,即

$$\oiint_S \vec{B} \cdot \mathrm{d}\vec{S} = 0 \qquad (4.24)$$

磁场的高斯定理反映了磁场的"无源性",这是由于迄今未发现孤立磁荷,或在自然界未发现磁单极子或磁荷。

高斯定理的证明如下。因为任意磁场都是由许多电流元产生的磁场叠加而成的,其磁通量也满足叠加原理,所以只需证明电流元产生的磁场遵守高斯定理。

取电流元为坐标原点,Z 轴沿电流强度的方向,如图 4.24 所示,则这段电流在空间产生的磁感应强度为

$$\mathrm{d}\vec{B} = \frac{\mu_0}{4\pi} \frac{I\mathrm{d}l\sin\theta}{r^2} \vec{e}_\varphi$$

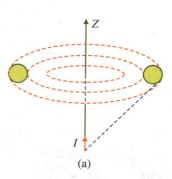

式中,$\vec{e}_\varphi$ 为电流的右手螺旋方向。此式表明,以 Z 为轴的任意一个圆周上,$\mathrm{d}B$ 的大小相同,方向与圆相切。

圆形的磁感应线构成了一个个闭合的磁感应线管,于是,穿过以 Z 为轴的任一环形磁感应线管内任意截面的磁通量为常量,与截面在管中的位置以及取向无关。对于任一封闭曲面 S(在图 4.23 中是一个立方体),上述环形管每穿过 S 一次,均会在 S 上切出两个面元 ΔS_1、ΔS_2,对其磁通量有

$$\vec{B}_1 \cdot \Delta \vec{S}_1 + \vec{B}_2 \cdot \Delta \vec{S}_2 = -B\Delta S + B\Delta S = 0$$

在闭合曲面 S 上的任一面元,都可做一个环形管,且均可找到 S 上的另一个面元与之对应。同上理由,这两个面元的磁通量之和为 0。故对穿过 S 的总磁通量有

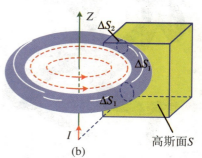

$$\oiint_S \vec{B} \cdot \mathrm{d}\vec{S} = 0$$

磁场的高斯定理对线电流、面电流和体电流产生的磁场均成立,因为磁场服从叠加原理,即对任意磁场均有

图 4.24 直线电流附近任一形状的闭合曲面的磁通量为 0

$$\oiint_S \vec{B} \cdot \mathrm{d}\vec{S} = \oiint_S (\sum_i \vec{B_i}) \cdot \mathrm{d}\vec{S} = \sum_i \oiint_S \vec{B_i} \cdot \mathrm{d}\vec{S} = 0$$

根据数学分析中场论的散度的公式,高斯定理可以改写为微分形式:

$$\nabla \cdot \vec{B} = 0 \tag{4.25}$$

由磁场的高斯定理还可以得出以下结论:任意的载流回路产生的磁场是不均匀的,磁感应线管的截面也是不均匀的,截面大的地方,磁感应强度小;反之,截面小的地方,磁感应强度大,类似于水流管中的流量定律,如图 4.25 所示,即

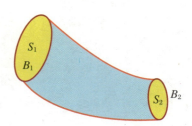

图 4.25　磁感应线管的"流量"定律

$$B_1 \Delta S_1 = B_2 \Delta S_2 \quad 或 \quad \frac{B_1}{B_2} = \frac{\Delta S_2}{\Delta S_1} \tag{4.26}$$

2. 磁单极子的探索

尽管高斯定理说明磁场是无源场,这表示磁荷或磁单极子在自然界中未被发现,但是在一些理论中仍需要有磁单极子。磁单极子在理论物理学的弦理论中是指一些仅带有 N 极或 S 极单一磁极的磁性物质,它们的磁感线分布类似于点电荷的电场线分布。早在 1931 年,著名的英国物理学家狄拉克(P. A. M. Dirac,1902 – 1984)首先从理论上预言,磁单极子是可以独立存在的。他认为,既然电有基本电荷——电子存在,磁也应有基本磁荷——磁单极子存在,这样,电磁现象的完全对称性就可以得到保证。因此,他根据电动力学和量子力学的合理推演,前所未有地把磁单极子作为一种新粒子提出来。狄拉克曾经预言过正电子的存在,并已经为实验所证实;这一次他的磁单极子假设同样震惊了科学界。他认为这些带有磁场的粒子能够存在于一些人们把它称为"狄拉克弦"(Dirac string)的末端,如图 4.26 所示。基本电荷 e 和基本磁荷 g 满足关系式

图 4.26　自旋面条－狄拉克弦

$$eg = \frac{n\hbar c}{2} \tag{4.27}$$

式中,n 是整数,$n = 1,2,\cdots$;磁荷 $g = ng_D$,$g_D = \hbar c/(2e)$ 叫作单位狄拉克磁荷。考虑到异性磁荷之间的吸引力要比异性电荷之间的吸引力大得多,人们必须在很强的外力作用下才能把成对的异性磁荷分开。人们不知道狄拉克磁单极子的质量到底有多大,因为理论无法对此进行界定。有科学家对此进行了一个粗略的估计,认为磁单极子质量大约为 $n4700m_e$(约为 n 2.4 GeV,其中 m_e 为电子质量,n 为正整数)。

著名物理学家费米(E. Fermi,1901 – 1954)也曾经从理论上探讨过磁单极子,并且也认为它的存在是可能的。一些著名的科学家也从不同方面不同程度地对磁单极子理论做出了补充和完善。内森·塞伯格(Nathan Seiberg,1956 –)

和爱德华·威滕(Edward Witten,1951－)两位美国物理学家于 1994 年首次证明出磁单极子存在理论上的可能性。

　　随着磁单极子的提出,科学界由此掀起了一场寻找磁单极子的热潮。人们尝试了各种各样的方法,去寻找这种理论上的磁单极子。科学家首先把寻找的重点放在古老的地球铁矿石和来自地球之外的铁陨石上,认为这些物体中会隐藏着磁单极子这种"小精灵"。然而结果却令他们大失所望:无论是在"土生土长"的地球物质中,还是在那些属于"不速之客"的地球之外的天体物质中,均未发现磁单极子!

　　高能加速器是科学家实现寻找磁单极子美好理想的另一种重要手段。科学家利用高能加速器加速核子(例如质子)轰击原子核,希望这样能够使理论中紧密结合的正负磁单极子分离,以求找到磁单极子。美国科学家曾利用同步回旋加速器,多次用高能质子与轻原子核碰撞,但是也没有发现有磁单极子产生的迹象。这样的实验已经做了很多次,得到的都是否定的结果。

　　人们又把寻找磁单极子的梦想寄托在了宇宙射线上。从宇宙射线中寻找磁单极子的理论根据有两方面:一种是宇宙射线本身可能含有磁单极子,另一种是宇宙射线粒子与高空大气原子、离子、分子等碰撞会产生磁单极子。如果采用一套高效能的装置,就有可能捕捉并记录到磁单极子。1973 年,科学家对"阿波罗"11 号、12 号和 14 号飞船运回的月岩进行了检测,而且使用了极灵敏的仪器,但没有发现任何磁单极子。1975 年,加州大学伯克利分校的普勒斯(P. B. Price)与合作者在利用气球探测宇宙线重核成分的时候,发现了一个穿过多重探测器的重粒子,根据对粒子轨迹的分析猜想其有可能就是磁单极子,普勒斯等人于 1975 年将这一结论发表,随即引发了热烈的讨论。然而没过多久,有人认为这条声称是由磁单极子留下的轨迹同样可以由铂核先分裂成铱核然后再变成钽核得到,所以这个磁单极子的实验探测结果终究没能得到物理学界的普遍承认。1982 年 2 月 14 日,在美国斯坦福大学物理系做研究的卡布莱拉(B. Cabrera)宣称他利用超导线圈发现了磁单极子,他采用一种被称为超导量子干涉式磁强计的仪器,在实验室中进行了 151 天的实验观察记录,经过细致分析实验所得的数据,发现了一个信号与磁单极子产生的条件基本吻合,因此他认为这是磁单极子穿过了仪器中的超导线圈,如图 4.27 所示。但是不管怎么努力,第二个磁单极子再也没有光临过。

　　1983 年的情人节那天,物理学家温伯格(S. Weinberg,1933－)还为此写了一首诗,期待着第二个"情人节磁单极子"的出现。然而,遗憾的是时至今日,这一实验仍然没有得到重复,最终未能证实磁单极子的存在。

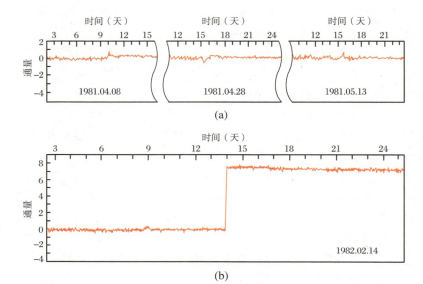

图 4.27 美国物理学家卡布莱拉用超导线圈寻找磁单极子的实验结果

4.3.3 安培环路定理

安培环路定理:沿任何闭合曲线 L 磁感应强度的环流等于穿过 L 的电流强度的代数和的 μ_0 倍,即

$$\oint_{\text{闭合回路}L} \vec{B} \cdot \mathrm{d}\vec{l} = \mu_0 \sum_{L\text{内}} I_i \tag{4.28}$$

右边对闭合环路内的所有电流求和,需要确定电流的正负号,通常 I 的正负根据回路 L 的绕行方向按右手定则规定。

安培环路定理反映了磁场的"有旋性",或者说磁场是涡旋场。

为了证明安培环路定理,首先要对立体角的概念做进一步的讨论。我们知道封闭曲面对曲面内任一点所张的立体角为 4π,对曲面外任一点所张的立体角为 0。对如图 4.28 所示的封闭曲面,考虑到立体角的正负号,3 个面对 P 点所张的立体角为 0,即

$$\Omega_1 - \Omega_2 + \omega = 0 \quad \text{或} \quad \omega = \Omega_2 - \Omega_1 = \Delta\Omega$$

现在考虑当 P 点从曲面 S 的正面绕到反面时立体角的变化,如图 4.29 所示。当 P 点无限接近正面时,所张的立体角为 -2π;当 P' 点从反面无限接近曲面时,所张的立体角为 2π。故当 P 点从正面绕 L 一周变到反面 P' 点时,立体角的变化为

$$\Omega_2 - \Omega_1 = 2\pi - (-2\pi) = 4\pi$$

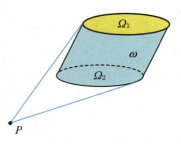

图 4.28 封闭曲面对曲面外任一点所张的立体角为 0

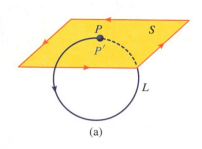

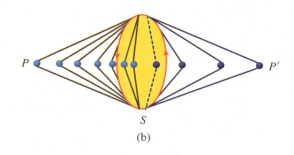

(a)　　　　　　　　　　　(b)

图 4.29　P 点从曲面 S 的正面绕到反面时，曲面对该点立体角变化为 4π

现在来证明安培环路定理。设 L' 为电流环路，$I\mathrm{d}\vec{l'}$ 为电流元，P' 为源点。L 为积分环路，$\mathrm{d}\vec{l}$ 为积分元，P 为场点，$\vec{r}$ 为源点到场点的矢量，$\vec{r'}$ 为场点到源点的矢量，如图 4.30 所示，显然

$$\vec{r} = -\vec{r'}$$

利用矢量分析计算公式 $(\vec{a}\times\vec{b})\cdot\vec{c} = (\vec{b}\times\vec{c})\cdot\vec{a} = (\vec{c}\times\vec{a})\cdot\vec{b}$，有

$$\vec{B}\cdot\mathrm{d}\vec{l} = \frac{\mu_0 I}{4\pi}\oint_{L'}\frac{(\mathrm{d}\vec{l}\times\mathrm{d}\vec{l'})\cdot\vec{r}}{r^3} = -\frac{\mu_0 I}{4\pi}\oint_{L'}\frac{[\mathrm{d}\vec{l'}\times(-\mathrm{d}\vec{l})]\cdot\vec{r'}}{r^3}$$

令 $\mathrm{d}\vec{S} = \mathrm{d}\vec{l'}\times(-\mathrm{d}\vec{l})$，则

$$\frac{[\mathrm{d}\vec{l'}\times(-\mathrm{d}\vec{l})]\cdot\vec{r'}}{r^3} = \frac{\mathrm{d}\vec{S}\cdot\vec{r'}}{r'^3} = \frac{\mathrm{d}S_0}{r'^2} = \mathrm{d}\omega$$

$\mathrm{d}S_0$ 为 $\mathrm{d}S$ 在垂直于 r' 平面上的投影，所以

$$\vec{B}\cdot\mathrm{d}\vec{l} = -\frac{\mu_0 I}{4\pi}\oint_{L'}\mathrm{d}\omega = -\frac{\mu_0 I}{4\pi}\omega$$

从 P 点做一 $\mathrm{d}l$ 的平移与 P 不动而载流回路 L' 做一 $-\mathrm{d}l$ 的平移是等价的。ω 为带状面对 P 点所张的立体角，如图 4.29(a) 所示。

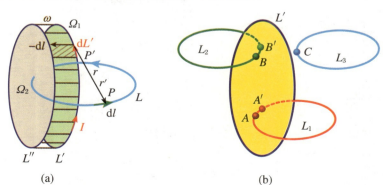

(a)　　　　　　　　　　　(b)

图 4.30　(a) $\mathrm{d}l$ 的移动 P 点不动，与载流回路 L' 做一 $-\mathrm{d}l$ 平移是等价的；(b) 环路套连电流的情况

设 Ω_1, Ω_2 分别为平移前后 L' 闭曲面对 P 点所张的立体角,则

$$\omega = \Omega_2 - \Omega_1 = \mathrm{d}\Omega$$

代入上式,有

$$\vec{B} \cdot \mathrm{d}\vec{l} = \frac{\mu_0 I}{4\pi} \mathrm{d}\Omega$$

所以

$$\oint_L \vec{B} \cdot \mathrm{d}\vec{l} = \frac{\mu_0 I}{4\pi} \oint_L \mathrm{d}\Omega$$

分 3 种情况讨论:

$$\begin{cases} L_1,\text{从 } A \text{ 变至 } A' \text{ 点}: \oint_L \mathrm{d}\Omega = 2\pi - (-2\pi) = 4\pi \\[2mm] L_2,\text{从 } B' \text{ 变至 } B \text{ 点}: \oint_L \mathrm{d}\Omega = (-2\pi) - 2\pi = -4\pi \\[2mm] L_3,\text{从 } C \text{ 变至 } C \text{ 点}: \oint_L \mathrm{d}\Omega = 0 \end{cases}$$

综上所述,有

$$\oint_L \vec{B} \cdot \mathrm{d}\vec{l} = \begin{cases} \mu_0 I, & L \text{ 与 } I \text{ 同方向,右手法则确定} \\ -\mu_0 I, & L \text{ 与 } I \text{ 反方向} \\ 0, & L \text{ 与 } L' \text{ 不套连} \end{cases}$$

对多个电流回路,可用磁感应强度的叠加原理,即 $\vec{B} = \sum_i \vec{B}_i$,有

$$\oint_L \vec{B} \cdot \mathrm{d}\vec{l} = \oint_L \left(\sum_i \vec{B}_i \right) \cdot \mathrm{d}\vec{l} = \sum_i \oint_L \vec{B}_i \cdot \mathrm{d}\vec{l} = \mu_0 \sum_i I_i$$

对电流求和仅对被 L 套连的电流强度,安培环路定理得证。

对于体电流分布的情况,安培环路定理可以改写为

$$\oint_L \vec{B} \cdot \mathrm{d}\vec{l} = \mu_0 \iint_S \vec{j} \cdot \mathrm{d}\vec{S} \tag{4.29}$$

根据数学分析的场论斯托克斯定理,有

$$\oint_L \vec{B} \cdot \mathrm{d}\vec{l} = \iint_S (\nabla \times \vec{B}) \cdot \mathrm{d}\vec{S}$$

安培环路定理可以写为微分形式

$$\nabla \times \vec{B} = \mu_0 \vec{j} \qquad (4.30)$$

【例 4.3】 一圆形的直导线,截面半径为 R,电流 I 均匀地流过导体的截面,求导线内外的磁场分布。

【解】 根据对称性,可以判定磁感应强度 B 的大小只与观察点到圆柱体轴线的距离有关,方向沿圆周的切线。

当 $r < R$ 时,有

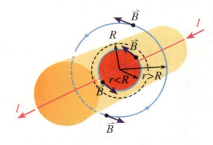

例 4.3 图

$$\oint_L \vec{B} \cdot \mathrm{d}\vec{l} = 2\pi r B = \mu_0 \frac{I}{\pi R^2}\pi r^2$$

$$B = \frac{\mu_0}{2\pi}\frac{I}{R^2}r$$

当 $r > R$ 时,有 $\oint_L \vec{B} \cdot \mathrm{d}\vec{l} = 2\pi r B = \mu_0 I$,即

$$B = \frac{\mu_0}{2\pi}\frac{I}{r}$$

【例 4.4】 电流均匀地通过无限大的平面导体薄板,面电流密度为 i,求两边的磁感应强度。

【解】 由于电流分布的对称性,两边等距离处的磁感应强度大小相等、方向相反。做矩形环路,如图,则

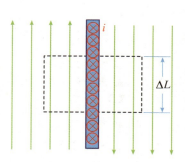

例 4.4 图　无限大载流平面产生的磁场

$$\oint_L \vec{B} \cdot \mathrm{d}\vec{l} = 2B\Delta l = \mu_0 i \Delta l$$

所以

$$B = \frac{1}{2}\mu_0 i$$

即无限大载流平面在两侧的磁感应强度是均匀的,但方向相反。

【例 4.5】 求无限长且密绕的理想螺线管内外的磁感应强度。设电流强度为 I,单位长度的匝数为 n。

【解】 做如图所示的积分回路,对理想无限大螺线管,则管外 $B = 0$,管内的磁场线为与螺线管中心轴平行的一组平行线,即管内 B 为常数,有

$$\oint_L \vec{B} \cdot \mathrm{d}\vec{l} = BL = \mu_0 nIL$$

$$B = \mu_0 nI$$

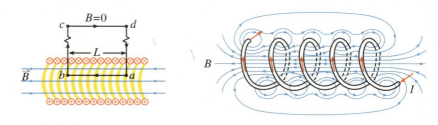

例 4.5 图　螺线管的磁场和有限长
螺线管的磁场

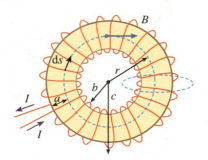

图 4.31　环形螺线管的磁场

实际上螺线管外部是有磁场的,其磁场有两个来源:其一是螺线管的漏磁,其磁感应线如例 4.5 图中右图所示;其二就是把螺线管看成一根通电直导线而产生的磁场。通常情况下,内部磁场比外部磁场大得多,因此可以忽略外部磁场。在实际工作中,螺线管还可以有各种其他的形状,如图 4.31 中的环形螺线管等。

4.4　带电粒子在磁场中的运动

4.4.1　带电粒子在均匀磁场中的运动

1. 洛伦兹力

1892 年,洛伦兹(H. A. Lorentz,1853 – 1928)在研究带电粒子在电磁场中的运动时,推导出了著名的洛伦兹力公式。这里我们根据安培力来推导。任一电流元 $I\mathrm{d}\vec{l}$ 在磁场 B 中所受的力为 $\mathrm{d}\vec{F} = I\mathrm{d}\vec{l} \times \vec{B}$,又由于 $I = nqvS$,S 为电流元的截面积。故该电流元中运动的带电粒子数为 $\mathrm{d}N = nS\mathrm{d}l$,所以每个运动的带电粒子受力为

$$\vec{f} = \frac{nqvS\mathrm{d}\vec{l} \times \vec{B}}{nS\mathrm{d}l} = \frac{q\mathrm{d}l\,\vec{v} \times \vec{B}}{\mathrm{d}l} = q\vec{v} \times \vec{B} \qquad (4.31)$$

若粒子带正电,则 $\vec{v}$ 与 $\mathrm{d}\vec{l}$ 同向;若粒子带负电,则 $\vec{v}$ 与 $\mathrm{d}\vec{l}$ 反向。所以安培力的实质是带电粒子在磁场中运动受力的宏观表现,洛伦兹力是安培力的微观形式。

2. 带电粒子在均匀磁场中的运动

电荷为 q 的带电粒子在磁场中运动将受到洛伦兹力的作用,按经典力学,

其运动方程为

$$\vec{F} = m\frac{\mathrm{d}\vec{v}}{\mathrm{d}t} = q\vec{v} \times \vec{B}$$

式中，m，$\vec{v}$ 分别为带电粒子的质量和速度。用 $\vec{v}$ 点乘上式得

$$\vec{F} \cdot \vec{v} = q(\vec{v} \times \vec{B}) \cdot \vec{v} = 0 \quad 即 \quad m\frac{\mathrm{d}\vec{v}}{\mathrm{d}t} \cdot \vec{v} = \mathrm{d}\left(\frac{1}{2}mv^2\right) = 0$$

$$或 \quad v = 常数 \tag{4.32}$$

因为洛伦兹力不对粒子做功，所以功率为 0，使得粒子在磁场中运动的动能守恒，或粒子运动速率保持常数。如果磁场是均匀的，设其方向为 z 轴方向，则洛伦兹力在 z 轴无分力，所以

$$\frac{\mathrm{d}v_z}{\mathrm{d}t} = \frac{\mathrm{d}v_{/\!/}}{\mathrm{d}t} = 0 \quad 或 \quad v_{/\!/} = 常数$$

即粒子在平行于磁场方向的运动速度保持不变。

图 4.32　带电粒子在磁场中运动形成各种轨迹

下面我们进一步分析粒子在与 B 垂直的平面 xy 上的运动，牛顿运动方程的 x，y 分量为

$$ma_x = qv_yB$$
$$ma_y = -qv_xB$$

将上式第一式对时间求导,并把第二式代入,有

$$\frac{d^2 v_x}{dt^2} = -\frac{q^2 B^2}{m^2} v_x = -\omega^2 v_x$$

该微分方程实际上类似于弹簧振子的运动微分方程,只不过这里的变量是 v_x,而谐振子的变量是 x,所以其通解为

$$v_x = v_\perp \cos(\omega t + \varphi)$$

式中,φ 为常数,称为初相位,由初始条件决定;$v_\perp$ 为粒子垂直于 $\vec{B}$ 的速度分量,由于总速度不变,并且沿磁场方向的速度 $v_{//}$ 不变,所以 $v_\perp$ 也为运动常数。把该式代入 y 方向的牛顿运动方程,解出 v_y,即

$$v_y = -v_\perp \sin(\omega t + \varphi)$$

进一步积分就可以解出粒子运动方程,即

$$\begin{cases} x = x_0 + \dfrac{v_\perp}{\omega}\sin(\omega t + \varphi) \\ y = y_0 + \dfrac{v_\perp}{\omega}\cos(\omega t + \varphi) \end{cases} \tag{4.33}$$

式中,ω 称为回旋角频率,$\omega = \dfrac{qB}{m}$,带电粒子在 xy 平面上运动的回旋周期为

$$T = \frac{2\pi}{\omega} = \frac{2\pi m}{qB} \tag{4.34}$$

即粒子运动的回旋频率或回旋周期与粒子的速率无关,仅取决于磁感应强度和粒子荷质比。带电粒子在 xy 平面上运动的轨迹为

$$(x - x_0)^2 + (y + y_0)^2 = \left(\frac{v_\perp}{\omega}\right)^2$$

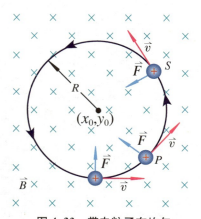

图 4.33 带电粒子在均匀磁场中做圆周运动

这是一个以 (x_0, y_0) 为圆心的圆的方程,圆的半径为 $R = \dfrac{v_\perp}{\omega} = \dfrac{m v_\perp}{qB}$,称为回旋半径,如图 4.33 所示。

考虑到粒子沿 z 轴做匀速直线运动,因此带电粒子在均匀磁场中 xyz 空间上的运动是圆轨迹和直线轨迹的合成,即螺旋运动,如图 4.34 所示,螺距为

$$h = v_{//} T = \frac{2\pi m v_{//}}{qB} \tag{4.35}$$

对于粒子在一般电磁场中的运动,带电粒子受力为

$$\vec{F} = \frac{\mathrm{d}\vec{p}}{\mathrm{d}t} = q(\vec{E} + \vec{v} \times \vec{B}) \tag{4.36}$$

(a)　　　　　　　　　　　　　　　　　　(b)

图 4.34　（a）带电粒子在均匀磁场中做螺旋线运动；（b）用螺线管输运正电子的装置
（中国科学技术大学粒子束交叉应用实验室）

对高速运动情形,利用狭义相对论中的能量动量方程

$$E^2 = m_0^2 c^4 + p^2 c^2$$

两边分别对时间求导,得

$$E \frac{\mathrm{d}E}{\mathrm{d}t} = \vec{p}c^2 \cdot \frac{\mathrm{d}\vec{p}}{\mathrm{d}t} = mc^2 \vec{v} \cdot q(\vec{E} + \vec{v} \times \vec{B}) = qmc^2 \vec{v} \cdot \vec{E}$$

注意左边的 E 是能量,右边的 $\vec{E}$ 是电场强度。因此带电粒子在无电场只有均匀磁场的空间运动时,总能量仍然是守恒量。上面在非相对论情况下推导的公式仍然有效,只是粒子的质量 m 将随速度增大而增加,相应回旋频率减小,回旋周期变长,即

$$R = \frac{\gamma m_0 v_\perp}{qB}, \quad \omega = \frac{qB}{\gamma m_0} \tag{4.37}$$

现代的粒子加速器产生的粒子绝大部分都达到了相对论区域,因此使用粒子在磁场中运动的周期和半径时要注意使用相对论情况下的结果。

3. 带电粒子在均匀电磁场中的运动

现在讨论带电粒子在相互垂直的匀强电场和匀强磁场中的运动。设空间存在相互垂直的匀强电场 E 和匀强磁场 B,向这个区域内发射一个质量为 m、

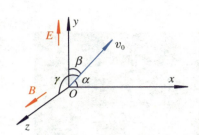

图 4.35　粒子入射到正交的电场与磁场中

电荷为 $q(>0)$ 的带电粒子。取入射点为坐标原点,如图 4.35 所示,设带电粒子在入射点处的初速度为

$$\vec{v}_0 = v_0\cos\alpha\,\vec{e}_x + v_0\cos\beta\,\vec{e}_y + v_0\cos\gamma\,\vec{e}_z$$

式中,α,β 和 γ 为方位角,满足 $\cos^2\alpha + \cos^2\beta + \cos^2\gamma = 1$。

带电粒子在静电力和洛伦兹力的作用下运动,运动方程为

$$\begin{cases} F_x = qBv_y = m\dfrac{\mathrm{d}v_x}{\mathrm{d}t} \\[2mm] F_y = qE - qBv_x = m\dfrac{\mathrm{d}v_y}{\mathrm{d}t} \\[2mm] F_z = 0 = m\dfrac{\mathrm{d}v_z}{\mathrm{d}t} \end{cases} \tag{4.38}$$

若 $\omega = qB/m$ 为粒子在磁场中的回旋角速度,把上面第二式两边对 t 求导后再把第一式代入,可得

$$\frac{\mathrm{d}^2 v_y}{\mathrm{d}t^2} + \omega^2 v_y = 0$$

该式的解 v_y 上面已经介绍过,把这个解代入第一式,得到 v_x 的解,同时第三式可以直接解出,于是得到 3 个方向的速度分量为

$$\begin{cases} v_y = v_\perp \cos(\omega t + \varphi) \\[2mm] v_x = \dfrac{E}{B} + v_\perp \sin(\omega t + \varphi) \\[2mm] v_z = v_0\cos\gamma \end{cases} \tag{4.39}$$

利用 $t=0$ 时的初速度值,可得到两个积分常数值,即

$$v_\perp = \sqrt{(v_0\cos\alpha - E/B)^2 + v_0^2\cos^2\beta}$$

$$\tan\varphi = \frac{v_0\cos\alpha - E/B}{v_0\cos\beta}$$

对速度的 3 个分量再积分,设粒子初始位置为 (x_0, y_0, z_0),得到

$$\begin{cases} x = x_0 + \dfrac{E}{B}t - \dfrac{v_\perp}{\omega}\big[\cos(\omega t + \varphi) - \cos\varphi\big] \\[2mm] y = y_0 + \dfrac{v_\perp}{\omega}\big[\sin(\omega t + \varphi) - \sin\varphi\big] \\[2mm] z = z_0 + v_0 t\cos\gamma \end{cases} \tag{4.40}$$

这就是带电粒子在相互垂直的均匀电磁场中的运动方程,该曲线是滚轮线。

如果引进电漂移速度 $v_E = E/B$ 或 $\vec{v}_E = \dfrac{\vec{E} \times \vec{B}}{B^2}$,则式(4.40)就是粒子径

迹中心在电场作用下发生漂移,粒子回旋中心从(x_{c0}, y_{c0}, z_{c0})开始,沿轨道 $(v_E t + x_{c0}, y_{c0}, v_{//} t + z_{c0})$以速度$(v_E, 0, v_{//})$运动。除了电漂移外,其他非电

力也可引起粒子漂移,漂移速度为$\vec{v}_F = \dfrac{\vec{F} \times \vec{B}}{qB^2}$,如重力引起的漂移速度为

$$\vec{v}_g = \frac{m\vec{g} \times \vec{B}}{qB^2} \text{。}$$

4.4.2　带电粒子在非均匀磁场中的运动

1. 磁矩守恒

对非均匀磁场,只要磁场的非均匀尺度远大于带电粒子的回旋半径,则粒子的运动可近似看成绕磁感应线的螺旋运动。不过,由于磁场沿磁感应线的非均匀性将破坏 $v_{//}$ 和 $v_\perp$ 的守恒性,我们必须设法从粒子运动方程出发去寻找新的守恒量。下面只介绍一种常用的守恒量,即粒子的回旋磁矩。带电粒子绕磁场的快速回旋形成一圆电流环,该电流环的磁矩称为粒子的回旋磁矩。电流环的面积为 πR^2,等效电流强度为 q/T,故回旋磁矩为 $\mu = \pi R^2 q/T$。将回旋半径和周期代入,得到

$$\mu = \frac{\frac{1}{2} m v_\perp^2}{B} \tag{4.41}$$

上式表明,回旋磁矩等于粒子沿垂直方向运动的动能和磁感应强度之比。

现在讨论带电粒子在轴对称缓变的磁场中的运动规律。下面证明,在随空间缓慢变化的磁场中,带电粒子的回旋磁矩为守恒量。为此,取圆柱坐标系 (r, φ, z),设磁场相对 z 轴对称,则 $B_\varphi = 0$,B_z 和 B_r 均是 r 和 z 的函数,磁场分布如图 4.36 所示。B_r 的出现与 B_z 沿 z 轴的变化有关。

对以 z 为轴、半径为 r、高为 Δz 的圆柱面运用磁场的高斯定理得

$$2\pi r \int_z^{z+\Delta z} B_r(r, z) \mathrm{d}z + 2\pi \int_0^r [B_z(r, z + \Delta z) - B_z(r, z)] r \mathrm{d}r = 0$$

或

$$B_r = -\frac{r}{2} \cdot \frac{B_z(0, z + \Delta z) - B_z(0, z)}{\Delta z} \approx -\frac{r}{2} \cdot \frac{\Delta B_z(0)}{\Delta z}$$

在以上推导中利用了 B_z 随 r 缓慢变化的条件,近似将它代之以 z 轴($r = $

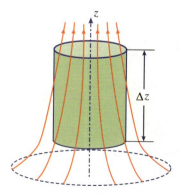

图 4.36　轴对称缓变磁场中粒子的运动

0) 上的值。令 $\Delta z \to 0$，得

$$B_r = -\frac{r}{2}\frac{\partial B_z}{\partial z}$$

由于 B_r 的出现，且 $B_r \perp v_\perp$，故粒子将受到在 z 方向上的洛伦兹力，该力由强磁场区指向弱磁场区。因此，沿 z 方向的粒子的运动方程变为

$$\frac{\mathrm{d}v_z}{\mathrm{d}t} = \frac{q}{m}v_\perp B_r = -\frac{qv_\perp r}{2m}\frac{\partial B_z}{\partial z}$$

注意上式右边的 r 即为粒子的回旋半径 R，而在 z 轴上 $B = B_z$，则

$$\frac{\mathrm{d}v_z}{\mathrm{d}t} = -\frac{qv_\perp R}{2m}\frac{\partial B}{\partial z} = -\frac{v_\perp^2}{2B}\frac{\partial B}{\partial z}$$

用 mv_z 乘以上式两边，考虑到 $\dfrac{\mathrm{d}B}{\mathrm{d}t} = \dfrac{v_z \partial B}{\partial z}$，则

$$\frac{\mathrm{d}}{\mathrm{d}t}\left(\frac{1}{2}mv_z^2\right) = -\frac{mv_\perp^2}{2B}\frac{\mathrm{d}B}{\mathrm{d}t} = -\mu\frac{\mathrm{d}B}{\mathrm{d}t}$$

由于粒子的动能是守恒量，即

$$\frac{\mathrm{d}}{\mathrm{d}t}\left(\frac{1}{2}mv_z^2 + \frac{1}{2}mv_\perp^2\right) = 0$$

或

$$\frac{\mathrm{d}}{\mathrm{d}t}\left(\frac{1}{2}mv_z^2\right) = -\frac{\mathrm{d}}{\mathrm{d}t}\left(\frac{1}{2}mv_\perp^2\right) = -\frac{\mathrm{d}}{\mathrm{d}t}(\mu B) = -B\frac{\mathrm{d}\mu}{\mathrm{d}t} - \mu\frac{\mathrm{d}B}{\mathrm{d}t}$$

代入原等式得

$$\frac{\mathrm{d}\mu}{\mathrm{d}t} = 0, \quad 亦即 \ \mu = 常数 \tag{4.42}$$

所以在随空间缓慢变化的磁场中，带电粒子的回旋磁矩为守恒量。磁矩守恒又称绝热不变量，是一阶近似守恒量，是指在一个缓慢变化的磁场中，磁矩的变化更慢，因此它是一个近似守恒量。

现在讨论带电粒子在缓变磁场中的回旋半径和螺距的变化。因为

$$R^2 = \frac{m^2 v_\perp^2}{q^2 B^2} = \frac{2m}{q^2 B}\left[\frac{\frac{1}{2}mv_\perp^2}{B}\right] = \frac{2m\mu}{q^2 B}$$

所以回旋半径为

$$R = \sqrt{\frac{2m\mu}{q^2 B}} \tag{4.43}$$

或者,带电粒子在非均匀磁场中的半径和磁感应强度满足

$$R\sqrt{B} = 常数 \tag{4.44}$$

所以当粒子从磁场弱的区域进入磁场强的区域时,粒子的回旋半径 R 越来越小,如图4.37所示。

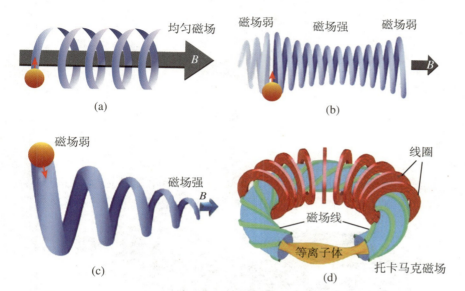

图4.37   带电粒子在各种磁场中运动的轨迹

此外,由于速率守恒,为了在不同的磁场区域仍保持磁矩守恒,根据磁矩的表达式 $\mu = \dfrac{1}{2}\dfrac{mv_\perp^2}{B}$,$B$ 增大时,$v_\perp$ 也必然增大,因此 $v_{//}$ 将减少,因而螺距 $h = \dfrac{2\pi mv_{//}}{qB}$ 随磁场的增加而减少。所以,带电粒子从弱磁场进入强磁场区域时,回旋半径和螺距都要减少,正如图4.37所示。

2. 磁镜与磁聚焦

1) 磁镜

所谓磁镜,指的是具有两端强、中间弱的磁场位形的装置。最简单的磁镜装置由两个电流方向相同的线圈组成,当两组线圈距离较大时,中间区域的磁场就较小,中间磁感应线将出现鼓出的形状,这种磁场被称为磁镜,如图4.38所示。

设最弱处中间部分的磁感应强度为 B_0,粒子在该处运动的速度与 B_0 的夹角为 θ,设粒子到达磁场最强处(B_{m})时,粒子速度的平行磁场分量 $v_{//}$ 恰好为0,即该处粒子的速度 $v_\perp = v$,根据磁矩守恒,有

$$\frac{\frac{1}{2}mv^2\sin^2\theta_{\mathrm{m}}}{B_0} = \frac{\frac{1}{2}mv^2}{B_{\mathrm{m}}}$$

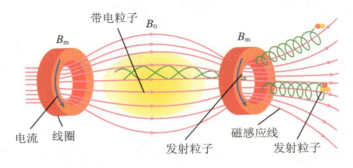

图 4.38 带电粒子在磁镜中运动

可以解出

$$\sin \theta_{\mathrm{m}} = \sqrt{\frac{B_0}{B_{\mathrm{m}}}} = \sqrt{\frac{1}{R_{\mathrm{m}}}} \tag{4.45}$$

式中，$R_{\mathrm{m}} = B_{\mathrm{m}}/B_0$，称为磁镜比。即 $\theta < \theta_{\mathrm{m}}$ 的粒子将穿过磁镜而损失掉，只有 $\theta > \theta_{\mathrm{m}}$ 的粒子将被约束在磁镜中，这些粒子将永远不能从磁镜中逃逸出去。图 4.39 是中国科学技术大学孙玄教授研制的我国最大的串节磁镜 KMAX。

图 4.39 中国最大的串节磁镜 KAMX

　　地球的磁场就是一个天然的磁镜捕捉器。宇宙射线中各种粒子束进入地磁场区域时，一部分粒子将被地磁场形成的磁镜所捕获，只有极少数的粒子继续进入地球的表面。因此在地球表面上空有两条主要的粒子带：电子带和质子带，这些粒子带被称为范艾仑带，是由美国科学家范艾仑（Van Allen，1914－2006）在 1958 年发现的，如图 4.40 所示。内辐射带的高度在 1～2 个地球半径之间，范围限于磁纬度 ±40°之间，东西半球不对称；该辐射带内含有能量为 50 MeV 的质子和能量大于 30 MeV 的电子。外辐射带的高度在 3～4 个地球半径之间，起始高度为 13 000～19 000 km，厚约 6 000 km，范围可延伸到磁纬度 50°～60°，外辐射带比较稀薄，且带电粒子的能量亦比内辐射带小。在南北磁极附近，粒子可以有较大的比例直接进入地球，这些粒子会电离大气，大量高密度的电子和离子加速运动产生辐射，形成漂亮的极光景观。

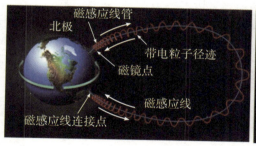

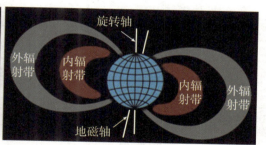

图 4.40 地球磁场形成的磁镜——范艾仑带

【例 4.6】如例 4.6 图 I 所示,在一磁镜的中部有一带电粒子源,各向同性地发射粒子束,磁镜的最强磁感应强度与中部最弱处的磁感应强度之比为 4:1,求逃逸出粒子的比例。

【解】根据磁矩守恒,有

$$\sin\theta = \sqrt{\frac{B_0}{B_m}} = \sqrt{\frac{1}{4}} = \frac{1}{2} \quad \text{或} \quad \theta = 30°$$

θ 即为粒子逃逸角,小于该角度的粒子将逃逸出磁镜,由于粒子源处于磁镜中,并且是各向同性均匀发射,因此如例 4.6 图 II 所示,处于圆锥区域的粒子将逃逸出磁镜,故只需计算出圆心角为 60° 的 2 个圆锥对应在球面上的面积与整个球面面积之比。

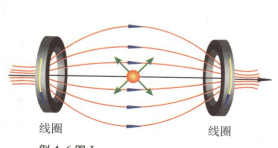

例 4.6 图 I

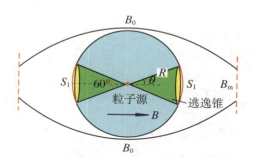

例 4.6 图 II

圆锥对应球冠的面积为

$$S_1 = 2\pi R^2(1 - \cos\theta) = 2\pi R^2\left(1 - \frac{\sqrt{3}}{2}\right)$$

逃逸比例为

$$k = \frac{2S_1}{S} = \left(1 - \frac{\sqrt{3}}{2}\right) \approx 13.4\%$$

2) 磁聚焦

利用带电粒子在均匀磁场中做螺旋运动以及回旋周期与粒子速率无关的

特性,可以实现对带电粒子束的聚焦。一般粒子束呈细锥状,粒子速率差不多相等,但方向略有差别。若不采取措施,粒子束在运动过程中会逐渐发散。当沿粒子束运动方向加上一均匀磁场时,所有粒子都绕磁场做螺旋运动,且回旋周期相等。通常粒子束锥角度很小,以至于所有粒子的 $v_{//}$ 几乎相等。这样,经过一个回旋周期之后,全部粒子沿磁场方向走过同样距离 $h = 2\pi m v_{//}/(qB)$ 之后又重新汇聚于一点,如图 4.41 所示。磁聚焦广泛应用于电真空器件中对电子束的聚焦。

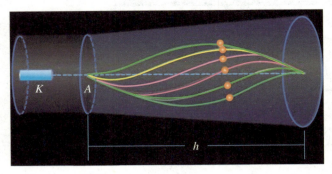

图 4.41　磁聚焦

3．回旋加速器

图 4.42　劳伦斯与他的回旋加速器

1928 年,物理学家伽莫夫(G. Gamow,1904 - 1968)提出,可以用质子代替 α 粒子作为轰击物来实现人工核反应。由氢原子电离而得到的质子能量很小,需要通过电场或磁场进行加速,以保证作为"炮弹"的质子获得足够高的能量。1929 年,美国科学家劳伦斯(E. O. Lawrence,1901 - 1958)提出了回旋加速器的构造原理。1932 年,劳伦斯建成了世界上第一台回旋加速器(直径只有 27 cm,可以拿在手中,能量可达 1 MeV)并开始运行。后来,在劳伦斯的领导下,在美国建成了一系列不同的回旋加速器。20 世纪 40 年代初,这类加速器的能量达到 40 MeV,远远超过了天然放射源的能量,可以用于加速质子、α 粒子和氘核,由此发现了许多新的核反应,产生了几百种稳定的和放射性的同位素。以后逐渐加大尺寸,在许多地方建成了一系列回旋加速器。劳伦斯还大力宣传和推广用加速器中产生的放射性同位素或中子来治疗癌症等疑难病。由于在回旋加速器及其应用技术方面的成就,劳伦斯获得了 1939 年度诺贝尔物理学奖。

回旋加速器的主要部分为两个 D 形盒,一均匀磁场垂直于 D 形盒的底面,在两个 D 形盒之间加上交变电压,可以在两盒间的缝隙中产生交变电场(图 4.42)。在磁场作用下,被加速的带电粒子将做圆周运动。在非相对论近似($v \ll c$)下,粒子运动的周期与粒子的速率、回旋半径无关。只要调节交变电场的周期使之等于粒子回旋周期,则带电粒子每次经过缝隙时都会受到该电场的加速。但当 $v\sim c$ 时,粒子质量 m 增大,周期 T 亦增大,因而固定的交变电场周期将不能保证 D 形盒间隙总使粒子加速,若使之与 T 同步,即使交变电场与粒子回旋运动在时间上同步,则这类加速器称为同步回旋加速器。另外,为了使 D 形盒的尺寸不至过大,随着粒子速度的增加还可增强磁场 B,以保持回旋半径 R 的增加有限。经过这种改进后的回旋加速器可以加速质子至数百兆电子伏特。对于同样动能的粒子,质量越小则速度越大,相对论效应越明显,因此,回旋加速器适合于加速重粒子。

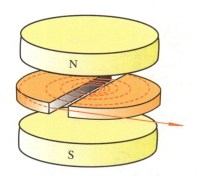

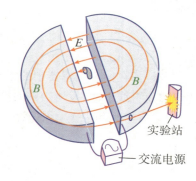

图 4.43   回旋加速器示意图

此外,轨道半径 R 越大,相邻轨道的半径的增值越小,$\Delta R \propto 1/R$,带电粒子做加速运动都会产生电磁辐射,匀速圆周运动是一种加速运动,它产生的辐射称为回旋同步辐射,是回旋加速器中最主要的能量损失机制,使得被加速的粒子能量受到限制。

回旋加速器可加速的最大速度和动能分别为

$$v_{\max} = \frac{qBR}{m}, \quad E_{\mathrm{K}} = \frac{1}{2}mv^2 = \frac{q^2B^2R^2}{2m}$$

例如美国匹兹堡大学有一回旋加速器,振荡频率为 1.2×10^7 Hz,D 形盒的半径为 21 英寸,则加速氘所需的磁场

$$B = \frac{2\pi fm}{q} = 1.6\ \mathrm{Wb \cdot m^{-2}}$$

加速的最大动能为

$$E_{\mathrm{K}} = \frac{q^2B^2R^2}{2m} = 17\ \mathrm{MeV}$$

世界上最小的回旋加速器可以做成一个能够放在手掌中那么小的尺寸,图 4.44 是欧洲核子中心(CERN)的科学家制作成的一个 10 cm 大小的回旋加速器。

图 4.44   世界上最小的回旋加速器

【例 4.7】一回旋加速器 D 形电极圆周的最大半径为 60 cm,用它来加速质量为 1.67×10^{-27} kg、电荷量为 1.6×10^{-19} C 的质子,要把质子从静止加速到 4.0 MeV 的能量,两 D 形电极间的距离为 1.0 cm,加速电压为 2.0×10^4 V,其间电场是均匀的,试求加速到上述能量所需的时间。

【解】先求磁场强度:

$$m \frac{v^2}{R} = qvB \quad 和 \quad R = \frac{v_\perp}{\omega} = \frac{v_\perp m}{qB}$$

解得磁感应强度为

$$B = \frac{\sqrt{2mE_K}}{Rq}$$

带电粒子在回旋加速器中的运动可分为两部分:一部分是经过 D 形电极间的匀加速直线运动,设所需的时间为 t_1;另一部分是在 D 形盒内的匀速圆周运动,设所需时间为 t_2。则把粒子加速到 E_K 所需的时间便为

$$t = t_1 + t_2$$

粒子在两极间是匀加速直线运动,进入 D 形盒内,速度方向改变,但速度大小不变。粒子每走半圈,便经过两极间被加速一次,每次加速,它的动能便增加 qU,因开始时速度为 0,故在它的动能达到 E_K 时,经过两极间加速的次数便为

$$n = \frac{E_K}{qU}$$

在两极间走过的距离为

$$nd = \frac{1}{2} at_1^2 = \frac{1}{2} \frac{qE}{m} t_1^2 = \frac{1}{2} \frac{qU}{md} t_1^2$$

$$t_1 = \sqrt{\frac{2mn}{qU}} d = \frac{\sqrt{2mE_K}}{qU} d$$

由于粒子经过两极间 n 次,故它在 D 形盒内的半圈匀速运动便有 $(n-1)$ 次,于是便得

$$t_2 = (n-1) \frac{T}{2} = \frac{(n-1)\pi m}{qB}$$

代入数据,得

$$n = 200, t_1 = 1.4 \times 10^{-7} \text{s}, t_2 = 1.4 \times 10^{-5} \text{s}$$

所以加速粒子所花的时间主要是粒子做回旋运动的时间,尽管如此,总的时间也是非常短的。

4. 二极磁铁与四极磁铁

在粒子加速器中对带电粒子束进行改变方向的磁铁主要是用二极磁铁，二极磁铁可以把带电粒子束转到某个特定的区域，因此二极磁铁又称偏转磁铁。图 4.45(a) 显示了一个简单的偏转磁铁，粒子束将受洛伦兹力而偏转。图 4.45(b) 是中国散裂中子源(CSNS)加速器中使用的偏转磁铁。一个环形粒子加速器通常有许多个偏转磁铁，尤其是在环型的加速器束流线上会有许多个偏转磁铁。如图 4.45(c) 是中国科学技术大学合肥国家同步辐射实验室的环形加速器大厅，使用大量的偏转磁铁使粒子束弯转沿环形的轨道运动。

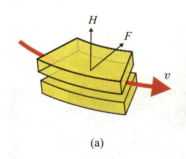
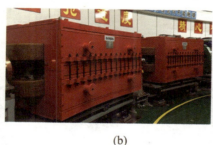

(a)　　　　　　　　　　(b)　　　　　　　　　　(c)

图 4.45 (a) 偏转磁铁原理，(b) 中国散裂中子源(CSNS)加速器中使用的偏转磁铁，(c) 中国科学技术大学合肥国家同步辐射实验室的环形加速器大厅

质谱仪是通过测量电离原子(离子)的质量或电荷与质量的比值(称为荷质比)来对样品进行成分分析的。实现质谱仪有多种方案，但其基本原理都是利用带电粒子在磁场中的运动性质。其原理如图 4.46 所示：离子束通过速度选择器，某种速率为 v 的粒子被选出并进入一均匀磁场 B。由于粒子电荷 q 和质量 m 的差别，回旋半径 R 也不同，从而不同种类的粒子将投射到探测器的不同位置。由位置可计算出 R，然后得到粒子的荷质比 $\dfrac{q}{m} = \dfrac{v_\perp}{RB}$。

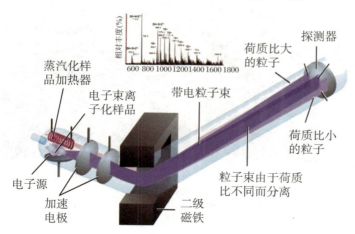

图 4.46 质谱仪对不同荷质比的离子进行分离

利用质谱仪可对同一种元素的各种同位素(电荷相同,但质量略有差异)进行含量分析。对岩石样品的同位素分析常用来推算岩石、天体的年龄。

二极磁铁还可以做动量分析器使用。由于不同动量的粒子在偏转磁铁的磁场中有不同的偏转半径,因此由

$$m \frac{v^2}{\rho} = qvB$$

得到

$$\frac{mv}{\rho} = \frac{p}{\rho} = qB$$

二极磁铁与四极磁铁的组合可以得到具有聚焦效果的粒子束,这种组合对粒子束的偏转作用与光学中的三棱镜分光原理类似,如图 4.47 所示。

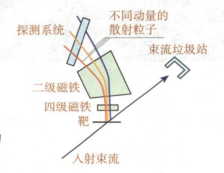

图 4.47　二极磁铁对带电粒子的偏转效果与三棱镜分光原理相似

在粒子加速器中还会大量地使用四极磁铁。顾名思义,这些磁铁有 4 个极。四极磁铁的主要功能是对带电粒子束聚焦。图 4.48(a)是一个四极磁铁的结构,实际的四极磁铁如图 4.48(b)所示。4 个磁极交错放置,当带电粒子通过中心时,由于洛伦兹力的作用会使粒子束在一个方向上向中心运动(聚束),但

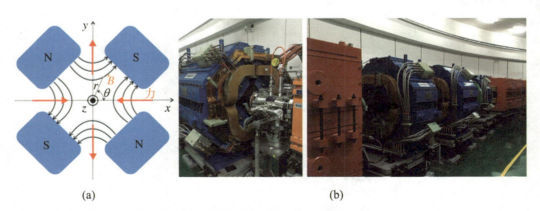

(a)　　　　　　　　　　　(b)

图 4.48　四极磁铁聚焦原理和中国散裂中子源(CSNS)加速器中使用的四极磁铁

是在另一个方向上会离开中心（散束），为了得到高质量的聚束效果，需要在粒子束线上放置多组四极磁铁，交互地在不同方向对粒子聚束，因此设计一条带电粒子输运线，完全类似于光束线的设计，如图 4.48(c)所示。核反应的靶或探测器需要放置在合适的聚焦位置，以获得高质量的探测效果。实际应用中，为了提高束流的聚束质量，还会使用六极磁铁甚至八极磁铁，这些多极磁铁可以在高阶上对聚焦进行修正。

5. 托卡马克装置的磁场

托卡马克（TOKAMAK）是"磁线圈圆环室"的俄文缩写，又称环流器。这是一个类似螺绕环的装置，内部为封闭的环形磁场，如图 4.49(a)所示，可用来约束等离子体（近似电中性的电离气体）。由于其磁场的封闭性，所约束的带电粒子不会泄漏。而在上面所讲的磁镜装置中，一些投射角 $\theta < \theta_m$ 的带电粒子会穿过磁镜两端线圈而逃逸。上述环形容器也存在一个明显的缺点：其内部磁场是非均匀的，离环心近的地方磁场较强，离环心远的地方磁场较弱，等离子体在不均匀的磁场中做环形运动将会产生漂移。漂移主要分为两部分：一是离心力引起的，漂移速度为 $\vec{v}_1 = \dfrac{mv^2 \, \vec{e}_R}{R} \times \dfrac{\vec{B}}{qB^2}$，式中 R 为曲率半径，$\vec{e}_R$ 为沿径向的单位矢量，这个漂移使带电粒子将向弱磁场区运动；二是由磁场梯度引起的，漂移速度为 $\vec{v}_{\nabla B} = -\mu \nabla B \times \dfrac{\vec{B}}{qB^2}$，这个漂移速度也使等离子体向弱磁场方向运动，因此带电粒子将出现朝管外侧集中的趋势，不利于对等离子体的有效磁约束。为克服这一缺点，可将环形容器作为一个变压器的次级线圈（因内部等离子体导电），增加初级线圈的匝数，构成一个降压变压器，在环形容器内等离子体中产生很大的电流，形成相对等离子体中轴线轴对称圆形磁场，其磁感应强度 $B \propto r$。磁场从轴线向管壁逐渐变强，使得带电粒子向轴线处集中，避免触及管壁。中轴线附近的离子数密度增大，有利于聚变反应的持续进行。因此托卡马克装置中的磁场主要由两种磁场叠加，形成了环形的磁场分布，如图 4.49(b)所示。

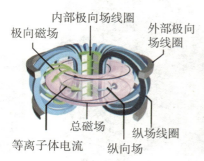

(a)

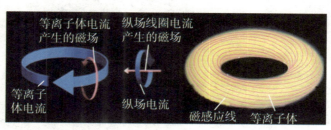

(b)

图 4.49   托卡马克磁约束装置和磁场示意图

现在我们来估算核聚变需要的温度。把带正电的两个粒子聚合在一起需要克服库仑势能,即

$$E_K = \frac{e^2}{4\pi\varepsilon_0 r}, \quad e \sim 10^{-19}\text{C}, \quad r \sim 10^{-15}\text{m}$$

所以

$$E_K = 10^{-13}\text{J}$$

可以估算出对应的热力学温度为

$$T = \frac{E_K}{k} \sim 7 \times 10^9\text{K}$$

所以要产生核聚变,需要极高的温度。实际发生聚变(点火)的温度一般为 $10^8 \sim 10^9$ K(亿度)。

历经半个世纪的研究,科学家设计出了迄今最好的托卡马克磁约束等离子体装置。2007 年 9 月 28 日通过国家验收的中国科学院等离子体所设计研制的 EAST 装置,如图 4.50 所示,便是其中成功的事例,报刊上常将它称为"人造太阳"实验装置。当环内等离子体中温度高达 $10^7 \sim 10^8$ K 时,等离子体中的氘(D)离子和氚(T)离子之间会发生如下聚变反应:

$$D + T \rightarrow {}^4He + n + 17.5\,\text{MeV}(能量)$$

核聚变释放出大量核能。为使这个反应能持续进行,必须使 Q 值(表示输出功率与输入功率之比)大于 1,也就是要使高温等离子体能维持足够长的时间 τ,有足够多的核反应次数,后者要求足够高的离子数密度 n。对氘、氚聚变反应来说,要求 $n\tau > 3 \times 10^{20}$ m^{-3} · s,称为劳逊条件。目前,科学研究者们正在努力改进实验装置,延长高温等离子体的维持时间 τ,增大反应离子的数密度 n,以满足劳逊条件,使热核聚变反应达到实用阶段,为人类提供新的取之不尽的污染最小的能源。

图 4.50　全超导托卡马克装置——EAST
(中国科学院等离子体研究所,合肥)

由于世界性的能源问题,各国科学家计划联合制造一个更大的核聚变装置——国际热核聚变实验堆(ITER),这是目前全球规模最大、影响最深远的国际科研合作项目之一。ITER 工程于 2001 年完成设计,如图 4.51 所示,2006 年欧盟、美、中、俄等草签系列合作协议,中国作为一个成员国正式加入 ITER 合作,ITER 的建造大约需要 10 年。ITER 工程建在法国马赛附近。

4.5　霍尔效应

4.5.1　霍尔效应

图 4.51　国际热核聚变实验堆(ITER)

　　霍尔效应是磁电效应的一种,这一现象是霍尔(A. H. Hall,1855-1938)于 1879 年在研究金属的导电机制时发现的,当时霍尔还是美国霍普金斯大学的研究生。后来发现半导体、导电流体等也有这种效应,而半导体的霍尔效应比金属强得多,利用这种现象制成的各种霍尔元件,广泛地应用于工业自动化技术、检测技术及信息处理等方面。霍尔效应是研究半导体材料性能的基本方法。通过霍尔效应实验测定的霍尔系数,能够判断半导体材料的导电类型、载流子浓度及载流子迁移率等重要参数。流体中的霍尔效应是研究"磁流体发电"的理论基础。

　　设一块长为 l、宽为 b、厚为 d 的 N 型单晶薄片,如图 4.52 所示,置于沿 z 轴方向的磁场 $\vec{B}$ 中,在 x 轴方向通以电流 I,则其中的载流子——电子所受到的洛伦兹力为

$$\vec{F}_{\mathrm{m}} = q\vec{v} \times \vec{B} = -evB\vec{e}_y$$

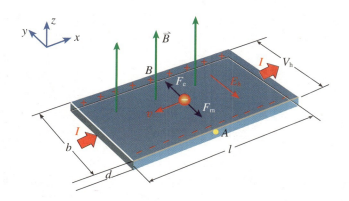

图 4.52　霍尔效应原理示意图

式中，v 为电子的运动速度，其方向沿 x 轴的负方向；e 为电子的电荷量。F_m 方向指向 y 轴的负方向。自由电子受力偏转的结果，向 A 侧面积聚，同时在 B 侧面上出现同数量的正电荷，在两侧面间形成一个沿 y 轴负方向的横向电场 E_h，使运动电子受到一个沿 y 轴正方向的电场力 F_e，A，B 面之间的电位差为 V_h（即霍尔电压），则

$$\vec{F}_e = qE_h \vec{e}_y = -eE_h \vec{e}_y = e\frac{V_h}{b}\vec{e}_y$$

达到稳定时两个力大小相等、方向相反，即

$$e\frac{V_h}{b} - evB = 0$$

即

$$V_h = vbB$$

若 N 型单晶中的电子浓度为 n，则流过样片横截面的电流为

$$I = nebdv$$

所以

$$V_h = \frac{1}{ne}\frac{IB}{d} = R_h\frac{IB}{d} \quad 或 \quad V_h = K_h IB \qquad (4.46)$$

式中，$R_h = 1/ne$ 称为霍尔系数，它表示材料产生霍尔效应的本领大小；K_h 称为霍尔元件的灵敏度。一般地说，K_h 愈大愈好，以便获得较大的霍尔电压 V_h。因 K_h 和载流子浓度 n 成反比，而半导体的载流子浓度远比金属的载流子浓度小，所以采用半导体材料作霍尔元件灵敏度较高。又因为 K_h 和样品厚度 d 成反比，所以霍尔片都切得很薄，一般情况下 $d \approx 0.2$ mm。

上面讨论的是 N 型半导体样品产生的霍尔效应，B 侧面电位比 A 侧面高。对于 P 型半导体样品，由于形成电流的载流子是带正电荷的空穴，与 N 型半导体的情况相反，A 侧面积累正电荷，B 侧面积累负电荷，此时，A 侧面电位比 B 侧面高。由此可知，根据 A，B 两端电位的高低，就可以判断半导体材料的导电类型是 P 型还是 N 型。

如果霍尔元件的霍尔系数 R_h 已知，测得控制电流 I 和产生的霍尔电压 V_h，则可测定霍尔元件所在处的磁感应强度，详细测量细节在第 5 章中的磁场测量一节中专门介绍。

4.5.2　量子霍尔效应

1930 年朗道（L. D. Landau，1908－1968）证明在量子力学中电子对磁化

率有贡献,同时也指出动能的量子化导致磁化率随磁场的倒数周期变化。1978年,德国马克斯·普朗克研究所物理学家克利青(K. V. Klitzing,1943-)等人发现霍尔平台,但直到1980年,才注意到霍尔平台的量子化单位 h/e^2。1985年,克利青获得诺贝尔物理学奖。

1980年,克利青等人在低温(约几K)、强磁场(1~10 T)下研究二维电子气的霍尔效应时,见图4.53,发现霍尔电阻随磁场的增大呈台阶状升高,台阶的一个高度为一个物理常数 h/e^2 除以整数 i,即

$$R_H = \frac{h}{ie^2}, \quad i = 1,2,3,\cdots \tag{4.47}$$

这一现象称为量子霍尔效应,并把霍尔电阻 $h/4e^2$ 单位定为一个克利青。

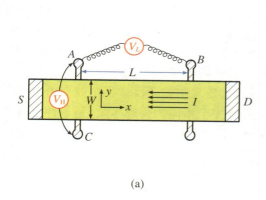

(a)

(b)

图4.53　量子霍尔效应实验测量示意图(a)和量子霍尔效应的低温实验装置(b)

1982年,美国加州斯坦福大学的劳克林(R. B. Laughlin,1950-)、美国纽约哥伦比亚大学与新泽西州贝尔实验室的施特默(H. L. Stormer,1949-)和美国新泽西州普林斯顿大学电气工程系的华裔美籍科学家崔琦(D. C. Tsui,1939-)等人在研究极低温度(约0.1 K)和超强磁场(大于10 T)下二维电子气的霍尔效应时,发现霍尔电阻随磁场的变化有比 h/e^2 更大的台阶,如图4.54所示,这个台阶不仅出现在 i 为整数时,而且出现在分母为奇数的分数中,见下列分数:

$$1/3, 2/5, 3/7, 4/9, 5/11, 6/13, 7/15, \cdots$$
$$2/3, 3/5, 4/7, 5/9, 6/11, 7/13, \cdots$$
$$5/3, 8/5, 11/7, 14/9, \cdots$$
$$4/3, 7/5, 10/7, 13/9, \cdots$$
$$1/5, 2/9, 3/13, \cdots$$
$$2/7, 3/11, \cdots$$
$$1/7, \cdots$$

这就是分数量子霍尔效应,这 3 位科学家因此荣获 1998 年诺贝尔物理学奖。

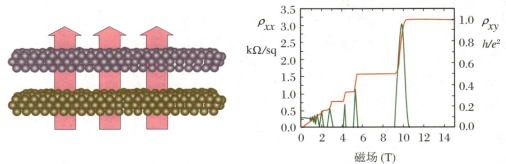

图 4.54 二维电子气示意图和分数量子霍尔效应实验曲线

电子除了带有电荷外,还拥有另一个特性——自旋。最近一些年,理论学家便预言,拥有正常电子结构的材料可以与磁场发生作用并最终出现量子自旋霍尔效应。2007 年,加州大学研究者与德国实验物理学家合作,证明量子自旋霍尔效应确实存在。如果研究人员能够在室温下实现量子自旋霍尔效应,制造新型低功耗"自旋电子"计算设备将成为一种可能。2013 年 3 月 14 日,中国科学家薛其坤院士领衔的研究团队在美国《科学》杂志介绍了他们首次在实验中发现的量子反常霍尔效应的论文。这次发现的量子反常霍尔效应由于不必外加磁场,它与已知的量子霍尔效应具有完全不同的物理本质,是一种全新的量子效应。因为无需高强磁场,量子反常霍尔效应可能在未来电子器件中发挥特殊作用。

4.5.3　电阻单位欧姆和精细结构常数的标准 *

从 20 世纪 40 年代中期半导体技术出现之后,随着半导体材料及其制造工艺和技术应用的发展,出现了各种半导体霍尔元件,特别是锗的采用推动了霍尔元件的发展,相继出现了采用分立霍尔元件制造的各种磁场传感器。20 世纪 60 年代开始,随着集成电路技术的发展,出现了将霍尔半导体元件和相关的信号调节电路集成在一起的霍尔传感器。进入 21 世纪,霍尔集成电路出现以后,很快便得到了广泛应用。由于霍尔效应或量子霍尔效应的应用很多,作为磁场传感器测量磁场强度是其一个主要应用,这将在第 5 章的磁场测量一节中详细介绍,这里仅介绍一些重要的其他应用。

1．电阻标准

量子霍尔效应自 1980 年发现以来,在用于建立量子电阻标准方面取得了巨大的成功。一些工业发达国家已陆续建立了量子化霍尔电阻标准,国际计量委员会建议从 1990 年 1 月 1 日起在世界范围内启用量子化霍尔电阻标准代替原来的电阻实物标准,并给出了下面的国际推荐值:$h/e^2 = 25\,812.806\,\Omega$。各国的测量结果的一致性也很好,精度达到 10^{-8} 量级甚至更高,而且量子霍尔电阻原则上没有随时间而变化的倾向,不像用电阻实物标准组在复制和保存时会因电阻线圈的电阻值随时间变化而产生不确定性,因此量子化霍尔电阻标准对实用来说是非常有价值的,其精度为 $\sim 2 \times 10^{-8}$。图 4.55 表示了 150 多年来电阻标准的变化。

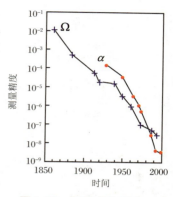

图 4.55　国际单位制中 1 Ω 电阻和精细结构常数 α 的实验测量精度随时间的变化

2. 精细结构常数标准

精细结构常数是物理学中一个重要的无量纲量,常用希腊字母 α 表示,其定义为

$$\alpha = \frac{e^2}{4\pi\varepsilon_0 \hbar c} \tag{4.48}$$

式中,e 是基本电荷,ε_0 是真空介电常数率,$\hbar$ 是约化普朗克常数($\hbar = h/2\pi$),h 是普朗克常数,c 是光速。精细结构常数 α 首先是玻尔在计算氢原子的量子化能级时被引进的。后来发现精细结构常数是电磁相互作用中电荷之间耦合强度的度量,表征了电磁相互作用的强度。精细结构常数的数值无法从量子电动力学推导出,只能通过实验测定。2002 年的国际推荐值为

$$\alpha = 7.297\,352\,568(24) \times 10^{-3} = \frac{1}{137.035\,999\,11(46)} \tag{4.49}$$

经常把 α 的数值简写为 $\alpha = 1/137$。精细结构常数 α 是物理学中极为重要的一个常数。量子电动力学中的一系列重要的微扰计算就是以 α 为系数而展开的,所以精细结构常数 α 的准确数值对于微观粒子物理的进展起着非常关键的作用。

既然精细结构常数对电磁相互作用如此重要,自然有物理学家希望通过纯理论的手段计算出这个常数。历史上很多物理学家和数学家尝试了各种各样的方法,试图推导出精细结构常数的数值,但至今仍无法得到令人信服的结果。正如物理学家费曼(R. Feynman,1918－1988)所说的:"这个数字自五十多年前发现以来一直是个谜。所有优秀的理论物理学家都将这个数贴在墙上,为它大伤脑筋……它是物理学中最大的谜之一,一个该死的谜:一个魔数来到我们身边,可是没人能理解它。你也许会说'上帝之手'写下了这个数字,而'我们不知道他是怎样下的笔'。"

精细结构常数 α 的实验测量标准一直是物理学实验测量中的一个重要问题。以氢原子的精细结构裂距或超精细结构裂距确定 α 值,其误差至少为 2 ppm。由电子或正电子的反常磁矩的测量和计算得到的 α 值的精度可高一些。用质子磁比法测得的 α 值,误差大约为 4 ppm。量子霍尔效应的发现提供了一种用半导体内的宏观量子效应测定精细结构常数 α 的新方法。人们可以

通过测量量子霍尔电阻来确定精细结构常数 α。按量子霍耳效应方法测定 α 值,误差主要来源于标准电阻的不稳定性,但这种测量方法比氢原子的精细结构和超精细结构裂距法的误差还要小,精度为 0.3 ppm。图 4.55 表示了精细结构常数测量标准的变化。

4.6 天体的磁场和强磁场产生 *

4.6.1 天体的磁场 *

1. 地球的磁场

图 4.56 地球磁场的内部框图和磁极的变化

地球磁场是偶极型磁场,即近似于把一个磁铁棒放到地球中心,使它的 N 极大体上对着地理南极而产生的磁场形状,如图 4.3 所示。地球磁场由基本磁场、地壳磁场与变化磁场三部分组成。基本磁场来源于地核,地球磁场的起源有很多种学说,在这些学说中,大多数认为地球磁场是利用内部的发电机来产生磁场的。在地球核心,有着体积相当于 6 倍月球大小并处于熔融状态的铁,形成不断环绕流动的"汪洋",这些运动着的导电流体就会产生电流和磁场,这就是所谓的地球发电机学说,如图 4.56 所示。发电机学说在观测、实验和理论研究上得到较多的认证,是目前研究和应用较多的地球磁场学说。

地球的磁极并不是一直不变的,通过研究磁性矿物发现地球的磁极在历史上有过很多次反转事件发生。当岩石受热时,其中的磁性矿物会顺应地球磁场而排列,因此矿物能保存岩石冷却时的地磁方向。地球磁场平均每 50 万年翻转一次,在地球 45 亿年的历史中,地磁的方向已经反复南北倒转了好几百次,如图 4.57 所示。而最近一次的翻转发生在 78 万年前——这比之前发生倒转的平均间隔时间 25 万年要长许多。此外,地球的主要磁场自 1830 年首次测量

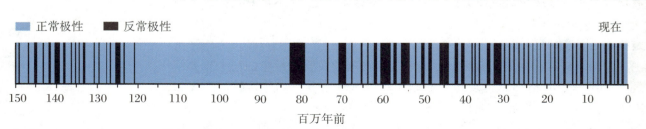

图 4.57 地球磁极的翻转周期变化

至今,已经减弱了将近 10%。

　　地球各地表面附近的磁场分布是不相同的,
如图 4.58 所示。在磁极附近,如西伯利亚、加拿大
和南极洲附近的地区,它可以超过 0.6 Gs,而在较
远地区,如南美和南非,则只有 0.3 Gs。0.3~0.6
Gs 的地磁场似乎并不太大,但是考虑到地球巨大
的空间,地磁场产生的能量是巨大的。地球磁场
进入太空的地区被称为磁层,如图 4.59 所示,磁层
可以影响太阳风的轨迹。

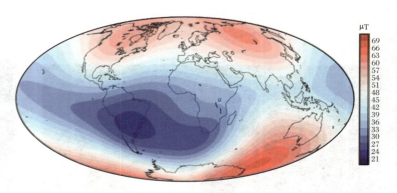

图 4.58　2010 年国际地球物理参照场
(IGRF)给出的地磁总强度分布图

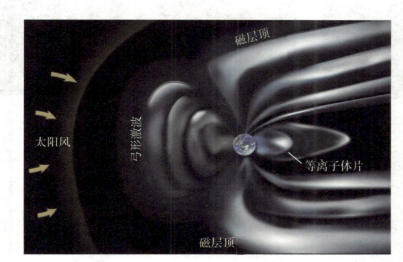

图 4.59　地球的磁场在空间形成的磁层

2. 行星的磁场

　　行星磁场(除地磁场外)目前知道的还不是太详细。随着空间探测技术的
发展,情况正在迅速改变。到目前为止,已对水星、金星、火星、木星和土星的磁
场进行了空间探测。

　　由美国在 1973 年发射升空的"水手"10 号行星探测器发现,水星具有远
比火星、金星强大得多的磁场。探测结果还表明水星磁矩约为 5.2×10^{22} 电
磁单位,即不到地球磁矩的 1/1 500。水星磁极与地球相同,偶极矩指向南,
如图 4.60 所示;磁轴和自转轴交角约为 12°;赤道表面的场强为 4×10^{-3} Gs,
两极处略微强些,约 7×10^{-3} Gs,大体上说来,水星表面磁场的强度大致是地
球的 1%。

　　迄今为止,行星际探测还没有发现金星拥有固有磁场的充足证据,只是发
现金星附近的太阳风激波。行星探测器"火星"2 号、3 号和 5 号对火星的探测
获得了火星拥有磁场的证据。火星磁矩约为 2.5×10^{22} 电磁单位,是地球磁矩

的 1/3 000;赤道表面磁场强度为 0.6×10^{-3} Gs;磁极的极性与地球相反,即偶极矩指向北;磁轴与自转轴的交角为 $105°$。

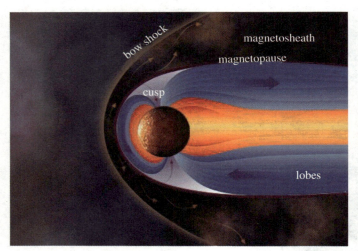

图 4.60　水星的磁场

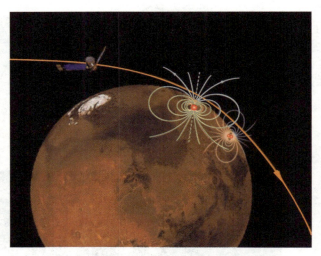

图 4.61　火星全球勘测者(MGS)对火星进行全球磁场测定示意图

木星具有强大的磁场,其强度大约比地球磁场强 4 000 倍。木星赤道的磁场强度不稳定,在 $2 \times 10^{-4} \sim 12 \times 10^{-4}$ T 之间波动。捕获有大量电子和质子的辐射带位于 3~4 个木星半径处,辐射带强度比地球的两个辐射带强 1 万~100 万倍;木星磁轴与自转轴的交角约为 $9.6°$。木星磁场极性与地磁场相反,即偶极矩指向北。木星的"磁层"就像一个巨大的气泡将木星包围,可以化解太阳风,如图 4.62 所示。木星的磁层是太阳系中最大的物体,其磁尾一直延伸到土星的轨道。可以形象地说,如果这个磁层是个看得见的球体的话,从地球上望去,它将"比夜空中的月亮还要明亮"。通过探测还发现了木星两极附近也有极光,其产生机理与太阳风在地球上引起极光相似。

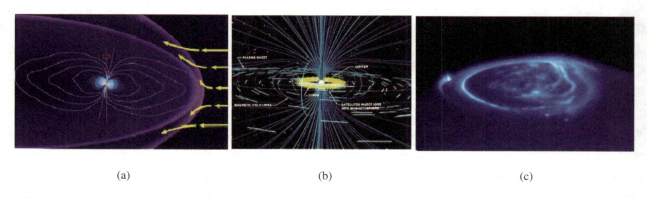

(a)   (b)   (c)

图 4.62　木星的磁场:(a) 木星的磁层;(b) 木星与木卫一旋转共同产生的磁层;(c) 木星的极光

1973 年 4 月,美国发射的行星际探测器"先驱者"11 号已探测到土星的磁场和辐射带。这个探测器经过漫长的航程后,于 1979 年 8 - 9 月间在离土星 1.3×10^6 km 处发现了土星磁场。土星磁场十分特殊,磁场图像一条大鲸,后面拖着长尾。土星磁场的范围比地球磁场的范围大上千倍,但比木星磁场小,也没有木星磁场复杂。和地球、木星、水星的情形不同,土星的磁轴不偏离它的旋转轴,磁心偏离土星核心 22.5 km。

  太阳系中几个具有较强磁场行星的磁轴和磁场大小等比较如图 4.63 所示。

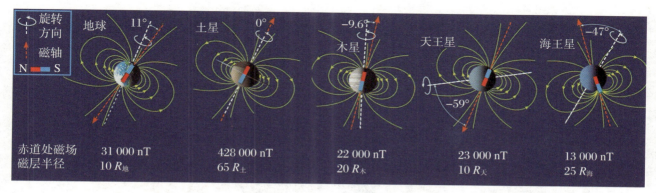

图 4.63　太阳系中具有较强磁场行星的磁轴和磁场大小比较

3. 太阳的磁场

  太阳有一个非常大且非常复杂的磁场。太阳表面的磁场平均为 1 Gs 左右,大约是地球表面平均磁场的两倍。因为太阳的表面积比地球的大,超过 12 000 倍,所以太阳磁场的整体影响是巨大的,太阳的能量来自氘-氚聚变。太阳黑子是太阳表面上磁场最强的区域,如图 4.64 所示,强度可达 $2 \times 10^3 \sim 4 \times 10^3$ Gs。

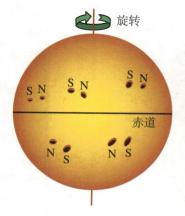
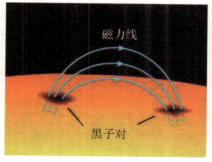
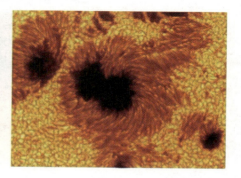

图 4.64　太阳黑子

一般说来,一个黑子群中有 2 个主要黑子,它们的磁极性相反。在同一半球(如北半球),各黑子群的磁极性分布状况是相同的;而在另一半球(南半球)情况则与此相反。在一个太阳活动周期(约 11 年)结束另一个周期开始时,上述磁极性分布便全部颠倒过来了。因此,每隔 22 年黑子磁场的极性分布经历一个循环,称为一个磁周。

日冕的厚度约是太阳半径的 1.3 倍,温度可达 5×10^5 K,而日冕表面温度高达 $1 \times 10^6 \sim 6 \times 10^6$ K,形成环形的等离子气流。受太阳强磁场控制,日冕展现出磁感应线弯曲形态,如图 4.65 所示。

图 4.65　等离子体组成的日冕环,受太阳强磁场控制,展现出磁感应线弯曲形态

日珥是太阳色球层上一种经常性的而且十分美丽壮观的活动现象。日珥的温度约为 1×10^4 K,它却能长期存在于温度高达 $1 \times 10^6 \sim 2 \times 10^6$ K 的日冕中,既不会迅速瓦解,也不会下坠到太阳表面,这主要是靠磁感应线的隔热和支撑作用。宁静日珥的磁场强度约为 10 Gs,磁感应线基本上与太阳表面平行;活动日珥的磁场强一些,可达 200 Gs,磁场结构较为复杂。天文学家形容太阳色球层像是"燃烧着的草原",或者说它是"火的海洋",那上面许多细小的火舌在不停地跳动着,不时地还有一束束火柱蹿起来很高,这些蹿得很高的火柱就叫作"日珥",如图 4.66 所示。

太阳风是脱离日冕远离太阳而去的高速粒子流,主要成分为质子与电子,平均流速约为 450 km·s^{-1}。太阳的磁场实际上进入了太空,远远超越了最远的行星(冥王星)。这遥远太阳的磁场延伸,被称为行星际磁场(IMF)。太阳风的带电粒子流从太阳向外流,如图 4.67 所示,与星际磁场和行星的磁场以复杂的相互作用方式,产生了极光等现象。

总体而言,太阳磁场的基本形状就像是地球磁场的形状一样,可以用一个简单的磁棒简化。但是太阳的磁场除这个磁棒的磁场外还要叠加上一个复杂的局域磁场。太阳的磁场来源是一个尚未解决的难题。

图 4.66　日珥与壮观的日全食

4．宇宙空间的磁场

　　自然界或宇宙间的磁场既然是普遍存在的,那么宇宙中存在着的最强磁场和最弱的磁场分别为多少?通过大量的天文观测和研究,现在认识到的最强磁场存在于脉冲星中。脉冲星又称中子星,是恒星演化到晚期的一类星体。演化到晚期的白矮星的磁场剧增到 $10^3 \sim 10^4$ T,而演化到晚期的脉冲星(即中子星)的磁场更是剧增到 $10^8 \sim 10^9$ T,这样强的磁场是目前的科学技术在地球上远远达不到的。

　　目前在宇宙中观测到的最弱的磁场是多少?是在什么地方观测到的?根据目前对各处宇宙磁场的观测,各种星体的磁场都高于星体之间的星际空间的磁场。例如,在太阳系中各行星之间的行星际磁场为 $1 \times$

图 4.67　太阳风

$10^{-9} \sim 5 \times 10^{-9}$ T,即约为地球磁场的十万分之一。在各个恒星之间的恒星际空间的恒星际磁场,常简称星际磁场,比行星际磁场更低,为 $5 \times 10^{-10} \sim 10 \times 10^{-10}$ T,即约为行星际磁场的十分之一。通过现代多方面天文观测知道,由大量的恒星形成星系,星系与星系之间的空间称为星系际空间,根据多方面的天文观测的间接推算和理论估计,星系际空间的磁场为 $10^{-13} \sim 10^{-12}$ T,即行星际磁场的万分之一到千分之一。

4.6.2　强磁场的产生 *

　　强磁场是指采用超导技术产生的 5 T 以上的磁场,同时也包括采用脉冲技术、混合磁体技术或者超高功率电磁铁技术产生的超高强磁场。但从时效性和经济的角度考虑,能长时间经济地维持 5 T 以上的磁场目前还只能依靠超导技术。

　　理论上强磁场也是以电流通过铜线圈的方式产生的,但强磁场会影响电流将电流推离线圈,随着电流的增强,这种推力也会越来越大。对普通铜制线圈而言,当磁场强度达到 25 T 时就会使其四分五裂。如果磁场强度能达到 100 T,线圈中洛伦兹力所产生的压力将相当于标准大气压的 4 万倍,这种力量能像爆炸一样将整个线圈炸得七零八落。为了抵御强大磁场所产生的洛伦兹力,需要设计一种特殊的铜合金材料线圈,使得这种线圈可以承受相当于标准气压几万倍的压力。

　　脉冲强磁体分为两类:一类是磁场强度低于 100 T 的脉冲磁体,这种磁体可以重复放电使用,称为非破坏性脉冲磁体;另一类是磁场强度高于 100 T 的强磁场,在这类磁体中,一般是以磁体被破坏作为代价,让磁体内的磁通在瞬间发生急剧变化来产生超强磁场,因此这种磁体只能使用一次,称为破坏性脉冲磁体。非破坏性强磁场主要由稳态直流磁体和采用脉冲磁体方法产生;而破坏性强磁场主要由单匝线圈法、电磁压缩法和爆炸压缩磁通法产生。

1. 非破坏性强磁场产生方法

　　目前 40 T 以上的稳态直流磁体都采用混合式结构。外磁体是 14 T 的超导磁体,内磁体是 CuAg 合金的水冷磁体,贡献磁场在 26 T 以上。目前全世界拥有 40 T 以上稳态磁体的国家有 4 个,我国也已经在合肥建造了一个 40 T 的稳态强磁场实验装置(SHMFF)和在武汉建造了一个脉冲强磁场实验装置(PHM-FF)。图 4.68 是混合强磁场装置结构示意图。

　　非破坏性脉冲磁体产生同样磁场,采用脉冲磁场技术要便宜得多,100 T 以下的脉冲磁体可反复放电使用,为非破坏性脉冲磁体。2011 年美国洛斯阿拉莫斯国家实验室所创造的 92.5 T 非破环性磁场,成为目前世界上最强的人造磁场。

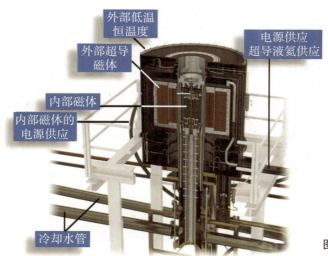

外部低温恒温度

外部超导磁体

电源供应超导液氦供应

内部磁体

内部磁体的电源供应

冷却水管

图4.68　混合强磁场装置的结构示意图

2. 破坏性强磁场产生方法

(1) 单匝线圈法

这种方法是利用电容器对单匝线圈进行快速放电来产生强磁场的。对于内径 5 mm 的磁体,实验中产生了脉宽为 3 μs、强度为 150 T 的磁场。目前,在东京大学和德国柏林的 Humboldt 大学分别建立了两个单匝线圈装置,这两个装置都在液氦温度下产生了 250 T 的实用磁场和 300 T 磁场的最高记录。

(2) 电磁压缩法

这种方法是目前能够较好地产生 300 T 以上超强磁场的方法。一匝钢铁制的线圈(一次线圈)内放入铜制圆环,当一次线圈与电容器组连接时,线圈内流过数兆安培的脉冲大电流(一次电流),根据电磁感应原理,为了阻碍一次电流在圆环内部产生的磁场,圆环上要感应出与一次电流大小几乎相等、方向相反的二次电流,如图 4.69 所示。由于两个方向大电流之间的反作用力,圆环被急速地向内侧压缩。预先在一次线圈内由放置在两侧的初级线圈注入一个初级磁场,圆环向内压缩运动,使磁感应线被浓缩,产生超强磁场,可以在直径为几个毫米的磁体内产生脉宽为 1 ms 、强度达几百特斯拉的磁场。例如东京大学电磁压缩使用的主电容为 5 MJ/40 kV,副电容器为 1.5 MJ/10 kV,用该电容器作为电源,产生的磁场达 606 T。

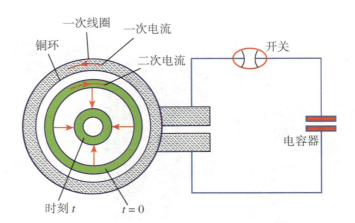

图 4.69　电磁压缩法产生超强
磁场原理

（3）爆炸压缩磁通法

　　利用炸药爆炸将线圈内磁通压缩浓缩，产生超高磁场。这本质上是一个将化学能转换成磁场能的过程。苏联科学家 Pavlovaskii 及其同事采用该方法创造了 1 600 T 的磁场记录，不过这种方法实现起来有一定的难度，只有在装备特殊仪器的实验室中才能完成。

　　在美国、日本以及欧洲，都建有大型脉冲强磁场实验室。他们拥有 50 T 及以下的脉冲磁场的成熟技术，并正在设计制造高性能的 50～100 T 的长脉冲强磁场和 100 T 以上的非破坏性脉冲磁场。图 4.70 是国际上两个强磁场实验室产生强磁场的装置。

（a）法国 LNCMI 强磁场实验室
（在直径 43 mm 的空间产生 43 T 的磁场）

（b）美国 LANL 国家强磁场实验室的脉冲强磁场装置
（产生 92.5 T 的非破坏性磁场）

图 4.70　稳态强磁场装置(a)和脉冲强磁场装置(b)

第 5 章　物质中的磁场与磁性材料

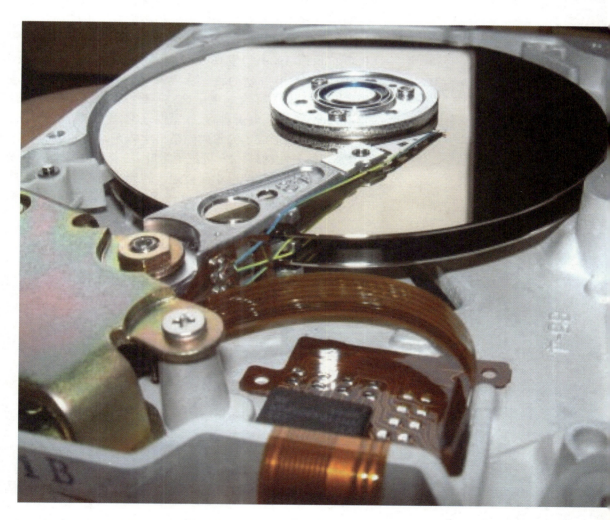

巨磁阻可以制造体积更小容量更高的硬盘驱动器和更节能的 RAM

　　19 世纪以前人们只认识到少数材料是有磁性的,而大部分材料是无磁性的。19 世纪以后,随着电磁科学实验的深入和电磁理论的逐步建立,人们逐渐认识到大部分材料都有磁性,只不过大部分材料的磁性都很弱,只有少数一些材料的磁性特别强,如铁、钴和镍及它们的合金。19 世纪末到 20 世纪初,人们开始从大量的实验中总结出了一些关于物质磁性的基本规律,如居里(P. Curie,1859－1906)的抗磁性定律和顺磁性定律、朗之万(P. Langevin,1872－1946)的顺磁性定律和外斯(P. E. Weiss,1865－1940)的铁磁性规律等等。随着科学技术的发展,人们已经揭示出物质磁性的普遍性,即一切物质都有磁性,任何空间都存在磁场。磁学和磁性材料已经成为现代科学技术发展的一个重要部分,无论是电子技术、电力技术、通信技术,还是空间技术、计算技术、生物技术,乃至家用电器都离不开磁性材料。从 1902 年塞曼(P. Zeeman,1865－1943)发现光谱线在磁场中分裂和洛伦兹发现磁场对辐射现象的影响而获得诺贝尔奖,到 2007 年法国的费尔(A. Fert,1938－)和德国的格林贝格尔(P. Grunberg,1939－)发现"巨磁电阻"现象而获得诺贝尔物理学奖,在磁学领域做出了杰出贡献的科学家至少有 25 次获得诺贝尔奖。从 1900 年到 1930 年,先后确立了金属电子论、顺磁性理论、分子磁场、磁畴概念、X 射线衍射分析、原子磁矩、电子自旋、铁磁性理论、金属电子量子论、电子显微镜等相关的理论,从而形成了完整的磁学科学体系。在此后的 20～30 年间,出现了种类繁多的磁性材料。20 世纪下半叶,随着信息科学技术逐步进入大众的生活,以铁磁为主的传统磁学研究逐步转到丰富多彩的磁性材料研究。目前磁学和磁性材料的研究和应用已经成为国际科学和技术领域的最热门学科之一。

5.1　磁介质及其磁化

5.1.1　磁化强度

1. 原子和分子磁矩

　　安培曾提出分子电流的假设,即每个分子都有一个等效的小分子环形电流。分子环形电流形成的磁矩称分子磁矩。一个由大量原子分子组成的体系,每一个分子或原子的磁矩 $\vec{\mu}_m$ 都是它内部所有电子磁矩 $\vec{\mu}_e$ 的叠加,即

$$\vec{\mu}_m = \sum \vec{\mu}_e$$

分子或原子的磁矩取决于各电子磁矩的大小和方向,按经典的看法,电子磁矩的方向是完全任意的,而量子力学认为电子磁矩只能在空间取某些特定的方向。由大量的原子或分子组成的物质体系的合磁矩为 0,物质无磁性,如图5.1(a)所示。

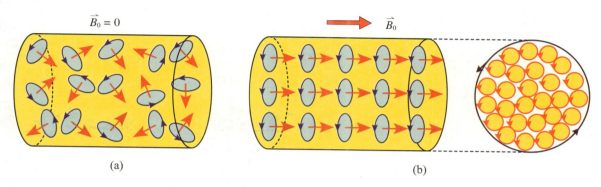

图 5.1　整个体系的原子、分子合磁矩为 0(a)和在外磁场中被磁化(b)

　　如果有外加磁场存在,各个分子磁矩在外磁场的作用下将发生转动,分子的合磁矩将不为 0,其和将指向外磁场方向,如图 5.1(b)所示,我们称该物质在外磁场中被磁化了。由于一个宏观物质体系内有大量的原子、分子,因此这些分子环形电流在内部总是处处抵消,只是在物质的表面出现了宏观的电流,称表面磁化电流,因此物质在外磁场中被磁化等效于磁介质在外场中出现宏观的磁化电流,这种磁化电流产生的磁场反过来也能影响外磁场的分布。但也有一部分物质在没有外场作用时其原子或分子的电子合磁矩不为 0,因而这种原子或分子就具有固有磁矩。

　　我们引入分子平均磁矩 $\vec{\mu}_{a}$,其定义如下:

$$\vec{\mu}_{a} = \frac{\sum \vec{\mu}_{m}}{n \Delta V} \tag{5.1}$$

式中,n 为分子数密度。

2. 电子的轨道磁矩和自旋磁矩

　　原子由原子核和外层电子构成,原子磁矩来源于电子磁矩和原子核磁矩,但原子核的磁矩很小,约比电子的磁矩小 3 个数量级,一般可以忽略,因此原子磁矩通常是指电子的磁矩。我们在这里只讨论电子的磁矩。

　　按照经典物理概念,一个电子以半径为 r 的圆形轨道绕原子核运动,我们称轨道运动,相应的磁矩称轨道磁矩;此外每个电子绕自身的轴做自旋运动,相应的磁矩称自旋磁矩,图 5.2 是电子的轨道和自旋运动示意图。要想充分了解电子绕核的运动规律需要用到量子力学的知识,这里仅用经典力学的方法来讨论电子的磁矩。

电子受到原子核对它的库仑力做圆周运动,考虑氢原子的情况,根据牛顿动力学,有

$$\frac{1}{4\pi\varepsilon_0}\frac{e^2}{r^2} = \frac{mv^2}{r}$$

因此电子做圆周运动的速率为

$$v = \sqrt{\frac{e^2}{4\pi\varepsilon_0 mr}}$$

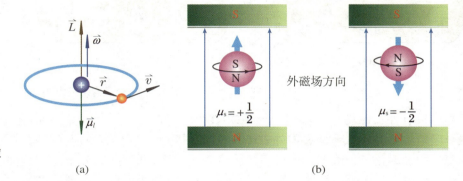

图 5.2　电子轨道运动和自旋运动

(a)　　　　　　　　　　　　　　(b)

由此可以计算出电子轨道运动的周期 $T = 2\pi r/v$,轨道运动相当于一个环形电流,电流强度为

$$i = \frac{e}{T} = \frac{e^2}{4\pi r \sqrt{\pi\varepsilon_0 mr}}$$

因此我们得到电子的轨道磁矩为

$$\vec{\mu}_l = i\vec{S} = -\frac{e^2}{4\pi r \sqrt{\pi\varepsilon_0 mr}} \cdot \pi r^2 \vec{n} = -\frac{e^2}{4}\sqrt{\frac{r}{\pi\varepsilon_0 m}}\vec{n}$$

式中, $\vec{n}$ 是面积的法线方向单位矢量,与电流流动方向的右手系方向一致,由于电子运动方向与电流方向相反,所以取负号。

根据经典力学,电子做轨道运动的角动量为

$$\vec{L} = \vec{r} \times \vec{p} = \vec{r} \times (m\vec{v}) = \frac{e}{2}\sqrt{\frac{mr}{\pi\varepsilon_0}}\vec{n}$$

所以 $\vec{\mu}_l$ 与 $\vec{L}$ 方向相反,其量值之比为

$$\frac{\mu_l}{L} = \frac{e}{2m}$$

或写成

$$\vec{\mu}_l = -\frac{e}{2m_e}\vec{L} \tag{5.2}$$

对基态氢原子,$r = 5.3 \times 10^{-11}$ m,我们可以进一步估算其轨道磁矩的值,即

$$\mu_l = \frac{e^2}{4}\sqrt{\frac{r}{\pi\varepsilon_0 m}}$$

$$= \frac{(1.6\times10^{-19})^2}{4}\cdot\sqrt{\frac{5.3\times10^{-11}}{3.14\times8.9\times10^{-12}\times9.1\times10^{-31}}}$$

$$= 9.27\times10^{-24}(\text{A}\cdot\text{m}^2)$$

实际上,就是氢原子,不同量子态下其电子也可以在不同的轨道上运动,其轨道磁矩和角动量也会有不同值,但是它们之间的比值总是相同的。

3. 磁化强度

一个磁化介质的磁性来源于物质内部有规则排列的分子或原子磁矩。用 $\sum\vec{\mu}_m$ 表示体积元 ΔV 中所有分子磁矩的矢量和,为了描述介质的磁化强弱情况,我们引进磁化强度 $\vec{M}$,定义为

$$\vec{M} = \frac{\sum\vec{\mu}_m}{\Delta V} \tag{5.3}$$

注意 ΔV 的尺度应远大于分子间的平均距离而远小于 $\vec{M}$ 的非均匀尺度,只有这样才会使得上式的统计平均有意义,且由它定义的 $\vec{M}$ 能充分反映介质磁化状态的非均匀性。

我们设分子的平均磁矩 $\vec{\mu}_a$ 由一等效分子电流所产生,其电流强度为 I_a,面积矢量为 $\vec{S}_a$,即 $\vec{\mu}_a = I_a\vec{S}_a$,则由式(5.1)可得

$$\vec{M} = \frac{\sum\vec{\mu}_m}{\Delta V} = n\vec{\mu}_a = nI_a\vec{S}_a$$

式中,n 为单位体积的分子数。磁化强度 $\vec{M}$ 为矢量,其方向代表磁化的方向,其大小代表磁化的程度。在非磁化状态下,要么分子固有磁矩为 0,要么分子磁矩的取向杂乱无章,以至 $\sum\vec{\mu}_m = 0$。于是,$\vec{M} = 0$ 表示磁介质处于非磁化状态。在磁化状态下,$\vec{M}$ 代表单位体积的宏观磁矩,其值越大,与外磁场的相互作用也就越强,相应物质的磁性越强。

5.1.2　磁化电流

当材料被磁化后,其内部每个原子或分子都会形成一个圆形的磁化电流,由于其内部有大量的原子或分子,因此这些分子电流与周围的分子电流正好方向相反而相互抵消,但是在边界上会形成一个大的磁化电流,如图 5.1(b)所示。现在考虑磁介质中任一闭合回路 L 和以它为周线的曲面 S,如图 5.3(a)所示,设通过 S 的总磁化电流为 $\sum I'$,其正向与回路 L 的绕行方向满足右手定则。显然,只有那些从 S 内穿过并在 S 外闭合的分子电流才对 $\sum I'$ 有贡献。

考虑 L 上一段弧元 $\mathrm{d}\vec{l}$,其方向沿回路绕行方向。设在 $\mathrm{d}\vec{l}$ 处磁化强度 $\vec{M}$ 与 $\mathrm{d}\vec{l}$ 的夹角为 θ。先分析 $0 \leqslant \theta \leqslant \pi/2$ 的情况。不难看出,对 $\sum I'$ 有贡献的分子的中心应位于以 $\mathrm{d}l$ 为轴、$S_a\cos\theta$ 为底的圆柱体内,如图 5.3(b)所示,其总数为 $nS_a\cos\theta\mathrm{d}l$,对 $\sum I'$ 的贡献为

$$\mathrm{d}I' = I_a n \mathrm{d}V = nI_a\vec{S}_a \cdot \mathrm{d}\vec{l}$$

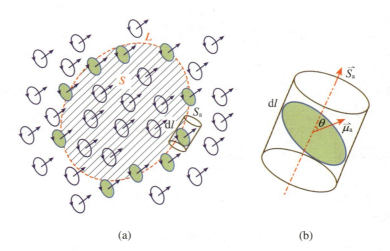

图 5.3　对磁化电流有贡献的只是与边界相交的分子电流

(a)　　　　　　　(b)

当 $\pi/2 < \theta \leqslant \pi$ 时,上式也成立,所得磁化电流为负。将上式沿 L 积分就得到穿过 S 曲面边界的总磁化电流,即

$$\oint nI_a\vec{S}_a \cdot \mathrm{d}\vec{l} = \oint \vec{M} \cdot \mathrm{d}\vec{l} = \sum I'$$

即

$$\oint \vec{M} \cdot \mathrm{d}\vec{l} = \sum I' \qquad (5.4)$$

该式反映了磁介质中磁化电流和磁化强度的积分关系。其微分表达式为

$$\vec{j}' = \nabla \times \vec{M} \qquad (5.5)$$

在均匀磁介质内部,通常 $\vec{M}$ 为常矢量,因此对任意的闭合回路,有

$$\oint \vec{M} \cdot \mathrm{d}\vec{l} = \vec{M} \cdot \oint \mathrm{d}\vec{l} = 0$$

即均匀磁化介质内,磁化体电流为 0。一般讲来,介质磁化后,在介质表面上或两种不同介质的交界面上都会有面分布的磁化电流。而对非均匀磁化的磁介质,其内部通常存在磁化体电流。

设有一载流长直螺线管,管内充满均匀磁介质。电流在螺线管内激发均匀磁场,磁介质被均匀磁化。磁介质中各个分子电流平面将转向与磁场的方向相垂直。磁介质内部任一处相邻的分子电流都是成对反向相互抵消的,结果就形成沿横截面边缘的圆电流 I'。圆电流 I' 沿着柱面流动,即为磁化面电流。对于抗磁质,磁化面电流 I' 和螺线管上导线中的电流 I 方向相反,使磁介质内的磁场减弱。对于顺磁质,磁化面电流 I' 和螺线管上导线中的电流 I 方向相同,使磁介质内的磁场增强,如图 5.4 所示。

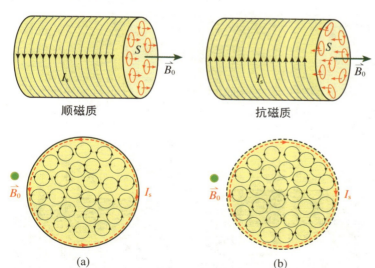

顺磁质   抗磁质

(a)   (b)

图 5.4 表面磁化电流:(a) 顺磁性磁介质,(b) 抗磁性磁介质

把磁化强度与磁化电流的关系式(5.4)应用到两种磁介质的界面,如图 5.5 所示,在两种介质交界面选择一个矩形的环路,可以得到分界面的磁化面电流密度为

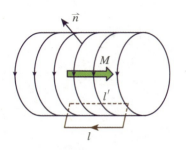

图 5.5　表面磁化电流

$$\vec{i}' = (\vec{M}_1 - \vec{M}_2) \times \vec{n} \tag{5.6}$$

即磁化面电流密度是两种介质交界面的磁化强度的切线方向分量之差。

　　磁化电流和传导电流均产生磁场,都受外磁场作用。但磁化电流是约束电流,仅存在于介质交界面上;它不产生焦耳热。

　　例如均匀磁化棒,磁化强度为 $\vec{M}$,如图 5.6 所示。在两侧 A 和 B 的表面,因为磁化强度 $\vec{M}$ 与其表面法线方向平行,所以无磁化面电流;但在磁化棒的侧面,由于 $\vec{M}$ 与法线方向垂直,所以

$$\vec{i}' = \vec{M} \times \vec{n} = M \vec{e}_\tau$$

图 5.6　均匀磁化棒的磁化面电流

　　这个在侧面流动的磁化电流的密度相当于螺线管的 nI,故它产生的磁感应强度在中间 C 点的值为

$$B_C = \mu_0 nI = \mu_0 M$$

在两侧 A 和 B 处产生的磁感应强度为

$$B_A = B_B = \frac{1}{2}\mu_0 M$$

　　在各种不同的磁介质交界面上,磁化面电流分布与分界面形状和磁化强度方向有直接关系,图 5.7 表明了两种磁介质中磁化强度的方向和与真空交界面的磁化面电流分布示意图。

图 5.7　各种不同介质磁化强度方向与
表面磁化电流的关系

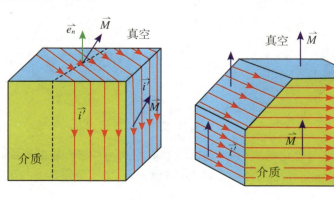

5.1.3　磁介质存在时的高斯定理和环路定理

有磁介质时,空间各点的磁感应强度 $\vec{B}$ 应是传导电流 I 产生的磁感应强度 $\vec{B}_0$ 和磁化电流 I' 产生的磁感应强度 $\vec{B}'$ 的矢量和,即 $\vec{B} = \vec{B}_0 + \vec{B}'$,所以由安培环路定律,得

$$\oint \vec{B} \cdot \mathrm{d}\vec{l} = \mu_0 \left(\sum I_0 + \sum I' \right) = \mu_0 \left(\sum I_0 + \oint \vec{M} \cdot \mathrm{d}\vec{l} \right)$$

定义磁场强度 $\vec{H}$ 为

$$\vec{H} = \frac{\vec{B}}{\mu_0} - \vec{M} \tag{5.7}$$

则上式变为

$$\oint \vec{H} \cdot \mathrm{d}\vec{l} = \sum I_0 \tag{5.8}$$

这就是用磁场强度 $\vec{H}$ 表示的安培环路定理,即沿任一闭合路径磁场强度 $\vec{H}$ 的环量等于该闭合路径所包围的传导电流的代数和。对应的微分表达式是

$$\nabla \times \vec{H} = \vec{j}_0 \tag{5.9}$$

磁场强度 $\vec{H}$ 的环量仅与传导电流 I_0 有关,与磁介质无关。磁场强度 $\vec{H}$ 与在有电介质的静电场中引入的电位移 $\vec{D}$ 相似,它们都是辅助物理量,历史上人们曾认为磁极存在磁荷,磁力是磁场对磁荷的作用力,即 $\vec{H}$ 反映磁场对单位磁荷的作用。但 $\vec{H}$ 并不能反映磁场对运动电荷或电流的作用力的强弱,只有 $\vec{B}$ 才可以。但是在磁介质存在时求 $\vec{H}$ 要比求 $\vec{B}$ 简便得多。

传导电流和磁化电流产生的磁感应线都是无头无尾的闭合曲线。因此,在有磁介质时,磁场高斯定理依然成立:

$$\oiint \vec{B} \cdot \mathrm{d}\vec{S} = \oiint \vec{B}_0 \cdot \mathrm{d}\vec{S} + \oiint \vec{B}' \cdot \mathrm{d}\vec{S} = 0 \tag{5.10}$$

【例 5.1】若螺线管环内充满磁介质,求磁感应强度 B。已知磁化场的磁感应强度为 B_0,磁化强度为 M。

【解】设平均半径为 R,总匝数为 N,则取圆形回路 L,根据安培环路定理,有

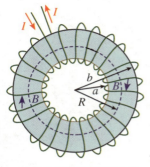

例 5.1 图　环形螺线管
的磁化

$$\oint_L \vec{H} \cdot \mathrm{d}\vec{l} = 2\pi R H = \sum_{L内} I = NI$$

得

$$H = \frac{N}{2\pi R}I = nI$$

因为 $B_0 = \mu_0 nI$，所以 $B_0 = \mu_0 H$ 或 $H = \dfrac{B_0}{\mu_0}$。

所以螺线管内总磁感应强度为

$$B = \mu_0(H + M) = B_0 + \mu_0 M$$

对各种磁介质在外磁场作用下被磁化，通过测量磁化强度 M 或磁感应强度 B 随 H 的变化，将得到一条曲线，称磁化曲线。磁化曲线的测量最简单的方案如例 5.1 图所示，把待测材料放在环形螺线管的内部，如果螺线管的线圈匝数为 N，通电的电流为 I，则环内的磁场强度为

$$H = \frac{NI}{2\pi R}$$

同时通过电磁感应来测量环形螺线管截面的磁通量 Φ，可以得到感应强度 B，即

$$B = \frac{\Phi}{S} = \frac{\Phi}{\pi r^2}$$

通过改变电流强度 I，可以同时测出磁介质内部的 B 和 H，从而得到磁化曲线，如图 5.8 所示，各种磁介质的磁化规律和磁化机制将在 5.2 节中将专门介绍。

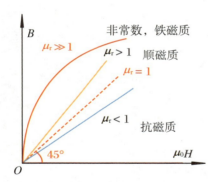

图 5.8　各种材料的磁化曲线

5.1.4　磁化规律

大多数磁介质是弱磁性的，实验表明如果磁介质是各向同性的，在外磁场不太强的情况下，磁化强度 $\vec{M}$ 与磁场强度 $\vec{H}$ 成线性关系，即

$$\vec{M} = \chi_{\mathrm{m}} \vec{H} \tag{5.11}$$

式中，χ_{m} 称为磁介质的磁化率，它是与磁介质性质有关的一个常数。由 $\vec{H}$ 的定义式，得

$$\vec{B} = \mu_0(\vec{H} + \vec{M}) = \mu_0 \vec{H} + \mu_0 \chi_{\mathrm{m}} \vec{H} = \mu_0(1 + \chi_{\mathrm{m}})\vec{H} = \mu_0 \mu_{\mathrm{r}} \vec{H} = \mu \vec{H} \tag{5.12}$$

式中，$\mu_r = 1 + \chi_m$ 称为磁介质的相对磁导率，$\mu = \mu_0 \mu_r$ 称为磁介质的磁导率（或绝对磁导率）。对顺磁性材料，$\chi_m \approx 10^{-4} \sim 10^{-5} > 0$，$\mu_r > 1$；对抗磁性材料，$\chi_m \approx -(10^{-5} \sim 10^{-6}) < 0$，$\mu_r < 1$。由于顺磁质和抗磁质的磁化率都很小，其相对磁导率几乎等于 1。相比之下，抗磁性材料的磁化率比顺磁性材料还要小约一个数量级，不管是抗磁性材料还是顺磁性材料，它们对电流的磁场只产生微弱的影响，所以也称为弱磁性材料。

在实际工作中还会用到磁化系数 λ，磁化系数 λ 与磁化率 χ_m 的关系为：$\lambda = \lambda_m / \rho$，$\rho$ 为物质的密度，磁化率 χ_m 和磁化系数 λ 均与单位制有关，SI 制下的磁化率等于高斯制下的磁化率的 4π 倍（可参见胡友秋著的《电磁学单位制》）。

在自然界中，大多数物质都具有抗磁性，特别是在有机材料和生物材料中，绝大部分为抗磁性的。表 5.1 给出了一些常见材料的磁化系数。

表 5.1 一些常见材料的磁化系数   单位：$4\pi \times 10^{-6}\ \mathrm{cm^3 \cdot g^{-1}}$

物质	磁化系数	物质	磁化系数
CO_2	-21.0	$CuCl_2$	$+1\,080.0$
CO	-9.8	O_2（气态）	$+3\,449.0$
SO_2	-18.2	空气	$+24.16$
Br_2	-73.5	TiO_2	$+5.9$
NH_3	-18.0	NO	$+1\,461.0$
H_2S	-25.5	Ti_2O_3	$+125.6$
SCl_2	-49.4	V_2O_3	$+1\,976.0$
H_2SO_4	-39.8	胶木	$+0.6$

5.1.5 磁介质的边值关系

利用磁场的高斯定理和安培环路定理，仿照电介质边值关系的证明，读者很容易证明在两种各向同性线性磁介质的分界面两侧，磁感应强度和磁场强度的法向和切向分量满足下列边值关系，如图 5.9 所示。

(1) 磁感应强度 B 的法向分量连续，但磁场强度 H 的法向分量不连续。

$$\vec{n} \cdot (\vec{B_1} - \vec{B_2}) = 0 \quad \text{或} \quad B_{1n} = B_{2n} \quad \text{或} \quad \mu_1 H_{1n} = \mu_2 H_{2n}$$

$$(5.13)$$

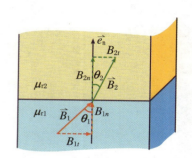

图 5.9 磁介质分界面的边值关系

（2）磁场强度 H 的切向分量不连续，磁感应强度 B 的切向分量也不连续。

$$\vec{n} \times (\vec{H_2} - \vec{H_1}) = \vec{i_0} \quad 或 \quad H_{2t} - H_{1t} = i_0 \quad 或 \quad B_{2t}/\mu_2 - B_{1t}/\mu_1 = i_0$$

$$(5.14)$$

但对无传导电流的界面，H 的切向分量是连续的。

（3）如果磁介质分界面不存在传导电流，则界面磁感应线满足"折射定理"，即

$$\tan\theta_1 = \frac{B_{1t}}{B_{1n}} = \frac{B_{1t}}{B_{2n}} = \frac{\mu_1 B_{2t}}{\mu_2 B_{2n}} = \frac{\mu_1}{\mu_2}\tan\theta_2$$

或

$$\frac{\tan\theta_1}{\tan\theta_2} = \frac{\mu_1}{\mu_2} \tag{5.15}$$

对 H 线，则也有类似的关系，即

$$\tan\theta_1 = \frac{H_{1t}}{H_{1n}} = \frac{H_{2t}}{H_{1n}} = \frac{B_{2t}/\mu_2}{B_{1n}/\mu_1}$$

$$= \frac{\mu_1}{\mu_2}\frac{B_{2t}}{B_{2n}} = \frac{\mu_1}{\mu_2}\tan\theta_2 \quad 或 \quad \frac{\tan\theta_1}{\tan\theta_2} = \frac{\mu_1}{\mu_2}$$

对由两种磁介质组成的界面，若两种材料的相对磁导率相差很大，即 $\mu_{r2} \gg 1$，$\mu_{r1} \approx 1$，则磁感应线几乎都集中在具有大磁导率（如铁磁性材料）的磁介质内，漏出外面的磁通量很少，如图 5.10 所示。

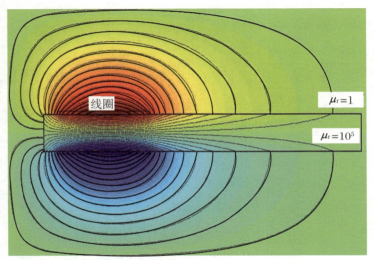

线圈

$\mu_r = 1$

$\mu_r = 10^5$

图 5.10　铁磁材料与空气边界的磁感应线分布图

5.2　磁性材料

丹麦人布鲁格曼斯（S.J.Brugmans）在 1778 年就提出了抗磁体的概念，他在实验中发现铋被磁极排斥，但未能引起人们的注意。1827 年，贝利夫再次报道铋和锑被磁极排斥。1845 年 12 月，法拉第在《论新磁作用兼论所有物质的磁状态》中首先提出抗磁体的概念，分析了抗磁体的性质，对抗磁体和顺磁体进行了分类，并发现绝大部分的物质都是抗磁体。之后，他用磁化率的概念解释了顺磁性和抗磁性。图 5.11 表示在室温下热解碳因抗磁性产生的磁悬浮现象。

图 5.11　在室温下热解碳因抗磁性
产生的磁悬浮现象

在磁性领域做出重要贡献的是居里,他于 1895 年发现了关于抗磁性和顺磁性的两个定律,他的博士论文就是《物体在不同温度下的磁性》,测定了各种物质的磁化率随温度的变化规律。在磁性领域做出重要贡献的另一位科学家是外斯,他提出了分子场概念,并解释了铁磁性现象。材料磁性的真正解释是在量子力学建立之后,用量子力学效应和多原子磁矩系统的多体问题来处理。

20 世纪 50 年代以后,人们研究和开发出各种各样的磁性材料,大大扩大了磁学的研究范围和应用领域。磁性材料按照磁有序、磁无序以及原子的磁性和原子核的磁性来分,其类型已经变得十分丰富,如表 5.2 所示。本章限于篇幅,主要介绍几种典型类型的磁材料的基本特性。

表 5.2　磁性材料的分类

	电子的磁性					原子核的磁性
	晶态系统		非晶态系统	微颗粒系统	磁稀释系统	——
	磁矩共线	磁矩非共线				
磁无序	抗磁性,顺磁性		抗磁性 顺磁性	—— 顺磁性	—— 顺磁性	核抗磁性 核顺磁性
磁有序	铁磁性	非共线铁磁性	散铁磁性	超铁磁性	自旋玻璃	核铁磁性
	反铁磁性	非共线反铁磁性	散反铁磁性	超反铁磁性	混磁性	核反铁磁性
	亚铁磁性	非共线亚铁磁性	散亚铁磁性			核亚铁磁性
	超顺磁性					

5.2.1　抗磁性、顺磁性和铁磁性

　　物质的磁性是通过该物质在磁场中所受到的力来定义的。通常具有磁性的物质在不均匀的具有梯度的磁场中会受到力的作用,利用图 5.12 所示的实验装置就可判定被测材料的磁性类型。该装置有一个平板型的 N 极和一个尖端型的 S 极,在两极之间的缝隙中产生一个有梯度的磁场分布,把被测的材料悬挂起来放入两极之间,当材料被吸到 S 极时即为顺磁性材料,当被 S 极排斥时即为抗磁性材料,由排斥力的大小大致可以判断是弱磁性材料或是强磁性材料。

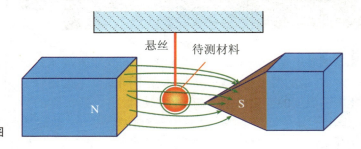

图 5.12　材料磁性的测试示意图

表 5.3　材料的磁化系数分类　　单位:$4\pi\times10^{-6}$ cm^3 · g^{-1}

类别	λ 是否依赖 B	是否依赖于温度	磁滞	例子	λ
抗磁性	否	否	否	水	-9.0×10^{-6}
顺磁性	否	是	否	铝	2.2×10^{-5}
铁磁性	是	是	是	铁	3 000
反铁磁性	是	是	是	铽	9.51×10^{-2}
亚铁磁性	是	是	是	$MnZn(Fe_2O_4)_2$	2 500

1. 抗磁性材料

　　对抗磁性介质(如铋、铜、银等),磁化率为负值,$\chi_m = 10^{-5}\sim10^{-6}$,磁化强度 $\vec{M}$ 与 $\vec{H}$ 反方向,相对磁导率 $\mu_r<1$。一般说来,抗磁性是一切物质都具有的,但当物质中的其他磁性如顺磁性或铁磁性等超过其抗磁性时,就不再考虑其抗磁性而主要考虑其他的磁性,但在精确计算和理论分析时,就必须考虑其抗磁性的影响。

　　抗磁性物质的磁化系数一般不随温度变化,如图 5.13 所示。只有少数物质如石墨的磁化系数会随温度变化。此外,抗磁性物质的磁化系数一般不随物

质的状态发生变化,但有个别例外,如铋(Bi)在固体变液体时,磁化系数明显发生改变。

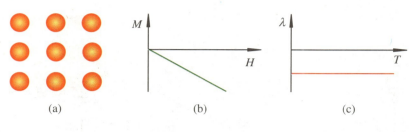

(a)   (b)   (c)

图 5.13 抗磁性的基本特性:(a) 原子无固有磁矩;(b) 磁化曲线;(c) 磁化系数与温度的关系

抗磁性磁介质的总的原子(或分子)固有磁矩为 0,以原子为例,是因为抗磁性原子中的电子壳层是满壳层,即每一壳层中的电子自旋磁矩因互为反向平行而抵消,其轨道运动产生的轨道磁矩在无外加磁场时也是相互抵消的,因此所有原子(或分子)的合磁矩为 0。在外磁场作用下,感生磁矩都与外场方向相反。在外磁场中的力矩为

$$\vec{\tau} = \vec{\mu}_l \times \vec{B} = -\frac{e}{2m_e} \vec{l} \times \vec{B} = \frac{e}{2m_e} \vec{B} \times \vec{l} \tag{5.16}$$

式中,$\vec{\mu}_l$ 由式(5.2)表示,$\vec{l}$ 为电子轨道角动量。根据角动量定理,得到

$$\frac{\mathrm{d}\vec{l}}{\mathrm{d}t} = \vec{\tau} = \frac{e}{2m_e} \vec{B} \times \vec{l} = \vec{\Omega} \times \vec{l}$$

式中,$\vec{\Omega} = \frac{e}{2m_e} \vec{B}$。因力矩 $\vec{\tau}$ 总是与角动量 $\vec{l}$ 垂直,故 $\vec{\tau}$ 不改变 $\vec{l}$ 的大小,只使 $\vec{l}$ 绕磁场做拉莫尔(J. Larmor,1857 − 1942)进动,如图 5.14 所示,拉莫尔进动的角速度 $\Omega[\Omega = eB/(2m)]$ 与 $\vec{r}$ 和 $\vec{l}$ 的大小和方向无关。两个电子的 $\vec{l}$ 与 $\vec{l'}$ 相互反向,μ_l 与 $\mu_{l'}$ 相抵消;但两个电子的 Ω 是同向的。

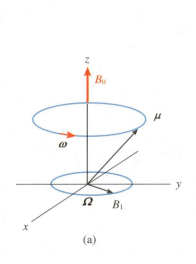

(a)

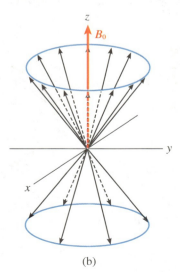

(b)

图 5.14 电子在外磁场中做拉莫尔进动示意图

电子进动产生一附加磁矩 $\Delta\vec{\mu}_e(\vec{\Omega})$，这个磁矩与 $\vec{\Omega}$ 反向，亦与 $\vec{B}$ 反向，即

$$\Delta\vec{\mu}_e = -\frac{er^2}{2}\vec{\Omega} = -\frac{e^2r^2}{4m}\vec{B} \tag{5.17}$$

因此电子的总磁矩为

$$\vec{\mu} = \sum[\vec{\mu}_e + \Delta\vec{\mu}_e(\vec{\Omega})] = \sum\vec{\mu}_e + \sum\Delta\vec{\mu}_e(\vec{\Omega}) = \sum\Delta\vec{\mu}_e(\vec{\Omega}) \neq 0$$

且与磁场反向，呈现抗磁性，这就是材料出现抗磁性的微观机制。

对全部电子轨道的统计平均后，给出对式(5.17)修正的结果为

$$\Delta\vec{\mu}_e = -\frac{e^2\langle r^2\rangle}{6m}\vec{B} \tag{5.18}$$

这就是物质抗磁性的来源，它源于一个与磁场方向相反的感生的附加磁矩。

由于抗磁性都很弱，一直以来人们很少对抗磁性做研究，具体的应用就更少了。目前主要集中在磁化学和磁生物学等方面的少量研究和应用上。

2. 顺磁性材料

对顺磁性介质(如锰、铬、锂、钠等)，$\chi_m = 10^{-4} \sim 10^{-5} > 0$，磁化强度 $\vec{M}$ 与 $\vec{H}$ 同方向，且相对磁导率 $\mu_r > 1$。

顺磁性介质是由具有固有磁矩的分子形成的物质，在无外场时，由于分子热运动使分子磁矩无规取向，在宏观上磁矩为0，即 $\sum\vec{\mu}_m = 0$ 或 $\vec{M} = 0$。当存在外磁场时，每个磁矩都受到一个力矩，使分子磁矩转向外磁场方向；各分子磁矩在一定程度上沿外场排列，即 $\vec{M} \neq 0$，但因为热运动阻止 $\vec{M}$ 转向 $\vec{H}$ 方向，温度越高顺磁效应越弱。材料顺磁性的基本特性如图5.15所示。

图 5.15　顺磁性的基本特性：
(a) 原子磁矩排列；(b) 磁化曲线；
(c) 磁化系数与温度的关系

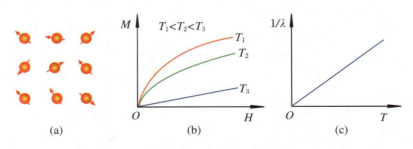

(a)　　　(b)　　　(c)

一般的顺磁物质的磁化率随温度降低而增大，遵从以下两种定律：

$$\chi_m = \frac{C}{T}\text{(居里定律)} \quad \text{或} \quad \chi_m = \frac{C}{T - T_C}\text{(居里-外斯定律)}$$

$$\tag{5.19}$$

式中，C 是居里常数，T_C 是顺磁居里温度，C 和 T_C 是从实验上得到的常数。

物质的顺磁性又可以细分为一般顺磁性、泡利顺磁性和范弗莱克顺磁性。一般顺磁性又可分为居里顺磁性和居里-外斯顺磁性，其规律分别用上面的两个式子表示。

1905 年，朗之万在研究磁介质热运动规律时得到了理论上的初步解释。有外磁场时，分子受力矩 $\vec{\tau} = \vec{\mu}_m \times \vec{B}$，顺外场方向取向。磁分子取向在存在外场时满足玻尔兹曼分布：

$$\mathrm{d}n(\theta) = A\mathrm{e}^{-\frac{\varepsilon_p}{kT}}\sin\theta\mathrm{d}\theta$$

式中，A 为归一化因子。磁矩在外磁场中的"势能"为

$$\varepsilon_p = -\vec{\mu}_m \cdot \vec{B} = -\mu_m B\cos\theta$$

当 $|\varepsilon_p| \ll kT$ 时（k 为玻尔兹曼常数），取一级近似，得

$$\mathrm{e}^{-\frac{\varepsilon_p}{kT}} \approx 1 - \frac{\varepsilon_p}{kT} = 1 + \frac{\mu_m B\cos\theta}{kT}$$

所以

$$\mathrm{d}n(\theta) = A\left(1 + \frac{\mu_m B\cos\theta}{kT}\right)\sin\theta\mathrm{d}\theta$$

由归一化关系 $\int \mathrm{d}n(\theta) = n_0$，得 $A = n_0/2$，代入上式，有

$$\mathrm{d}n(\theta) = \frac{n_0}{2}\left(1 + \frac{\mu_m B\cos\theta}{kT}\right)\sin\theta\mathrm{d}\theta$$

所以磁化强度 M 为

$$M = \int \mu_m\cos\theta\mathrm{d}n(\theta) \approx \frac{n_0\mu_m^2}{3kT}B = \frac{n_0\mu_0\mu_m^2}{3kT}H = \chi_m H$$

系数 χ_m 值为

$$\chi_m = \frac{\mu_0 n_0 \mu_m^2}{3kT} = \frac{C}{T} \tag{5.20}$$

即磁介质的磁化率与温度成反比。对气态，顺磁介质实验与理论符合，但是对固态或液态磁介质，上式不完全符合。

在量子力学中，可以推导出顺磁性材料的磁化强度为

$$M = n_0 \mu_N \tanh \frac{\mu_N B}{kT}$$

式中,tanh 是双曲正切函数,μ_N 是磁矩,定义为

$$\mu_N = g\left(\frac{e\hbar}{2m}\right)\frac{1}{2} = \frac{g\mu_B}{2}$$

式中,g 称为 g 因子,μ_B 称为玻尔磁子,是一个无量纲的量。当 B 趋于很大时,双曲正切函数趋于 1。在外加磁场较强时,磁化强度达到饱和,即在足够强的外磁场中,其内部的所有原子或分子磁矩已经被排列在同一方向,磁场进一步增加已经无补于事了。

在室温下,在不太强的磁场中,比如 1 T 的磁场,$\mu_N B/(kT)$ 约等于 $0.02 \ll 1$,因此在一级近似下,$\tanh x \approx x$,所以磁化强度可以简化成

$$M = n_0 \frac{\mu_N^2 B}{kT} \quad 或 \quad \chi_m = \frac{n_0 \mu_0 \mu_N^2}{kT}$$

在量子力学中,磁矩的平方可写为

$$\mu_m^2 = \vec{\mu}_m \cdot \vec{\mu}_m = \left(g\frac{e}{2m}\right)^2 S(S+1)\hbar^2$$

对原子自旋 $S = 1/2$ 的情况,有

$$\mu_m^2 = \vec{\mu}_m \cdot \vec{\mu}_m = \left(g\frac{e}{2m}\right)^2 \frac{3}{4}\hbar^2 = 3\mu_N^2$$

所以量子力学的磁化率就过渡到原来得到的磁化率的表达式。

对于顺磁性材料,可以得到一个任意自旋 S 的体系在弱场下的磁化率为

$$\chi_m = \frac{\mu_0 n_0 g}{3}S(S+1)\frac{\mu_B^2}{kT} = \frac{C}{T} \tag{5.21}$$

大多数的顺磁性材料的磁化率满足这个关系。

目前顺磁性材料主要有以下几方面的研究和应用:① 通过顺磁性来研究电子组态;② 利用顺磁性物质的绝热去磁效应可以获得 $1\sim10^{-6}$ K 的超低温度;③ 发展具有超低噪声的顺磁量子放大器以及顺磁共振成像技术;等等。

3. 磁制冷技术

要获得低温,需要使用特殊的制冷技术,磁制冷技术是一种常用的制冷技术。通过利用物质的磁性进行制冷,在不同的制冷温区就需要使用不同磁材料的磁特征。表 5.4 给出了主要的磁制冷技术。

表 5.4　磁制冷技术

温区	温度范围(K)	材料磁特性	材料的磁效应	例子
常温区	～300	磁临界温度特性	磁-热效应	Gd 和 Gd 合金
低温区	1～200	磁临界温度特性	磁-热效应	$Gd_3Ca_5O_{12}$ 系
超低温区	10^{-3}～1	顺磁性	绝热去磁	Mn 系和 Cr 系
极低温区	$<10^{-3}$	顺磁性	核绝热去磁	^3He, ^{63}Cu 等

绝热去磁制冷技术在低温制冷领域具有很重要的地位,这由德拜(P. Debye,1884－1966,获得 1936 年诺贝尔化学奖)在 1926 年首先提出来,加拿大科学家吉奥克(W. Giauque,1895－1982,获得 1949 年诺贝尔化学奖) 在 1933 年进行了首次应用,并同时用这一方法将温度降到 0.25 K 和 0.13 K,1950 年用该技术已达到了 0.001 4 K;1956 年,英国人西蒙和克尔梯用核去磁冷却法获得 10^{-6} K。

绝热去磁方法的基本原理就是将顺磁性盐放在减压液氦冷却的腔内,加上磁场(量级为 $10^6 A\cdot m^{-1}$)进行等温磁化,抽出低压氦气而使顺磁体绝热,然后准静态地使磁场减小到很小的值。由于在绝热去磁条件下吸收大量的热,故产生致冷效应,这种降温的方法称为绝热去磁法,如图 5.16(a)和(b)所示。

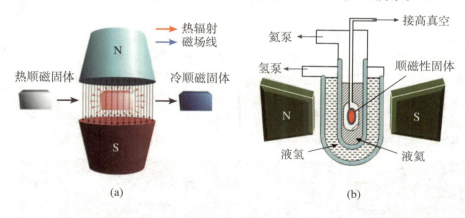

图 5.16　顺磁绝热去磁制冷原理图(a)和绝热去磁制冷机示意图(b)

目前用 Cu 核的最低致冷温度已经达到了 2×10^{-9} K。由于 $PrNi_5$ 合金具有超精细作用增强效应,可以使 Pr 核受到的超精细磁场比外磁场增强约 14 倍,这可以使磁铁体积减少,可以作为 Cu 核致冷的前一级致冷。

4. 铁磁性材料

以铁、钴、镍和一些稀土元素钆、镝、铽以及它们的合金及氧化物为材料构成的介质,在磁场中显示出很强的磁性,称为铁磁性材料。铁磁性材料的磁化规律如图 5.17 所示。

M 与 H 的关系不是线性关系,若仍用 $\vec{M} = \chi_m \vec{H}$,则

$$\vec{M} = \chi_{m}(H) \vec{H} \tag{5.22}$$

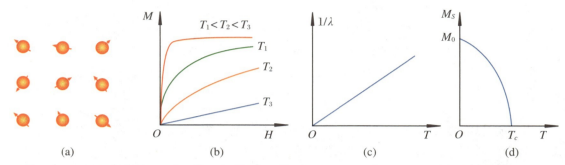

图 5.17 铁磁性材料的磁化示意图：(a) 原子磁矩排列；(b) 磁化曲线；(c) 磁化系数与温度的关系；(d) 磁化强度与温度的关系

1）铁磁性材料的磁化机制

铁磁性物质的结构与其他物质有所不同，它们本身就是由很多已经磁化的小区域组成的，这些磁化的小区域叫作"磁畴"。铁磁质中由于原子之间自旋的强烈耦合，在铁磁质中会形成磁场很强的小区域磁畴，各个磁畴之间的交界面称为磁畴壁，磁畴的体积约为 10^{-12} m^3，每个区域内部包含大量原子，这些原子的磁矩都像一个个小磁针那样整齐排列，但相邻的不同区域之间的原子磁矩排列的方向不同。在无外磁场时，热运动使各个磁畴的磁矩方向各不相同，结果相互抵消，矢量和为 0，整个物体的磁矩为 0，铁磁质不显磁性，如图 5.18 所示。当在外磁场中，各磁畴沿外场转向，随着外磁场增加，能够提供转向的磁畴越来越少，铁磁质中的磁场增加的速度变慢，若外磁场继续增加，介质内的磁场也不会再增加，铁磁质达到磁饱和状态。饱和磁化强度 M_S 等于每个磁畴中原来的磁化强度，该值很大，这就是铁磁质磁性 μ_r 比弱磁性材料大得多的原因。

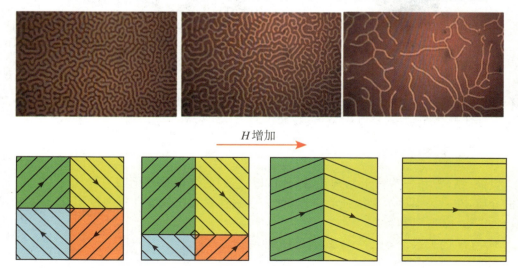

图 5.18 铁磁性材料的磁化机制

当外磁场减少或撤掉外磁场时,由于掺杂和内应力等的作用,磁畴的畴壁很难恢复到原来的形状,在居里温度以下外磁场中磁化过程的不可逆性即磁滞现象。反复磁化时,磁化强度与磁场的关系是一闭合曲线,称为磁滞回线。

铁磁性材料的磁化曲线相当复杂,通常由实验方法测定。图 5.19 表示铁磁性材料的磁化曲线,曲线 OAS 段称起始磁化曲线,当磁场减少时,曲线不再沿原路回到 O 点,而是沿 SRC 曲线,当外磁场减少到 0 时,M 不为 0,进一步沿反方向加磁场,当 $H = H_c$ 时,磁化强度才回到 0,这个外磁场强度 H_c 称矫顽力。当外磁场继续变化时,磁化曲线形成一个回路。当在不同的地点外磁场增加或减少时,会出现一些小的磁化回路,如图 5.19 所示。一个确定的外场 H,可以对应于多个 M(或 B),与磁化的历史和过程有关。磁化过程中磁介质消耗的能量称磁滞损耗,可以证明,一个磁化循环过程消耗的能量由磁滞回线的面积确定。

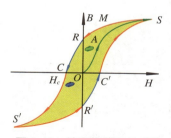

图 5.19 铁磁性材料的磁化曲线和局部的小磁滞回线

每一种铁磁性材料都有一个确定的居里温度,在居里温度以下,其磁化规律就是以上所描述的过程;当温度超过居里温度时,磁滞过程消失。

磁畴壁的位移是跳变式的、不连续的。铁磁性物质在外场中磁化实质上是它的磁畴区域逐渐变化的过程,与外场同向的磁畴不断扩大,不同向的磁畴逐渐减小。在磁化曲线最陡区域,磁畴的移动会出现跃变,硬磁材料更是如此。无线电设备中,载流线圈中的铁芯在磁化时出现的磁畴跳动会造成一种噪声,这种现象称为巴克豪森效应,是德国科学家巴克豪森(H. Barkhausen,1881 – 1956)在 1919 年发现的,巴克豪森效应的实验装置示意图如图 5.20 所示。

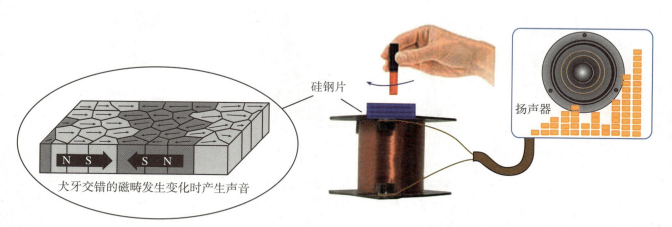

图 5.20 巴克豪森效应实验装置示意图

直到 1928 年海森伯(W. Heisenberg,1901 – 1976)提出了铁磁性的量子理论,才正确地解释了铁磁性的微观来源,由于涉及量子力学的很多内容,这里不再介绍。

2) 去磁(或退磁)

根据铁磁性材料的磁化曲线,我们可以通过外磁场反复变化其方向,同时使它的幅值逐渐变小,最后到 0,可以使其中磁化的物质去磁,如图 5.21 所示。录音机中磁带的交流抹音磁头就是利用这种方法。

除了上面的去磁方法外,还有以下几种去磁方法:

(1) 加热法:当铁磁质的温度升高到某一温度时,磁性消失,由铁磁质变为顺磁质,该温度为居里温度 T_C。当温度低于 T_C 时,又由顺磁质转变为铁磁质。铁的居里温度 $T_C = 770\ ℃$;30%的坡莫合金居里温度 $T_C = 70\ ℃$。其原因是由于加热使磁介质中的分子、原子的振动加剧,提供了磁畴转向的能量,使铁磁质失去磁性。

(2) 敲击法:通过振动可提供磁畴转向的能量,使介质失去磁性。如敲击永久磁铁会使磁铁磁性减小。

3) 铁磁性材料分类

铁磁性材料有很多种分类方法,其中一种是根据其矫顽力来划分的,如图 5.22 所示,可以简单地分成以下几种:

软性磁材料:相对磁导率和饱和磁感应强度 B 一般都较大,但矫顽力小,磁滞回线的面积窄而长,损耗小。易磁化、易退磁,剩磁很小,如软铁、坡莫合金、硒钢片、铁铝合金、铁镍合金等。由于软性磁材料磁滞损耗小,适合用在交变磁场中,如变压器铁芯、继电器、电动机转子、定子等都是用软磁性材料制成的。

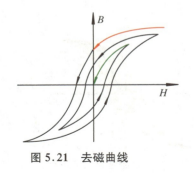

图 5.21 去磁曲线

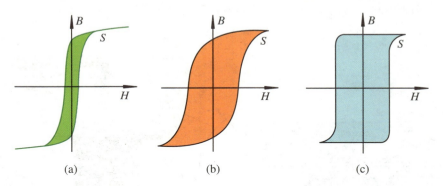

图 5.22 软磁性材料(a)、硬磁性材料(b)和矩磁性材料(c)

硬磁性材料:剩磁和矫顽力比较大,磁滞回线所围的面积大,磁滞损耗大,磁滞特性非常显著,磁滞回线较粗,剩磁很大。这种材料充磁后不易退磁,适合做永久磁铁。硬磁性材料如碳钢、铝镍钴合金和铝钢等,可用于磁电式电表、永磁扬声器、耳机以及雷达中的磁控管等。

非金属氧化物——铁氧体:剩磁和矫顽力比较大,磁滞回线所围的面积大,磁滞损耗大,磁滞特性非常显著,磁滞回线呈矩形,又称**矩磁性材料**。剩磁接近于磁饱和磁感应强度,具有高磁导率、高电阻率。它是由 Fe_2O_3 和其他二价的金属氧化物(如 NiO,ZnO)等粉末混合烧结而成。正脉冲产生 $H > H_c$ 使磁芯呈 $+ B$ 态,而负脉冲产生 $H < - H_c$ 使磁芯呈 $- B$ 态,可作为二进制的两个态,所以矩磁性材料可做磁性记忆元件。

5.2.2　磁路定律与磁屏蔽

1. 磁路定律

　　很多电工设备中需要较强的磁场或较大的磁通。由于铁磁性物质的磁导率远比非铁磁性物质的磁导率大,所以将铁磁性物质做成闭合或近似闭合的环路,即所谓铁芯。几种常见铁芯材料的磁化曲线如图 5.23 所示。绕在铁芯上的线圈通以较小的电流(励磁电流)便能得到较强的磁场。这种情况下的磁场差不多约束在限定的铁芯范围之内,周围非铁磁性物质(包括空气)中的磁场则很微弱。这种约束在限定铁芯范围内的磁场称为磁路,如图 5.24 所示。

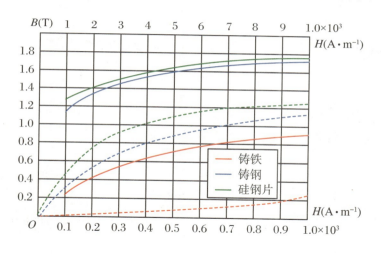

图 5.23　几种常见铁芯材料的磁化曲线(第一组虚线终点由第二组实线起点接上)

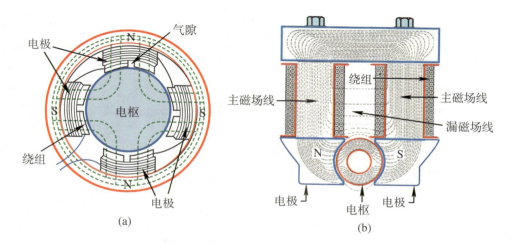

(a)　　　　(b)

图 5.24　各种电机和仪表中磁铁的磁路

　　磁路的磁通可以分为两部分:主磁通和漏磁通。主磁通就是磁感应线绝大部分通过磁路(包括气隙)的这部分磁通;漏磁通就是磁感应线穿出铁芯,经过磁路周围非铁磁性物质的磁通。人们采取了很多措施来减少漏磁通,使漏磁通只占总磁通的很小一部分。所以在对磁路的初步计算中常将漏磁通略去不计。

　　由于磁通的连续性,如果忽略漏磁通,则

$$\sum_i \Phi_i = 0 \tag{5.23}$$

此即磁路的基尔霍夫第一定律。

　　我们引进"磁位差"的概念,定义"磁位差"为其磁场强度与长度的乘积,即 $U_m = Hl$。应用安培环路定律于磁路中的各个回路,并选择顺时针方向为回线的绕行方向可得各段磁位差的代数和与电流的关系为

$$\sum_i H_i l_i = \sum_j N_j I_j \tag{5.24}$$

引进"磁动势"的概念,即磁动势 $\mathscr{E}_m = NI$,N 为线圈的匝数,则上式可改写为

$$\sum_i H_i l_i = \sum_j \mathscr{E}_j \tag{5.25}$$

此即磁路的基尔霍夫第二定律。

　　对整个闭合磁路应用安培环路定律,得到

$$\oint \vec{H} \cdot \mathrm{d}\vec{l} = \sum_i \int H_i \mathrm{d}l_i = \sum_i \int \frac{\Phi_m}{\mu_0 \mu_{ri} S_i} \mathrm{d}l_i = \Phi_m \sum_i R_{mi} \tag{5.26}$$

式中,R_m 称为磁阻,即 $R_m = \int \dfrac{\mathrm{d}l}{\mu_0 \mu_r S}$,则上式变为关于磁路的"欧姆定律",或

$$U_m = \Phi_m R_m \tag{5.27}$$

对如图 5.25 所示的磁路,根据安培环路定律,有

$$\oint_L \vec{H} \cdot \mathrm{d}\vec{l} = \int \frac{1}{\mu_r \mu_0} \vec{B} \cdot \mathrm{d}\vec{l} + \int \frac{1}{\mu_0} \vec{B} \cdot \mathrm{d}\vec{l}$$

$$= B\left(\frac{l}{\mu_r \mu_0} + \frac{l_0}{\mu_0}\right) = \Phi_m\left(\frac{l}{\mu_r \mu_0 S} + \frac{l_0}{\mu_0 S}\right) = NI_0$$

　　上面的计算中已经忽略漏磁,近似认为气隙中的 B 和铁芯中的 B 相等。引进磁阻概念,即令

$$r_m = \frac{l}{\mu_0 \mu_r S}, \quad R_m = \frac{l_0}{\mu_0 S}$$

r_m 和 R_m 对应于内阻和外阻,则上式可以改写成

$$\Phi_m(R_m + r_m) = \mathscr{E}_m \tag{5.28}$$

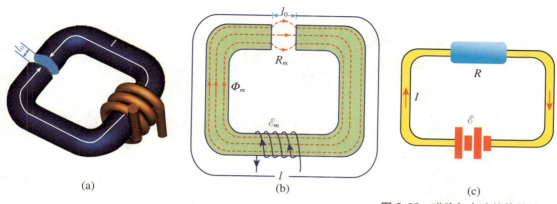

图 5.25　磁路与电路的等效性

这相当于全电路的欧姆定律。或者

$$\Phi_m = \frac{\mathscr{E}_m}{r_m + R_m} = \frac{NI_0}{\dfrac{l}{\mu_r \mu_0 S} + \dfrac{l_0}{\mu_0 S}} \tag{5.29}$$

求解得到磁通量 Φ_m 后,就可以得到磁感应强度 B,即

$$B = \frac{\Phi_m}{S} \frac{NI_0}{\dfrac{l}{\mu_r \mu_0} + \dfrac{l_0}{\mu_0}} = \frac{\mu_0 \mu_r NI_0}{l + \mu_r l_0} \tag{5.30}$$

可见,由于铁芯的 μ_r 值很大,改变很小的 l_0 就可以改变整个 B!

　　需要特别指出的是:磁路欧姆定律和电路欧姆定律只是在形式上相似。由于 μ 不是常数,其随励磁电流而变,磁路欧姆定律不能直接用来计算,只能用于定性分析。此外,在电路中,当 $\mathscr{E} = 0$ 时,$I = 0$;但在磁路中,由于有剩磁,当 $\mathscr{E}_m = 0$ 时,Φ 不为 0。

【例 5.2】求如图所示的磁体的气隙中的磁场强度 H。

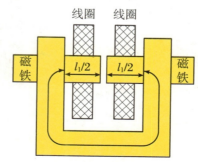

例 5.2 图

【解】 应用磁路的"欧姆定律",有

$$\Phi_m = \frac{(N_1 + N_2)I_0}{\dfrac{l_1}{\mu_1\mu_0 S_1} + \dfrac{l_2}{\mu_2\mu_0 S_2} + \dfrac{l_3}{\mu_0 S_3}}$$

因为在气隙中 $\Phi_m = \mu_0 H S_3$,所以

$$H = \frac{NI_0/S_3}{\dfrac{l_1}{\mu_1 S_1} + \dfrac{l_2}{\mu_2 S_2} + \dfrac{l_3}{S_3}}$$

从该例也可以看出,气隙对磁阻影响极大,通过控制气隙大小,可以很方便地控制气隙中的磁场强度。

【例 5.3】 有一环形铁芯线圈,其内直径为 10 cm,外直径为 15 cm,铁芯材料为铸钢。磁路中含有一气隙,其长度等于 0.2 cm。设线圈中通有 1 A 的电流,如要得到 0.9 T 的磁感应强度,试求线圈匝数。

【解】 气隙的磁场强度

$$H_0 = \frac{B_0}{\mu_0} = \frac{0.9}{4\pi \times 10^{-7}} = 7.2 \times 10^5 (A \cdot m^{-1})$$

查铸钢的磁化曲线(图 5.23),铸钢铁芯的磁场强度 $B = 0.9$ T 时,磁场强度 $H_1 = 500$ A·m^{-1}。

磁路的平均总长度为

$$l = \frac{10 + 15}{2}\pi = 39.2\,(cm)$$

铁芯的平均长度为

$$l_1 = l - \delta = 39.2 - 0.2 = 39\,(cm)$$

对各段有

$$H_0\delta = 7.2 \times 10^5 \times 0.2 \times 10^{-2} = 1\,440\,(A)$$
$$H_1 l_1 = 500 \times 39 \times 10^{-2} = 195\,(A)$$

总磁动势为

$$NI = H_0\delta + H_1 l_1 = 1\,440 + 195 = 1\,635\,(A)$$

线圈匝数为

$$N = \frac{NI}{I} = \frac{1\,635}{1} = 1\,635$$

所以磁路中含有气隙时,由于其磁阻较大,磁动势几乎都降在气隙上面。

2. 电磁铁

电磁铁是利用通电的铁芯线圈吸引衔铁或保持某种机械零件、工件于固定位置的一种电器。当电源断开时电磁铁的磁性消失,衔铁或其他零件即被释放。电磁铁衔铁的动作可使其他机械装置发生联动。

电磁铁根据使用电源类型分为两类,一是直流电磁铁,即用直流电源励磁;二是交流电磁铁,即用交流电源励磁。

电磁铁由线圈、铁芯及衔铁三部分组成,常见的结构如图 5.26 所示。

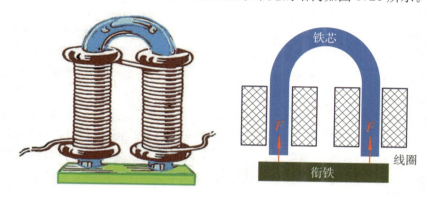

图 5.26 电磁铁示意图

电磁铁吸力的大小与气隙的截面积 S_0 及气隙中的磁感应强度 B_0 的平方成正比。基本公式如下:

$$F = \frac{B_0^2 S_0}{2\mu_0} \tag{5.31}$$

式中,B_0 的单位是特斯拉(T);S_0 的单位是平方米(m^2);F 的单位是牛顿(N)。直流电磁铁的吸力可以由上式直接计算。对交流电作为励磁的电磁铁的吸力计算需要考虑交流电产生的吸力也是交变的,设 $B_0 = B_m \sin \omega t$,则吸力瞬时值为

$$f = \frac{10^7}{8\pi} B_0^2 S_0 = \frac{10^7}{8\pi} B_m^2 S_0 \sin^2 \omega t = F_m \sin^2 \omega t = \frac{1}{2} F_m - \frac{1}{2} F_m \cos 2\omega t$$

吸力平均值为

$$F = \frac{1}{T} \int_0^T f \, dt = \frac{1}{2} F_m = \frac{B_m^2 S_0}{4\mu_0} \tag{5.32}$$

式中,F_m 为吸力的最大值。因此交流电磁铁的吸力在 0 与最大值之间脉动。衔铁以两倍电源频率在颤动,引起噪音,同时触点容易损坏。此外,在交流电磁铁中,为了减少铁损,铁芯由钢片叠成;直流电磁铁的磁通不变,无铁损,铁芯用整块软钢制成。

电磁铁在生产中获得广泛应用。其主要应用原理是：用电磁铁衔铁的动作带动其他机械装置运动，产生机械联动，实现控制要求。

3. 磁屏蔽

很多场合，电子设备中的元器件会受到周围磁场的影响。当磁场的频率很低时，传统的屏蔽方法几乎没有作用，因此低频磁场往往对设备的正常工作造成严重的影响。低频磁场一般由马达、发电机、变压器等设备产生。这些磁场会对利用磁场工作的设备产生影响，如阴极射线管中的电子束是在磁场的控制下进行扫描的，当有外界磁场干扰时，电子束的偏转会发生变化，使图像失真。例如光电倍增管用在磁场环境中测量光子信号时，由于光电倍增管的原理是靠光子打到光阴极产生电子并进行倍增的方法获得信号的，因此电子在光电倍增管内如果受到外磁场的干扰，将影响其倍增效率甚至影响其放大倍数和分辨率。

对地磁场或静磁场的屏蔽，其静磁屏蔽通常是利用高磁导率 μ 的铁磁材料做成屏蔽罩以屏蔽外磁场。为了提供高的屏蔽效果，屏蔽材料应具有尽量高的磁导率 μ，其屏蔽效果非常明显。常用磁导率高的铁磁材料如软铁、硅钢、坡莫合金做屏蔽层，故静磁屏蔽又叫铁磁屏蔽，如图 5.27 所示。

图 5.27 静磁场的屏蔽示意图(a)和磁屏蔽材料(b)

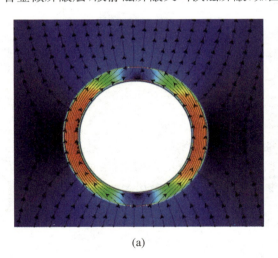

(a)

(b)

低频磁场的屏蔽同样是用铁磁性材料将敏感器件包起来。只不过材料的磁导率不是一个不变的量，它随着外加磁场、频率等变化。故这类低频率的磁场屏蔽需要提供低磁阻表面来完成。电磁场的屏蔽需要使用趋肤效应来获得，在电磁感应一章中会有专门的介绍。

5.2.3　特殊材料的磁性

　　一些材料,特别是在元素周期表上紧靠铁磁性材料铁、钴和镍的元素,例如铬或锰,为什么它们不是铁磁性的呢? 事实上,铬晶格中,铬原子的自旋是逐个改变方向的,尽管在微观上铬是"磁性"的,但是在宏观上其磁性很弱,这一类材料称为反铁磁性。图 5.28 表示的是铁磁性、反铁磁性和亚铁磁性材料的电子自旋排列方式。

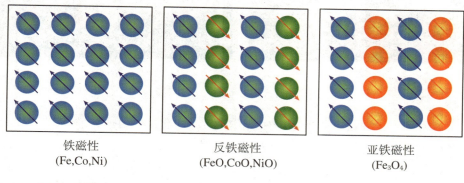

铁磁性　　　　　反铁磁性　　　　　亚铁磁性
(Fe,Co,Ni)　　(FeO,CoO,NiO)　　(Fe₃O₄)

图 5.28　铁磁性、反铁磁性和亚铁磁性的电子自旋排列结构示意图

1. 反铁磁性

　　物质的反铁磁性是一种特殊的磁性,其磁导率数值与弱磁性物质相当,磁化系数 χ 的数值为 $10^{-5}\sim10^{-2}$。与顺磁体不同的是其自旋结构的有序化。属于磁矩有序排列的反铁磁性,即在无外加磁场的情况下,反铁磁性是指由于电子自旋反向平行排列。在同一子晶格中有自发磁化强度,电子磁矩是同向排列的;在不同子晶格中,电子磁矩反向排列。两个子晶格中自发磁化强度大小相同,方向相反,如图 5.29 所示。

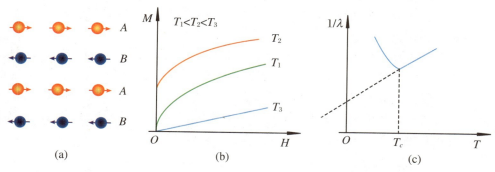

图 5.29　反铁磁性的基本特性:(a) 原子磁矩排列;(b) 磁化曲线;(c) 磁化系数与温度的关系

　　许多过渡元素的化合物都有这种反铁磁性,非金属化合物大都是反铁磁性

物，如 MnO 和 MnF$_2$（图 5.30）。

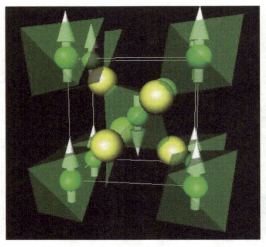 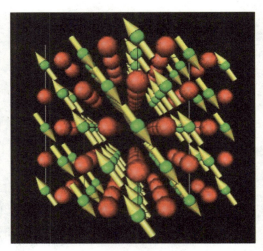

图 5.30　反铁磁性材料的磁矩结构

MnF$_2$　　　　　　　　　　　　　　　MnO

对反铁磁性材料施加外磁场时，由于自旋间反平行耦合的作用，正负自旋转向磁场方向的转矩很小，因而其磁化率比顺磁磁化率小。随着温度升高，有序的自旋结构逐渐被破坏，磁化率增加，这与正常顺磁体的情况相反。然而在某个临界温度以上，自旋有序结构完全消失，反铁磁体变成通常的顺磁体。因而磁化率在临界温度（称奈尔温度）显示出一个尖锐的极大值。

利用中子衍射可以测量反铁磁性物质的磁矩结构。在 MnF$_2$ 反铁磁性物质中（图 5.30），Mn 离子中 3d 轨道未饱和的电子受到磁场磁化，其磁矩依面心立方晶格〔Fcc〕而分布，因在每一角落上离子的磁矩都是同一方向。而在其立方面上的离子磁矩都在同一相反方向。其向量和等于 0，因而此种物质的磁化率 χ_m 等于 0。物质在磁场中的取向效应受到热振动的抵抗，因而其磁化率随温度而变。当温度等于某一温度——奈尔温度 T_N 时，反铁磁性物质的磁化率会稍微上升；当温度超过奈尔温度 T_N 时，则反铁磁性物质的磁性近于顺磁性。

2012 年，IBM 的研究员们在 12 个原子内储存了 1 bit 信息，这在尺寸上比快闪记忆体（NAND flash）还要密集 150 倍。研究人员利用反铁磁性现象将 12 个原子排列成稳定的一组并保持了数小时，且还未受到附近其他组的影响。研究人员正是利用这一点制作了这个原子级存储器，此项技术是硬盘信息压缩比的 100 倍。

2. 亚铁磁性

1947 年前后，为了寻找电阻率高的强磁体，人们陆续发现一些氧化物中也具有类似铁磁性的宏观表现(通称铁氧体),却不能用铁磁性的结构模型及相关理论来解释。这些氧化物具有尖晶石结构,其分子式为:$MO\text{-}Fe_2O_3$,其中 M 代表某种二价金属,如 Zn,Cd,Fe,Ni,Co,Mn 等,这些材料称为亚铁磁性材料。

亚铁磁性就是在无外加磁场的情况下,磁畴内由于相邻原子间电子的交换作用或其他相互作用,使它们的磁矩在克服热运动的影响后,处于部分抵消的有序排列状态,以致还有一个合磁矩的现象。当施加外磁场后,其磁化强度随外磁场的变化与铁磁性物质相似。亚铁磁性与反铁磁性具有相同的物理本质,只是亚铁磁体中反平行的自旋磁矩大小不等,因而存在部分抵消不尽的自发磁矩,类似于铁磁体。铁氧体大都是亚铁磁体。

亚铁磁性的磁化规律与反铁磁性不同,如图 5.31 所示。在亚铁磁体中,A 和 B 次晶格由不同的磁性原子占据,而且有时由不同数目的原子占据,A 和 B 位置上的磁性原子成反平行耦合,但 A 晶格和 B 晶格离子磁矩大小不等。反铁磁的自旋排列导致一个自旋未能完全抵消的自发磁化强度,这样的磁性称为亚铁磁性。除此之外,在居里温度以上,磁化率倒数随温度的变化也不同于铁磁性,具有沿温度轴方向凹下的双曲线形式,此双曲线从高温起的渐近线同温度轴相交于负的绝对温度值,如图 5.31(c)所示。该现象在石榴石和稀土金属 - 过渡金属混合物(RE - TM)中容易被观测到。

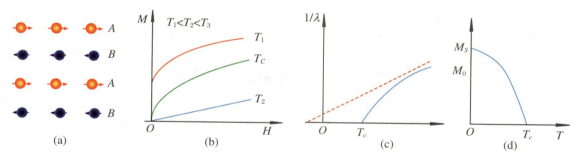

图 5.31　亚铁磁性的基本特性:(a) 原子磁矩排列;(b) 磁化曲线;(c) 磁化系数与温度的关系;(d) 磁化强度与温度的关系

奈尔(L. Neel,1904 - 2000,1970 年获得诺贝尔物理学奖)在 1948 年以尖晶石结构为例,将反铁磁"分子场"理论推广,首次正确地解释了这类磁性的特性,并命名这类化合物所具有的磁性为亚铁磁性。所以也可以认为亚铁磁性是奈尔发现的。亚铁磁理论的建立极大地推动了氧化物磁性材料的研究和应用。

亚铁盐和磁性石榴石(Garnet)都展现出亚铁磁性。最早被人熟知的磁性物质,如磁铁矿(Fe_3O_4)为亚铁磁性,它在奈尔发现亚铁磁性和反铁磁性之前,被归为铁磁性物质,磁铁矿的结构如图 5.32(a)所示。石榴石是一种化学成分比较复杂的硅酸盐矿物[图 5.32(b)],总是同时含有 2 种金属元素,是一种使用历史悠久的宝石,中国古时称为紫鸦乌或子牙乌,是一组在青铜时代已经使用的宝石,虽常见的石榴石为红色,但其颜色的种类十分广阔,足以涵盖整个光谱的颜色。

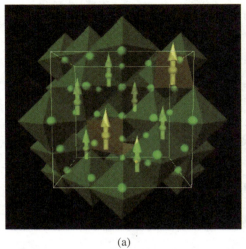
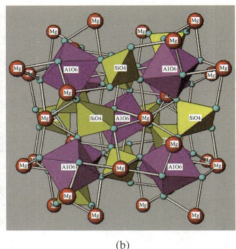

图 5.32　亚铁磁性材料的磁结构:(a) 磁铁矿(Fe_3O_4);(b) 石榴石(Gramet)

(a)　　　　　　　　(b)

5.3　新型材料中的磁现象

5.3.1　纳米材料中的磁性

人们发现鸽子、海豚、蝴蝶、蜜蜂以及生活在水中的趋磁细菌等生物体中存在超微的磁性颗粒,使这类生物在地磁场导航下能辨别方向,具有回归的本领。磁性超微颗粒实质上是一个生物磁罗盘,生活在水中的趋磁细菌依靠它游向营养丰富的水底。通过电子显微镜的研究表明,在趋磁细菌体内通常含有直径约为 2×10^{-2} μm 的磁性氧化物颗粒,如图 5.33 所示。

纳米磁性材料是指材料尺寸限度在纳米级,通常在 $1\sim100$ nm 的准零维超细微粉、一维超细纤维,或二维超薄膜,或由它们组成的固态或液态磁性材料。当传统固体材料经过科技手段被细化到纳米级时,其表面和量子隧道等效应引发的结构和能态的变化,产生了许多独特的光、电、磁、力等物理化学性能,有着极高的活性。纳米磁性粒子之间的相互作用如图 5.34 所示。纳米磁性材料的

特殊磁性能主要有量子尺寸效应、超顺磁性、宏观量子隧道效应、磁有序颗粒的
小尺寸效应、特异的表观磁性等。

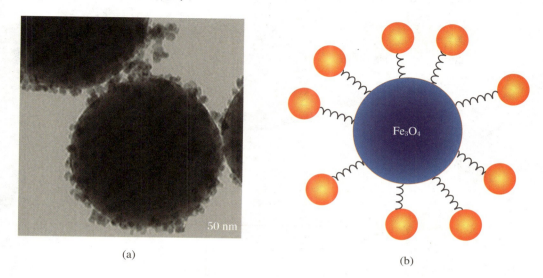

(a)

(b)

图 5.33   一个孤立封闭的磁性纳米粒子,在无磁场层中保证了纳米粒子之间的最小距离

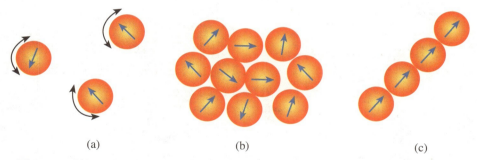

(a)   (b)   (c)

**图 5.34   磁性纳米粒子相互作用的示意图:(a) 孤立的纳米超顺磁弛豫主导;(b) 纳米
粒子相互作用形成一个偶极玻璃;(c) 纳米粒子成了一个具有链形结构的偶极子**

纳米材料的磁性主要有以下几个特点。

高矫顽力: 小尺寸的超微颗粒磁性与大块材料显著不同,大块的纯铁矫顽
力约为 $80\ \text{A}\cdot\text{m}^{-1}$,而当颗粒尺寸减小到 $2\times10^{-2}\ \mu\text{m}$ 以下时,其矫顽力可增加
1 000 倍,若进一步减小其尺寸,大约小于 $6\times10^{-3}\ \mu\text{m}$ 时,其矫顽力反而降低到
0,呈现出超顺磁性。利用磁性超微颗粒具有高矫顽力的特性,已制成高贮存密
度的磁记录磁粉,大量应用于磁带、磁盘、磁卡以及磁性钥匙等。利用超顺磁
性,人们已将磁性超微颗粒制成用途广泛的磁性液体。

超顺磁性: 超顺磁性有两个最重要的特点:一是如果以磁化强度 M 为纵
坐标,以 H/T 为横坐标做图(H 是所施加的磁场强度,T 是绝对温度),则在出
现超顺磁性的温度范围内,分别在不同的温度下测量其磁化曲线,这些磁化曲

线必定是重合在一起的;二是不会出现磁滞,即集合体的剩磁和矫顽力都为 0,如图 5.35 所示。纳米微粒尺寸小到一定临界值时进入超顺磁状态,例如 α-Fe 和 Fe_3O_4 等粒径分别为 5 nm,16 nm 时变成顺磁体,这时磁化率 χ 不再服从居里－外斯定律。例如粒径为 85 nm 的纳米 Ni 微粒,χ 服从居里－外斯定律,而粒径小于 15 nm 的 Ni 微粒,矫顽力 $H_c \rightarrow 0$,这说明它们进入了超顺磁状态。

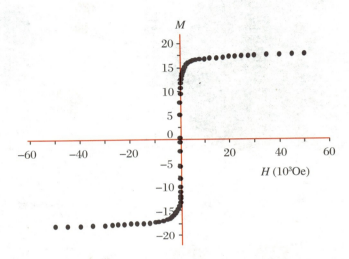

图 5.35　磁性纳米粒子的超顺磁性磁化曲线

低居里温度: 居里温度是物质磁性的重要参数,与原子构型和间距有关。对于纳米磁性薄膜,理论与实验研究表明,随着铁磁薄膜厚度的减小,居里温度下降。对于纳米微粒,由于小尺寸效应和表面效应而导致纳米粒子的本征和内禀的磁性变化,因此具有较低的居里温度。图 5.36 表示金属 Co,Fe 和 Ni 纳米颗粒随尺寸的减少其对应的居里温度减少的关系。

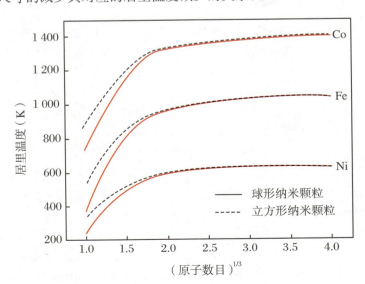

图 5.36　金属 Co,Fe 和 Ni 纳米颗粒随尺寸的减少其对应的居里温度减少的关系

纳米磁性材料应用十分广泛。磁性纳米颗粒主要作为磁存储介质材料,利用磁纳米线的存储特性,记录密度达 400 Gbits/in^2,相当于每平方英寸可存储 20 万部《红楼梦》小说。磁性纳米颗粒也是磁性液体的主要材料,由超顺磁性的纳米微粒包覆了表面活性剂,然后弥漫在基液中而构成。利用磁性液体(磁流体)可以被磁场控制的特性,可以形成各种各样的图案,如图 5.37 所示。在电子计算机中为防止尘埃进入硬盘中损坏磁头与磁盘,在转轴处也已普遍采用磁性液体的防尘密封。磁性液体还有许多其他用途,如仪器仪表中的阻尼器、无声快速的磁印刷、磁性液体发电机、医疗中的造影剂等等。

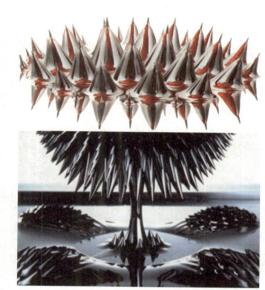

图 5.37　磁流体中的纳米磁性粒子和磁流体艺术

5.3.2　巨磁电阻材料

　　将纳米晶的金属软磁颗粒弥散镶嵌在高电阻非磁性材料中,构成两相组织的纳米颗粒薄膜,这种薄膜的最大特点是电阻率高,称为巨磁电阻效应材料,在 100 MHz 以上的超高频段显示出优良的软磁特性。由于巨磁电阻效应大,可使器件小型化、廉价,可制作成各种传感器件,例如,测量位移、角度,以及数控机床、汽车测速、旋转编码器,微弱磁场探测器等。

1. 巨磁电阻材料

物质在一定磁场下电阻改变的现象,称为"磁阻效应",磁性金属和合金材料一般都有这种磁电阻现象,通常情况下,物质的电阻率在磁场中仅产生轻微的减小,其变化率称为磁致电阻(magnetoresistance,MR)。

$$MR = \frac{\Delta\rho}{\rho_0} = \frac{\rho_H - \rho_0}{\rho_0} \qquad (5.33)$$

式中,ρ_0 和 ρ_H 分别表示无外加磁场和有外场时的电阻率。在大多数金属中,电阻的变化是正的;在大多数过渡金属的合金及铁磁体中,其变化是负的。一般情况下,磁场的方向与电流的方向相互垂直时的磁电阻要明显大于相互平行时的磁电阻。

在某种条件下,电阻率减小的幅度相当大,比通常磁性金属与合金材料的磁电阻值高 10 余倍,称为"巨磁电阻效应"(GMR);而在很强的磁场中某些绝缘体会突然变为导体,称为"超巨磁电阻效应"(CMR)。

1986 年,德国科学家格林贝格小组发现在 Fe/Cr/Fe 3 层膜中观察到两个铁层之间通过铬层产生耦合,实验结果显示电阻下降了1.5%。1988 年,法国科学家费尔小组在 Fe/Cr 周期性多层膜中,观察到当施加外磁场时,其电阻下降更加明显,变化率高达 50%。因此称之为巨磁电阻效应。1995 年,人们以绝缘层 Al_2O_3 代替导体 Cr,还观察到很大的隧道磁电阻(TMR)现象。

如图 5.38 所示,在 Fe/Cr/Fe 系统中,相邻铁层间存在着耦合,它随铬层厚度的增加而呈正负交替的振荡衰减形式,使得相邻铁层磁矩从彼此反平行取向到平行取向交替变化。外磁场也可使多层膜中铁磁层的反平行磁化状态发生变化。当通以电流时,这种磁化状态的变化就以电阻变化的形式反映出来。这就是 GMR 现象的物理机制。

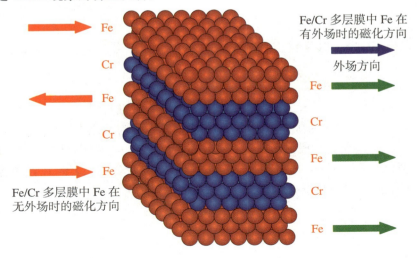

Fe/Cr 多层膜中 Fe 在有外场时的磁化方向

外场方向

Fe/Cr 多层膜中 Fe 在无外场时的磁化方向

图 5.38 Fe/Cr/Fe 系统中巨磁电阻效应示意图

以 Cr 中电子为中介的铁层间的耦合,随着 Cr 层厚度增加而振荡衰减。其平均作用范围为 1～3 nm,这是对 Cr 层厚度的一个限制。在金属中,特别是在磁性金属中,电子平均自由程(10～20 nm)和自旋扩散长度(30～60 nm)很短。这是对多层膜各个亚层厚度的又一限制。

巨磁电阻效应是一种量子力学和凝聚态物理学现象,巨磁电阻效应被成功地运用在硬盘生产上,具有重要的商业应用价值。

2. 磁电子学

基于 GMR 和 TMR 的发现,一个新的学科分支——磁电子学的概念被提出了。从那时起,科技人员一直努力地把 GMR 技术转化为信息技术(IT)。1999 年,以 GMR 多层膜为磁头的硬盘驱动器(HDD)进入市场,其存储密度达到 11 Gbits/in^2,而 1990 年仅为 0.1 Gbits/in^2,10 年中提高了 100 倍。目前 GMR 的研究开发工作正方兴未艾,而将 TMR 应用于新型随机存储器(MRAM)的研究又已经展开。

1999 年 10 月,国际核心学术刊物《磁学与磁性材料》(*Journal of Magnetic Material and Magnetism*)出满了 200 卷。时值世纪之交,此卷就成了纪念专刊,冠名为《2000 年之后的磁学》。美国知名学者 Schuller 发表一篇总结性评述,列出现存的 20 多种 GMR 金属多层膜(即具有 GMR 和振荡的交换耦合)。

如图 5.40 所示,左面和右面的材料结构相同,两侧是磁性材料薄膜层,中间是非磁性材料薄膜层。图 5.40(a)的结构中,两层磁性材料的磁化方向相同。

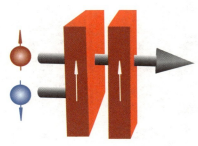

图 5.39 磁电子学标志性示意图

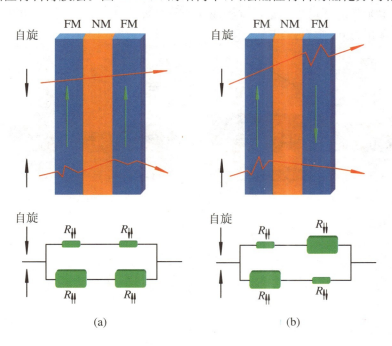

图 5.40 巨磁电阻效应示意图

FM(蓝色)表示磁性材料,NM(橘色)表示非磁性材料,磁性材料中的箭头表示磁化方向;自旋的箭头表示通过电子的自旋方向;R(绿色)表示电阻值,绿色较小表示电阻值小,绿色较大表示电阻值大

当一束自旋方向与磁性材料磁化方向都相同的电子通过时,电子较容易通过两层磁性材料,呈现小电阻。当一束自旋方向与磁性材料磁化方向都相反的电子通过时,电子较难通过两层磁性材料,呈现大电阻。这是因为电子的自旋方向与材料的磁化方向相反,产生散射,通过的电子数减少,从而使得电流减小。图 5.40(b)的结构中,两层磁性材料的磁化方向相反。当一束自旋方向与第一层磁性材料磁化方向相同的电子通过时,电子较容易通过,呈现小电阻;但较难通过第二层磁化方向与电子自旋方向相反的磁性材料,呈现大电阻。当一束自旋方向与第一层磁性材料磁化方向相反的电子通过时,电子较难通过,呈现大电阻;但较容易通过第二层磁化方向与电子自旋方向相同的磁性材料,呈现小电阻。图 5.40 下方图就是上述相应过程的等效电路图。

巨磁电阻效应在高密度读出磁头、磁存储元件上有着广泛的应用。随着技术的发展,存储数据的磁区越来越小,存储数据密度越来越大,这对读写磁头提出了更高的要求。巨磁电阻物质中电流的增大与减小,可以定义为逻辑信号的 0 与 1,进而实现对磁性存储装置的读取。巨磁电阻物质可以将用磁性方法存储的数据,以不同大小的电流输出,并且即使磁场很小,也能输出足够的电流变化,以便识别数据,从而大幅度提高了数据存储的密度。

巨磁电阻效应被成功地运用在硬盘生产上。目前,巨磁电阻技术已经成为几乎所有计算机、数码相机和 MP3 播放器等的标准技术。利用巨磁电阻物质在不同的磁化状态下具有不同电阻值的特点,还可以制成磁性随机存储器(MRAM),其优点是在不通电的情况下可以继续保留存储的数据。除此之外,巨磁电阻效应还可应用于微弱磁场探测器。图 5.41 表示了巨磁电阻读出头的两种读出方式:垂直读出方式和水平读出方式。

图 5.41 巨磁电阻读出头的两种读出方式:(a) 垂直读写和(b) 水平读写

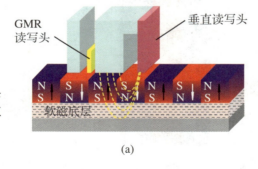

(a)

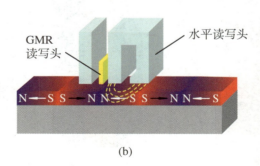

(b)

5.3.3　超导体的磁性 *

1911 年,荷兰物理学家昂纳斯(H. K. Onnes,1853－1926)及其助手首先发现在温度降至液氦的沸点(4.2 K)以下时,水银的电阻为 0。某些物质具有在低温下失去电阻的性质,称为超导体。1913 年,昂纳斯因他在低温物理和超导领域所做的杰出贡献,获得诺贝尔物理学奖。

为了使超导材料具有实用性,人们开始了探索高温超导的历程,从 1911 年至 1986 年,超导温度由水银的 4.2 K 提高到 23.22 K。1986 年 1 月发现钡镧铜氧化物超导温度超过 30 K,至今高温超导体已取得了巨大突破,使超导技术走向大规模应用。

1. 迈斯纳效应

对常规导体,对其降温至某个温度后再加上磁场,然后撤去磁场,则导体内部磁场为 0,如图 5.42(a)所示。而理想导体的磁性与加磁场的历史有关。当导体处于正常态时,把它冷却到理想导体,然后把外磁场加上,再撤去外磁场,则导体内部磁场为 0,如图 5.42(b)所示。但是如果是室温下把外磁场先加在导体上,然后降温冷却至理想导体态,原来存在于内部的磁场由于零电阻特性,在样品转变为超导体后仍存在于内部,如果这时撤去外磁场,则导体为了保持内部磁场不变,将会在表面薄层中引起感应电流,这个感应电流在外部也会产生磁场,如图 5.42(c)所示。在图 5.42(c)的过程中,理想导体表面会存在一个面电流,其密度为

$$\vec{j} = \vec{H}_a \times \vec{n} \tag{5.34}$$

式中,$\vec{H}_a$ 是外加磁场。这个电流保持理想导体的磁通量不变,结果样品被永久磁化了。

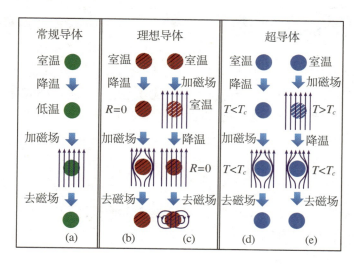

图 5.42 常规导体、理想导体和超导体的磁场变化

1933 年,德国物理学家迈斯纳(F. W. Meissner,1882 - 1974)发现,将超导体放入磁场中,表面会产生超导电流,超导电流产生的磁场与外磁场抵消,使超

导体内的磁感应强度为 0,如图 5.42(d)和(e)所示。即对超导体,不管加磁场的次序如何,超导体内部的磁场总保持为 0,即与加磁场的历史无关,这个效应称为迈斯纳效应。

迈斯纳效应告诉我们,不管如何加磁场,超导体内部的磁场皆为 0,即

$$\vec{B} = \mu_0(\vec{M} + \vec{H}_a) = 0$$

因此超导体具有一个磁化强度(相对于磁矩)

$$\vec{M} = -\vec{H}_a \tag{5.35}$$

把超导体看作一个完全的抗磁体,即 $\mu = 0$,当导体的磁导率从 $\mu = 1$ 突变到 $\mu = 0$ 时,其内部的磁通全部从超导体内排出,由于在此过程中体系要对外做功,所以导体的磁矩从 $M = 0$ 变到 $M = -H_a$。

超导体在磁场中由于超导电流产生的磁场与外磁场的斥力作用,使超导体可悬浮在空中,如图 5.43 所示。

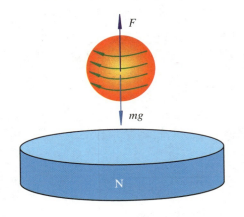

图 5.43　磁悬浮示意图

不过,当我们加大磁场强度时,可以破坏超导态。超导体在保持超导态不至于变为正常态时所能承受外加磁场的最大强度 H_c 称作超导体的临界磁场 $H_c(T)$。临界磁场与温度有关,如图 5.44(a)所示,$H_c(T)$ 与 0 K 时的临界磁场 $H_c(0)$ 的关系为

$$H_c(T) = H_c(0)\left[1 - \left(\frac{T}{T_c}\right)^2\right] \tag{5.36}$$

在临界温度 T_c 以下,超导态不至于被破坏而容许通过的最大电流称作临界电流 I_c。这 3 个参数 T_c,H_c,I_c 是评价超导材料性能的重要指标,对理想的超导材料,这些参数越大越好。

临界温度 T_c、临界磁场 H_c、临界电流 I_c 是约束超导现象的三大临界条件。当温度超过临界温度时,超导态就消失;同时,当超过临界电流或者临界磁场时,超导态也会消失,三者具有明显的相关性。只有当上述 3 个条件均满足超

导材料本身的临界值时,才能发生超导现象(由 T_c, H_c, I_c 形成的闭合曲面内为超导态),如图 5.44(b) 所示。

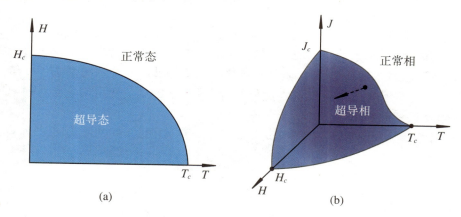

图 5.44 超导相和正常相

2. 伦敦方程

超导电性是一种量子现象。当物体处于超导状态时,一部分电子做完全有序运动,未受到晶格散射,没有电阻效应,其余电子仍属于正常电子,可以用二流体模型来描述这种情况。设超导体内的传导电子密度 n 为超导电子密度 n_s 和正常电子密度 n_n 之和,即

$$n = n_s + n_n$$

相应地,超导体内的电流密度 J 为超导电流密度 J_s 与正常电流密度 J_n 之和,即

$$J = J_s + J_n$$

正常电流满足欧姆定律 $J_n = \sigma E$。由于超导电子运动不受阻尼,电阻为 0,电场 E 将使电子加速,设 v 为超导电子速度,由经典力学,则有

$$\frac{\mathrm{d}\vec{v}}{\mathrm{d}t} = \frac{q\vec{E}}{m}$$

超导电流密度 $\vec{J}_s = nq\vec{v}$,所以有

$$\frac{\mathrm{d}\vec{J}_s}{\mathrm{d}t} = nq\frac{\mathrm{d}\vec{v}}{\mathrm{d}t} = \frac{nq^2}{m}\vec{E} \tag{5.37}$$

这是一个理想电性方程,表明超导电流密度随超导电子加速而增大。通常对超导体 $q = e$,电子质量 m 用电子等效质量 m^* 来代替,即

$$\frac{\mathrm{d}\vec{J}_s}{\mathrm{d}t} = \frac{ne^2}{m^*}\vec{E} = \alpha\vec{E} \tag{5.38}$$

式中,$\alpha = \dfrac{ne^2}{m^*}$。这个方程称作伦敦第一方程,取代了由于超导体的电导 σ 为无限大而不再适应的欧姆定律 $(\vec{j} = \sigma\vec{E})$。由伦敦第一方程可以导出超导体的零

电阻性，当超导体内为恒定电流时，$dj_s/dt = 0$，所以 $E = 0$，代入到正常电流满足欧姆定律 $J_n = \sigma E$，则 $J_n = 0$，所以在恒定情况下，超导体内的电流完全来自超导电子，没有电阻效应，即超导体为零电阻。

伦敦第一方程只导出了超导体的超导电性，还不足以完全描述超导体的全部电磁性质。我们考虑迈斯纳效应，它指出在超导体内部 $B = 0$，由磁场边值关系，当超导体外部有磁场时，紧贴超导体表面两侧处应有边值关系 $H_{2t} = H_{1t}$，$B_{2n} = B_{1n}$。因此，磁场不可能在超导体内侧紧贴表面处突变为 0，它必存在于超导体表面一薄层内。

对伦敦第一方程两边用"$\nabla \times$"作用于式(5.38)两边，并利用式(8.21)，有

$$\frac{\partial}{\partial t} \nabla \times J_s = \alpha \nabla \times E = -\alpha \frac{\partial B}{\partial t}$$

或

$$\frac{\partial}{\partial t}(\nabla \times J_s + \alpha B) = 0$$

$(\nabla \times J_s + \alpha B)$ 与时间无关，但可以有某种空间分布，取决于超导体的初始状态。伦敦取这个量为 0，即得

$$\nabla \times \vec{J_s} = -\alpha \vec{B} \tag{5.39}$$

这就是伦敦第二方程。这两个方程就是伦敦方程，是伦敦兄弟(F. London，1900－1954；H. London，1907－1970)通过修正通常的电动力学方程而建立的，用来描述超导态的基本属性零电阻和迈斯纳效应。

对伦敦第二方程再进行运算，由安培环路定理 $\nabla \times \vec{B} = \mu_0 \vec{J_s}$，两边的左边分别用 $\nabla \times$ 作用在式(5.39)两边，有

$$\nabla \times (\nabla \times \vec{B}) = \mu_0 \nabla \times \vec{J_s} = -\mu_0 \frac{ne^2}{m^*} \vec{B}$$

因为 $\nabla \cdot \vec{B} = 0$，所以 $\nabla \times (\nabla \times \vec{B}) = \nabla(\nabla \cdot \vec{B}) - \nabla^2 \vec{B} = -\nabla^2 \vec{B}$，代入上式，得

$$\nabla^2 \vec{B} - \frac{1}{\lambda_s^2} \vec{B} = 0$$

式中，$\lambda_s = \sqrt{\dfrac{m^*}{\mu_0 ne^2}}$。

对于样品占据 $X > 0$ 的半空间，且 B 平行于样品表面的特殊情况，上式写成

$$\frac{d^2 B}{dx^2} - \frac{1}{\lambda_s^2} B = 0$$

其解为

$$B = B_0 e^{-\frac{x}{\lambda_s}} \tag{5.40}$$

式中，B_0 是样品表面的磁感应强度，这表明超导体内部的磁场随特征深度按指数衰减。λ_s 即为特征深度，其透入深度一般在 $10^{-6} \sim 10^{-5}\,\mathrm{m}$ 之间，因而在研究大块超导体时可认为透入深度为 0。伦敦理论的最大成功之处在于给出磁场对超导材料有一定的穿透性。

3. 第Ⅱ类超导体的磁性

超导体可以依据它们在磁场中的磁化特性划分为两大类：

第Ⅰ类超导体： 只有一个临界磁场 H_c，超导态具有迈斯纳效应，表面层的超导电流维持体内完全抗磁性，如图 5.45 所示。

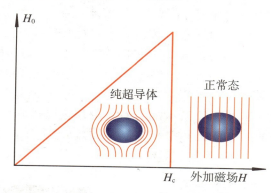

图 5.45 第Ⅰ类超导体的磁场

第Ⅱ类超导体： 具有两个临界磁场 H_{c1} 和 H_{c2}（分别称为下临界场和上临界场），可以经历超导态、混合态和正常态 3 种状态的超导体。第Ⅱ类超导体的第一个实验于 1937 年发表，但是直到 1957 年才逐渐受到重视。

对第Ⅱ类超导体，如图 5.46 所示，当外加磁场 $H_0 < H_{c1}$ 时，其超导特性与第Ⅰ类相同，超导态具有迈斯纳效应，体内没有磁感应线穿过；当 $H_{c1} < H_0 < H_{c2}$ 时，处于混合态，仍具有零电阻效应，但这时体内的磁通量不是全部被排斥到外面，而是有部分磁通穿过，即混合态的抗磁性是不完全的。

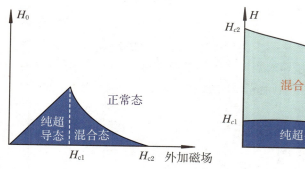
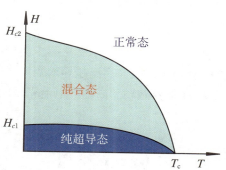

图 5.46 第Ⅱ类超导体的相图

第Ⅱ类超导体又分为理想第Ⅱ类超导体和非理想第Ⅱ类超导体。前者为均匀无缺陷的第Ⅱ类超导体，其中的磁通线在洛伦兹力作用下呈周期的三角形点阵排列，其临界电流密度仍很低。后者为不均匀、含有缺陷的第Ⅱ类超导体，由于缺陷的磁通钉扎作用,阻碍磁通线的运动,使其磁通线成不均匀分布,并能无阻承载大的传输电流。因此,实用型超导体均为非理想第Ⅱ类超导体,也称为硬超导体。

金兹堡(V. L. Ginzburg, 1916 - 2009)和朗道在1950年建立了金茨堡-朗道理论(简称 G-L 理论),他们从热力学统计物理角度描述了超导相变。1957年,阿布里科索夫(A. A. Abrikosov, 1928 -)从 G-L 方程导出,在第Ⅱ类超导体中,磁场其实是以量子化的量子磁通涡旋进入超导体内部的,一个磁通量子为 $\Phi_0 = h/(2e)$(约为 2.067×10^{-15} Wb)。在低温和低场下,量子磁通涡旋将有序地排列,第Ⅱ类超导体中的电流形成了一个个小涡旋,如同水流中的涡旋一样,这些涡旋形成了一个有序的点阵,就像排列整齐的士兵方队一样。这样,既可以使超导体中电子运动的阻力消失,又可以使磁场能够从点阵中的通道通过。可以这样理解:让混乱的人群前进的难度很大,而让排列整齐的士兵方队前进却很容易,前进的阻力大大减少,这就是第Ⅱ型超导体电阻消失的原理;同时,士兵方阵队与队之间的通道很容易让人们通过,这就是第Ⅱ型超导体允许磁场通过的原理。如图 5.47 所示,量子化的磁通很快就被实验所证实,并开辟了涉及超导应用的一个重要领域——超导体的磁通动力学研究。金兹堡和阿布里科索夫获得了 2003 年诺贝尔物理学奖。

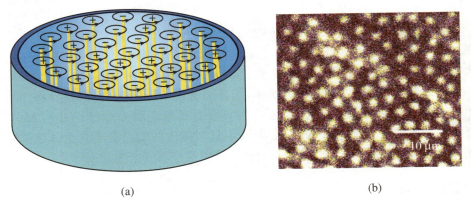

(a)　　　　　　　　　　　　　　　(b)

图 5.47　量子磁通涡旋阵列示意图(a)和实验观测图(b)

第Ⅱ类超导体可以承受比第Ⅰ类超导体高达数十倍的磁场,因此第Ⅱ类超导体较有实用价值。高温超导陶瓷均属于第Ⅱ类超导体。迄今为止,具有高临界温度、高临界磁场和高临界电流密度的超导体都是第Ⅱ类超导体。

5.4　磁场的测量*

磁场测量是电磁测量技术的一个重要分支。在工业生产和科学研究的许多领域都会涉及磁场测量问题,如磁探矿、磁悬浮列车、地质勘探、同位素分离、质谱仪、电子束和离子束加工装置、受控热核反应,以及人造地球卫星等。甚至在医学和生物学方面也有应用,例如,用磁场疗法治病、用"心磁图""脑磁图"来诊断疾病、利用环境磁场对生物和人体的作用,以及对磁现象与生命现象的研究等,都需要磁场测量技术和测磁仪器的研制,因此,磁场的测量技术与人们的科学研究和生活密切相关。

　　磁场测量就是利用材料在磁场中所发生的各种作用来测量磁场,如在磁场中受力、在变化的磁场中磁通量发生变化从而产生感应电动势;或物质在磁场中会出现的各种效应,如通过霍尔效应、磁阻效应等来测量磁场的大小和方向。从测量方法上来划分可以分为利用产生磁场的电流与磁场的严格关系,通过测量电流来确定磁场(简称电流法);利用法拉第电磁感应定律测量磁场(简称电磁感应法);借助于一些物质的磁效应(如霍尔效应)测量磁场。常用的磁场测量仪器有电磁感应测场仪、霍尔效应测场仪、磁阻效应测场仪、磁共振测场仪和磁光效应测场仪。

　　对磁场强度进行测量,可以使用各种不同的技术。每种技术都有其独特的性能,适合不同的范围,从最简单的磁场灵敏传感器直到精确地测量磁场的数值和方向。磁场传感器可分为矢量型传感器和标量型传感器。矢量传感器是可以测量低磁场(<1 mT)和高磁场(>1 mT)的仪器,测量低磁场的传感器通常称为磁场计,测量高磁场的传感器通常称为高斯计。图 5.48 是磁场传感器的一种分类方式。本节主要介绍几种常用的磁场测量计原理。

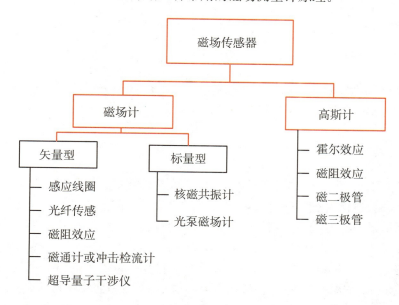

图 5.48　磁场测量计的分类

5.4.1 高磁场的测量*

1. 霍尔效应高斯计

霍尔效应在上一章已经做过介绍,如果霍尔元件的霍尔系数 R_h 已知,测得了控制电流 I 和产生的霍尔电压 V_h,则可测定霍尔元件所在处的磁感应强度为

$$B = \frac{V_h d}{I R_h}$$

霍尔效应高斯计就是利用霍尔效应来测定磁感应强度 B 值的仪器。选定霍尔元件,即 R_h 已确定,保持控制电流 I 不变,则霍尔电压 V_h 与被测磁感应强度 B 成正比。如按照霍尔电压的大小,预先在仪器面板上标定出高斯刻度,则使用时由指针示值就可直接读出磁感应强度 B 值,如图 5.49 所示。

严格地说,在半导体中载流子的漂移运动速度并不完全相同,考虑到载流子速度的统计分布,并认为多数载流子的浓度与迁移率之积远大于少数载流子的浓度与迁移率之积,可得半导体霍尔系数的公式中还应引入一个霍尔因子 r_h,即

$$R_h = \frac{r_h}{ne} \quad 或 \quad R_h = \frac{r_h}{pe}$$

普通物理实验中常用 N 型 Si、N 型 Ge、InSb 和 InAs 等半导体材料的霍尔元件在室温下测量,霍尔因子 $r_h = 3\pi/8 \approx 1.18$,所以

$$R_h = \frac{3\pi}{8} \frac{1}{ne} \tag{5.41}$$

上述计算还是从理想情况出发的,实际情况要复杂得多,在产生霍尔电压 V_h 的同时,还伴生有 4 种副效应,副效应产生的电压叠加在霍尔电压上,造成系统误差。为便于说明,画一简图,如图 5.50 所示。

(1) 埃廷斯豪森(A. Ettinghausen,1850－1932)效应引起的电势差 V_E。由于电子实际上并非以同一速度 v 沿 x 轴负向运动,速度大的电子回转半径大,能较快地到达接点 3 的侧面,从而导致 3 侧面较 4 侧面集中较多能量高的电子,结果 3 和 4 侧面出现温差,产生温差电动势 V_E。可以证明 $V_E \propto IB$。容易理解 V_E 的正负与 I 和 B 的方向有关。

(2) 能斯特(W. H. Nernst,1864－1941)效应引起的电势差 V_N。焊点 1 和

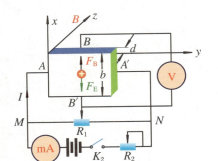

实验装置图(霍尔元件部分)

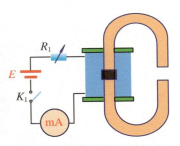

电磁铁气隙中的磁场

图 5.49 通过霍尔效应测量磁场

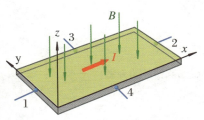

图 5.50 霍尔效应 4 种副效应示意图

2 间接触电阻可能不同,通电发热程度不同,故 1 和 2 两点间温度可能不同,于是引起热扩散电流。与霍尔效应类似,该电流也会在 3 和 4 点间形成电势差 V_N。若只考虑接触电阻的差异,则 V_N 的方向仅与 B 的方向有关。

　　(3)里吉-勒迪克(A. Righi,1850 – 1920;S. A. Leduc,1856 – 1937)效应产生的电势差 V_R。能斯特效应的热扩散电流的载流子由于速度不同,一样具有埃廷斯豪森效应,又会在 3 和 4 两点间形成温差电动势 V_R。V_R 的正负仅与 B 的方向有关,而与 I 的方向无关。

　　(4)不等电势效应引起的电势差 V_0。由于制造上的困难及材料的不均匀性,3 和 4 两点实际上不可能在同一条等势线上。因此,即使未加磁场,当 I 流过时,3 和 4 两点也会出现电势差 V_0。V_0 的正负只与电流方向 I 有关,而与 B 的方向无关。

　　霍尔效应磁场计对均匀、恒定磁场测量的准确度一般在 5%~0.5%,高精度的测量准确度可以达到 0.05%。

2. 磁阻效应磁场计

　　磁阻效应在本章 5.3 节中已经介绍,物质在磁场中电阻率发生变化的现象称为磁阻效应。对于铁、钴、镍及其合金等磁性金属,当外加磁场平行于磁体内部磁化方向时,电阻几乎不随外加磁场变化;当外加磁场偏离金属内部磁化方向时,此类金属的电阻减小,这就是强磁金属的各向异性磁阻效应。

　　磁阻传感器通常是由长而薄的玻莫合金(铁镍合金)制成一维磁阻微电路集成芯片(二维和三维磁阻传感器可以测量二维或三维磁场)。它利用通常的半导体工艺,将铁镍合金薄膜附着在硅片上,如图 5.51 所示。当沿着铁镍合金薄膜的长度方向通以一定的直流电流,而在垂直于电流方向施加一个外界磁场时,合金薄膜自身的阻值会发生较大的变化,利用合金薄膜阻值这一变化可以测量磁场大小和方向。

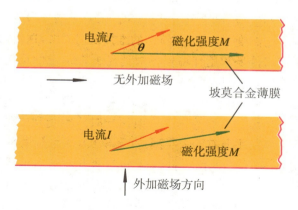

图 5.51　磁阻传感器的构造示意图

5.4.2　低磁场的测量*

1. 感应线圈和磁通计或冲击检流磁场计

感应线圈和磁通计或冲击检流磁场计是使用最广泛的矢量型磁场测量仪器,它们坚固耐用,质量可靠,比其他的低磁场矢量测量计相对便宜。磁通计或冲击检流磁场计用于冲击法测量磁通及磁通密度,如图 5.52 所示。测量时,必须人为地使检测线圈中的磁通发生变化。

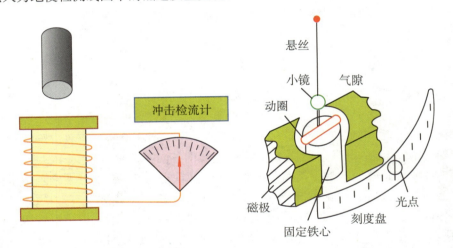

图 5.52　冲击检流磁场计示意图

2. 超导量子干涉仪磁场测量仪

在所有测量仪器中,超导量子干涉仪(SQUID)对磁场最灵敏,但这种测量仪需要工作在很低的温度下,并需要特殊的维持低温系统,这使得其价格昂贵。

超导量子干涉器件是利用环境磁场对约瑟夫森结中两个超导体的电子波函数位相的调制作用,实现对环境磁通的测量。一般有直流 SQUID(双或者多约瑟夫森结)和射频 SQUID(单约瑟夫森结)两种类型。通过超导环的环境磁场本身的磁通量是连续的。而约瑟夫森结超导时所感受到的磁通量是量子化的。超导量子干涉器件主要有两大类型:直流 SQUID 和射频 SQUID。

直流 SQUID 由在超导回路中插入两个约瑟夫森结而构成,如图 5.53 所示。其最大超导电流随回路所包围的磁通做周期性变化,由量子理论得出的十分重要的结论是,若有一超导体环路,则它包围的磁通量只能取 Φ_0 的整数倍,磁通量子为 $\Phi_0 = 2.07 \times 10^{-15}$ Wb,这就是磁通量的量子化,如果磁场发生变化,则 Φ_0 的个数也跟着变化,对 Φ_0 个数进行计数就可测得磁场值。SQUID 灵敏度极高,可达 10^{-15} T,比灵敏度较高的光泵磁力仪要高出几个数量级;它测量范围宽,可从零场测量到数千特斯拉;其响应频率可从零响应到几千兆赫。这些特性均远远超过常用的磁通门磁力仪和质子旋进磁力仪。它可以应用于矿产资源勘探、地质构造研究、无损探伤和超导数字电路等方面。射频 SQUID 由在超导回路中插入一个约瑟夫森结而构成,通常在射频或微波偏置下使用,具有与前者类似的特性与用途。

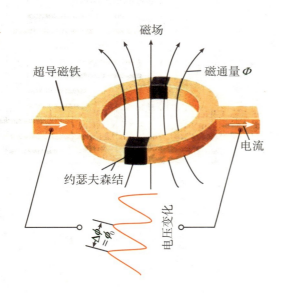

图 5.53 直流 SQUID 磁场计示意图

3. 核磁共振磁场计

核磁共振磁场计是最流行的标量磁场测量仪器之一,它是利用原子核的磁矩在磁场 B 的作用下,将围绕磁场方向旋进,其旋进频率 $f_0 = \gamma B$(γ 为旋磁比,对于一定的物质,它是一个常数),若在垂直于 B 的方向施加一小交变磁场,当其频率与 f_0 相等时,将产生共振吸收现象,即核磁共振。由共振频率可准确地计算出磁通密度或磁场强度。这种磁场计的测量范围为 0.1 mT~10 T。其准确度很高,误差低于 $10^{-4} \sim 10^{-5}$,常用以提供标准磁场及作为校验标准,主要应用于地质勘探、航空测绘等野外作业的磁场测量,但其采样率非常低,所以它不能用于测量快速变化的磁场。

对于随时间变化的交变磁场的测量,通常利用电磁感应效应将磁场的磁学量转变为电动势来测量。以周期性单调上升与下降的交变磁场为例,测量磁通密度时,只需将检测线圈接到平均值电压表上,由电压表的读数可计算出最大磁通密度 B_m,f 为频率,S 为铁芯有效截面,N_2 为测量线圈匝数。利用霍尔片可直接测磁通密度,如保持 I 为直流,则输出电动势 ε 的波形与磁通密度的波形相同。由 ε 可计算出磁通密度值。测量磁场强度时,若用平均值电压表作为磁位计的测量仪表,则可根据电压表读数折算出磁场强度的最大值,也可在均匀标准磁场中进行标定。表5.5给出了各种磁场测量仪的可测量磁场能力。

表 5.5　各种磁场传感器测量磁场的范围

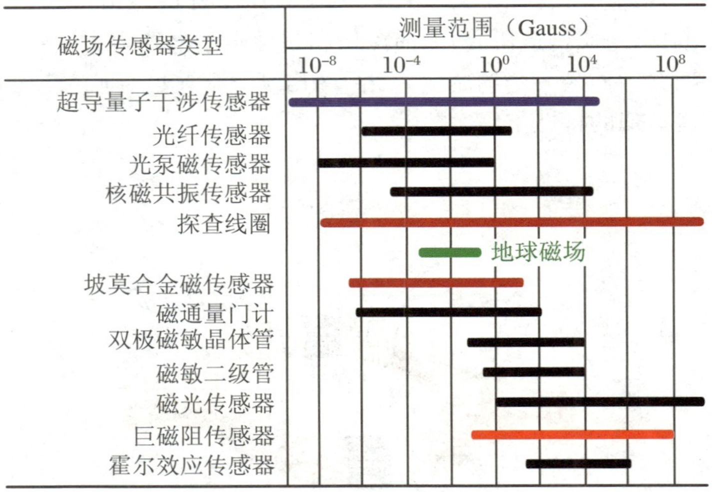

磁场传感器类型	测量范围（Gauss）				
	10^{-8}	10^{-4}	10^0	10^4	10^8
超导量子干涉传感器					
光纤传感器					
光泵磁传感器					
核磁共振传感器					
探查线圈					
坡莫合金磁传感器					
磁通量门计					
双极磁敏晶体管					
磁敏二级管					
磁光传感器					
巨磁阻传感器					
霍尔效应传感器					

地球磁场

第6章　电磁感应与磁场的能量

世界各地广泛地利用风能和太阳能发电

6.1　电磁感应定律

　　自然界的许多规律都具有对称性,对称性也是人类认识自然界的一个重要法则。那么电和磁是否也具有对称性? 早期的电学和磁学研究虽然在某些问题上采用了类比的方法,如研究磁力时,引进磁荷的概念,并给出与库仑力相似的磁荷之间的作用力,对磁学的发展起到了一定的作用,但是人们并没有了解到电和磁之间本质上的对称性。安培从电流角度给出了电和磁的同一性,他提出的分子电流假设表明电与磁是同一体,它们的同一性在电流方面反映出来,即磁由电流产生,而电流是由运动电荷产生的,即磁归根结底是由电荷产生的。法拉第就认为电与磁应该是一对和谐的对称现象,若认为磁由电流产生,反而破坏了这种对称和谐,因而法拉第推测:**电流也可以由磁产生**! 其实安培也曾探索过磁生电问题。他于 1822 年发现一个电流能够感应出另一电流,曾和助手制成一个过阻尼冲击电流计。但由于种种原因,安培忽视了这一重要的发现。瑞士物理学家科拉顿(J. D. Colladon, 1802 – 1893)在 1823 年也曾企图用磁铁在线圈中运动获得电流,他用一个线圈与一个检流计连成一个闭合回路,为了使磁铁不至于影响检流计中的小磁针,特意将检流计放在隔壁的房间里,他用磁棒在线圈中插入或拔出,然后一次又一次跑到另一房间里去观察检流计是否偏转,当然他观察不到指针的偏转,未能发现电磁感应。1825 年,法国物理学家阿拉果(F. Arago, 1876 – 1853)在一次实验中偶然发现金属可以阻尼磁针的振动,他进一步联想:既然一个运动着的磁针可以被金属片吸引,那么一个静止的磁针也一定可以被一个运动着的金属片带动。他根据这一设想设计了一个圆盘实验,在一个可以绕着垂直轴旋转的铜盘的正上方悬挂一根磁针,当铜盘旋转时,磁针跟着旋转,这一实验好像表明磁是因运动着的导体而产生的,为物理学界提出了一个多年来悬而未决的问题。该实验震动了整个欧洲物理学界,法拉第称之为"非凡的实验",阿拉果因圆盘实验而荣获 1825 年科普利金质奖章。

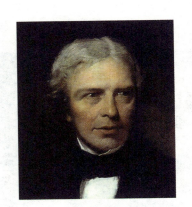

图 6.1　英国物理学家法拉第

6.1.1　电磁感应现象

　　法拉第生于英国萨里郡纽因顿一个贫苦的铁匠家庭。仅上过小学,13 岁时便在一家书店里当学徒,工作之余,自学化学和电学,并动手做简单的实验。

1813 年 3 月由著名化学家戴维(H. Davy, 1778 − 1829)举荐到皇家研究所任实验室助手。这是法拉第一生的转折点,从此他踏上了献身科学研究的道路。1820 年,奥斯特发现电流的磁效应,从此电磁研究受到科学界强烈的关注。1821 年,英国《哲学年鉴》的主编约请戴维撰写一篇文章,评述自奥斯特发现以来电磁实验的发展概况,戴维把这一工作交给了法拉第。法拉第在收集资料的过程中,对电磁现象产生了极大的热情,并开始转向电磁学的研究,他仔细地分析了电流的磁效应等现象,认为既然电能够产生磁,反过来,磁也应该能产生电,于是,他企图从静止的磁力对导线或线圈的作用中产生电流,从 1824 年至 1828 年法拉第做了 3 次实验,却都是在稳态下进行的,均告失败。

1831 年夏,法拉第再次回到磁产生电的课题上来,终于获得突破,发现了期待已久的电磁感应现象。1831 年 8 月 29 日,他在软铁环的 A 边绕了 3 个线圈,可以串联起来使用,也可以分开使用。在 B 边以同样的方向绕两个线圈。他把 B 边的线圈接到检流计上,把 A 边的线圈接到电池组上,如图 6.2(a)所示,当电路接通时,法拉第看到检流计的指针立即发生明显的偏转并振荡,然后停止在原来的位置上,这表明线圈 B 中出现了感应电流。当电路 A 断开时,他又看到指针向相反方向偏转。把 A 边的 3 个线圈串联成一个线圈重做以上实验,对磁针产生的效应比以前更加强烈,但现象是瞬时的,只在 A 边断开和接上电源时的瞬间产生。法拉第改用磁铁插入和拉出一个接检流计的线圈,发现电流表的指针偏转,接着再改用一个通电线圈插进和拔出,如图 6.2(b)所示,结果也相同。

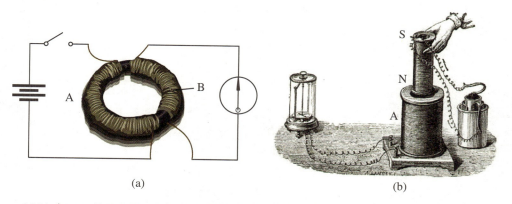

(a)   (b)

图 6.2　法拉第实验示意图

1831 年 11 月 24 日,法拉第在英国皇家学会宣读了他的论文《电学实验研究》第一辑中的 4 篇论文:《论电流的感应》《论从磁产生电》《论物质的一种新的电状态》《论阿拉果的磁现象》。法拉第把产生感应电流的情况概括为五类:变化的电流、变化的磁场、运动的恒定电流、运动的磁铁、在磁场中运动的导体。法拉第把他发现的这种现象正式定名为“电磁感应”(Electromagnetic induction)。

1832 年,法拉第发现,在相同的条件下,不同金属导体中产生的感应电流与导体的导电能力成正比,这表明在一定条件下形成了一定的感应电动势。他由此意识到,感应电流是由与导体性质无关的感应电动势产生的,他相信,即使没有闭合电路,感应电动势可能依然存在。

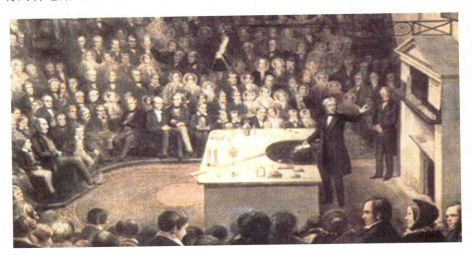

图 6.3　法拉第在英国皇家学会演讲

　　1833 年 11 月 29 日,楞次(H. Lenz,1804 – 1865)在他的《论如何确定由电动力感应所引起的伽伐尼电流方向》一文中,提出了后来称为的"楞次定律"。1845 年,纽曼(F. E. Neumann,1798 – 1895)和韦伯采用理论分析的方法,给出了电磁感应定律的定量形式。

6.1.2　法拉第电磁感应定律

　　法拉第电磁感应定律表述为:当通过导体回路的磁通量随时间发生变化时,回路中就有感应电动势产生,从而产生感应电流。

　　感应电动势的大小与磁通量变化的快慢有关,或者说与磁通量随时间的变化率成正比。感应电动势的方向总是企图由它产生的感应电流建立一个附加磁通量,以阻碍引起感应电动势的那个磁通量的变化,即

$$\mathscr{E} = -\frac{\mathrm{d}\Phi}{\mathrm{d}t}(\mathrm{W}\cdot\mathrm{s}^{-1}) \tag{6.1}$$

　　感应电动势比感应电流更本质,即使回路不闭合,仍有感应电动势存在。感应电动势产生的原因是磁通量的变化,与原来磁通量的大小无关。

　　在计算电动势时,对任意闭合回路,首先要确定磁通量的正负,即确定面积的法线正方向。通常对给定的回路 L 的正方向为与面元 S 的法线方向成右手螺旋关系,一旦方向确定,磁通量 Φ 的正负就确定,由此就确定了 $\mathscr{E}$ 的正负。$\mathscr{E}$

为正表示在闭合回路中产生的感应电流的方向就是按规定的右手螺旋方向流动,反之亦然,图 6.4 所示为 $\mathscr{E}<0$ 时的方向。

考虑一个面积为 S 的闭合平面线圈放在均匀外磁场 B 中,则通过该闭合线圈的磁通量为

$$\Phi = \vec{B} \cdot \vec{S} = BS\cos\theta$$

该式对时间求导,得

$$\mathscr{E} = -\frac{\mathrm{d}\Phi}{\mathrm{d}t} = -S\cos\theta\frac{\mathrm{d}B}{\mathrm{d}t} - B\cos\theta\frac{\mathrm{d}S}{\mathrm{d}t} + BS\sin\theta\frac{\mathrm{d}\theta}{\mathrm{d}t}$$

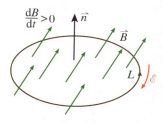

图 6.4　磁通量的正方向规定

因此只要 $\mathrm{d}B/\mathrm{d}t$,$\mathrm{d}S/\mathrm{d}t$,$\mathrm{d}\theta/\mathrm{d}t$ 不同时为 0,线圈中总有电动势产生。通常把上面右边的第一项(即由于磁场变化)带来的电动势称为感生电动势,把第二和第三项(导体在磁场中运动)带来的电动势称为动生电动势。

电动势的方向由物理学家楞次在 1933 年给出:闭合回路中感应电流的方向,总是使得它所激发的磁场来阻止原磁通量的变化。通常把该定律称为楞次定律,它的本质是电磁感应过程遵从能量守恒定律。

在图 6.5(a)所示的装置中,条形磁铁插入的过程中,线圈中产生感应电流进而产生焦耳热,能量何来？实际上在磁铁插入螺线管的过程中,电流表中有读数,即螺线管中出现感应电流,这个电流通过螺线管产生的磁场与条形磁铁靠近的一端一定是相同极性,即一定是阻碍条形磁铁的进一步进入,除非外界继续对条形磁铁做功。试想如果螺线管靠近条形磁铁的一端产生的是相反的极性,那么,条形磁铁以后的过程就不需要外界做功而不断地被吸引进入螺线管,并且在螺线管中不断地产生感应电流,即产生焦耳热,这相当于一个永动机！这显然违背了能量守恒定律,因此楞次定律的实质是能量守恒。同样道理,当条形磁铁拔出时,如图 6.5(b)所示,螺线管中磁通量减少,因此螺线管内会感应出一个电流,这个电流产生的磁场将叠加在条形磁铁产生的磁场中,因此螺线管的磁极如图所示标注。所以楞次定律可以用另一种表述:当导体在磁场中运动时,导体中由于出现感应电流而受到的磁场力必然阻碍此导体的运动。这里的"阻碍"有两层意思:① 磁通量增加时,感应电流的磁通量与原磁通量方向相反。② 磁通量减少时,感应电流的磁通量与原磁通量方向相同。图 6.6 表示了磁铁 N 极和 S 极分别插进和拔出一个线圈时,线圈中产生的感应电流的方向。

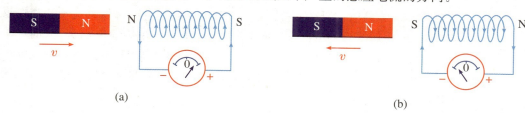

(a)　　　　　　　　　　　　　　　(b)

图 6.5　楞次定律的实质是能量守恒

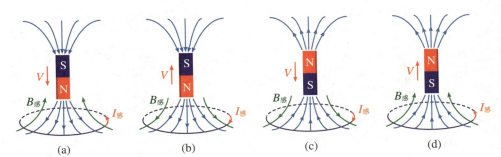

图 6.6 磁通量增加和减少时感应电流的方向

在如图 6.7 所示的实验中,在一个条形磁铁从一个螺线管的右边插入并从左边出来的过程中,螺线管中产生的感应电流按楞次定律给出,如图 6.7(a) 和 (c) 的标注,但当进入到内部时,由于磁通量没有改变,因此螺线管中没有感应电流产生,如图 6.7(b) 所示。

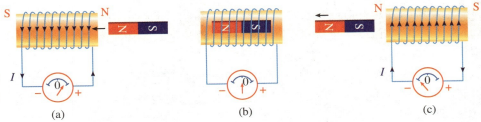

图 6.7 条形磁铁从一个螺线管的一端插入并从另一端拔出时的感应电流

对 N 匝线圈组成的导体回路,总磁通量为

$$\Psi = \sum_{i=1}^{N} \Phi_i$$

则

$$\mathscr{E} = -\frac{\mathrm{d}\Psi}{\mathrm{d}t} = -\sum_{i=1}^{N} \frac{\mathrm{d}\Phi_i}{\mathrm{d}t} \tag{6.2}$$

对通过各匝的磁通量相等的特殊情况,有

$$\mathscr{E} = -N\frac{\mathrm{d}\Phi}{\mathrm{d}t} \tag{6.3}$$

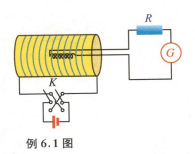

例 6.1 图

【例 6.1】 例 6.1 图所示的是测量螺线管内磁场的一种装置,将一个很小的线圈放在螺线管内部待测处,这个线圈与一个冲击电流计 G 串联,当用反向开关 K 使螺线管的电流反向时,测量线圈中就产生感应电动势,从而产生电荷量 Δq 的迁移,通过 G 可以测出 Δq,就可以计算出所在处的磁感应强度大小,已知线圈 200 匝,螺线管直径 2.5 cm,与 G 串联的电阻为 1 kΩ,测得 $\Delta q = 2.5 \times 10^{-7}$C,求 B 值。

【解】 设测量线圈的横截面积为 S,匝数为 N,回路中的感应电流 i 为

$$i = \frac{\mathrm{d}q}{\mathrm{d}t} = \frac{\mathscr{E}}{R} = -\frac{N}{R}\frac{\mathrm{d}\Phi}{\mathrm{d}t} = -\frac{NS}{R}\frac{\mathrm{d}B}{\mathrm{d}t}$$

所以

$$\mathrm{d}q = -\frac{NS}{R}\mathrm{d}B$$

因螺线管电流反向，B 也跟着反向，所以

$$\int_0^{\Delta q}\mathrm{d}q = \Delta q = -\frac{NS}{R}(-B-B) = \frac{2NSB}{R}$$

得

$$B = \frac{R\Delta q}{2NS} = \frac{1000 \times 2.5 \times 10^{-7}}{2 \times 2000 \times 3.14 \times \left(\frac{2.5 \times 10^{-2}}{2}\right)^2} = 1.3 \times 10^{-4}(\mathrm{T})$$

6.2　动生电动势和感生电动势

6.2.1　动生电动势

　　导体在不随时间改变的磁场内运动，因导体运动而产生的感应电动势，称为动生电动势。

　　设一闭合回路 C 在均匀磁场 B 中以 v 的速度匀速运动，在 $\mathrm{d}t$ 时间内平移了一个距离 $v\mathrm{d}t$，线圈到达了新的位置 C'，我们把两个端面面积 S 和 S' 与母线 $v\mathrm{d}t$ 构成一个封闭圆柱面，如图 6.8 所示。

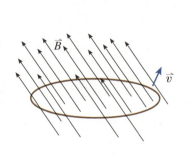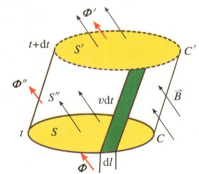

图 6.8　闭合线圈运动形成一个封闭的圆柱面

根据磁场的无源性,对该封闭的圆柱面,其磁通量为 0。设 t 时刻的线圈在 C 处的磁通量为 Φ,$t + \mathrm{d}t$ 时刻线圈在 C' 处的磁通量为 Φ',侧面的磁通量为 Φ'',3 个面的总磁通量为 0,即

$$\Phi' + \Phi + \Phi'' = 0$$

在圆柱的侧面取一长条状面元,其面积矢量为

$$\mathrm{d}\vec{S''} = \mathrm{d}\vec{l} \times \vec{v}\,\mathrm{d}t$$

则通过侧面的总磁通量为

$$\Phi'' = \iint_{S''} \vec{B} \cdot \mathrm{d}\vec{S} = \iint_{S''} \vec{B} \cdot (\mathrm{d}\vec{l} \times \vec{v}\,\mathrm{d}t)$$

利用矢量运算中的循环关系

$$\vec{a} \cdot (\vec{b} \times \vec{c}) = \vec{b} \cdot (\vec{c} \times \vec{a}) = \vec{c} \cdot (\vec{a} \times \vec{b})$$

侧面的磁通量 Φ'' 可以改写为

$$\Phi'' = \iint_{S''} (\vec{v}\,\mathrm{d}t \times \vec{B}) \cdot \mathrm{d}\vec{l} = \Delta t \oint_{C} (\vec{v} \times \vec{B}) \cdot \mathrm{d}\vec{l}$$

圆柱体的 3 个面作为一个整体形成一个闭合曲面的外法线方向为正,但是只考虑各自的曲面法线方向,面元 S 的正方向与外法线方向相反,因而有

$$\Delta\Phi = \Phi' - \Phi = -\Phi''$$

所以由于线圈运动而产生的动生电动势为

$$\mathcal{E} = -\frac{\Delta\Phi}{\Delta t} = -\frac{\Phi' - \Phi}{\Delta t} = \frac{\Phi''}{\Delta t} = \oint_{c} (\vec{v} \times \vec{B}) \cdot \mathrm{d}\vec{l} \tag{6.4}$$

这就是动生电动势的表达式。

若导体没有构成一个闭合回路,只有一段导体在磁场中运动,则有

$$\mathcal{E} = \int_{a}^{b} (\vec{v} \times \vec{B}) \cdot \mathrm{d}\vec{l} \tag{6.5}$$

对图 6.9 所示的特殊情况,即一根导体在导轨上运动,磁场垂直于纸面,则

$$\mathcal{E} = \int vB\mathrm{d}l = BLv \tag{6.6}$$

若一端固定的棒 l 以角速度 ω 在均匀磁场中旋转,角速度方向与磁场平行,如图 6.10(a)所示,则

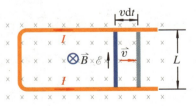

图 6.9　导体棒在均匀磁场中沿导轨运动切割磁场线,产生动生电动势

$$d\mathscr{E} = (\vec{v} \times \vec{B}) \cdot d\vec{l} = vBdl = B\omega l dl$$

即

$$\mathscr{E} = \int d\mathscr{E} = \int_0^l B\omega l dl = \frac{1}{2}B\omega l^2$$

对这个旋转的导体棒，A 端累积负电荷，O 端累积正电荷，因此 O 端的电势高于 A 端的电势，即

$$U_O - U_A = \frac{1}{2}B\omega l^2$$

如果这段导体棒感应的电动势作为电源，则 A 端相当于电源的负极，O 端相当于电源的正极。

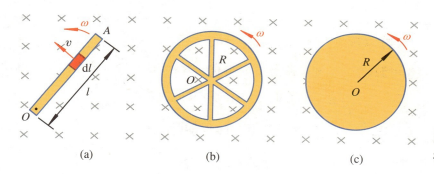

图 6.10　导体棒、多根辐条和圆盘在磁场中匀速转动产生动生电动势

在图 6.10(b) 中一个轮子(如自行车的轮子)上有多根辐条随轮子以匀角速度转动，在磁场中切割磁场线，每根辐条中同样都会产生感应电动势，由于图中有 6 根辐条，每根长度 R 相等，这 6 根辐条产生的电动势相同而且并联，所以对外作为电源输出的电压是相同的。同理，图 6.10(c) 中金属转盘绕中心 O 做匀角速度转动，那么中心 O 和边缘如果安装两个电刷，则两个电刷输出的电压与图 6.10(b) 是相同的。

闭合矩形线圈在磁场中改变面积或旋转时均会产生感应电动势和感应电流。例如，当闭合矩形线圈从无磁场区域进入均匀磁场区域时，如图 6.11 所示，矩形线圈就会有磁通量的变化；同理，当矩形线圈从均匀磁场区域进入无磁场的区域时，在边界也会有磁通量变化，均会在线圈中产生电流，但是在完全进入均匀磁场后继续运动到还没有到达边界的过程中，尽管线圈的一部分仍然在做切割磁场线运动，但是对整个线圈而言其磁通量并没有改变，即当线圈进入磁场中时，线圈中就没有感应电流产生，如图 6.11 中各图所示。

导体在磁场中做切割磁场线运动时会产生感应电动势，这个电动势就可以作为电源使用，那么它输出的能量来源于何处？

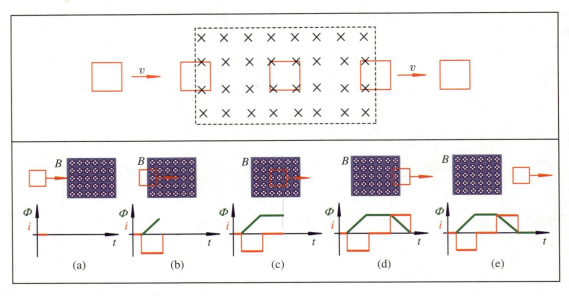

图 6.11　闭合矩形线圈穿过磁场区域时产生感应电流

　　根据电源的定义,即电源是由于非静电力做功产生的,那么对感应电动势这个电源而言,其对应的非静电力是什么呢? 因为 $\mathscr{E} = \int \vec{K}_{非} \cdot \mathrm{d}\vec{l}$,又因为 $\mathscr{E} = \int (\vec{v} \times \vec{B}) \cdot \mathrm{d}\vec{l}$,所以产生动生电动势的非静电力为

$$\vec{K}_{非} = \vec{v} \times \vec{B} \tag{6.7}$$

这实际上就是单位电荷在磁场中受到的洛伦兹力! 所以非静电力来源于洛伦兹力。

　　但是新的问题又出现了:在第 5 章我们已经证明电荷在磁场中运动受到的洛伦兹力是不做功的,而这里却要说动生电动势产生的原因是洛伦兹力,即洛伦兹力是要做功的,这显然出现了矛盾。其实,第 5 章所说的洛伦兹力不做功是指洛伦兹力的合力,而这里所说的洛伦兹力做功是指洛伦兹力的一个分力,并没有矛盾。

　　为了说明这个问题,我们考虑一段导体在均匀的磁场中以 $\vec{v}$ 的速度匀速运动。由于该导体在磁场中做切割磁场线运动,因此这段导体中就会有感应电动势产生,由于这段导体是某个闭合回路的一部分,因此回路中就有感应电流,导体中自由电子的定向运动方向与电流方向相反。设电子运动速度为 $\vec{u}$,则其方向向下,如图 6.12 所示,由于电子还随导体棒有个向右的运动速度 $\vec{v}$,因此实际上电子运动的合速度为 $\vec{V}$,其方向如图 6.12 所示。若该电子受到的洛伦兹力的合力为 $\vec{F}$,则

$$\vec{F} = -e\vec{V} \times \vec{B} = -e(\vec{v} + \vec{u}) \times \vec{B} = -e\vec{v} \times \vec{B} + (-e)\vec{u} \times \vec{B} = \vec{f} + \vec{f}'$$

在本例中这两个分力 $\vec{f}'$ 和 f 正好垂直，$\vec{f}$ 为非静电力来源，它使电子做定向运动，同时欲使导体棒保持匀速 $\vec{v}$ 向右运动，外界就必须提供一个力来克服 $\vec{f}'$，即外力克服 $\vec{f}'$ 做功。外力所做的功的数值就是非静电力做功的数值，即 $\vec{f}$ 所做的正功和 $\vec{f}'$ 所做的负功的数值相当，两者之和为 0。

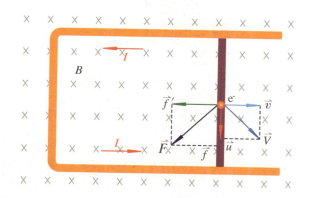

图 6.12　两个洛伦兹力的分力都要做功

下面来证明这两个力所做的功之和正好为 0。$\vec{f}$ 对棒所做的功率为 $P_1 = e(\vec{v} \times \vec{B}) \cdot \vec{u}$，$\vec{f}'$ 对棒所做的功率为 $P_2 = e(\vec{u} \times \vec{B}) \cdot \vec{v}$，由于 $(\vec{a} \times \vec{b}) \cdot \vec{c} = -\vec{a} \cdot (\vec{c} \times \vec{b})$，所以 $(\vec{v} \times \vec{B}) \cdot \vec{u} = -\vec{v} \cdot (\vec{u} \times \vec{B}) = -(\vec{u} \times \vec{B}) \cdot \vec{v}$，故 $\vec{F}$ 的总功率为

$$P = P_1 + P_2 = e(\vec{v} \times \vec{B}) \cdot \vec{u} + e(\vec{u} \times \vec{B}) \cdot \vec{v} = 0$$

故洛伦兹力作用力的合力并不提供能量，而是传递能量，即把外力克服一个洛伦兹力分力做的功通过另一个洛伦兹力分力做功而转化为电流的能量。

【例 6.2】如图所示，竖直平面内有两个平行光滑的电阻可以忽略不计的长直金属杆，一个水平均匀磁场跟金属杆平面垂直，磁感应强度大小为 B，一条长为 L、质量为 m 无电阻的导体棒紧贴金属杆无初速释放后下滑。(1) 当开关 S 接到 1，即把电阻 R 接入电路，求导体的最大速度，并讨论导体棒达到最大速度时的能量转换关系；(2) 当开关 S 接到 2，即把电容 C 接入电路，求棒的加速度，设电容器的击穿电压为 U_b，导体棒下滑多长时间电容器被击穿？

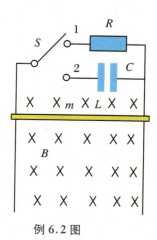

例 6.2 图

【解】(1) 若将电阻 R 接入电路，设棒下滑的速度为 v，则

$$\mathcal{E} = \int_0^l (\vec{v} \times \vec{B}) \cdot d\vec{l} = Blv$$

电路中的电流为逆时针方向，棒受到的安培力为 $F = BLI$，所以根据牛顿第二定律可得

$$mg - BLI = ma \quad 或 \quad mg - \frac{B^2 L^2}{R} v = ma = m\frac{dv}{dt}$$

$$g - \frac{B^2 L^2}{mR} v = \frac{\mathrm{d}v}{\mathrm{d}t}$$

引入变量替换 $v' = g - kv$,式中 $k = \frac{B^2 L^2}{mR}$,则上式变为

$$\frac{\mathrm{d}v'}{v'} = -k\mathrm{d}t$$

积分得

$$v = (g - A\mathrm{e}^{-kt})/k$$

根据初始条件当 $t = 0$ 时,$v = 0$,确定出积分常数为 $A = g$,代入后得

$$v = \frac{mgR}{B^2 L^2}(1 - \mathrm{e}^{-kt})$$

当 $t \to \infty$ 时,棒达到最大速度,其值为 $v = \frac{mgR}{B^2 L^2}$。

因全程只有重力和安培力做功,故

$$\frac{1}{2} m v_{\max}^2 = W_重 - W_安$$

(2) 若将电容 C 接入电路,则

$$I = \frac{\Delta Q}{\Delta t} = \frac{\Delta(C\varepsilon)}{\Delta t} = C\frac{\Delta\varepsilon}{\Delta t} = C\frac{\Delta}{\Delta t}(BLv) = CBLa$$

根据牛顿第二定律,有

$$mg - BLI = ma$$

即

$$mg - B^2 L^2 Ca = ma$$

解之得

$$a = \frac{mg}{m + CB^2 L^2}$$

式中,a 是常数,即导体棒做匀加速下滑运动。电流为逆时针方向,电容器充电的极性为右正左负。电容充电的电压为

$$U = BLv = BLat$$

因为当 $U = U_b$ 时电容器被击穿,所以击穿的时间为

$$t = \frac{U_b}{BLa} = \frac{U_b(m + CB^2 L^2)}{BLmg}$$

【例 6.3】一个闭合的平面导体回路在垂直于闭合回路的均匀磁场 $\vec{B}$ 中绕通过 a 点且与 $\vec{B}$ 平行的轴在其平面内以角速度 ω 匀速转动,假设 a,b 两点的直线距离为 l,求 acb 和 bda 段的电动势,并求 a,b 两点的电势差。

【解】连接 ab,ab 直接连接段为直导线,ab 段和 acb 段构成一个闭合回路,这个闭合回路在磁场中转动,磁通量不变,因此总的感应电动势为 0,即

$$\mathscr{E}_{ba} + \mathscr{E}_{acb} = 0 \quad \text{或者} \quad \mathscr{E}_{acb} = -\mathscr{E}_{ba} = \mathscr{E}_{ab}$$

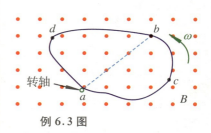

例 6.3 图

ab 为直线段,绕 a 点转动产生的电动势为 $\mathscr{E}_{ab} = Bvl^2/2$,所以 $\mathscr{E}_{acb} = \mathscr{E}_{ab} = Bvl^2/2$。

同理 adb 段的动生电动势也为 $\mathscr{E}_{adb} = \mathscr{E}_{ab} = Bvl^2/2$。整个闭合回路的总电动势亦为 0,即

$$\mathscr{E}_{acb} + \mathscr{E}_{bda} = \mathscr{E}_{acb} - \mathscr{E}_{adb} = 0$$

在这个闭合导体回路中没有电流,所以根据欧姆定律,a,b 两点之间没有电势差。

6.2.2　感生电动势和涡旋电场

由磁场的变化而产生的电动势称感生电动势,即

$$\mathscr{E} = -\frac{\mathrm{d}\Phi}{\mathrm{d}t} = -\frac{\mathrm{d}}{\mathrm{d}t}\iint_S \vec{B} \cdot \mathrm{d}\vec{S} = -\iint_S \frac{\partial \vec{B}}{\partial t} \cdot \mathrm{d}\vec{S} \tag{6.8}$$

这里磁通量正负的规定如图 6.4 中的标注。

感生电动势作为一种电源,产生它的非静电力是什么?法拉第当时并没有给出解释,麦克斯韦通过分析,提出变化的磁场在其周围空间会激发一种新的电场,称涡旋电场。涡旋电场就是产生感生电动势的原因,即导体中的载流子在这种涡旋电场的作用下产生运动,形成电流。

跟静电场不同,涡旋电场是一种由磁场变化而产生的电场,并不是由电荷产生的,涡旋电场的电力线总是环绕着磁场线,即它总是闭合的曲线。因此从带电粒子在电场中做功的行为看,带电粒子在涡旋电场中沿任意一条闭合曲线移动一周,电场力对带电粒子所做的功不为 0,即

$$\oint_L \vec{E}_{旋} \cdot \mathrm{d}\vec{l} \neq 0 \tag{6.9}$$

亦即涡旋电场是非保守力场。单位电荷的带电粒子在涡旋电场中运动一周,电场力所做的功就是回路中产生的感生电动势,即

$$W = \oint_L \vec{E}_{旋} \cdot \mathrm{d}\vec{l} = \mathscr{E} \tag{6.10}$$

麦克斯韦进一步认为,不管有无导体回路存在,变化的磁场所激发的涡旋电场总是客观存在的。即空间有两种形式的电场:由电荷激发的静电场和由变化磁场激发的涡旋电场。

涡旋电场是由变化的磁场产生的,由于磁场的无源性,如果我们引进一个新的物理量——磁矢势 $\vec{A}$,满足 $\vec{B} = \nabla \times \vec{A}$,则 $\vec{A}$ 的表达式为

$$\vec{A} = \frac{\mu_0}{4\pi} \int \frac{I \mathrm{d}\vec{l}}{r} \tag{6.11}$$

磁矢势 $\vec{A}$ 的表达式推导过程读者可参考胡友秋等编著的《电磁学与电动力学》3.1 节。把 $\vec{B} = \nabla \times \vec{A}$ 代入式(6.8)中,有

$$\mathcal{E} = -\frac{\mathrm{d}\Phi}{\mathrm{d}t} = -\frac{\mathrm{d}}{\mathrm{d}t}\iint_S \vec{B} \cdot \mathrm{d}\vec{S} = -\frac{\mathrm{d}}{\mathrm{d}t}\iint_S (\nabla \times \vec{A}) \cdot \mathrm{d}\vec{S}$$

$$= -\frac{\mathrm{d}}{\mathrm{d}t}\oint_L \vec{A} \cdot \mathrm{d}\vec{l} = -\oint_L \frac{\partial \vec{A}}{\partial t} \cdot \mathrm{d}\vec{l}$$

所以

$$\vec{E}_{\text{旋}} = -\frac{\partial \vec{A}}{\partial t} \tag{6.12}$$

即涡旋电场是磁矢势随时间变化率的负值。如果空间中既有静电场 $\vec{E}_{\text{静}}$,又有涡旋电场 $\vec{E}_{\text{旋}}$,则总电场为

$$\vec{E} = \vec{E}_{\text{静}} + \vec{E}_{\text{旋}} \tag{6.13}$$

因为静电场是有势场,满足 $\vec{E}_{\text{静}} = -\nabla U$,所以普遍情况下总电场也可写成

$$\vec{E} = -\nabla U - \frac{\partial \vec{A}}{\partial t} \tag{6.14}$$

感生电动势是由涡旋电场引起的,因此我们可以得到下列的表达式,即

$$\oint_L \vec{E}_{\text{旋}} \cdot \mathrm{d}\vec{l} = -\iint_S \frac{\partial \vec{B}}{\partial t} \cdot \mathrm{d}\vec{S} \tag{6.15}$$

这就是涡旋电场与变化磁场之间的关系,这里 S 是闭合回路 L 所圈围的面积。图 6.13 是电流的磁感应线和变化磁场产生的涡旋电场线的比较。

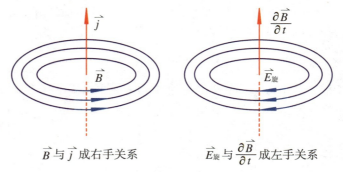

图 6.13 电流的磁感应线和磁场随时间变化的电场线比较

【例 6.4】 在半径为 R 的无限长圆柱形空间内部有均匀的磁场 B 以恒定的变化率 $\mathrm{d}B/\mathrm{d}t = k(k>0)$ 变化,有一内阻可忽略的等腰梯形导线框 $a,b,$ c,d 如图所示放置,a,b 两点在圆柱面上,长度关系为 $cd = 2ab = 2R$,bc 边和 ad 边延长线正好通过圆心 O,求等腰梯形导线框中的感应电动势的大小和方向。

【解】 首先求出圆柱形管内外的涡旋电场,设定回路逆时针为正方向,由电磁感应定律

$$\oint_L \vec{E} \cdot \mathrm{d}\vec{l} = -\iint_S \frac{\partial \vec{B}}{\partial t} \cdot \mathrm{d}\vec{S}$$

得到螺线管内外涡旋电场的分布为

$$\begin{cases} E = \dfrac{r}{2}\dfrac{\mathrm{d}B}{\mathrm{d}t} = \dfrac{rk}{2} & (r < R) \\[2mm] E = \dfrac{R^2}{2r}\dfrac{\mathrm{d}B}{\mathrm{d}t} = \dfrac{R^2 k}{2r} & (r > R) \end{cases}$$

涡旋电场方向与标定的正方向相同,即逆时针方向。

导线 ab 中的感应电动势为

$$\mathscr{E}_{ab} = \int_b^a \vec{E} \cdot \mathrm{d}\vec{l} = \int_0^R \frac{rk}{2} \cdot \cos\theta \mathrm{d}l = \frac{Rk\cos 60°}{2}\int_0^R \mathrm{d}l = \frac{\sqrt{3}}{4}R^2 k$$

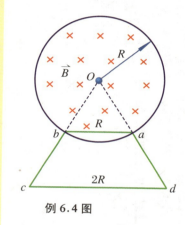

例 6.4 图

导线 cd 中的感应电动势为

$$\mathscr{E}_{cd} = \int_c^d \vec{E} \cdot \mathrm{d}\vec{l} = \int_0^{2R} \frac{R^2 k}{2r} \cdot \cos\theta \mathrm{d}l = \frac{R^2 k}{2}\int_0^{\pi/6} \mathrm{d}\theta = \frac{\pi}{6}R^2 k$$

导线 bc 段和 da 段与涡旋电场垂直,不会产生感应电动势,故最终有

$$\mathscr{E} = \mathscr{E}_{cd} - \mathscr{E}_{ba} = \left(\frac{\pi}{6} - \frac{\sqrt{3}}{4}\right)R^2 k$$

6.2.3 电磁感应的相对性

1. 电场与磁场的相对性

根据电磁场的狭义相对论变换(感兴趣的读者可以参考胡友秋等编著的《电磁学与电动力学》下册 8.5.4 小节)

$$\begin{cases} E'_{/\!/} = E_{/\!/} \\ E'_{\perp} = \gamma(\vec{E} + \vec{v} \times \vec{B})_{\perp} \end{cases} \tag{6.16}$$

$$\begin{cases} B'_{/\!/} = B_{/\!/} \\ B'_{\perp} = \gamma\left(\vec{B} - \dfrac{\vec{v}}{c^2} \times \vec{E}\right)_{\perp} \end{cases} \tag{6.17}$$

S'系相对于 S 系以 $\vec{v}$ 的速度做匀速直线运动，E' 和 B' 是在 S' 系中的电场和磁感应强度，而 E 和 B 是在 S 系中的电场和磁感应强度。下标"$/\!/$"和"$\perp$"分别表示与速度 $\vec{v}$ 平行和垂直的分量，$\gamma = (1 - v^2/c^2)^{-1/2}$。该变换表明电场与磁场是相对的，在不同的参考系中测量的电场和磁场与参考系运动速度有关，并且电场与磁场之间可以在不同的参考系中相互转换。

在低速运动情况下，略去 $(v/c)^2$ 级小项时，并近似取 $\gamma \approx 1$，则式(6.16)和式(6.17)变为非相对论情况下的表达式

$$\vec{E'} = \vec{E} + \vec{v} \times \vec{B}, \qquad \vec{B'} = \vec{B} - \frac{1}{c^2}\vec{v} \times \vec{E} \tag{6.18}$$

该式说明，即使在非相对论情况（低速运动）下，电场与磁场也是相对的。例如在一个参考系（S 系）中，若没有电场而只有磁场，则在另一个以速度 $\vec{v}$ 运动的参考系 S' 系中，可以测量到电场，且 $\vec{E'} = \vec{v} \times \vec{B}$。

2. 再论动生电动势的本质

在 6.2.1 小节中，我们指出动生电动势的本质是单位电荷洛伦兹力（其中一个分力）所做的功。现在我们用非相对论下的 E 和 B 的变换来重新思考这个问题，一个导体棒在均匀的磁场中做切割磁场线的匀速 $\vec{v}$ 运动，如图 6.14(a)所示，取棒为 S' 系，S 系为静止的磁场 B 所处的系，则在 S' 中棒不动，电荷感受到一个电场

$$\vec{E'} = \vec{v} \times \vec{B} \tag{6.19}$$

这里的速度 $\vec{v}$ 是 S' 系相对于 S 系的速度，即棒的运动速度，电场 $\vec{E'}$ 的方向如图 6.14(b)所示。

因此我们换一个角度来看，动生电动势的本质就是静止的电荷所感受到一个运动磁场引起的电场的驱动作用，电荷运动引起电动势。因此动生电动势的本质是静止电荷在运动磁场中，由运动磁场引起的电场力对单位电荷做功。

3. 动生和感生电动势的相对性

综合上面的动生电动势和感生电动势，对任意一个闭合回路 L 在磁场 $\vec{B}$ 中运动，运动速度为 $\vec{v}$，并假设 $v \ll c$，则感应电动势的表达式为

$$\mathscr{E} = -\iint_S \frac{\partial \vec{B}}{\partial t} \cdot \mathrm{d}\vec{S} + \oint_L (\vec{v} \times \vec{B}) \cdot \mathrm{d}\vec{l} \tag{6.20}$$

图 6.14 动生电动势的本质。(a) 棒以速度 $\vec{v}$ 在静止的磁场中向右运动相当于 (b) 棒不动，而空间既有电场 E' 又有磁场 B'

第一项是磁场随时间变化带来的,即感生电动势;第二项是磁场运动带来的,即
动生电动势。

    现在来分析一个条形磁铁插入一个线圈所产生的电动势的过程。如
图 6.15 所示,磁棒与线圈做相对运动,相对速度为 $\vec{v}$。设 S_0 系固定在磁棒上,S'
系固定在线圈上,S'' 系固定在地面上。

    对 S_0 系观察者而言,磁棒静止,线圈向上运动,因此产生的电动势是动生电
动势。这个电动势是由于磁场运动而引起的一个电场,根据上面的分析有

$$\mathscr{E}_{动} = \oint_L (-\vec{v} \times \vec{B}) \cdot \mathrm{d}\vec{l}$$

但对 S' 系观察者来说,线圈并没有运动,而是磁铁在运动,即是磁场变化带
来的电动势,故为感生电动势,所以

$$\mathscr{E}_{感} = \oint_L \vec{E}_{旋} \cdot \mathrm{d}\vec{l} = -\iint_S \frac{\partial \vec{B}}{\partial t} \cdot \mathrm{d}\vec{S}$$

图 6.15　电磁感应的
相对性

但对 S'' 系观察者来说,由于线圈和磁铁都可能在运动,因此既有动生电动
势,又有感生电动势,即

$$\mathscr{E} = -\oint_L (\vec{v}' \times \vec{B}') \cdot \mathrm{d}\vec{l} - \iint_S \frac{\partial \vec{B}'}{\partial t} \cdot \mathrm{d}\vec{S}$$

式中,v' 是线圈相对于 S'' 系的运动速度,B' 是磁铁相对于 S'' 系的磁场。所以,动
生电动势和感生电动势并不是绝对的,而是相对而言的,取决于观察者所处的
参考系。但无论观察者在什么参考系,线圈产生感应电动势都是客观事实,在
低速近似($v \ll c$)下,其值也不会因观察者所处的参考系不同而变化。

6.2.4　涡电流和趋肤效应

1. 涡电流

    1851 年,傅科(J. Foucault,1819 – 1868)发现金属块处在变化的磁场中或
相对于磁场运动时,在它们的内部也会产生感应电流,该电流被称为"傅科电
流",这是傅科在电磁学方面的重要发现,同年,他被英国皇家学会授予科普利
奖章。

    如图 6.16 所示,铁芯可看作由一系列半径逐渐变化的圆柱状薄壳组成,每
层薄壳自成一个闭合回路,在交变磁场中,通过这些薄壳的磁通量都在不断地
变化,所以一层层地产生感应电流。

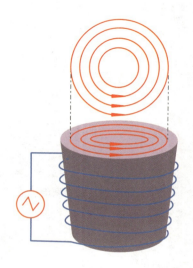

图 6.16　傅科的涡电流效应

从上端俯视,电流线呈闭合的涡旋状,因而这种感应电流叫作涡电流,简称涡流。由于大块金属的电阻很小,因此涡流可达非常大的强度,甚至可熔化金属。工业上常用涡电流效应加热金属,如图 6.17 所示。

图 6.17　高频电流的涡电流可以使金属熔化

但是在大部分情况下是不希望产生涡流的。例如,作为各种变压器的铁芯,是不希望产生涡流的,否则铁芯温度就会很高,既会造成能量的损失又会不安全。减少涡电流的主要方法有:① 采用高电阻材料,如硅钢,在钢中增加硅含量,电阻率可以达到 $40\sim50\ \mu\Omega\cdot cm$,比纯钢的电阻率 $10\ \mu\Omega\cdot cm$ 要大 $4\sim5$ 倍,而硅含量增加对磁导率没有太大的改变。② 采用多层相互绝缘硅钢片叠加而成,减少涡电流的导体截面积,即增大电阻值,如图 6.18 所示。

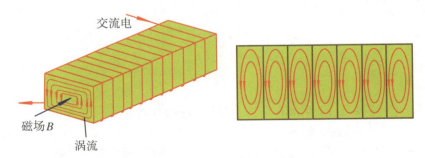

交流电

磁场 B　涡流

图 6.18　减少涡电流的方法

涡电流除了热效应外,还有机械效应,即大块金属在磁场中运动会受到很大的阻力。如图 6.19 所示是一个金属摆,当金属摆下落经过磁场的区域时,金属板上就会产生涡电流,这个涡电流在磁场中受到安培力,这个安培力是阻尼力(为什么?);同理,当摆锤要离开磁场时,由于摆锤上的磁通量会减少,也会产生涡电流,这个涡电流也是阻尼力,所以摆锤很快就停止摆动。如果在摆锤的金属板上开一些狭槽,阻尼效应就会大大减少。

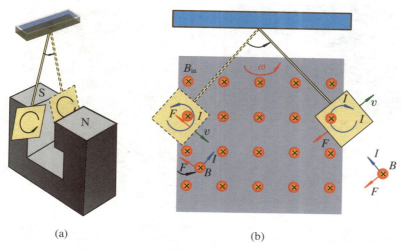

(a)   (b)

图 6.19 涡电流产生的阻尼效应

2. 趋肤效应

当交变电流通过导电圆柱体时,电流密度分布不再均匀,越靠近导体表面处,电流密度越大,这种现象称为趋肤效应,如图 6.20 所示。其结果是有效面积减少,电阻增加。趋肤效应实际上比较复杂,还跟涡电流与交变电流之间的位相有关。

理论分析表明,导体中的电流密度为

$$j = j_0 e^{-\frac{d}{d_s}} \tag{6.21}$$

式中,d_s 为趋肤深度,$d_s = \sqrt{\dfrac{2}{\omega \mu_0 \mu_r \sigma}}$。对铜材料,我们来估算其趋肤深度,铜的 $\sigma = 5.9 \times 10^7 \ (\Omega \cdot m)^{-1}$,$\mu_r = 1$,对 $f = 1 \ kHz$ 交流电,计算得到 $d_s = 0.21 \ cm$;如果 $f = 100 \ kHz$,那么 $d_s = 0.021 \ cm$。对铁,由于 μ_r 很大,趋肤效应更加明显。图 6.21 是方形铜导体通以高频电流时的电流密度分布模拟计算图。

图 6.22(a)是各种金属材料在通以不同频率的高频交流电时的趋肤深度。当导线通以高频电流时,由于趋肤效应,电流主要分布在导线的表面,表面的电流密度大大增加,这将产生很大的焦耳热,使金属导线表面起保护作用的绝缘层老化甚至发生着火,所以一般的高频电缆线通常由多股很细的金属丝制成,如图 6.22(b)所示。趋肤效应主要应用于表面淬火,使得材料的表面硬度增加,这在制作刀具时是常用的方法。

**图 6.20 趋肤效应
示意图**

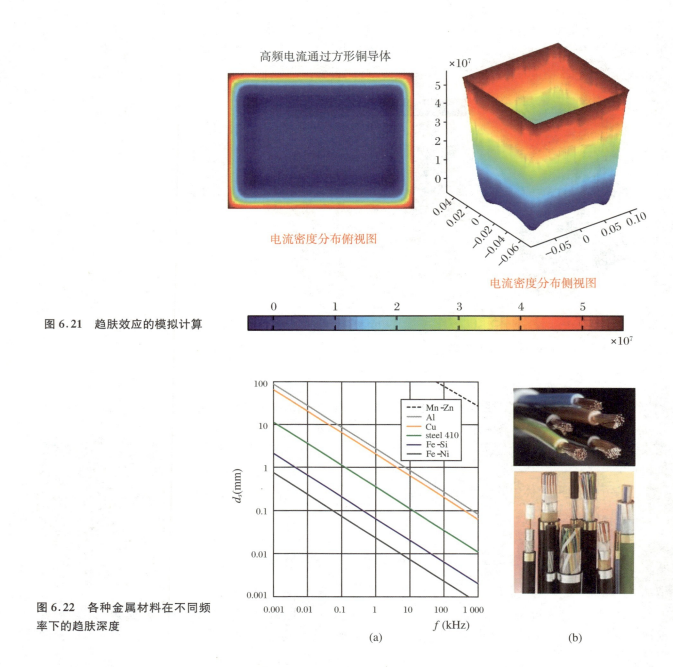

高频电流通过方形铜导体

电流密度分布俯视图

电流密度分布侧视图

图 6.21 趋肤效应的模拟计算

图 6.22 各种金属材料在不同频率下的趋肤深度

(a)

(b)

6.2.5 电子感应加速器

  电子感应加速器是利用在变化磁场中产生的涡旋电场来加速电子的,图 6.23 是这种加速器的示意图。在由电磁铁产生的非匀强磁场中安放着环状真空室,当电磁铁用低频的强大交变电流励磁时,真空室中会产生很强的涡旋电场。由电子枪发射的电子,一方面在洛伦兹力的作用下做圆周运动,同时被涡旋电场所加速。前面我们得到的带电粒子在匀强磁场中做圆周运动的规律表明,粒子的运行轨道半径 R 与其速率 v 成正比。而在电子感应加速器中,真空室的径向线度是极其有限的,必须将电子限制在一个固定的圆形轨道上,同时被加速。那么这个要求是否能够实现呢?

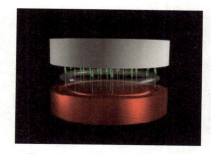

图 6.23　电子感应加速器示意图

电子在径向受洛伦兹力而做圆周运动。假设磁场 B 按正弦变化,这是为了保证电子按右手螺线方向运动并加速,如图 6.24 所示。圆周运动电子切向受 $E_旋$ 作用而加速,要求 $E_旋$ 和右旋方向反向,即要求 $\mathrm{d}B/\mathrm{d}t>0$,只有在第一个 1/4 周期和最后一个 1/4 周期内满足这个条件。在最后一个 1/4 周期内,电子受到的洛伦兹力方向向外,不能使电子沿圆周稳定运动。综合以上两种条件,即只有在磁场的第一个 1/4 周期内电子既可以加速又可以沿圆周运动。只要电子在第一个 1/4 周期结束前已经在磁场中旋转很多圈,加速到了足够高的能量,在第二个 1/4 周期到来前从真空室中偏出输运到实验靶站上就结束了。

下面分析电子稳定在圆周轨道上运动的基本条件。根据牛顿力学,我们可以列出电子沿径向和切线方向的两个运动方程,即

$$\begin{cases} evB_R = \dfrac{mv^2}{R} \\[2mm] -eE_旋 = \dfrac{\mathrm{d}(mv)}{\mathrm{d}t} \end{cases}$$

式中,B_R 是电子运行轨道上的磁感应强度,由第一式可得到 $mv = eRB_R$。沿电子运动的圆周对涡旋电场进行一周的积分,可以计算出涡旋电场,即

$$E_旋 = -\frac{1}{2\pi R}\frac{\mathrm{d}\Phi}{\mathrm{d}t}$$

代入第二个方程,有

$$\frac{e}{2\pi R}\frac{\mathrm{d}\Phi}{\mathrm{d}t} = \frac{\mathrm{d}(mv)}{\mathrm{d}t}$$

两边积分,假设电子初速度为 0,有

$$mv = \frac{e}{2\pi R}\iint_S \mathrm{d}\Phi = \frac{e}{2\pi R}\bar{B}\cdot\pi R^2$$

式中,$\bar{B}$ 为电子圆周运动圈围的面积上的磁感应强度平均值,即

$$eRB_R = \frac{eR}{2}\bar{B}$$

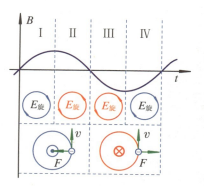

图 6.24　电子感应加速器磁场和涡旋电场以及电子受到的洛伦兹力关系

或

$$B_R = \overline{B}/2 \qquad (6.22)$$

即轨道上 B_R 等于轨道内 B 的平均值 $\overline{B}$ 的一半时，电子就能够稳定地在圆形轨道上被加速。

电子在涡旋电场中运动一周被加速所获得的能量为

$$\Delta W = -2\pi eRE_{旋} = \frac{e\Delta\Phi}{\Delta t} = \frac{\Delta\Phi}{T}（用 eV 做能量的单位）$$

或者

$$\frac{\Delta\Phi}{\Delta W} = T = \frac{2\pi R}{v}$$

对质量较轻的粒子，如电子，在能量达到 2~3 MeV 时就接近了光速。因此

$$\Delta W = \frac{c\Delta\Phi}{2\pi R} \qquad (6.23)$$

即加速能量 ΔW 与磁通量 $\Delta\Phi$ 成正比，与半径 R 成反比，因此在轨道半径大的感应加速器中，加速粒子到相同的能量，其磁通量利用率不如尺寸小的加速器有效。其次，用感应加速器加速，比电子静止质量大得多的粒子或离子并不适宜，因为与电子相比，在同样的磁场强度和相当的最终加速能量情况下，离子加速器轨道半径不仅比电子加速器大很多，而且速度比光速低得多。因而要使离子获得同样动能增量所需磁通量的增量，将比加速电子大得多。例如，B 相同的情况下，加速能量为 $\Delta W = 10$ MeV 质子的轨道半径 R_p 约为电子轨道半径 R_e 的 13 倍，其质子的最终速度 v_p 约为电子最终速度 v_e 的 0.14 倍，因此

$$\left(\frac{\Delta\Phi}{\Delta W}\right)_p \approx 93\left(\frac{\Delta\Phi}{\Delta W}\right)_e \qquad (6.24)$$

所以感应加速器只适于加速电子，而不适于加速重的粒子或离子。

电子感应加速器的主要特点是：① 加速电子以 10~50 MeV 为合理的能量范围。② 电子感应加速器引出电子束的能量均匀性较好；采用短脉冲引出，能量的单色性更好。③ 改变引出的时间，可以灵活地调节最终加速能量。④ 平均流强一般仅达几至几十 μA 级，对脉冲流强有可能达 mA 级；引出效率可达 75%。

1922 年，美国科学家斯莱本（J. Slepian，1891 - 1969）就提出了这种感应加速器原理，但是直到 1940 年，伊利诺依大学的克斯特（D. W. Kerst，1911 - 1993）等人才解决了轨道稳定性问题，建成第一台电子感应加速器，如图 6.25 所示，当时的加速能量为 2.3 MeV；在这之后，感应加速器才有了迅速的发展。

图 6.25 1940 年美国伊利诺依
大学克斯特发明的世界上第一
台感应加速器

6.3 互感与自感

6.3.1 互感与互感系数

　　当一个线圈中的电流变化时,在另一个线圈中产生的感应电动势称为互感
电动势。线圈 1 激发的磁场在线圈 2 中的总磁通量只与线圈 1 中的电流 I_1 有
关,如图 6.26 所示,即

$$\Psi_{21} = M_{21} I_1 \tag{6.25}$$

同理,线圈 2 激发的磁场在线圈 1 中的总磁通量为

$$\Psi_{12} = M_{12} I_2 \tag{6.26}$$

M_{21} 和 M_{12} 为互感系数的第一种定义,简称互感。互感系数具有对称性,即下标
交换不变。证明如下,根据磁矢势的定义有

$$\vec{A}_1 = \frac{\mu_0}{4\pi} \oint_{L_1} \frac{I_1 \cdot \mathrm{d}\vec{l}_1}{r}$$

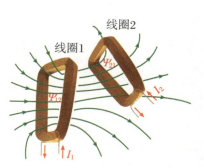

图 6.26 两个线圈之间的
互感

有

$$\Psi_{21} = \iint\limits_{S_2} \vec{B}_1 \cdot \mathrm{d}\vec{S}_2 = \iint\limits_{S_2} (\nabla \times \vec{A}_1) \cdot \mathrm{d}\vec{S}_2 = \oint\limits_{L_2} \vec{A}_1 \cdot \mathrm{d}\vec{l}_2$$

$$= \frac{\mu_0}{4\pi} \oint\limits_{L_2} \left(\oint\limits_{L_1} \frac{I_1 \mathrm{d}\vec{l}_1}{r} \right) \cdot \mathrm{d}\vec{l}_2 = \frac{\mu_0 I_1}{4\pi} \oint\limits_{L_1}\oint\limits_{L_2} \frac{\mathrm{d}\vec{l}_1 \cdot \mathrm{d}\vec{l}_2}{r}$$

即

$$M_{21} = \frac{\Psi_{21}}{I_1} = \frac{\mu_0}{4\pi} \oint\limits_{L_1}\oint\limits_{L_2} \frac{\mathrm{d}\vec{l}_1 \cdot \mathrm{d}\vec{l}_2}{r} \tag{6.27}$$

同理可得

$$M_{12} = \frac{\Psi_{12}}{I_2} = \frac{\mu_0}{4\pi} \oint\limits_{L_1}\oint\limits_{L_2} \frac{\mathrm{d}\vec{l}_2 \cdot \mathrm{d}\vec{l}_1}{r} \tag{6.28}$$

因为 $\mathrm{d}\vec{l}_1 \cdot \mathrm{d}\vec{l}_2 = \mathrm{d}\vec{l}_2 \cdot \mathrm{d}\vec{l}_1$,所以

$$M_{12} = M_{21} \tag{6.29}$$

多个线圈存在时,任意两个线圈之间的互感系数为

$$M_{ij} = M_{ji} = \frac{\mu_0}{4\pi} \oint\limits_{L_i}\oint\limits_{L_j} \frac{\mathrm{d}\vec{l}_i \cdot \mathrm{d}\vec{l}_j}{r} \tag{6.30}$$

互感系数的单位为亨利(H),亨利 = 韦伯/安培 = 伏特·秒/安培,$1\ \mathrm{H} = 10^3\ \mathrm{mH}$ $= 10^6\ \mu\mathrm{H}$。

当只有两个线圈存在时,M 可以省略下标。I_1 变化而激发线圈 2 中的感应电动势为

$$\mathscr{E}_2 = -\frac{\mathrm{d}\Psi_{21}}{\mathrm{d}t} = -M\frac{\mathrm{d}I_1}{\mathrm{d}t} \tag{6.31}$$

I_2 变化而激发线圈 1 中的感应电动势为

$$\mathscr{E}_1 = -\frac{\mathrm{d}\Psi_{12}}{\mathrm{d}t} = -M\frac{\mathrm{d}I_2}{\mathrm{d}t} \tag{6.32}$$

互感系数是由回路自身的几何特性、相对位形和介质特性决定的。互感系数还有一种定义,即

$$M_{21} = -\frac{\mathscr{E}_{21}}{\mathrm{d}I_1/\mathrm{d}t} \tag{6.33}$$

在没有铁磁质、回路不变形时两种定义是等效的。第一种定义通常用于计算,而第二种定义通常用于测量。此外,互感 M 可正可负,取决于 I 的方向:M 取正值,表明其互感电动势与该线圈原有的电动势(或电流)是相互加强的;反之,

M 取负值,表明二者是相互抵消的。

【例6.5】 如图两个同心共面的圆线圈半径分别为 a, b,其中 b 中通有电流 I。设 b 中电流产生的磁场在 a 中近似为常数,求:(1) 互感系数 M;(2) 若小线圈中的电流 $I_a = I_0 \sin \omega t$,则 $\mathscr{E}_b$ 为多少?($a \ll b$)

【解】 (1) 半径为 b 的圆环电流 I 在圆心处产生的磁感应强度为

$$B = \frac{\mu_0 I}{2b}$$

近似认为穿过小线圈的磁场是常数,取圆心处的磁场,则磁通量为

$$\Phi_{ab} = BS_a = \frac{\mu_0 I}{2b} \pi a^2$$

所以根据互感系数的定义,得到

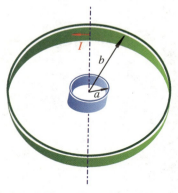

例 6.5 图　两个线圈之间的互感

$$M = \frac{\Phi_{ab}}{I} = \frac{\mu_0 \pi a^2}{2b}$$

(2) 当小线圈中通有交流电时,在大线圈中产生的磁通量为

$$\Phi_{ba} = MI_a = MI_0 \sin \omega t$$

所以,互感电动势为

$$\mathscr{E}_b = -\frac{\mathrm{d}\Phi_{ba}}{\mathrm{d}t} = -M\omega I_0 \cos \omega t = -\frac{\mu_0 \omega \pi a^2}{2b} I_0 \cos \omega t$$

【例6.6】 在横截面积为 S、长为 l 的螺线管上,重叠绕制两组线圈,匝数为 N_1 和 N_2,求互感。

【解】 设一个螺线管通有电流 I_1,在螺线管内部产生的磁感应强度为

$$B_1 = \mu_0 n I_1 = \mu_0 \frac{N_1}{l} I_1$$

由于两个螺线管重叠,所以这个磁场的磁场线也全部穿过第二个螺线管,磁通量为

$$\Phi_{21} = N_2 B_1 S = \mu_0 \frac{N_1 N_2}{l} S I_1$$

所以,互感系数为

$$M = \frac{\Phi_{21}}{I_1} = \mu_0 \frac{N_1 N_2}{l} S = \mu_0 \frac{N_1 N_2}{l^2} Sl = \mu_0 n_1 n_2 V$$

6.3.2　自感与自感系数

　　线圈中的电流变化会在线圈自身中产生感应电动势,该电动势称为自感电动势。线圈激发磁场在线圈自身中的磁通匝链数当然只与自身中的电流 I 有关:

$$\Phi = LI \tag{6.34}$$

因此自感系数为

$$L = \frac{\Phi}{I} \tag{6.35}$$

线圈中 I 变化激发在自身线圈中的感应电动势为

$$\mathscr{E} = -\frac{\mathrm{d}\Phi}{\mathrm{d}t} = -L\frac{\mathrm{d}I}{\mathrm{d}t} \tag{6.36}$$

例如理想螺线管的自感系数为 $L = \mu_0 n^2 V$,式中 n 为单位长度的匝数,V 为螺线管的体积。

　　计算变化的磁场对回路自身所圈围面积的磁感通量,会出现令人迷惑的问题,因为,如果认为电流是线电流,导线的直径趋向于 0,那么在导线附近的磁感强度将趋向无限大,通过细线回路的磁感通量也趋向无限大。但实际上,导线总有一定的粗细,只有当考察的场点离导线较远时,把导线看作几何线才是合理的,当考察点接近导线时,就必须考虑导线具有一定粗细这一实际情况。

　　但是,对于有粗细的导线,导线不同部分构成不同的回路,圈围不同的面积,便有不同大小的磁通量。在这种情况下,不同的磁感应线将交链不同的电流。

　　如图 6.27 所示,磁感应线 a 圈围整个导线中的电流,与整个电流互相交链;而磁感应线 b 则仅圈围一部分电流,即只与部分电流交链,只有这部分电流

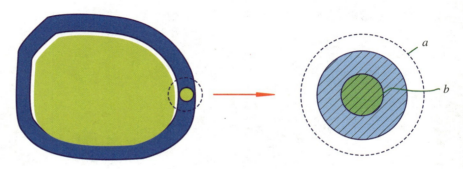

图 6.27　磁感应线交链不同的电流

通过所圈围的面积。这与由若干匝线圈组成的回路有相似之处,在计算自感系数
时,既要考虑磁通匝链数,又要考虑到不同的磁感应线交链不同的电流这一事实。

如图 6.28 所示,对于 N 匝线圈组成的回路,若通过每匝线圈的磁感通量都
是 Φ_m,即每条磁感线交链的电流是每匝中电流的 N 倍,那么对整个回路的磁
通匝链数为

$$\Psi = N\Phi_m$$

若通过各匝线圈的磁感通量不等,通过 n_1 匝线圈的通量为 Φ_1,通过 n_2 匝线圈
的通量为 Φ_2,$\cdots$,则总的磁通量为

$$\Psi = n_1\Phi_1 + n_2\Phi_2 + \cdots = \sum_i n_i\Phi_i$$

线圈总匝数为 $N = \sum_i n_i$,所以自感系数为

$$L = \frac{\Psi}{I} = \frac{1}{I}\sum n_i\Phi_i \tag{6.37}$$

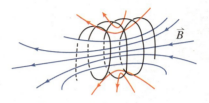

图 6.28　有效匝数

同理,对于粗导线构成的回路,整个回路的电流为 I,回路仅包含一匝线圈,
但导线内部的磁感通量 $\mathrm{d}\Phi_m$ 只与 I 中的一部分电流 I' 相交链。与 I' 相联系的
电流只有 I'/I 匝,故

$$\mathrm{d}\Psi_m = \frac{I'}{I}\mathrm{d}\Phi_m$$

整个电流回路的磁通匝链数为

$$\Psi_m = \int \frac{I'}{I}\mathrm{d}\Phi_m \tag{6.38}$$

自感系数是由回路自身的几何特性和介质特性决定的。自感同样有另外
一种定义,即

$$L = -\frac{\mathcal{E}}{\mathrm{d}I/\mathrm{d}t} \tag{6.39}$$

在无铁磁质和回路不变形时两者定义是等效的。与 M 可取正负值不同,L 总
取正值。

【例 6.7】计算如图所示的同轴电缆的自感,内圆柱是实心的。

【解】电缆中的磁场分布为

$$\begin{cases} B_1 = \dfrac{\mu_0 I}{2\pi R_1^2}r & (r < R_1) \\[2mm] B_2 = \dfrac{\mu_0 I}{2\pi r} & (R_1 < r < R_2) \end{cases}$$

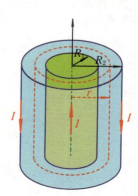

例 6.7 图　同轴电缆
的自感

B_2 交链整个电流 I ，而 B_1 仅交链部分电流，B_1 对磁通匝链数的贡献为

$$\Psi_1 = \int \frac{I'}{I} B_1 \mathrm{d}S = \int_0^{R_1} \frac{r^2}{R_1^2} \frac{\mu_0 I}{2\pi R_1^2} rl\,\mathrm{d}r = \frac{\mu_0 Il}{2\pi R_1^4} \int_0^{R_1} r^3 \,\mathrm{d}r = \frac{\mu_0 Il}{8\pi}$$

$$\Psi_2 = \int B_2 \mathrm{d}S = \frac{\mu_0 I}{2\pi} \int_{R_1}^{R_2} \frac{l}{r} \mathrm{d}r = \frac{\mu_0 Il}{2\pi} \ln \frac{R_2}{R_1}$$

总磁通量为

$$\Psi = \Psi_1 + \Psi_2 = \frac{\mu_0 Il}{2\pi} \ln \frac{R_2}{R_1} + \frac{\mu_0 Il}{8\pi}$$

因为 $\Psi = lLI$，所以单位长度的电感为

$$L = \frac{\mu_0}{2\pi} \left(\frac{1}{4} + \ln \frac{R_2}{R_1} \right)$$

而由空心圆筒构成的同轴电缆的单位长度的电感为（读者可以自行计算）

$$L = \frac{\mu_0}{2\pi} \ln \frac{R_2}{R_1}$$

6.3.3 自感系数与互感系数的关系

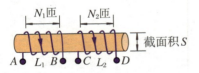

图 6.29 两个线圈之间互感

在两组线圈之间如果不存在漏磁，即两个线圈中每一个线圈所产生的磁通量对于每一匝来说都相等，并且全部穿过另一个线圈的每一匝，这种情况称为无磁漏，对图 6.29 所示的两个线圈组合，有

$$M = \frac{N_2 \Phi_{21}}{I_1} = \frac{N_1 \Phi_{12}}{I_2}$$

$$L_1 = \frac{N_1 \Phi_1}{I_1}, \quad L_2 = \frac{N_2 \Phi_2}{I_2}$$

在无磁漏条件下，满足 $\Phi_{12} = \Phi_2$，$\Phi_{21} = \Phi_1$，即有

$$M = \frac{N_2 \Phi_1}{I_1}, \quad M = \frac{N_1 \Phi_2}{I_2}$$

$$M^2 = \frac{N_2 \Phi_1}{I_1} \cdot \frac{N_1 \Phi_2}{I_2} = \frac{N_1 \Phi_1}{I_1} \cdot \frac{N_2 \Phi_2}{I_2} = L_1 L_2$$

故

$$M = \sqrt{L_1 L_2} \tag{6.40}$$

但一般情况下,或多或少存在漏磁现象,在工程中,通常耦合系数 k 定义为

$$k = \sqrt{\left|\frac{\Psi_{12}\,\Psi_{21}}{\Psi_{11}\,\Psi_{22}}\right|} = \frac{M}{\sqrt{L_1 L_2}} \tag{6.41}$$

耦合系数 k 与线圈的结构、相互几何位置、空间磁介质有关。通常情况下 $k \leqslant 1$,因此

$$M = k\sqrt{L_1 L_2} \tag{6.42}$$

$k = 0$ 表示两个线圈无耦合;$k = 1$ 表示两个线圈理想耦合,变压器的主副线圈之间一般存在很好的耦合,通常 $k = 0.98$。

当系统存在很多个线圈时,每个线圈之间都会存在互感,同时每个线圈本身存在自感,因此每个线圈上的磁通量由自感磁通量和互感磁通量组成,可以写成以下形式:

$$\begin{cases} \Phi_1 = L_{11}I_1 + M_{12}I_2 + \cdots + M_{1n}I_n \\ \Phi_2 = M_{21}I_1 + L_{22}I_2 + \cdots + M_{2n}I_n \\ \qquad\cdots\cdots\cdots\cdots \\ \Phi_n = M_{n1}I_1 + L_{n2}I_2 + \cdots + L_{nn}I_n \end{cases} \tag{6.43}$$

或者写成下面矩阵形式:

$$\begin{bmatrix} \Phi_1 \\ \Phi_2 \\ \vdots \\ \Phi_n \end{bmatrix} = \begin{bmatrix} L_{11} & M_{12} & \cdots & M_{1n} \\ M_{21} & L_{22} & \cdots & M_{2n} \\ \vdots & \vdots & & \vdots \\ M_{n1} & M_{n2} & \cdots & L_{nn} \end{bmatrix} \begin{bmatrix} I_1 \\ I_2 \\ \vdots \\ I_n \end{bmatrix} \tag{6.44}$$

式中,$M_{ij} = M_{ji}$。

6.3.4　电感的串联与并联

电感是交流电路中的一个重要元件,电感器(或电感线圈)是用漆包线、纱包线或塑皮线等在绝缘骨架或磁芯、铁芯上绕制成的一组串联的同轴线匝,它在电路中用字母"L"表示。图 6.30 是各种不同的电感在电路中的图形符号。电感器的主要作用是对交流信号进行隔离、滤波或与电容器、电阻器等组成谐振电路等。

一般电感　　铁芯　　铁粉或铁酸盐　可变电感　带抽头电感　带磁芯电感　空芯变压器　　铁芯变压器
　　　　　　　　　　　铁芯调节电感

图 6.30　各种自感线圈在电路中的符号

　　把电感接在电路中,如图 6.31(a)所示,当开关闭合时,电感中就会产生感应电压,根据电磁感应定律,感应电压(或感应电动势)与外加电压正负号相反,线圈中电流逐渐增大;当达到最大值时,线圈中不再出现感应电压。当开关断开时,线圈中也会出现感应电压,该感应电压阻碍外加电压的突然减少,使之逐渐减少,如图 6.31(b)所示。

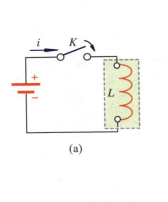

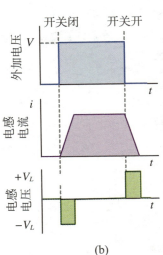

图 6.31　电感线圈在电路中的响应

1. 电感串联

　　两个线圈串联后,如图 6.32(a)所示,当两个电流分别从两个线圈的对应端口同时流入或流出,且所产生的磁通相互加强时,则这两个对应端口称为两互感线圈的同名端。对同名端串联,每个线圈中的总磁通量分别为

$$\Phi_1 = \Phi_{11} + \Phi_{12} = L_1 I_1 + M I_2$$
$$\Phi_2 = \Phi_{22} + \Phi_{21} = L_2 I_2 + M I_1$$

因为 $I_1 = I_2$,所以两个线圈串联后总的磁通量为

$$\Phi = \Phi_1 + \Phi_2 = L_1 I_1 + M I_2 + L_2 I_2 + M I_1$$

故

$$L_顺 = L_1 + L_2 + 2M \tag{6.45}$$

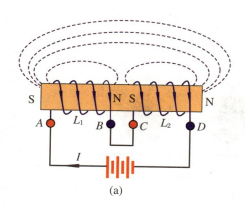

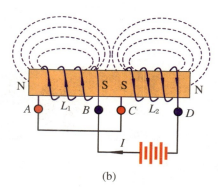

(a)　　　　　　　　　　　　　　　　(b)

图6.32　线圈的串联:(a)磁
场加强;(b)磁场相抵消

确定同名端的方法有:① 当两个线圈中电流同时由同名端流入(或流出)时,两个电流产生的磁场相互增强。② 当随时间增大的时变电流从一线圈的一端流入时,将会引起另一线圈相应同名端的电位升高。

图6.33所示是变压器的线圈,各组线圈之间的同名端可以直接用磁场加强来判断,其结果对应的同名端用"＊"标注在图中。

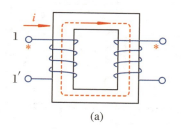

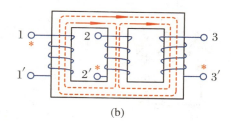

(a)　　　　　　　　　　　　　　　(b)

图6.33　同名端的判断

对图6.33(b)所示的接线方法,两个磁场在磁芯中相互抵消,总电感仍可以用上式计算,只要将式(6.45)最后一项 M 取负号,即可得

$$L_反 = L_1 + L_2 - 2M \tag{6.46}$$

或者综合以上两种情况,两个电感线圈串联后,总自感为

$$L = L_1 + L_2 \pm 2M \tag{6.47}$$

正负号分别对应于磁场加强和磁场抵消,即两个感应线圈串联后,总自感并不等于各自的自感之和。

我们可以利用上面的关系来测量两个固定线圈之间的互感。把两个线圈顺串联一次,然后反向串联一次,得

$$M = \frac{L_顺 - L_反}{4} \tag{6.48}$$

但是如果串联的感应线圈之间磁通量没有交链,或者各自是相互独立的,则它们之间不存在互感,如图 6.34 所示,此时

$$U = L\frac{\mathrm{d}I}{\mathrm{d}t} = U_{L1} + U_{L2} + U_{L3} = L_1\frac{\mathrm{d}I}{\mathrm{d}t} + L_2\frac{\mathrm{d}I}{\mathrm{d}t} + L_3\frac{\mathrm{d}I}{\mathrm{d}t}$$

$$L = L_1 + L_2 + L_3$$

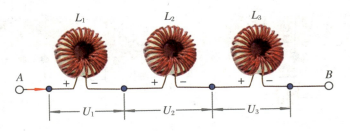

图 6.34　无耦合的电感串联

2. 电感并联

如果两个电感线圈之间存在耦合,那么在并联时需要分两种情况,即同名端并联和异名端并联,如图 6.35(a) 和(b)所示。

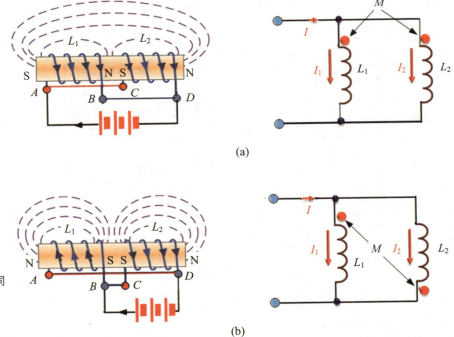

图 6.35　电感线圈并联:(a) 同名端并联,(b) 异名端并联

同名端并联时,因为

$$\varepsilon = \varepsilon_1 = \varepsilon_2$$

即

$$\mathscr{E} = -\left(L_1 \frac{\mathrm{d}I_1}{\mathrm{d}t} + M \frac{\mathrm{d}I_2}{\mathrm{d}t}\right) = -\left(L_2 \frac{\mathrm{d}I_2}{\mathrm{d}t} + M \frac{\mathrm{d}I_1}{\mathrm{d}t}\right)$$

并联电路的电流关系为

$$\frac{\mathrm{d}I}{\mathrm{d}t} = \frac{\mathrm{d}I_1}{\mathrm{d}t} + \frac{\mathrm{d}I_2}{\mathrm{d}t}$$

解上面的两个方程组,有

$$\begin{cases} \dfrac{\mathrm{d}I_1}{\mathrm{d}t} = \dfrac{L_2 - M}{L_1 + L_2 - 2M} \dfrac{\mathrm{d}I}{\mathrm{d}t} \\[3mm] \dfrac{\mathrm{d}I_2}{\mathrm{d}t} = \dfrac{L_1 - M}{L_1 + L_2 - 2M} \dfrac{\mathrm{d}I}{\mathrm{d}t} \end{cases}$$

代入总电动势表达式,得

$$\mathscr{E} = -\frac{L_1 L_2 - M^2}{L_1 + L_2 - 2M} \frac{\mathrm{d}I}{\mathrm{d}t} = -L_{同} \frac{\mathrm{d}I}{\mathrm{d}t}$$

所以,总自感系数为

$$L_{同} = \frac{L_1 L_2 - M^2}{L_1 + L_2 - 2M} \tag{6.49}$$

$2M$ 是因为 L_1 对 L_2 的影响和 L_2 对 L_1 的影响。如果两个线圈的自感相等并且是理想耦合,则 $L_1 = L_2 = M$,那么就有 $L = L_1 = L_2 = M$;如果完全没有耦合,即 $M = 0$,则 $L_{同} = L/2$。

因为 $L = L_1 + L_2 - 2M > 0$,即

$$M \leqslant \frac{1}{2}(L_1 + L_2)$$

因为总自感 $L_{同}$ 总是正的,由于分母非负,必须要求分子非负,所以 $M \leqslant \sqrt{L_1 L_2}$。

同理,对异名端并联的情况,可以得到

$$L_{异} = \frac{L_1 L_2 - M^2}{L_1 + L_2 + 2M} \tag{6.50}$$

综合以上两种情况,电感线圈并联的总自感为

$$L = \frac{L_1 L_2 - M^2}{L_1 + L_2 \mp 2M} \tag{6.51}$$

正负号分别对应于异名端并联和同名端并联。

若 $L_1 = L_2 = L_0$,则同名端并联时

$$L = \frac{L_0^2 - M^2}{2(L_0 - M)} = \frac{1}{2}(L_0 + M)$$

对理想耦合,即 $M = L_0$,则有 $L = L_0$。

若 $L_1 = L_2 = L_0$,则异名端并联时

$$L = \frac{L_0^2 - M^2}{2(L_0 + M)} = \frac{1}{2}(L_0 - M)$$

如果是理想耦合,则 $L_0 = M$,那么就有 $L = 0$;随意将两个理想耦合的线圈并联,意味着有可能出现"短路"。

但是如果并联的感应线圈之间磁通量没有交链,或者各自是相互独立的,则它们之间不存在互感,如图 6.36 所示,此时

$$U_{AB} = L\frac{\mathrm{d}}{\mathrm{d}t}(I_1 + I_2 + I_3) = L\left(\frac{\mathrm{d}I_1}{\mathrm{d}t} + \frac{\mathrm{d}I_2}{\mathrm{d}t} + \frac{\mathrm{d}I_3}{\mathrm{d}t}\right)$$

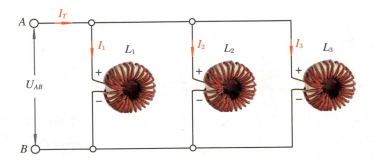

图 6.36 电感的并联

因为 $\mathrm{d}I/\mathrm{d}t = U_{AB}/L$,所以

$$U_{AB} = L\left(\frac{U_{AB}}{L_1} + \frac{U_{AB}}{L_2} + \frac{U_{AB}}{L_3}\right)$$

即

$$\frac{1}{L} = \frac{1}{L_1} + \frac{1}{L_2} + \frac{1}{L_3} \tag{6.52}$$

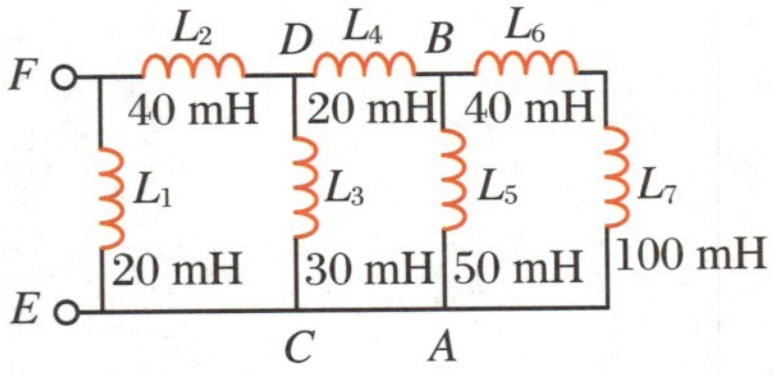

例 6.8 图

【例 6.8】 计算如图所示的等效电感 L_{EF}。

【解】 可以分三步计算,首先计算 L_5,L_6 和 L_7 3 个电感的等效电感 L_{AB},即

$$L_{AB} = \frac{L_5 \times (L_6 + L_7)}{L_5 + L_6 + L_7} = \frac{50 \times (40 + 100)}{50 + 40 + 100} = 36.8\,(\mathrm{mH})$$

然后计算 L_3,L_4 和 L_{AB} 的等效电感 L_{CD},即

$$L_{CD} = \frac{L_3 \times (L_4 + L_{AB})}{L_3 + L_4 + L_{AB}} = \frac{30 \times (20 + 36.8)}{30 + 20 + 36.8} = 19.6\,(\text{mH})$$

最后计算 L_1，L_2 和 L_{CD} 的等效电感 L_{EF}，即

$$L_{EF} = \frac{L_1 \times (L_2 + L_{CD})}{L_1 + L_2 + L_{CD}} = \frac{20 \times (40 + 19.6)}{20 + 40 + 19.6} = 15\,(\text{mH})$$

6.4　似稳电路和暂态过程

6.4.1　似稳过程与似稳电路

一般讲来，与变化的磁场伴随的电场是随时间变化的，在变化的电场作用下形成的电流亦是随时间变化的，是非稳恒的电流。欧姆定律的微分形式对非稳恒电流仍然成立，即

$$\vec{j} = \sigma \vec{E}$$

式中，$\vec{E}$ 是总电场，即 $\vec{E} = \vec{E}_{\text{静}} + \vec{E}_{\text{旋}} + \vec{K}$，所以

$$\vec{j} = \sigma(\vec{E}_{\text{静}} + \vec{E}_{\text{旋}} + \vec{K}) \tag{6.53}$$

此时 $\oiint_S \vec{j} \cdot \mathrm{d}\vec{S} \neq 0$，因此基尔霍夫第一定律不再适用。

如果交流电的频率过高，电路中将产生涡旋电场，则 $\oint_L \vec{E} \cdot \mathrm{d}\vec{l} \neq 0$，因此基尔霍夫第二定律不再适用，甚至连电压概念都不再适用。

稳恒电流的闭合性要求在没有分支的电路中，通过导线的任何截面的电流都相等，然而这一结论对于可变电流不再成立。因为电场和磁场是以有限速度传播的，在同一时刻，电路上各点的场并非由同一时刻场源的电荷分布和电流分布确定。

设场从源点传播到 P_1 点和传播到 P_2 点的时间差为 Δt，T 为电场随时间变化的周期，当

$$\Delta t \ll T \tag{6.54}$$

时,电路在每一时刻的场源与场分布近似为一个稳恒的场源与场分布,该式称似稳条件。满足似稳条件的不同时刻的场源与场分布近似为稳恒场源和场分布。

由于这种变化缓慢的电场和磁场在任何时刻的分布都可近似看作一稳恒的电场和磁场,如图 6.37 所示,故称这样的场为似稳场,在似稳场作用下的电流称为似稳电流。

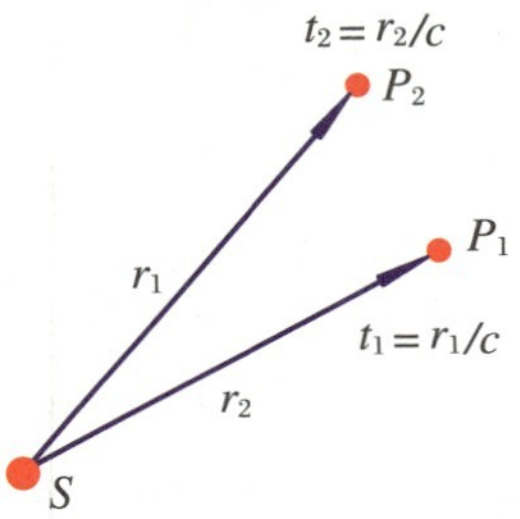

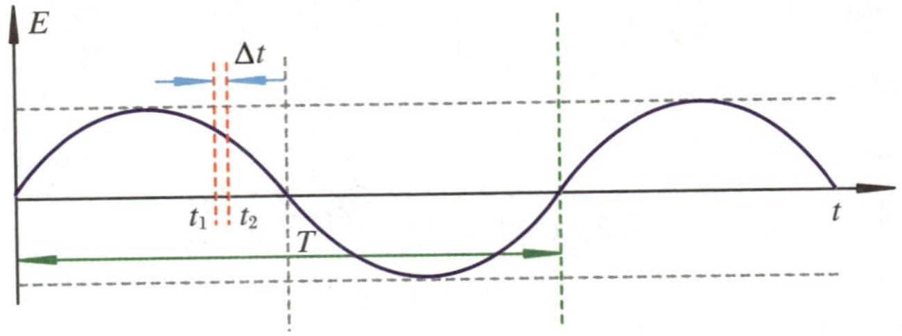

图 6.37 似稳场中电磁场在两点的时间差与周期相比很小

对于似稳电流的瞬时值,有关直流电路的基本概念、电路定律仍然有效。似稳电流与稳恒电流一样,任何时刻无分支的线路上各个截面的电流相等,电流线连续地通过导体内部,不会在导体的表面上终止。以同样的方式激发磁场,可以用毕奥 - 萨伐尔定律计算磁场,服从安培环路定理。

随时间变化的电荷激发的电场也是随时间变化的,它是一种随时间变化的"静态场",在任何时刻,这种电场的旋度为 0,因而仍然是一种有势场,不过是随时间变化的有势场。但是,由于趋肤效应的存在,电流密度在导体截面上的分布并不均匀,导线表面的电流密度较大,导线中心处的电流密度则较小,这一点与稳恒电流是不同的。但是当似稳电流随时间变化比较缓慢、导线又比较细时,趋肤效应也可以忽略。

6.4.2 暂态过程

图 6.38 *RL* 暂态过程

1. *RL* 暂态过程

对 *RL* 串联电路,如图 6.38 所示,开关 K_1 合上、K_2 断开时,即接通电源时,有

$$IR = \varepsilon_L + \mathscr{E}$$

设电感线圈的内阻为 0,电感值为 L,即

$$IR = -L\frac{\mathrm{d}I}{\mathrm{d}t} + \mathscr{E} \tag{6.55}$$

注意到初始条件,即 $t = 0$ 时,$I = 0$,则其解为

$$I = \frac{\mathscr{E}}{R}\left(1 - e^{-\frac{R}{L}t}\right) \tag{6.56}$$

令 $\frac{\mathscr{E}}{R} = I_0$，$\frac{L}{R} = \tau$，$\tau$ 称为回路的时间常数或弛豫时间，则上式改写为

$$I = I_0\left(1 - e^{-\frac{t}{\tau}}\right)$$

当 $t\to\infty$ 时，$I\to I_0$；当 $t = \tau$ 时，$I = I_0(1 - e^{-1}) = 0.63I_0$。电流随时间的变化如图 6.39(a) 所示。

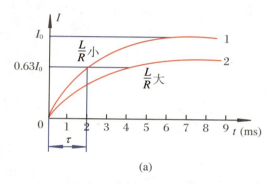

(a)

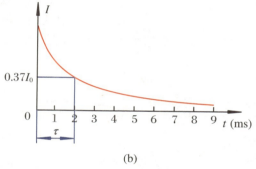

(b)

图 6.39　(a) 电流随时间增加曲线；(b) 电流随时间衰减曲线

当图 6.38 中的开关 K_1 打开、K_2 合上时，即断开电源时，有

$$L\frac{\mathrm{d}I}{\mathrm{d}t} + IR = 0$$

该方程的解为

$$I = I_0 e^{-\frac{t}{\tau}}$$

当 $t\to\infty$，$I\to 0$；当 $t = \tau$，$I = I_0 e^{-1} = 0.37I_0$。电流随时间的衰减如图 6.39(b) 所示。

2. RCL 暂态过程

对 RCL 串联电流，如图 6.40 所示，开关 K_1 合上、K_2 断开时，即接通电源时，有

$$L\frac{\mathrm{d}^2 q}{\mathrm{d}t^2} + R\frac{\mathrm{d}q}{\mathrm{d}t} + \frac{q}{C} = \mathscr{E} \tag{6.57}$$

令 $\beta = \frac{R}{2L}$，$\omega_0 = \frac{1}{\sqrt{LC}}$，$q_0 = C\mathscr{E}$，微分方程改写为

$$\frac{\mathrm{d}^2 q}{\mathrm{d}t^2} + 2\beta\frac{\mathrm{d}q}{\mathrm{d}t} + \omega_0^2 q = \omega_0^2 q_0 \tag{6.58}$$

图 6.40　RCL 暂态过程

该电路的初始条件为 $q\mid_{t=0}=0$，$\dfrac{\mathrm{d}q}{\mathrm{d}t}\Big|_{t=0}=0$，微分方程的解分 3 种情况：

① 欠阻尼 $\beta^2-\omega_0^2<0$，其解为 $q=q_0-q_0\mathrm{e}^{-\beta t}\left(\cos\omega t+\dfrac{\beta}{\omega}\sin\omega t\right)$，这里 $\omega=(\omega_0^2-\beta^2)^{\frac{1}{2}}$，称阻尼振荡解。

② 过阻尼 $\beta^2-\omega_0^2>0$，其解为 $q=q_0-\dfrac{1}{2\gamma}q_0\mathrm{e}^{-\beta t}\left[(\beta+\gamma)\mathrm{e}^{\gamma t}-(\beta-\gamma)\mathrm{e}^{-\gamma t}\right]$，这里 $\gamma=(\beta^2-\omega_0^2)^{\frac{1}{2}}$，表明 q 随时间单调上升，且 β 越大，上升越慢。

③ 临界阻尼 $\beta^2-\omega_0^2=0$，其解为 $q=q_0-q_0(1+\beta t)\mathrm{e}^{-\beta t}$，$q$ 随时间单调上升，但是比过阻尼上升要快些。

图 6.41(a)表示 RCL 暂态过程 3 种解的电容器极板上电荷随时间的变化关系，图 6.41(b)表示开关 K_1 断开，K_2 闭上，即断开电源时，3 种情况下电容器极板电荷随时间的衰减关系。

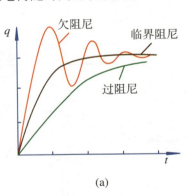
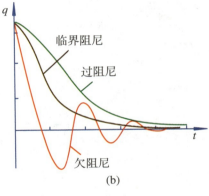

图 6.41 *RCL* 暂态过程的电荷随时间的变化

(a)　　　　　(b)

6.5　磁场的能量

6.5.1　载流线圈系统的磁能

在图 6.38 所示的 RL 串联电路中，当撤去电源，即开关 K_1 断开、K_2 闭合时，则 $I=I_0\mathrm{e}^{-\frac{t}{\tau}}$，在电阻中的焦耳热为

$$\mathrm{d}Q=RI^2\mathrm{d}t=RI_0^2\mathrm{e}^{-\frac{2t}{\tau}}\mathrm{d}t$$

对该式积分,得到电阻上总的焦耳热为

$$Q = RI_0^2 \int_0^\infty e^{-\frac{2t}{\tau}} dt = -\frac{\tau}{2} RI_0^2 e^{-\frac{2t}{\tau}} = \frac{1}{2} LI_0^2$$

电源已经断开,这个能量从何而来? 可见电阻上产生的焦耳热来源于线圈中的磁能,即电感线圈是一个储能元件。

我们现在来考虑 RL 电路在接通电源后,储存在电感上的能量,当图 6.38 中 K_1 接通电源时,有

$$\mathscr{E} = IR + L \frac{dI}{dt}$$

电源提供的能量为

$$I\mathscr{E} = I^2 R + \frac{1}{2} L \frac{dI^2}{dt} = I^2 R + \frac{d}{dt}\left(\frac{1}{2} LI^2\right)$$

即电源提供的能量,一部分转化为焦耳热,一部分克服自感线圈电动势所做的功。后一部分的能量储存在电感线圈中,储存的总能量就是对 I 从 0 到 I_0 积分,即

$$W_m = \int_0^{I_0} d\left(\frac{1}{2} LI^2\right) = \frac{1}{2} LI_0^2$$

这正是当撤去电源后,电感中储存的能量转移给电阻产生焦耳热的能量。

因此,电感线圈在通电后,任一时刻电流为 I,则储存的磁能的表达式为

$$W_m = \frac{1}{2} LI^2 \tag{6.59}$$

下面来讨论互感线圈的磁能。当 L_1 和 L_2 两个线圈单独存在时,磁能为

$$\begin{cases} W_{m1} = \frac{1}{2} L_1 I_1^2, & I_1 = \frac{\mathscr{E}_1}{R_1} \\ W_{m2} = \frac{1}{2} L_2 I_2^2, & I_2 = \frac{\mathscr{E}_2}{R_2} \end{cases}$$

由于 L_2 的存在,i_2 在 L_1 回路中产生的电动势为

$$\mathscr{E}' = M \frac{di_2}{dt}$$

两边乘以 $I_1 dt$,有

$$I_1 \mathscr{E}' dt = I_1 M di_2$$

当 i_2 从 $0 \to I_2$ 时,积分该式,得

$$W_{m3} = \int_0^{I_2} I_1 M \mathrm{d}i_2 = MI_1 I_2$$

注意 L_1 和 L_2 之间的互感只有一个，不必另外计算 I_1 在 L_2 回路中的磁能。

总磁能为

$$\begin{cases} W_m = \dfrac{1}{2}L_1 I_1^2 + \dfrac{1}{2}L_2 I_2^2 + MI_1 I_2 & \text{顺接} \\[2mm] W_m = \dfrac{1}{2}L_1 I_1^2 + \dfrac{1}{2}L_2 I_2^2 - MI_1 I_2 & \text{反接} \end{cases} \tag{6.60}$$

也可以写成对称形式：

$$\begin{cases} W_m = \dfrac{1}{2}L_1 I_1^2 + \dfrac{1}{2}L_2 I_2^2 + \dfrac{1}{2}M_{12} I_1 I_2 + \dfrac{1}{2}M_{21} I_2 I_1 & \text{顺接} \\[2mm] W_m = \dfrac{1}{2}L_1 I_1^2 + \dfrac{1}{2}L_2 I_2^2 - \dfrac{1}{2}M_{12} I_1 I_2 - \dfrac{1}{2}M_{21} I_2 I_1 & \text{反接} \end{cases} \tag{6.61}$$

【例 6.9】一电容 C 蓄有电量 Q_0，在 $t=0$ 时刻接通 K，经自感为 L 的线圈放电，求：(1) L 内磁场能量第一次等于 C 内电场能量的时刻 t_1；(2) L 内磁场能量第二次达到极大值的时刻 t_2。

【解】列出回路方程，有

$$-L\frac{\mathrm{d}I}{\mathrm{d}t} + \frac{Q}{C} = 0$$

两边对 t 求导，利用 $I = -\dfrac{\mathrm{d}Q}{\mathrm{d}t}$，得

$$L\frac{\mathrm{d}^2 I}{\mathrm{d}t^2} + \frac{I}{C} = 0$$

初始条件为

$$t = 0, \quad \begin{cases} I = 0 \\ Q = Q_0 \end{cases}$$

解之得

$$\begin{cases} I = \dfrac{Q_0}{\sqrt{LC}}\sin\left(\dfrac{t}{\sqrt{LC}}\right) \\[3mm] Q = Q_0 \cos\left(\dfrac{t}{\sqrt{LC}}\right) \end{cases}$$

（1）L 内磁能等于 C 内电能，即

$$\frac{1}{2}LI^2 = \frac{1}{2}\frac{Q^2}{C}$$

或

$$\sin^2\left(\frac{t}{\sqrt{LC}}\right) = \cos^2\left(\frac{t}{\sqrt{LC}}\right)$$

第一次相等，即满足

$$\frac{t_1}{\sqrt{LC}} = \frac{\pi}{4}$$

解之得

$$t_1 = \frac{\pi}{4}\sqrt{LC}$$

（2）L 内第二次达到极大值的时刻为

$$t_2 = \frac{3}{4}T = \frac{3}{4}\frac{2\pi}{\omega} = \frac{3\pi}{2}\sqrt{LC}$$

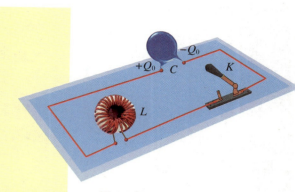

例 6.9 图

6.5.2　载流线圈在外磁场中的磁能

前面讨论了两个线圈的磁能，设定两个线圈顺接时 M 取正值，反接时 M 取负值，则式(6.61)改写为

$$W_m = \frac{1}{2}L_1I_1^2 + \frac{1}{2}L_2I_2^2 + \frac{1}{2}M_{12}I_1I_2 + \frac{1}{2}M_{21}I_2I_1$$

$$= \frac{1}{2}\sum_{i=1}^{2}L_iI_i^2 + \frac{1}{2}\sum_{\substack{i,k=1 \\ i \neq k}}^{2}M_{ik}I_iI_k$$

如果存在 N 个线圈，各个线圈之间既有自感又有互感，则若要求 N 个线圈存储的总磁能，只需把上式的求和上标2改为 N，即

$$W_m = \frac{1}{2}\sum_{i=1}^{N}L_iI_i^2 + \frac{1}{2}\sum_{\substack{i,k=1 \\ i \neq k}}^{N}M_{ik}I_iI_k \tag{6.62}$$

如果令 $M_{ii} = L_i$，则 N 个线圈存储的总磁能可进一步简化为

$$W_m = \frac{1}{2}\sum_{i,k=1}^{N}M_{ik}I_iI_k = \frac{1}{2}\sum_{i=1}^{N}\sum_{k=1}^{N}M_{ik}I_iI_k \tag{6.63}$$

再回到两个线圈情况，两个线圈系统的磁能为

$$W_m = \frac{1}{2} L_1 I_1^2 + \frac{1}{2} L_2 I_2^2 + M I_1 I_2$$

互感磁能即为两个线圈之间的相互作用能

$$W_{12} = M_{21} I_1 I_2 = \Phi_{21} I_2 = I_2 \iint_{S_2} \vec{B}_1(\vec{r}_2) \cdot d\vec{S} \tag{6.64}$$

N 个线圈在外磁场中的磁能为

$$W_m = \sum_{i=1}^{N} I_i \int_{S_i} \vec{B}(\vec{r}) \cdot d\vec{S} \tag{6.65}$$

对均匀外场(或非均匀外场中的小线圈)中的单个线圈,则磁能为

$$W_m = I \iint_S \vec{B}(\vec{r}) \cdot d\vec{S} = I \vec{B} \cdot \vec{S} = I \vec{S} \cdot \vec{B} = \vec{\mu} \cdot \vec{B} \tag{6.66}$$

式中, $\vec{\mu}$ 为该线圈的磁矩。若存在多个线圈,且外磁场是均匀的,则

$$W_m = \left[\sum_{I}^{N} I_i \vec{S}_i \right] \cdot \vec{B} = \left[\sum_{i}^{N} \vec{\mu}_i \right] \cdot \vec{B} = \vec{\mu} \cdot \vec{B} \tag{6.67}$$

该式中的 $\vec{\mu}$ 为所有线圈的磁矩矢量和,即总磁矩。

6.5.3 磁场的能量和磁能密度

现在讨论螺线管中磁场的能量,设螺线管长 l,面积为 S,体积为 V,介质相对磁导率为 μ_r,则根据安培环路定律,螺线管内部的磁场强度 H 和磁感应强度 B 分别为 $H = nI$, $B = \mu_0 \mu_r nI$,螺线管的自感系数为

$$L = \frac{\Phi_m}{I} = \frac{NSB}{I} = \mu_0 \mu_r n^2 V$$

所以

$$W_m = \frac{1}{2} L I^2 = \frac{1}{2} V \mu_0 \mu_r n^2 I^2 = \frac{1}{2} V B H$$

单位体积的能量称为能量密度,即

$$w_m = \frac{W_m}{V} = \frac{1}{2} B H = \frac{1}{2} \vec{B} \cdot \vec{H} \tag{6.68}$$

式(6.68)表明,磁场的能量是储存在磁场所处的空间中的,而不是在螺线

管的线圈上。尽管上面磁场能量密度关系是从螺线管中推导出来的,但却是普遍适用的。

因此,在磁场存在空间中磁场的总能量为

$$W_m = \iiint_V w_m \mathrm{d}V = \frac{1}{2} \iiint_V \vec{B} \cdot \vec{H} \, \mathrm{d}V \tag{6.69}$$

用该式表明磁场的能量储存在磁场存在的空间中,而不是储存在线圈的导线上,特别是在磁场随时间变化时,其意义更加明显。图 6.42 表示通电螺线管储存的磁场和磁能模拟示意图,螺线管中间很亮,表示能量密度大。

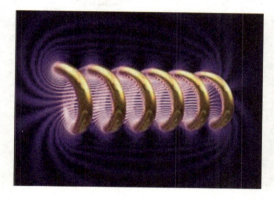 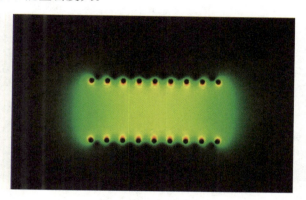

图 6.42   通电螺线管中的磁场和能量分布

【例 6.10】 一个同轴电缆,中心是半径为 a 的实心导线,外部是内半径为 b、外半径为 c 的导体圆筒,内外导体之间充满相对磁导率为 μ_r 的介质,电流在内外筒中等大反向且均匀分布,求该电缆单位长度上的电感。

【解】 我们分 4 个区分别计算其磁能,然后由 $W_m = LI^2/2$ 计算自感系数 L。

(1) $0 \leqslant r \leqslant a$,$\mu_r = 1$,由安培环路定理,可求得 $H_1 = \dfrac{1}{2\pi r}\left(\dfrac{I}{\pi a^2}\right)\pi r^2 = \dfrac{Ir}{2\pi a^2}$,$B_1 = \mu_0 H_1$。

能量密度为 $w_m = \dfrac{\mu_0 I^2 r^2}{8\pi^2 a^4}$,该区域的磁能为 $W_{m1} = \displaystyle\int_0^a \int_0^{2\pi} \int_0^l w_{m1} r \mathrm{d}\varphi \mathrm{d}r \mathrm{d}z = \dfrac{\mu_0 l}{16\pi} I^2$。

(2) $a \leqslant r \leqslant b$,同理由安培环路定理得 $H_2 = \dfrac{I}{2\pi r}$,$B_2 = \dfrac{\mu_0 \mu_r I}{2\pi r}$,所以能量密度为 $w_{m2} = \dfrac{\mu_0 \mu_r I^2}{8\pi r^2}$,该区域的磁能为 $W_{m2} = \displaystyle\int_a^b \int_0^{2\pi} \int_0^l w_{m2} r \mathrm{d}\varphi \mathrm{d}r \mathrm{d}z = \dfrac{\mu_0 \mu_r}{4\pi} l I^2 \ln\left(\dfrac{b}{a}\right)$。

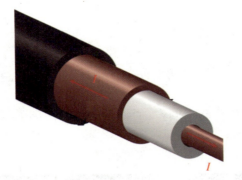
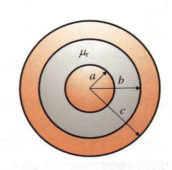

例 6.10 图

（3）$b \leqslant r \leqslant c$，穿过半径为 r 的环路内部的总电流为

$$\sum I = I - \frac{\pi(r^2 - b^2)}{\pi(c^2 - b^2)}I = \frac{c^2 - r^2}{c^2 - b^2}I$$

由安培环路定理得 $H_3 = \frac{I}{2\pi(c^2 - b^2)}\left(\frac{c^2}{r} - r\right)$，$B_3 = \mu_0 H_3$，所以能量密度为

$$w_{m3} = \frac{\mu_0 I^2}{8\pi^2(c^2 - b^2)}\left(\frac{c^4}{r^2} - 2c^2 + r^2\right)$$

该区域的磁能为

$$W_{m3} = \int_b^c \int_0^{2\pi} \int_0^l w_{m3}\, r\mathrm{d}\varphi\mathrm{d}r\mathrm{d}z$$

$$= \frac{\mu_0 l I^2}{4\pi(c^2 - b^2)^2}\left[c^4 \ln\left(\frac{b}{a}\right) - \frac{1}{4}(c^2 - b^2)(3c^2 - b^2)\right]$$

（4）$r > c$，穿过半径为 r 的环路的总电流为 $\sum I = I - I = 0$，所以 $H_4 = 0$，即 $W_{m4} = 0$。同轴电缆的总磁能为

$$W_m = W_{m1} + W_{m2} + W_{m3} + W_{m4} = \frac{1}{2}LI^2$$

故单位长度的自感为

$$L_0 = \frac{L}{l} = \frac{2W_m}{lI^2}$$

$$= \frac{\mu_0}{2\pi}\left\{\frac{1}{4} + \frac{\mu_r}{2\pi}\ln\left(\frac{b}{a}\right) \right.$$

$$\left. + \frac{1}{(c^2 - b^2)^2}\left[c^4 \ln\left(\frac{b}{a}\right) - \frac{1}{4}(c^2 - b^2)(3c^2 - b^2)\right]\right\}$$

第 7 章　交流电路与电力输送

发电厂产生的电能通过输电线路传输到达了千家万户,美好了人们的生活!

7.1 交流电的产生和基本特性

7.1.1 交流电的产生

交流电的产生主要有两类方式:一类是用交流发电机产生,这是日常生活和工业用电的最主要产生方式,通过火力、水力、核能、风力等发电形式产生交流电。另一类是用含电子器件如电子管、半导体晶体管的电子振荡器产生,主要在仪器设备中作为信号使用。

交流发电机是利用电磁感应的原理来产生交流电的。发电机转子上有由直流励磁的磁极,转子外的定子内侧上有固定的导体线圈。当转子以一定转速旋转时,线圈回路中的磁通量因旋转而周期地变化,于是线圈中便有交流电动势产生。发电机输出的电能是由输入到原动机的能量(如对汽轮机是热能、对水轮机是水的重力势能)转换而得来的。这种发电机是以一定的转速 n(转/分)旋转的,称为同步发电机,它发出的交流电的频率是 $f = Pn/60$,P 是发电机的磁极对数。由于转子的转速受到机械强度的限制,所以发电机产生的交流电频率一般都在 10 000 赫兹以下。电力系统中的交流电都是利用交流同步发电机产生的。

交流电产生的原理图如图 7.1 所示,导体线圈在磁场中以匀角速度 ω 旋转,长方形线圈的边长分别为 l_1 和 l_2,线圈的两条边 l_1 在做切割磁力线运动,如

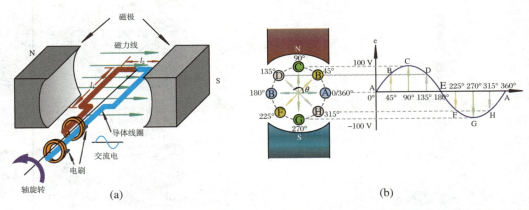

图 7.1　交流电产生的原理图:(a) 线圈在磁场中旋转;(b) 两个电刷输出交流电

果线圈有 n 匝,在线圈中产生的感应电动势为

$$\mathscr{E} = 2nBl_1 v_\perp = 2nBl_1 v\sin\theta = 2nBl_1 \frac{l_2}{2}\omega\sin\omega t$$

$$= nBS\omega\sin\omega t = \varepsilon_0\sin\omega t \tag{7.1}$$

这就是正弦交流电。可见交流电的幅值 ε_0 与匝数 n、转速 ω 和磁通量 BS 有关。

当今世界各国的电力系统都以交流电源作为供电电源,并规定了供电的额定频率。如中国和欧洲各国的额定频率为 50 Hz,美国主要为 60 Hz,日本为 50 Hz 和 60 Hz 并存等。图 7.2 是地球上夜晚亮度的世界地图,清楚地表明世界各地区的工业发展和繁荣程度。

图 7.2　地球上夜晚亮度的世界地图

7.1.2　交流电的类型

电磁波以 $c = 3\times10^8\,\mathrm{m\cdot s^{-1}}$ 的速度传播,在一个周期内传播的距离为

$$\lambda = cT = \frac{c}{f} \tag{7.2}$$

λ 与电路的尺寸相当时,电路中的电流和电荷分布发生变化就不能及时地影响

到整个电路,因而电路中不同部分电磁场以及电流、电荷的变化将按距离的远近落后不同的相位。

若交流电路中的场点与源点的距离 l 远小于 λ,或电源的频率 f 比较低时,即满足似稳条件: $l \ll cT$ 或 $f \ll \dfrac{c}{l}$,则电路中的电流、电荷和磁场的分布与同一时刻稳恒电路的电流、电荷分布的关系一样,只不过它们一起同步缓慢地变化。我国采用的频率为 50 Hz 的交流电,似稳条件为 $l \ll 6 \times 10^6 \text{m}$,而一般电子仪器的线度为 $10^0 \sim 10^2 \text{cm}$,一个大城市内的电路上电流的分布可以很好地满足似稳条件。然而,如果电流传输线达到或超过数千千米,则需考虑电流沿传输线的变化,这时不能认为电流是似稳的。本章仅讨论交流电的频率满足似稳条件下的电流问题。

在满足似稳条件的情况下,对交流电路的分析仍然可以采用与直流电路相同的分析方法,即欧姆定律和基尔霍夫定律等仍然适用。

交流电的种类很多,图 7.3 表示几种常见的交流电。常用的电子示波器的扫描信号是锯齿波,它是由示波器内的锯齿波发生器产生的。激光通信的载波信号是尖脉冲,它是由脉冲的光信号转换成电信号而成的。还有常见的一般收音机和广播中的中、短波段的信号是调幅波。电视中的图像信号是调频波。电子计算机中的信号是矩形脉冲波。简谐交流电就是随时间按正弦或余弦规律变化的交流电。

市电　　　　　　矩形脉冲电流　　　　锯齿扫描电流　　　　激光通信

图 7.3　交流电的几种类型

根据高等数学中傅立叶级数分解方法,任何形式的交流电都可以分解成一系列不同频率的简谐交流电,即若交流电周期为 T,则 $f(t+T) = f(t)$,那么有

$$f(t) = \frac{a_0}{2} + \sum_{n=1}^{\infty} \left[a_n \cos\left(\frac{2n\pi}{T}t\right) + b_n \sin\left(\frac{2n\pi}{T}t\right) \right] \tag{7.3}$$

其中展开系数 a_n 和 b_n 为

$$\begin{bmatrix} a_n \\ b_n \end{bmatrix} = \frac{2}{T} \int_0^T f(t) \begin{bmatrix} \cos\left(\frac{2n\pi}{T}t\right) \\ \sin\left(\frac{2n\pi}{T}t\right) \end{bmatrix} \mathrm{d}t, \quad n = 0,1,2,\cdots \tag{7.4}$$

因此在本书中,我们仅以余弦交流电为例讨论交流电路。

7.1.3　简谐交流电的表述和特征量

简谐交流电采用余弦的形式,即电动势 $\mathscr{E}(t)$、电压 $u(t)$ 和电流 $i(t)$ 均可用余弦表示为

$$\begin{cases} \mathscr{E}(t) = \mathscr{E}_{\mathrm{m}}\cos(\omega t + \varphi_e) \\ u(t) = U_{\mathrm{m}}\cos(\omega t + \varphi_u) \\ i(t) = I_{\mathrm{m}}\cos(\omega t + \varphi_i) \end{cases} \tag{7.5}$$

或采用统一的表达式 $A = A_{\mathrm{m}}\cos(\omega t + \varphi_A)$,$\mathscr{E}_{\mathrm{m}}$,$U_{\mathrm{m}}$,$I_{\mathrm{m}}$ 分别为电动势、电压和电流的极大值或峰值,φ_A 为初相位。实际应用中都采用有效值,定义交流电的电流有效值为一个周期内交流电在纯电阻元件中产生的焦耳热与直流电流在同一时间内通过该电阻所产生的焦耳热相同时的电流值,即

$$Q_{交} = Q_{直}$$

由 $I_{\mathrm{e}}^2 RT = \int_0^T i^2 R \mathrm{d}t$,得 $I_{\mathrm{e}} = \sqrt{\dfrac{1}{T}\int_0^T i^2 \mathrm{d}t}$,所以

$$I_{\mathrm{e}} = \sqrt{\frac{1}{T}\int_0^T I_{\mathrm{m}}^2 \cos^2(\omega t + \varphi_i)\mathrm{d}t} = \frac{I_{\mathrm{m}}}{\sqrt{2}} = 0.707 I_{\mathrm{m}} \tag{7.6}$$

电压的有效值与极大值的关系也是 $U_{\mathrm{e}} = 0.707 U_{\mathrm{m}}$,因此我国市电为 220 V,是指有效值为 220 V,峰值则为 311 V。大多数交流电表的读数表示有效值,引入有效值的目的在于可利用直流电的公式去直接计算交流电的平均功率。

交流电的圆频率 ω 由发电机决定,与频率 f 的关系为 $\omega = 2\pi f$,$f = 1/T$。相位 $(\omega t + \varphi)$ 反映每一时刻的电流或电压的大小和变化趋势,其中 φ 为初相位,即 $t = 0$ 时的相位。引入相位描述的好处在于不同周期的简谐量均可统一地用相位来描述其瞬间状态。相位总是以 2π 为周期,当它改变 2π 之后,简谐量的状态重复出现。不仅不同交流电之间存在相位差,同一交流电的不同参数之间通常也有相位差。交流电不同参数之间的相位差的存在表示各参量的变化不同步,交流电的复杂性就是由此而来的。

7.1.4　交流电路中的元件

直流电路只有一种基本元件:电阻。在直流电路中电感相当于一段导线,

电容则相当于断路。而在交流电路中电感将随电流的变化不断产生交变的自感电动势，电容则出现大小和方向不断变化的充放电电流，电感和电容的存在改变了电路中电流和电压的分配。

交流电路中的元件的特性有两个方面，第一是阻抗 Z，我们定义阻抗 Z 为

$$Z = \frac{U}{I} = \frac{U_m}{I_m} \tag{7.7}$$

第二是每个阻抗上电压与电流之间的相位差或称辐角，即

$$\varphi = \varphi_u - \varphi_i \tag{7.8}$$

由于交流电电压和电流之间通常存在相位差，所以它们的瞬时值一般不满足简单的比例关系。交流电路中的元件的特性都必须用上面的两个参数描述。在下面的讨论中我们假设各种元件都是"纯"的。

1. 交流电路中的电阻元件

我们设纯电阻元件两端加的交流电压为 $u(t) = U_m \cos(\omega t + \varphi_u)$，则根据欧姆定律，有

$$i(t) = \frac{u(t)}{R} = \frac{U_m}{R} \cos(\omega t + \varphi_u) = I_m \cos(\omega t + \varphi_u) \tag{7.9}$$

所以电阻元件的阻抗 $Z_R = R$，电压和电流的相位差 $\varphi = \varphi_u - \varphi_i = 0$，如图 7.4 所示。阻抗即电阻，与频率无关；相位差为 0，电压与电流始终同步。

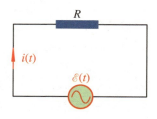
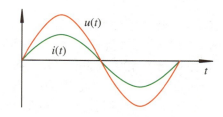

图 7.4 电阻元件上电压和电流的关系

2. 交流电路中的电容元件

假设电容的极板在某时刻其电量为 $q(t) = Q_m \cos \omega t$，如图 7.5 所示，则电流

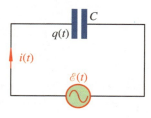
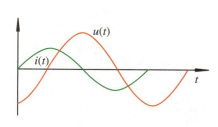

图 7.5 电容元件上电压和电流的关系

$$i(t) = \frac{\mathrm{d}q}{\mathrm{d}t} = -Q_{\mathrm{m}}\omega\sin\omega t = \omega Q_{\mathrm{m}}\cos\left(\omega t + \frac{\pi}{2}\right) = I_{\mathrm{m}}\cos(\omega t + \varphi_i)$$

即 $I_{\mathrm{m}} = \omega Q_{\mathrm{m}}$，$\varphi_i = \frac{\pi}{2}$。同理，极板两端的电压为

$$u(t) = \frac{q(t)}{C} = \frac{Q_{\mathrm{m}}}{C}\cos\omega t = U_{\mathrm{m}}\cos(\omega t + \varphi_u)$$

即 $U_{\mathrm{m}} = \frac{Q_{\mathrm{m}}}{C}$，$\varphi_u = 0$。所以电容的容抗值和电容上电压与电流的相位差为

$$Z_C = \frac{U_{\mathrm{m}}}{I_{\mathrm{m}}} = \frac{1}{\omega C}, \quad \varphi = \varphi_u - \varphi_i = -\frac{\pi}{2} \tag{7.10}$$

可见容抗与频率成反比，即频率越高，容抗越小，如图 7.6 所示。特别地，当 $\omega \to 0$ 时，$Z_C \to \infty$；当 $\omega \to \infty$ 时，$Z_C \to 0$。因此电容在交流电路中具有通高频阻低频和高频短路直流开路的特性。电压的相位落后于电流 $\pi/2$，这是由于电容充电时电荷要先积累后释放（放电）的缘故。

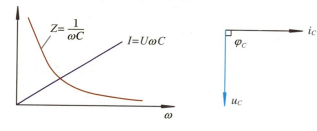

图 7.6　容抗随频率的变化和容抗上电压
和电流的相位关系

3. 交流电路中的电感元件

设电流为 $i(t) = I_{\mathrm{m}}\cos\omega t$，对如图 7.7 所示的纯电感电路，电感上产生自感电动势

$$\mathscr{E} = -L\frac{\mathrm{d}i}{\mathrm{d}t}$$

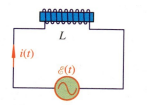 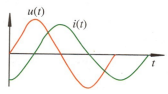

图 7.7　电感元件上电压和电流的关系

若将电感视为交流电源,则根据一段含源电路的欧姆定律,当 $R = 0$ 时,电感两端的电压为 u,故

$$u = -\mathscr{E} = L\frac{\mathrm{d}i}{\mathrm{d}t} = -\omega L I_m \sin\omega t = \omega L I_m \cos\left(\omega t + \frac{\pi}{2}\right)$$

所以,感抗 Z_L 和相位差 φ 分别为

$$Z_L = \frac{U_0}{I_0} = \omega L, \quad \varphi = \varphi_u - \varphi_i = \frac{\pi}{2} \tag{7.11}$$

即感抗与频率成正比;频率越高,感抗越大,如图 7.8 所示。特别地,当 $\omega \to 0$ 时,$Z_L \to 0$;当 $\omega \to \infty$ 时,$Z_L \to \infty$。所以电感具有通低频阻高频的特性。电压的相位超前于电流 $\pi/2$,这是由于电流要先产生自感电动势后释放的缘故。

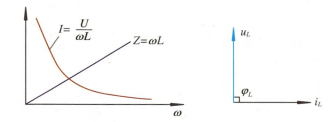

图 7.8 感抗随频率的变化和容抗上电压和电流的相位关系

根据以上分析,我们把交流电路中的 3 个元件的特性列在表 7.1 中。

表 7.1 交流电路中"纯"元件的比较

元件	阻抗	相位差 $\varphi = \varphi_u - \varphi_i$
电容 C	容抗 $Z_C = \frac{1}{\omega C} \propto \frac{1}{f}$	$-\frac{\pi}{2}$
电阻 R	电阻 $Z_R = R$	0
电感 L	感抗 $Z_L = \omega L \propto f$	$\frac{\pi}{2}$

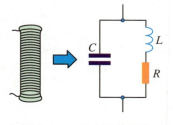

图 7.9 一个实际的线绕电阻等效图

实际上每个元件均有 3 个成分,即均有电阻、电感和电容的特性。一个线绕电阻,各匝之间有一定的电容分布,绕线又是一个电感。例如一个线绕电阻的 3 个参量为 $L = 3\,\mathrm{mH}, C = 2\,\mathrm{pF}, R = 2\,\Omega$,对直流电,即 $f = 0, Z_C = 0, Z_L = 0$;对 $f = 50\,\mathrm{Hz}$ 的市电,$Z_L = \omega L = 0.942\,\Omega, Z_C = \frac{1}{\omega C} = 1.59 \times 10^9\,\Omega$;相当于 R 和 Z_L 串联,如图 7.9 所示。对 $f = 10^4\,\mathrm{Hz}$ 的高频交流电,则 $Z_L = 188.4\,\Omega, Z_C = 7.9 \times 10^6\,\Omega$,由于 $Z_L \gg R$,相当于一个纯电感元件;对 $f = 10^8\,\mathrm{Hz}$ 的交流电,则 $Z_L = 1.88 \times 10^4\,\Omega, Z_C = 7.9 \times 10^2\,\Omega$,由于 $Z_L \gg Z_C$,相当于一个纯电容元件。

7.1.5　交流电路的三角函数解法和矢量图解法简介

交流电路的主要分析方法有三角函数法、矢量图法和复数法,本小节简单讨论三角函数解法和矢量图解法,交流电路的主要解法——复数解法,将在下一节专门介绍。

1. 三角函数法

三角函数法就是利用数学的三角函数的运算关系来求解的方法,这种方法在简单电路中可以使用,但当电路的元件数目增加时,由于三角函数关系运算变得非常复杂,因此基本不使用。

对两个三角函数的相加,其和仍是三角函数,即若

$$a_1(t) = A_1\cos(\omega t + \varphi_1), \quad a_2(t) = A_2\cos(\omega t + \varphi_2)$$

则

$$a(t) = a_1(t) + a_2(t) = A_1\cos(\omega t + \varphi_1) + A_2\cos(\omega t + \varphi_2)$$
$$= A_1\cos\varphi_1\cos\omega t - A_1\sin\varphi_1\sin\omega t + A_2\cos\varphi_2\cos\omega t - A_2\sin\varphi_2\sin\omega t$$
$$= (A_1\cos\varphi_1 + A_2\cos\varphi_2)\cos\omega t - (A_1\sin\varphi_1 + A_1\sin\varphi_2)\sin\omega t$$
$$= A\cos\varphi\cos\omega t - A\sin\varphi\sin\omega t = A\cos(\omega t + \varphi)$$

其中合成振幅和相位满足下列方程:

$$\begin{cases} A\cos\varphi = A_1\cos\varphi_1 + A_2\cos\varphi_2 \\ A\sin\varphi = A_1\sin\varphi_1 + A_1\sin\varphi_2 \end{cases}$$

解之得

$$\tan\varphi = \frac{A_1\sin\varphi_1 + A_2\sin\varphi_2}{A_1\cos\varphi_1 + A_2\cos\varphi_2} \tag{7.12}$$

$$A^2 = A_1^2 + A_2^2 + 2A_1A_2\cos(\varphi_2 - \varphi_1) \tag{7.13}$$

三角函数法虽然只是代数的方法,但是我们可以把 $\vec{a}_1$ 和 $\vec{a}_2$ 用平面坐标上的矢量来表示,它们在 x 轴上的投影之和即为所求的矢量 $\vec{a}$ 在 x 轴上的投影值,如果做矢量时,把它们都改成用有效值 A_1,A_2 和 A 表示,则图 7.10 所示的合成就是式(7.13)所表示的内容,从图中很容易就可以得到合成振幅和相位值。

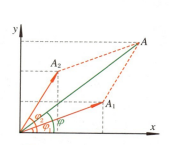

图 7.10　交流电的三角函数叠加法

结果表明两个同频率简谐量合成后仍为频率相同的简谐量。对多个矢量叠加，每次总是用两个矢量先合成，然后与第三个矢量合成，依次进行，就可以推广至两个以上的简谐量的合成。

2. 矢量图解法

我们可以用旋转的矢量来表示交流电，用 $\vec{A}_m$ 表示 $a(t) = A_m\cos(\omega t + \varphi)$，$\vec{A}_m$ 在 x 轴上的投影就可以表示为 $a(t)$ 的瞬时值，如图 7.11(a) 所示。3 种元件上的电流和电压分别如下：

纯电阻元件 $\begin{cases} i(t) = I_m\cos(\omega t + \varphi) \\ u(t) = U_m\cos(\omega t + \varphi) \end{cases}$　电压与电流同相位

纯电容元件 $\begin{cases} i(t) = I_m\cos(\omega t + \varphi) \\ u(t) = U_m\cos\left(\omega t + \varphi + \dfrac{\pi}{2}\right) \end{cases}$　电压落后电流 $\pi/2$

纯电感元件 $\begin{cases} i(t) = I_m\cos(\omega t + \varphi) \\ u(t) = U_m\cos\left(\omega t + \varphi - \dfrac{\pi}{2}\right) \end{cases}$　电压超前电流 $\pi/2$

则图 7.11(b)，(c) 和 (d) 就表示 3 个元件上的电压矢量和电流矢量的相位关系。

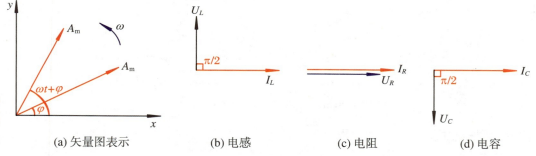

图 7.11　用旋转矢量表示交流电的电流或电压

(a) 矢量图表示　　(b) 电感　　(c) 电阻　　(d) 电容

1) 串联电路

串联电路中通过各元件的电流一样，对 RC 串联电路，如图 7.12(a) 所示，总电压为各元件两端的分电压之和，即

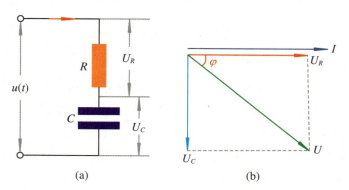

图 7.12　RC 串联电路的矢量图解法

(a)　　　　　　　(b)

$$u(t) = u_R(t) + u_C(t)$$

以 I 为基准，I 与 U_R 同相位，U_C 落后 I 的相位为 $\pi/2$，所以由图 7.12(b) 的矢量图可得

$$U = \sqrt{U_R^2 + U_C^2}, \quad \varphi = -\tan^{-1}\frac{U_C}{U_R} \tag{7.14}$$

因为 $Z_R = R$，$Z_C = 1/\omega C$，所以

$$\frac{U_C}{U_R} = \frac{I/\omega C}{IR} = \frac{1}{\omega CR}$$

故

$$U = I\sqrt{R^2 + \left(\frac{1}{\omega C}\right)^2}, \quad \varphi = -\tan^{-1}\frac{1}{\omega CR} \tag{7.15}$$

因此 RC 串联电路的总阻抗为

$$Z = \frac{U}{I} = \sqrt{R^2 + \left(\frac{1}{\omega C}\right)^2} \quad \text{或} \quad Z^2 = Z_R^2 + Z_C^2 \tag{7.16}$$

对如图 7.13 所示的 RL 串联电路，同理可得

$$Z = \sqrt{R^2 + (\omega L)^2} \quad \text{和} \quad \varphi = \tan^{-1}\frac{\omega L}{R}$$

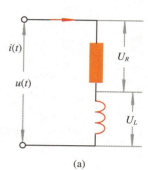

(a)

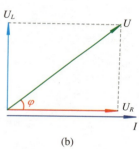

(b)

图 7.13 *RL* 串联电路
的矢量图解法

2）并联电路

对 RC 并联电路，如图 7.14(a) 所示，电压相等，总电流等于各支路的电流之和，即

$$i(t) = i_R(t) + i_C(t)$$

由图 7.14(b) 的矢量图可得

$$I = \sqrt{I_R^2 + I_C^2}, \quad \varphi = -\tan^{-1}\frac{I_C}{I_R} \tag{7.17}$$

以 $u(t)$ 为基准，U_m 与 I_m 同相位，I_C 超前 U_m 的相位为 $\pi/2$。所以

$$Z = \frac{U}{I} = \frac{U}{\sqrt{I_R^2 + I_C^2}} = \frac{1}{\sqrt{\left(\frac{1}{R}\right)^2 + (\omega C)^2}}, \quad \varphi = -\tan^{-1}(\omega CR)$$

$$\tag{7.18}$$

或者写成

$$\frac{1}{Z^2} = \frac{1}{Z_R^2} + \frac{1}{Z_C^2} \tag{7.19}$$

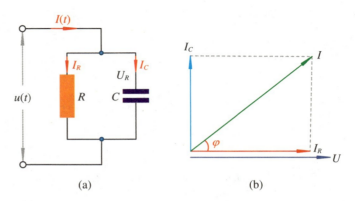

图 7.14　RC 并联电路的矢量图解法

(a)　　　　　　　　　　　(b)

对如图 7.15 所示的 RL 并联电路,画出其各支路电流和电压的相位关系,同理可得

$$Z = \frac{1}{\sqrt{\left(\dfrac{1}{R}\right)^2 + \left(\dfrac{1}{\omega L}\right)^2}}, \quad \varphi = \tan^{-1}\left(\frac{R}{\omega L}\right)$$

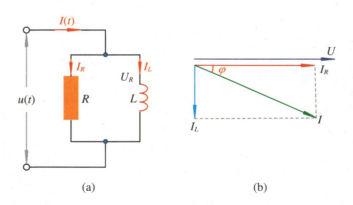

图 7.15　RL 并联电路的矢量图解法

(a)　　　　　　　　　　　(b)

对如图 7.16 所示的 RLC 并联电路,画出其各支路电流和电压的相位关系,同理可得

$$Z = \frac{1}{\sqrt{\left(\dfrac{1}{R}\right)^2 + \left(\omega C - \dfrac{1}{\omega L}\right)^2}}, \quad \varphi = \tan^{-1}\left[\frac{R(\omega^2 LC - 1)}{\omega L}\right]$$

矢量图解法的优点是直观,缺点也是只能用于简单的电路,对元件较多

的复杂电路,矢量图解法在求各矢量之间的相对相位关系时将变得十分
困难。

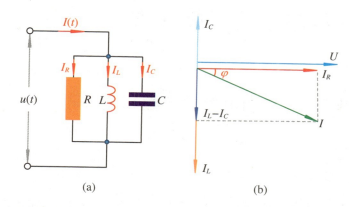

(a)   (b)

图 7.16　*RLC* 并联电路的矢量图解法

【例 7.1】 如例 7.1 图,已知 $Z_L = Z_R = R$,试用矢量图解法求下列各量
的相位差:(1) U_C 与 I_R ;(2) I_C 与 I_R ;(3) U_L 与 U_R ;(4) U 与 I。

【解】 电路电阻和电容先并联,然后与电感串联。

(1) 以并联部分电压 U_C 为基准。I_R 与 U_C 同相位;I_C 超前 U_C 相位 $\pi/2$。
因 $I_R = I_C$,故 U_C 与 I_R 的相位差为 0,I_C 与 I_R 的相位差为 $\pi/2$ 。

(2) 在图上叠加上串联部分的矢量图,U_L 超前 I 相位 $\pi/2$,则 U_L 与 I_C 的
夹角为 $\pi/4$。

所以

$$U_L = I_L Z_L = \sqrt{2} I_R R = \sqrt{2} U_R = \sqrt{2} U_C$$

总电压 U 的方向为垂直方向,如例 7.1 解答图所示,则 U_L 与 U_R 的相位差
为 $3\pi/4$,U 与 I 的相位差为 $\pi/4$。由矢量图知,总电压 U 是 U_C 和 U_L 的矢
量叠加,即

$$U = \sqrt{U_L^2 - U_C^2} = \sqrt{2U_C^2 - U_C^2} = U_C$$

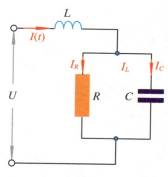

例 7.1 图

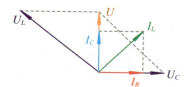

例 7.1 解答图

7.2　交流电路的复数解法

7.2.1　电阻、电容和电感的复数表示

1. 复数的基本概念

根据数学中复数的基本知识,任一复数 $\tilde{A}$ 均可以用实部和虚部表示,如图 7.17 所示,即

$$\tilde{A} = a + jb = A(\cos\varphi + j\sin\varphi) = Ae^{j\varphi} \tag{7.20}$$

式中,实数 a 为 $\tilde{A}$ 的实部,记为 $a = \mathrm{Re}(\tilde{A})$;实数 b 为 $\tilde{A}$ 的虚部,记为 $b = \mathrm{Im}(\tilde{A})$;j 为虚数单位,满足 $j^2 = -1$,$\sqrt{-1} = \pm j$。$\tilde{A}$ 的模 $|\tilde{A}|$ 和辐角 φ 分别为 $|\tilde{A}| = \sqrt{a^2 + b^2}$,$\varphi = \tan^{-1}\dfrac{b}{a}$。

在指数表示下,显然有

$$j = e^{j\frac{\pi}{2}}, \quad 1/j = e^{-j\frac{\pi}{2}}, \quad -1 = e^{j\pi}$$

复数的加减乘除运算和微分、积分运算法则如下:

$$\begin{cases} \tilde{A}_1 \pm \tilde{A}_2 = (x_1 \pm x_2) + j(y_1 \pm y_2) \\ \tilde{A}_1\tilde{A}_2 = A_1A_2e^{j(\varphi_1+\varphi_2)}, \quad \tilde{A}_1/\tilde{A}_2 = (A_1/A_2)e^{j(\varphi_1-\varphi_2)} \\ \dfrac{d\tilde{A}}{dt} = j\omega Ae^{j(\omega t+\varphi)} = j\omega\tilde{A}, \quad \int \tilde{A}dt = \tilde{A}/(j\omega) \end{cases} \tag{7.21}$$

交流电中的电压和电流等简谐量用复数表示为

$$\tilde{A} = Ae^{j(\omega t+\varphi)} \tag{7.22}$$

该复数的实部表示简谐量的瞬时值,即

$$a(t) = \mathrm{Re}(\tilde{A}) = A\cos(\omega t + \varphi) \tag{7.23}$$

由于复数的运算比矢量图法简单方便,这就是为何人们广泛采用复数法求解简谐交流电路的重要原因。

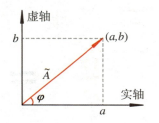

图 7.17　复数的几何表示

2. 电阻、电容和电感的复数表示

简谐交流电的任何一个瞬时量都可以写成对应的复数形式。交流电的电压、电流和电动势的瞬时值表达式的复数形式如下：

$$\tilde{U} = U_m e^{j(\omega t + \varphi_u)}, \quad \tilde{I} = I_m e^{j(\omega t + \varphi_i)}, \quad \tilde{\mathscr{E}} = \mathscr{E}_m e^{j(\omega t + \varphi_e)} \tag{7.24}$$

相应把 $\tilde{U}, \tilde{I}$ 和 $\tilde{\mathscr{E}}$ 分别叫作复电压、复电流和复电动势，U_m, I_m 和 $\mathscr{E}_m$ 分别为电压、电流和电动势的极大值（或峰值）。取 $\tilde{U}, \tilde{I}$ 和 $\tilde{\mathscr{E}}$ 的实部可得到有实际物理意义的电压、电流和电动势的瞬时值。

复电压和复电流之比称为复阻抗，即

$$\frac{\tilde{U}}{\tilde{I}} = \frac{U_m e^{j(\omega t + \varphi_u)}}{I_m e^{j(\omega t + \varphi_i)}} = \frac{U_m}{I_m} e^{j(\varphi_u - \varphi_i)} = Z e^{j\varphi} = \tilde{Z} \tag{7.25}$$

它的模 Z 为电压有效值和电流有效值之比（或最大值之比），叫作电路元件的阻抗；φ 则表示电压和电流的相位差，叫作复阻抗的辐角。复阻抗本身已经完全包含了电路两方面的基本性质：阻抗 $Z = U_m / I_m$ 和辐角 φ。

复数形式的欧姆定律为

$$\frac{\tilde{U}}{\tilde{I}} = \tilde{Z} \quad \text{或} \quad \tilde{U} = \tilde{I}\tilde{Z} \tag{7.26}$$

各种纯元件的复阻抗如下：

$$Z_R = R, \quad \varphi = 0, \quad \text{所以} \ \tilde{Z}_R = R \tag{7.27}$$

$$Z_C = \frac{1}{\omega C}, \quad \varphi = -\frac{\pi}{2}, \quad \text{所以} \ \tilde{Z}_C = \frac{1}{\omega C} e^{-j\pi/2} = \frac{-j}{\omega C} = \frac{1}{j\omega C} \tag{7.28}$$

$$Z_L = \omega L, \quad \varphi = \frac{\pi}{2}, \quad \text{所以} \ \tilde{Z}_L = \omega L e^{j\pi/2} = j\omega L \tag{7.29}$$

7.2.2 交流电路的复数解法

1. 串并联电路的复数解法

对交流电的串联电路，如图 7.18(a)所示，由于总电压等于各元件上的电压，即

$$\tilde{U} = \tilde{U}_1 + \tilde{U}_2 = \tilde{I}\tilde{Z}_1 + \tilde{I}\tilde{Z}_2 = \tilde{I}(\tilde{Z}_1 + \tilde{Z}_2)$$

所以串联电路总复阻抗为

$$\widetilde{Z} = \widetilde{Z}_1 + \widetilde{Z}_2 \qquad (7.30)$$

对并联电路,如图 7.18(b)所示,由于各阻抗上的电压相同,而总电流是各支路电流之和,即

$$\widetilde{I} = \frac{\widetilde{U}}{\widetilde{Z}} = \widetilde{I}_1 + \widetilde{I}_2 = \frac{\widetilde{U}}{\widetilde{Z}_1} + \frac{\widetilde{U}}{\widetilde{Z}_2}$$

所以并联电路的总复阻抗为

$$\frac{1}{\widetilde{Z}} = \frac{1}{\widetilde{Z}_1} + \frac{1}{\widetilde{Z}_2} \qquad (7.31)$$

所以复数解法的串并联总阻抗求法与直流电路总电阻求法一样,只不过这里是用复数!

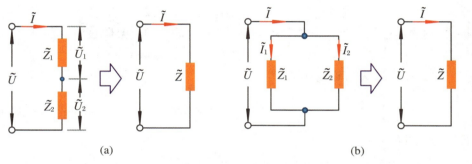

图 7.18 串联和并联电路的复数解法

对如图 7.19(a)所示的 RC 串联电路,根据串联复阻抗公式,可得复阻抗为

$$\widetilde{Z} = \widetilde{Z}_1 + \widetilde{Z}_2 = R + \frac{1}{\mathrm{j}\omega C}$$

总复阻抗的模为 $|Z| = |\widetilde{Z}| = \sqrt{R^2 + \dfrac{1}{(\omega C)^2}}$,辐角为 $\varphi = \tan^{-1}\left(-\dfrac{1}{\omega CR}\right)$。

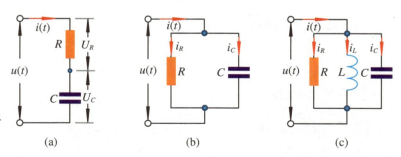

图 7.19 RC 串联电路、RC 并联电路和 RLC 并联电路

对如图 7.19(b)所示的 RC 并联电路,根据并联复阻抗计算公式,可得

$$\frac{1}{\widetilde{Z}} = \frac{1}{\widetilde{Z}_1} + \frac{1}{\widetilde{Z}_2} = \frac{1}{R} + \mathrm{j}\omega C$$

所以复阻抗为

$$\widetilde{Z} = \frac{1}{\left(\frac{1}{R}\right)^2 + \omega^2 C^2}\left(\frac{1}{R} - \mathrm{j}\omega C\right)$$

总复阻抗的模为 $|Z| = |\widetilde{Z}| = \dfrac{1}{\sqrt{\dfrac{1}{R^2} + (\omega C)^2}}$，辐角为 $\varphi = \tan^{-1}(-\omega CR)$。

对如图 7.19(c)所示的 RLC 并联电路，同理有

$$\frac{1}{\widetilde{Z}} = \frac{1}{\widetilde{Z}_1} + \frac{1}{\widetilde{Z}_2} + \frac{1}{\widetilde{Z}_3} = \frac{1}{R} + \frac{1}{\mathrm{j}\omega L} + \mathrm{j}\omega C = \frac{\mathrm{j}\omega L + R - \omega^2 RCL}{\mathrm{j}\omega LR}$$

复阻抗和辐角分别为

$$\widetilde{Z} = \frac{\mathrm{j}\omega LR}{(R - \omega^2 RCL) + \mathrm{j}\omega L} = \frac{\omega LR}{\omega L - \mathrm{j}(R - \omega^2 RCL)}, \quad \tan\varphi = \frac{(1 - \omega^2 LC)R}{\omega L}$$

【例 7.2】 例 7.2 图是为消除分布电容的影响而设计的一种脉冲分压器。当 C_1, C_2, R_1, R_2 满足一定条件时，此分压器就能和直流电路一样，使输入电压 $\widetilde{U}$ 与输出电压 $\widetilde{U}_2$ 之比等于电阻之比，即

$$\frac{\widetilde{U}_2}{\widetilde{U}} = \frac{R_2}{R_1 + R_2}$$

而与频率无关。试求电阻和电容应满足的条件。

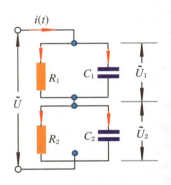

例 7.2 图　脉冲分压器电路

【解】 设 Z_1 上的电压为 U_1，因串联电路的电压与阻抗成正比分配，即 $\dfrac{\widetilde{U}_1}{\widetilde{U}_2} = \dfrac{\widetilde{Z}_1}{\widetilde{Z}_2}$，而电路要求 $\dfrac{\widetilde{U}_2}{\widetilde{U}} = \dfrac{R_2}{R_1 + R_2}$，即 $\dfrac{\widetilde{U}_1}{\widetilde{U}_2} = \dfrac{R_1}{R_2}$。

首先求出各部分 RC 并联的阻抗，即

$$\widetilde{Z}_1 = \frac{R_1}{1 + \mathrm{j}R_1\omega C_1}, \quad \text{模为 } Z_1 = \frac{R_1}{\sqrt{1 + \omega^2 R_1^2 C_1^2}}$$

$$\widetilde{Z}_2 = \frac{R_2}{1 + \mathrm{j}R_2\omega C_2}, \quad \text{模为 } Z_2 = \frac{R_2}{\sqrt{1 + \omega^2 R_2^2 C_2^2}}$$

则

$$\frac{Z_1}{Z_2} = \frac{R_1}{\sqrt{1 + \omega^2 R_1^2 C_1^2}} \cdot \frac{\sqrt{1 + \omega^2 R_2^2 C_2^2}}{R_2} = \frac{R_1}{R_2}$$

解得

$$R_1 C_1 = R_2 C_2$$

2. 交流电路的基尔霍夫定律

在似稳条件下,在任一瞬间,对于交流电路,基尔霍夫定律如下:

（1）对于任意节点,流入和流出节点的电流相等,即

$$\sum \tilde{I}_k = \sum \tilde{I}_{km} e^{j\omega t} = 0 \quad 或 \quad \sum \tilde{I}_{km} = 0 \qquad (7.32)$$

（2）环绕任一闭合回路一周,各元件电压降之和等于回路电动势之和,即

$$\sum \tilde{I}_n \tilde{Z}_n = \sum \tilde{\mathscr{E}}_k \quad 或 \quad \sum \tilde{I}_{nm} e^{j\omega t} \tilde{Z}_n = \sum \tilde{\mathscr{E}}_{km} e^{j\omega t}$$

亦即

$$\sum \tilde{I}_{nm} \tilde{Z}_m = \sum \tilde{\mathscr{E}}_{km} \qquad (7.33)$$

由于交流电路各部分在相同时刻 t,其各量随时间的变化均为 $e^{j\omega t}$,所以在式 (7.32)和式(7.33)中,采用了最大值或有效值的复数形式表示。这两个式子与直流稳恒电路方程具有几乎完全相同的数学形式,不同的只是实数运算代之以复数运算,且复阻抗包括电容和电感的贡献,不仅仅限于电阻。如果两个电感之间还存在互感 M,则式(7.33)可以改写成

$$\sum \tilde{I}_{nm} \tilde{Z}_m + \sum \tilde{I}_{lm} \tilde{M}_m = \sum \tilde{\mathscr{E}}_{km} \qquad (7.34)$$

这里 $\tilde{I}_{lm}$ 是另外一个支路中的复电流。

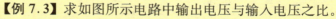

【例 7.3】 求如图所示电路中输出电压与输入电压之比。

【解】 根据基尔霍夫定律,列出电流和电压方程

$$\begin{cases} \tilde{I}_1 - \tilde{I}_2 = \tilde{I}_3 \\ \tilde{I}_2 R + \tilde{I}_2 \tilde{Z}_C - \tilde{I}_3 \tilde{Z}_C = 0 \\ \tilde{I}_1 R + \tilde{I}_3 \tilde{Z}_C = \tilde{U} \end{cases}$$

简化为

$$(R + \tilde{Z}_C)\tilde{I}_2 - \tilde{Z}_C \tilde{I}_3 = 0$$
$$R\tilde{I}_2 + (R + \tilde{Z}_C)\tilde{I}_3 = \tilde{U}$$

解得

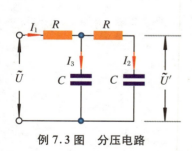

例 7.3 图　分压电路

$$\tilde{I}_2 = \frac{\tilde{U}}{\mathrm{j}\omega C} \cdot \frac{1}{R^2 - \dfrac{1}{(\omega C)^2} + \dfrac{3R}{\mathrm{j}\omega C}}$$

所以

$$\tilde{U}' = \tilde{I}_2 \tilde{Z}_C = \frac{-\tilde{U}}{(\omega C)^2 \left[R^2 - \dfrac{1}{(\omega C)^2} - \dfrac{\mathrm{j}3R}{\omega C} \right]}$$

输出、输入电压之比为

$$\left| \frac{\tilde{U}'}{\tilde{U}} \right| = \left\{ \left[(\omega CR)^2 - 1 \right]^2 + (3\omega CR)^2 \right\}^{-\frac{1}{2}}$$

相位差为

$$\Delta \varphi = \tan^{-1} \left[\frac{3\omega CR}{(\omega CR)^2 - 1} \right]$$

【例 7.4】 求解如图所示的 RCL 混联电路总阻抗。

【解】 等效阻抗为

$$\frac{1}{\tilde{Z}} = \frac{1}{\tilde{Z}_C} + \frac{1}{\tilde{Z}_R + \tilde{Z}_L} = \mathrm{j}\omega C + \frac{1}{R + \mathrm{j}\omega L}$$

$$= \mathrm{j}\omega C + \frac{R - \mathrm{j}\omega L}{R^2 + (\omega L)^2} = \frac{R}{R^2 + (\omega L)^2} + \mathrm{j} \left[\omega C - \frac{\omega L}{R^2 + (\omega L)^2} \right]$$

$$= A \mathrm{e}^{\mathrm{j}\varphi}$$

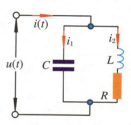

例 7.4 图　RCL 混联
电路

所以

$$\tilde{Z} = \frac{1}{A} \mathrm{e}^{-\mathrm{j}\varphi}$$

式中，A 和 φ 分别为

$$A = \sqrt{\frac{R^2}{\left[R^2 + (\omega L)^2 \right]^2} + \left[\omega C - \frac{\omega L}{R^2 + (\omega L)^2} \right]^2}, \quad |\tilde{Z}| = \frac{1}{A}$$

$$\tan \varphi = \frac{\dfrac{\omega \left\{ C \left[R^2 + (\omega L)^2 \right] - L \right\}}{R^2 + (\omega L)^2}}{\dfrac{R}{R^2 + (\omega L)^2}} = \frac{\omega \left\{ C \left[R^2 + (\omega L)^2 \right] - L \right\}}{R}$$

7.3 交流电的功率

7.3.1 交流电的功率

1. 瞬时功率

交流电路的瞬时功率为 $P(t) = i(t)u(t)$，因 $i(t)$ 和 $u(t)$ 之间存在相位差，故 P 可正可负。$P > 0$ 表示从电源得到功率，$P < 0$ 表示元件中储存的能量回到电源中去。

因为

$$\begin{cases} u(t) = U_m\cos(\omega t + \varphi_u) \\ i(t) = I_m\cos(\omega t + \varphi_i) \end{cases}$$

所以瞬时功率为

$$P(t) = u(t)i(t) = U_m I_m\cos(\omega t + \varphi_u)\cos(\omega t + \varphi_i)$$
$$= \frac{1}{2}U_m I_m\big[\cos(2\omega t + \varphi_u + \varphi_i) + \cos\varphi\big] \tag{7.35}$$

2. 平均功率

交流电路中有实际意义的是平均功率，平均功率的定义为 $\bar{P} = \frac{1}{T}\int_0^T P(t)\mathrm{d}t$，因此

$$\bar{P}(t) = \frac{1}{T}\int_0^T \frac{1}{2}U_m I_m\big[\cos(2\omega t + \varphi_u + \varphi_i) + \cos\varphi\big]\mathrm{d}t$$

在数学上，有 $\int_0^T\cos(2\omega t + \varphi_u + \varphi_i)\mathrm{d}t = 0$，并且 $\int_0^T\cos\varphi\mathrm{d}t = T\cos\varphi$，所以

$$\bar{P}(t) = \frac{1}{2}U_m I_m\cos\varphi = U_e I_e\cos\varphi \tag{7.36}$$

式中,$I_e = \dfrac{I_m}{\sqrt{2}}$ 和 $U_e = \dfrac{U_m}{\sqrt{2}}$,为电流和电压的有效值。下面来分别讨论电路在纯

电阻、纯电感和纯电容 3 种阻抗条件下的平均功率。

1) 纯电阻电路

纯电阻电路的瞬时功率为 $P = \dfrac{I_m U_m}{2}(1 + \cos 2\omega t)$,平均功率为 $\overline{P}_R =$

$\dfrac{I_m U_m}{2} = I^2 R$,电阻上电流与电压的位相差为 $\varphi = \varphi_u - \varphi_i = 0$,如图 7.20(a)

所示。

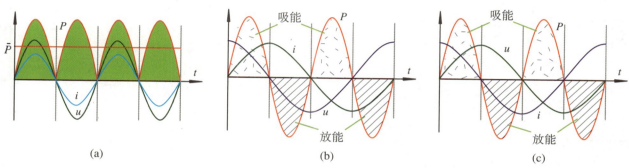

(a)   (b)   (c)

图 7.20 纯电阻、纯电感和纯电容电路的瞬时功率和平均功率

2) 纯电感电路

纯电感电路的瞬时功率为 $P_L = \dfrac{I_m U_m}{2}\cos\left(2\omega t + \dfrac{\pi}{2}\right) = IU\cos\left(2\omega t + \dfrac{\pi}{2}\right)$,

一个周期内的平均功率为 $\overline{P}_L = 0$,即一个周期内吸能等于放能,如图 7.20(b)

所示。

3) 纯电容电路

纯电容电路的瞬时功率为 $P_C = \dfrac{I_m U_m}{2}\cos\left(2\omega t - \dfrac{\pi}{2}\right) = IU\cos\left(2\omega t - \dfrac{\pi}{2}\right)$,

一个周期内的平均功率为 $\overline{P}_C = 0$,即一个周期内吸能等于放能,如图7.20(c)

所示。

7.3.2 功率因数

交流电平均功率的表达式可以写成 $\overline{P}(t) = U_e I_e \cos\varphi$,通常把 $\cos\varphi$ 称为

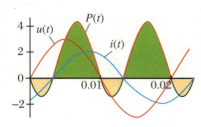

图 7.21　交流电的瞬时功率曲线

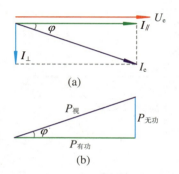

(a)

(b)

图 7.22　电流三角形和功率三角形

功率因数。图 7.21 表示一般阻抗情况下交流电路的瞬时功率曲线,非"纯"阻抗情况下,即 φ 在 $0\sim\pi/2$ 之间时,吸收功率总是大于放出功率,即上部分面积总是大于下部分面积。

1. 视在功率与无功功率

为了进一步分析交流电的功率,我们把 $P_{视} = U_e I_e$ 称为视在功率,同时把交流电的功率分成有功功率和无功功率。

$$P_{有功} = P_{//} = U_e I_{e//} = U_e I_e \cos\varphi = P\cos\varphi \tag{7.37}$$

$$P_{无功} = P_{\perp} = U_e I_{e\perp} = U_e I_e \sin\varphi = P\sin\varphi \tag{7.38}$$

所以视在功率为

$$P_{视} = \sqrt{P_{有功}^2 + P_{无功}^2} = U_e \sqrt{I_{//}^2 + I_{\perp}^2} \tag{7.39}$$

式中,$I_{//} = I_e\cos\varphi$,$I_{\perp} = I_e\sin\varphi$。功率和电流都可以看成是一个直角三角形,如图 7.22 所示。

功率因数也可以用下式表示:

$$\cos\varphi = \frac{P}{I_e U_e} = \frac{P_{有功}}{P_{视}} \tag{7.40}$$

功率因数越大,即有功分量越大,或有功电流越大。有功电流供电器使用和消耗;而无功电流在输电线路中来回循环。

2. 提高功率因数的意义和方法

提高功率因数可以充分发挥电力设备的潜力,因为电力设备工作时,其电压与电流都有额定值,电压和电流超过额定值将给线路安全带来隐患。因此需在保持有功电流的情况下,尽量减少无功电流,从而使输出线路的损失减少。

例如,同一台发电机组,其标值 $U_{额} = 10\ \text{kV}$,$I_{额} = 5\ \text{kA}$,表明该发电机组的额定功率为 50 MW。如果输电线路和用电网络的功率因数为 $\cos\varphi = 0.6$,则可提供给用户使用的功率为 $P_{有功} = 50\ \text{MW} \cdot \cos\varphi = 30\ \text{MW}$;但如果把功率因数提高到 $\cos\varphi = 0.8$,则可提供给用户使用的功率为 $P_{有功} = 50\ \text{MW} \cdot \cos\varphi = 40\ \text{MW}$。

当所用电器是电感性网络 N 时(通常都是如此),用一个适当的电容与之并联,并联后的网络为 N',如图 7.23(a)所示,利用电感和电容中电流的相位关系,使总电流 i 与电压之间的相位差 φ 减少到 φ',如图 7.23(b)所示,这样就可以提高功率因数,即并联电容 C 后的新网络 N' 比原网络 N 有较大的功率因数,提高的具体数值取决于原网络 N 的 φ 的大小和并联电容 C 的大小。

串联电容也可以使功率因数提高,甚至可以补偿到 1,但不可以这样做!原因是:在外加电压不变的情况下,负载得不到所需的额定工作电压。同样,电路中串、并电感或电阻也不能用于功率因数的提高。其原因请自行分析。

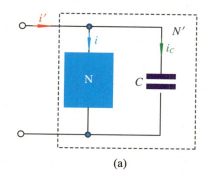

(a)

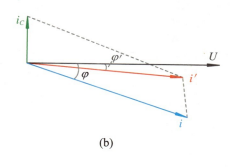

(b)

图 7.23 在感性网络中并联一个电容可以提高功率因数

此外,一般 220 V 电力线路受负载的影响很小,即并联电容后,不改变电源电压;并联纯电容,不吸收功率,实际上的电容上能量损失亦很小,故电源的输出功率不会显著增加;提高功率因数的原因是 $i'<i$,即总电流小于支路电流,线路损耗减少。

【例 7.5】 发电机的额定电压为 220 V,视在功率为 22 kV·A。(1) 它能供多少盏功率因数为 0.5 、平均功率为 40 W 的日光灯正常发光?(2) 如果将日光灯的功率因数提高到 0.8,能供多少盏灯?(3) 如果保持日光灯数目不变而将功率因数继续提高到 1,则输电线路中的总电流降为多少?

【解】(1) 若忽略交流电在输电线及发电机中的功率消耗,则发电机提供的有功功率应等于日光灯消耗的平均功率,即

$$\text{由 } N_1 P_1 = P\cos\varphi_1, \quad \text{得} \quad N_1 = \frac{P\cos\varphi_1}{P_1} = 275$$

(2) 当功率因数提高到 0.8 时,有

$$N_2 = \frac{P\cos\varphi_2}{P_2} = 440$$

(3) 保持 N_2 不变,其消耗的功率不变。因发电机输出的电压不变,则输电线路中的电流减少了。

由 $N_2 P_2 = N_2 I_2 U\cos\varphi_2 = N_2 I_3 U\cos\varphi_3$,可得 $I_3 = \frac{\cos\varphi_2}{\cos\varphi_3} I_2 = 0.8 I_2$,可见功率因数提高时,输电线路的总电流下降。

3．有功电阻和无功电抗

交流电路的阻抗可以改写成

$$\tilde{Z} = Z\cos\varphi + jZ\sin\varphi = r + jx$$

引入有功电阻 $r = Z\cos\varphi$ 和无功电抗 $x = Z\sin\varphi$，则视在功率对应于总阻抗，有功功率对应于有功电阻，无功功率对应于无功电抗，即

$$P_{视} = UI = I^2 Z, \quad P_{有功} = UI\cos\varphi = I^2 r, \quad P_{无功} = UI\sin\varphi = I^2 x$$

一般而言，电抗 $x<0$ 称为容抗，电路为电容性电路；电抗 $x>0$ 称为感抗，电路为电感性电路。

　　有功电阻并不是指电路中的欧姆电阻，电容和电感中的介质损耗反映到电路中也相当于等效的有功电阻；电动机的转子在定子中产生反电动势，也相当于有功电阻。有功电阻反映的是某种功率消耗。消耗的原因和能量的去向除了焦耳热之外还有很多，比如电能转化成机械能等。

7.3.3　品质因数

交流电路通常用品质因数 Q（即 Q 值）来描述其特性：

$$Q = \frac{P_{无功}}{P_{有功}} = \frac{x}{r} \tag{7.41}$$

显然，Q 值越高表示 $P_{有功}$ 越小，即各种损耗越小，能量会在线路里长时间循环。

1．Q 值的第一种意义——储能与耗能

我们来计算 RLC 串联电路的总阻抗，如图 7.24 所示。

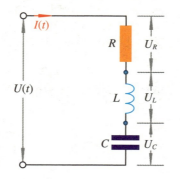
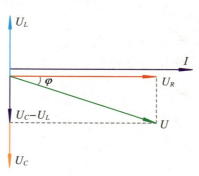

图 7.24　RLC 串联电路

我们采用矢量图解法,可知总电压为

$$U = \sqrt{U_R^2 + (U_L - U_R)^2} = I_m \sqrt{R^2 + \left(\omega L - \frac{1}{\omega C} \right)^2}$$

因此,总阻抗和辐角为

$$\begin{cases} Z = \sqrt{R^2 + \left(\omega L - \dfrac{1}{\omega C} \right)^2} \\ \varphi = \tan^{-1} \dfrac{\omega L - \dfrac{1}{\omega C}}{R} \end{cases}$$

若 $u(t) = U_m \cos \omega t$,则

$$i(t) = I_m \cos(\omega t + \varphi) = \frac{U_m}{\sqrt{R^2 + \left(\omega L - \dfrac{1}{\omega C} \right)^2}} \cos \left(\omega t + \tan^{-1} \frac{\omega L - \dfrac{1}{\omega C}}{R} \right)$$

若 $Z_C = Z_L$,则 $\varphi = 0$,电路出现纯电阻性。此时,Z 最小,即 $i(t)$ 最大,称为共振,共振频率由 $\omega_0 L = \dfrac{1}{\omega_0 C}$ 求出,即 $\omega_0 = 1/\sqrt{LC}$。

共振时电路中储存的能量为

$$\begin{aligned} W_S &= \frac{1}{2} L I^2 + \frac{1}{2} C U^2 = \frac{1}{2} L I_m^2 \cos^2 \omega_0 t + \frac{I_m^2}{2} \frac{C}{\omega^2 C^2} \cos^2 \left(\omega_0 t - \frac{\pi}{2} \right) \\ &= \frac{1}{2} I_m^2 \left[L \cos^2 \omega_0 t + \frac{1}{\omega_0^2 C} \sin^2 \omega_0 t \right] \\ &= \frac{1}{2} I_m^2 \left[L \cos^2 \omega_0 t + L \sin^2 \omega_0 t \right] = \frac{1}{2} L I_m^2 = L I_e^2 \end{aligned}$$

而在电阻上消耗的能量为 $W_R = R I_e^2 T$,两者之比为

$$\frac{W_S}{W_R} = \frac{L}{RT} = \frac{L}{R \cdot 2\pi \sqrt{LC}} = \frac{1}{2\pi} \frac{1}{R} \sqrt{\frac{L}{C}} = \frac{Q}{2\pi}$$

或

$$Q = 2\pi \frac{W_S}{W_R} \tag{7.42}$$

因此,Q 值表征电路中每个周期内储存的能量和消耗的能量之比乘以 2π。这时电路会稳定地储存电磁能而不再与外界交换无功功率,只消耗有功功率。

2. Q 值的第二种物理意义——电压或电流放大倍数

RLC 串联达到共振时,如图 7.24 所示,电路的阻抗为最小,电流最大;这

时电感或电容两端的电压最大,且等于电源电动势的 Q 倍。

$$U_{Lm} = Z_L I_m = \omega_0 L \frac{\mathscr{E}_m}{R} = \frac{1}{\sqrt{LC}} L \frac{\mathscr{E}_m}{R} = \frac{1}{R} \sqrt{\frac{L}{C}} \mathscr{E}_m = Q\mathscr{E}_m$$

则 $U_{Lm} = Q\mathscr{E}_m$;同理,$U_{Cm} = Q\mathscr{E}_m$,即电压放大 Q 倍,共振时一个弱信号输入,在 L 和 C 两端得到一个放大的输出信号。

对 RCL 混联电路,见例 7.4 图和解答过程,得到总阻抗为 $|\tilde{Z}| = \frac{1}{A}$,其中,

$$A = \sqrt{\frac{R^2}{[R^2 + (\omega L)^2]^2} + \left[\omega C - \frac{\omega L}{R^2 + (\omega L)^2}\right]^2}$$

当 $\omega_0 C = \dfrac{\omega_0 L}{R^2 + (\omega_0 L)^2}$ 时,发生电流谐振,即 $\omega_0 = \sqrt{\dfrac{1}{LC} - \dfrac{R^2}{L^2}} = \dfrac{1}{\sqrt{LC}}\sqrt{1 - \dfrac{CR^2}{L}}$,电路阻抗达到最大值,此时

$$I_{Lm} = I_{Cm} = \frac{1}{R} \sqrt{\frac{L}{C}} I_m = Q I_m$$

并联电路电流共振的特点如下:① 回路总阻抗达到最大值;② 回路电流达到最小值;③ 电路呈现纯电阻性;④ 分支电流达到最大值,为总电流的 Q 倍。

因此,Q 值在串联谐振电路中表征了电压放大倍数,在并联谐振电路中表征了电流放大倍数。

3. Q 值的第三种物理意义——频率选择性

谐振电路在无线电技术中最重要的应用是选择信号。例如,各广播电台以不同频率的电磁波向空间发射信号,收音机的调谐旋钮与谐振电路的可变电容器相连,改变电容或电感就可改变电路的谐振频率。当电路的谐振频率与某个电台的发射频率一致时,我们收到它的信号就最强,其他发射频率与电路的谐振频率相差较远的电台就收听不到。这就是利用了谐振电路的选频特性。

为了定量地说明频率选择性的好坏程度,通常引用"通频带宽度"的概念。通常规定在谐振峰两边电流值等于最大值约 70% 的两点所对应的频率之差为通频带宽度,即 $\Delta f = f_2 - f_1 = 2\delta f$,其中 $f_{1,2} = f_{I = 0.7 I_M}$,如图 7.25 所示。我们现在来讨论发生谐振时,谐振峰的高度和宽度。

考虑 RLC 串联谐振电路,其阻抗为

$$Z = \sqrt{R^2 + \left(\omega L - \frac{1}{\omega C}\right)^2}$$

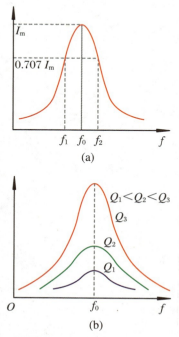

图 7.25 频率选择性

假定频率稍微偏离谐振频率,即 $f = f_0 + \delta f, \delta f \ll f_0$,则

$$Z = \sqrt{R^2 + \left(2\pi f L - \frac{1}{2\pi f C}\right)^2}$$

$$= \sqrt{R^2 + \left[2\pi(f_0 + \delta f)L - \frac{1}{2\pi(f_0 + \delta f)C}\right]^2}$$

近似地有

$$Z \approx \sqrt{R^2 + \left[\left(2\pi f_0 L - \frac{1}{2\pi f_0 C}\right) + \left(2\pi f_0 L + \frac{1}{2\pi f_0 C}\right)\frac{\delta f}{f_0}\right]^2}$$

$$= R\sqrt{1 + \left(\frac{4\pi f_0 L}{R}\frac{\delta f}{f_0}\right)^2} = R\sqrt{1 + \left(2\frac{\omega_0 L}{R}\frac{\delta f}{f_0}\right)^2}$$

$$= R\sqrt{1 + \left(2Q\frac{\delta f}{f_0}\right)^2}$$

当 $2Q\dfrac{\delta f}{f_0} = \pm 1$ 时,$I = I_M/\sqrt{2}$,故通频带边界的频率 f_1 和 f_2 与谐振频率 f_0 之差为

$$\left.\begin{array}{r} f_2 - f_0 \\ f_1 - f_0 \end{array}\right\} = \delta f = \pm\frac{f_0}{2Q}$$

通频带宽度

$$\Delta f = f_2 - f_1 = 2\delta f = \frac{f_0}{Q} \tag{7.43}$$

所以,谐振电路的通频带宽度 Δf 反比于谐振电路的 Q 值,Q 值越大电路的谐振峰越尖锐,其频率选择性越好。此时,只要电台信号的频率稍微偏离谐振频率,它的信号就大大减弱,与该频率附近的其他电台不至于"串台"。

7.3.4　交流电桥

1. 交流电桥

对如图 7.26 所示的交流电路,称为交流电桥电路,交流电桥的平衡条件为 $I_N = 0$,即

$$\tilde{I}_1 = \tilde{I}_3, \quad \tilde{I}_2 = \tilde{I}_4$$
$$\tilde{U}_1 = \tilde{U}_2, \quad \tilde{U}_3 = \tilde{U}_4$$

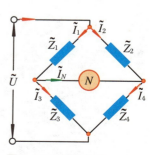

图 7.26　交流电桥

由于

$$\tilde{U}_1 = \tilde{I}_1 \tilde{Z}_1, \quad \tilde{U}_3 = \tilde{I}_3 \tilde{Z}_3 = \tilde{I}_1 \tilde{Z}_3$$
$$\tilde{U}_2 = \tilde{I}_2 \tilde{Z}_2, \quad \tilde{U}_4 = \tilde{I}_4 \tilde{Z}_4 = \tilde{I}_2 \tilde{Z}_4$$

所以

$$\tilde{I}_1 \tilde{Z}_1 = \tilde{I}_2 \tilde{Z}_2, \quad \tilde{I}_1 \tilde{Z}_3 = \tilde{I}_2 \tilde{Z}_4$$

或

$$\tilde{Z}_1 \tilde{Z}_4 = \tilde{Z}_2 \tilde{Z}_3 \tag{7.44}$$

该式可改写为

$$Z_1 Z_4 = Z_2 Z_3, \quad \varphi_1 + \varphi_4 = \varphi_2 + \varphi_3 \tag{7.45}$$

这就是交流电桥的平衡方程。该方程表明：① 当选 Z_2 和 Z_4 为纯电阻时，则 Z_1 和 Z_3 必须同为电感性或电容性。② 当选 Z_2 和 Z_3 为纯电阻时，则 Z_1 和 Z_4 必须一个为电感性，而另一个为电容性。

2. 电容桥

电容桥主要用来测量电容或电容的损耗，其结构如图 7.27 所示。

根据交流电桥的平衡方程，可以得到

$$\begin{cases} \tilde{Z}_1 = R_x - \dfrac{j}{\omega C_x}, \quad \tilde{Z}_2 = -\dfrac{j}{\omega C_2} \\ \tilde{Z}_3 = R_3, \quad \tilde{Z}_4 = \dfrac{1}{\dfrac{1}{R_4} + j\omega C_4} \end{cases}$$

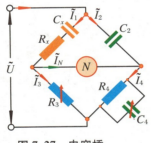

图 7.27　电容桥

如果第一臂为待测电容和电阻，则

$$R_x - \frac{j}{\omega C_x} = -\frac{jR_3}{\omega C_2}\left(\frac{1}{R_4} + j\omega C_4\right) = \frac{R_3 C_4}{C_2} - j\frac{R_3}{\omega C_2 R_4}$$

可以同时解出两个待测量 R_x 和 C_x，即 $R_x = \dfrac{R_3 C_4}{C_2}$，$C_x = \dfrac{R_4}{R_3} C_2$。

3. 电感桥

用来测量电感及其损耗的电桥称为电感桥，如图 7.28 所示。

利用交流电桥平衡方程，得

$$R_2 R_3 = (R_x + j\omega L_x)\left(R_4 - j\frac{1}{\omega C_4}\right)$$

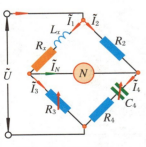

图 7.28　电感桥

解之得

$$L_x = \frac{R_2 R_3 C_4}{1 + (\omega R_4 C_4)^2}, \quad R_x = \frac{R_2 R_3 R_4 (\omega C_4)^2}{1 + (\omega R_4 C_4)^2}$$

7.4   变压器与电力输送 *

电力输送系统就是通过各级电压的电力输送线路,将发电厂、变电所和电力用户连接起来的集发电、输电、变电、配电和用电的一个整体。其主要作用是变换电压、传送电能,由升压和降压变电所和与之对应的电力线路组成,负责将发电厂生产的电能经过输电线路送到用户。电网往往以电压等级来区分,如 35 kV 电网。配电系统位于电力系统的末端,主要承担将电力系统的电能传输给电力用户的功能。电力用户根据供电电压分为高压用户(1 kV 以上)和低压用户(380/220 V)。

我国输送和供电的电压分为 3 个等级,每个等级设置几种电压:① 100 V 以下:12 V、24 V、36 V;② 100 ~ 1 000 V:127 V、220 V、380 V;③ 1 000 V 以上:3 kV、6 kV、10 kV、35 kV、110 kV、220 kV、330 kV、500 kV 等。由 10 kV 及以下的配电线路和配电变压器所组成的电力网称为配电网,它的作用是将电能分配给各类不同的用户。由 35 kV 及以上的输电线路和与其相连接的变电所组成的电力网称为输电网,它是电力系统的主要网络。它的作用是将电能输送到各个地区或直接输送给大型用户。我国交流电力设备的额定频率为 50 Hz,频率偏差一般不得超过 ±0.5 Hz,对于容量在 300 MW 或以上的电力系统频率偏差不得超过 ±0.2 Hz。图 7.29 是发电厂到用户的送电过程示意图。

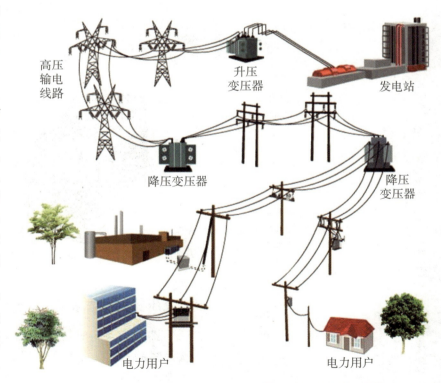

图 7.29   电力输送示意图

7.4.1 变压器原理*

变压器是利用电磁感应原理传输电能或电信号的器件,它具有变压、变流和变阻抗的作用。从电压变换角度来分类,变压器主要分为升压变压器和降压变压器,发电机产生的电经升压变压器把电压升高后进行远距离输电,到达目的地后再用降压变压器把电压降低以便用户使用,以此减少传输过程中电能的损耗。实际上在电子设备和仪器中常用小功率电源变压器改变市电电压,再通过整流和滤波,得到电路所需要的直流电压;此外,在放大电路中用耦合变压器传递信号或进行阻抗的匹配等等都要用到变压器。因此变压器的种类很多,大小也很悬殊,且用途各异,但其基本结构和工作原理却是相同的。

变压器由铁芯和线圈绕组两个基本部分组成,其中与电源相连的线圈称为初级线圈(原绕组),与负载相连的绕组称为次级线圈(副绕组),如图 7.30(a)所示。在一个闭合的铁芯上套有两个线圈绕组,线圈绕组与线圈绕组之间以及线圈与铁芯之间都是绝缘的,线圈一般采用绝缘铜线或铝线绕制。变压器的铁芯是变压器的磁路通道,是用磁导率较高且相互绝缘的硅钢片制成的,以便减少涡流和磁滞损耗。按铁芯和绕组的组合结构可分为芯式变压器和壳式变压器,芯式变压器的铁芯被绕组包围,而壳式变压器的铁芯则包围绕组,如图 7.30(b)所示。

图 7.30　芯式变压器和壳式变压器

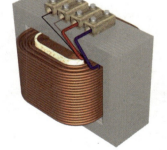

(a) 芯式变压器　　　　　　(b) 壳式变压器

1. 变压器的基本特性

当变压器空载运行时,如图 7.31 所示,将变压器的初级线圈接在交流电压 u_1 上,次级线圈开路。此时次级线圈中的电流 $i_2 = 0$,电压为开路电压 u_{20},初级线圈中通过的电流为空载电流 i_{10},电压和电流的参考方向如图所示。图中 N_1 为初级线圈的匝数,N_2 为次级线圈的匝数。

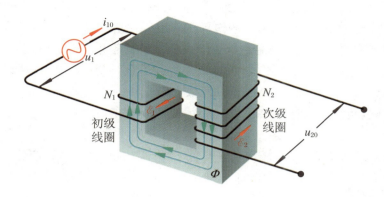

图 7.31　变压器空载运行

次级线圈开路时,通过初级线圈的空载电流 i_{10} 就是励磁电流。磁动势 $i_{10}N_1$ 在铁芯中产生的主磁通 Φ 既穿过初级线圈,也穿过次级线圈,于是在初、次级线圈中分别感应出电动势 $\mathscr{E}_1$ 和 $\mathscr{E}_2$。由法拉第电磁感应定律可得

$$\mathscr{E}_1 = -N_1 \frac{\mathrm{d}\Phi}{\mathrm{d}t}, \quad \mathscr{E}_2 = -N_2 \frac{\mathrm{d}\Phi}{\mathrm{d}t}$$

$\mathscr{E}_1$ 和 $\mathscr{E}_2$ 的有效值 E_1 和 E_2 分别为

$$E_1 = \frac{N_1 \omega}{\sqrt{2}} \times \Phi_{\mathrm{m}} = \frac{2\pi}{\sqrt{2}} f N_1 \Phi_{\mathrm{m}} = 4.44 f N_1 \Phi_{\mathrm{m}}, \quad E_2 = 4.44 f N_2 \Phi_{\mathrm{m}}$$

式中,f 为交流电源的频率,Φ_{m} 为主磁通的最大值。如果忽略漏磁通的影响并且不考虑线圈上电阻的压降时,可认为初、次级线圈上电动势的有效值近似等于原、副线圈上电压的有效值,即

$$U_1 \approx E_1, \quad U_2 \approx E_2$$

空载时,有

$$\frac{U_1}{U_{20}} \approx \frac{E_1}{E_2} = \frac{4.44 f N_1 \Phi_{\mathrm{m}}}{4.44 f N_2 \Phi_{\mathrm{m}}} = \frac{N_1}{N_2} = K \tag{7.46}$$

可见,变压器空载运行时,初、次级线圈上电压的比值等于两者的匝数之比,K 称为变压器的变比。若改变变压器初、次绕组的匝数,就能够把某一数值的交流电压变为同频率的另一数值的交流电压。

$$U_{20} = \frac{N_2}{N_1} U_1 = \frac{1}{K} U_1$$

当初级线圈的匝数 N_1 比次级线圈的匝数 N_2 多时,$K>1$,这种变压器为降压变压器;反之,当 N_1 的匝数少于 N_2 的匝数时,$K<1$,为升压变压器。

当变压器加负载 Z_L 运行时,初级线圈接交流电压 u_1,这时次级线圈的电

流为 i_2,初级线圈电流由 i_{10} 增大为 i_1,且 u_2 略有下降,这是因为有了负载后,i_1、i_2 会增大,初、次级线圈本身的内部压降也要比空载时增大,使副绕组电压 U_2 比 E_2 低一些。因为变压器内部压降一般小于额定电压的 10%,因此变压器有无负载对电压比的影响不大,可以认为负载运行时变压器初、次级线圈的电压比仍然基本上等于初、次级线圈的匝数之比。

变压器负载运行时,如图 7.32 所示,由 i_2 形成的磁动势 $i_2 N_2$ 对磁路也会产生影响,即铁芯中的主磁通 Φ 是由 $i_1 N_1$ 和 $i_2 N_2$ 共同产生的。由式 $U \approx E \approx 4.44 f N \Phi_m$ 可知,当电源电压和频率不变时,铁芯中的磁通最大值应保持基本不变,那么磁动势也应保持不变,即

$$I_1 N_1 + I_{10} N_1 \approx 常数$$

由于变压器空载电流很小,一般只有额定电流的百分之几,因此当变压器额定运行时,可忽略不计,则有

$$I_1 N_1 \approx - I_2 N_2$$

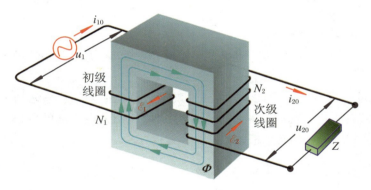

图 7.32　变压器带负载运行

可见变压器负载运行时,初、次级线圈产生的磁动势方向相反,即次级线圈电流 I_2 对初级线圈电流 I_1 产生的磁通有去磁作用。因此,当负载阻抗减小,次级线圈电流 I_2 增大时,铁芯中的磁通 Φ_m 将减小,初级线圈电流 I_1 必然增加,以保持磁通 Φ_m 基本不变,所以次级线圈电流变化时,初级线圈电流也会相应地发生变化。初、次级线圈电流有效值的关系为

$$\frac{I_1}{I_2} = \frac{N_2}{N_1} = \frac{1}{K} \tag{7.47}$$

也可以利用能量守恒获得电流比,即变压器输出的功率与从电网中获得的功率相等,即 $P_1 = P_2$,由交流电功率的公式可得

$$U_1 I_1 \cos \varphi_1 = U_2 I_2 \cos \varphi_2$$

式中,$\cos \varphi_1$ 是初级线圈电路的功率因数;$\cos \varphi_2$ 是次级线圈电路的功率因数。φ_1,φ_2 相差很小,可认为相等,因此得到

$$U_1 I_1 = U_2 I_2 \qquad\qquad (7.48)$$

由该式即可得到输入和输出的电流比。

可见,当变压器额定运行时,初、次级线圈的电流之比近似等于其匝数之比的倒数。若改变初、次级线圈的匝数,就能够改变其电流的比值,这就是变压器的电流变换作用。

变压器除了具有变压和变流的作用外,还有变换阻抗的作用。如图 7.33 所示,变压器初级线圈接电源 U_1,次级线圈接负载阻抗 $|Z|$,对于电源来说,图中虚线框内的电路可用另一个阻抗 $|Z'|$ 来等效。所谓等效,就是它们从电源吸取的电流和功率相等。当忽略变压器的漏磁和损耗时,等效阻抗由下式求得

$$|Z'| = \frac{U_1}{I_1} = \frac{\left(\dfrac{N_1}{N_2}\right)U_2}{\left(\dfrac{N_2}{N_1}\right)I_2} = \left(\frac{N_1}{N_2}\right)^2 |Z| = K^2 |Z| \qquad (7.49)$$

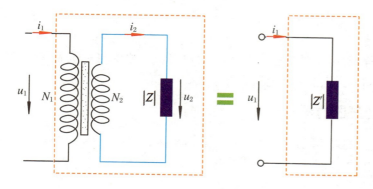

图 7.33 变压器的阻抗变换

可见,对于变比为 K 且变压器次级线圈侧的阻抗为 $|Z|$ 的负载,相当于在电源上直接接上一个阻抗为 $|Z'| = K^2|Z|$ 的负载。在电子电路中,为了提高信号的传输功率,常用变压器将负载阻抗变换为适当的数值,使其与放大电路的输出阻抗相匹配,这种做法称为阻抗匹配。

2. 变压器的外特性与效率

变压器的外特性就是当变压器的初级线圈的电压 U_1 和负载的功率因数都一定时,次级线圈的电压 U_2 随二次电流 I_2 变化的关系,即 $U_2 = f(I_2)$,如图 7.34 所示。

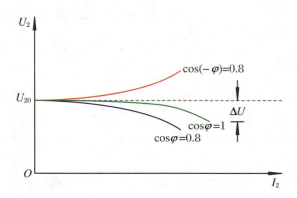

图 7.34　变压器的外特性曲线

　　当负载为电阻性和电感性时，随着 I_2 的增大，U_2 逐渐下降。在相同的负载电流情况下，U_2 的下降程度与功率因数 $\cos\varphi$ 有关。当负载为电容性负载时，随着功率因数 $\cos\varphi$ 的降低，曲线上升。所以，在供电系统中，常常在电感性负载两端并联一定容量的电容器，以提高负载的功率因数 $\cos\varphi$。

　　电压变化率是指变压器空载时次级线圈端电压 U_{20} 和有负载时次级线圈端电压 U_2 之差与 U_{20} 的百分比，即

$$\Delta U\% = \frac{U_{20} - U_2}{U_{20}} \times 100\% \tag{7.50}$$

电压变化率越小，为负载供电的电压越稳定。一般供电系统希望要硬特性（随 I_2 的变化，U_2 变化不大），电压变化率在 5% 左右。

3. 变压器的损耗

　　变压器的功率消耗等于输入功率 $P_1 = U_1 I_1 \cos\varphi_1$ 和输出功率 $P_2 = U_2 I_2 \cos\varphi_2$ 之差，即

$$\Delta P = P_1 - P_2$$

　　变压器的功率损耗包括铁损和铜损。铜损（ΔP_{Cu}）是指绕组导线电阻的损耗；铁损（ΔP_{Fe}）又分为磁滞损耗和涡流损耗两部分。磁滞损耗即磁滞现象引起铁芯发热造成的损耗；涡流损耗即交变磁通在铁芯中产生的感应电流（涡流）造成的损耗。为减少涡流损耗，铁芯一般由导磁硅钢片叠成。

　　变压器的效率为变压器输出功率与输入功率的百分比，即

$$\eta = \frac{P_2}{P_1} \times 100\%$$

$$= \frac{P_2}{P_2 + \Delta P_{Cu} + \Delta P_{Fe}} \times 100\% \tag{7.51}$$

大容量变压器的效率可达 98%～99%，小型电源变压器的效率一般为
70%～80%。

7.4.2　高压输电技术 *

　　通常电站建在电力资源丰富的地区，距离用户远，故需远距离输电，由于输
电线长、电阻大，当电流通过输电线时，产生热量 Q，损失一部分电能，同时输电
线上有电压降，故又损失一部分电压。对于远距离输电，损耗尤其大。我国目
前普遍采用三相三线制，交流输电线路上损耗的电功率为 $\Delta P = 3I^2 R$，R 为每
一条输电线的电阻，I 为输电线中的电流。如果要输送的电功率为 ρ，输电线路
的线电压为 U，每相负载的功率因数为 $\cos \varphi$，$P = \sqrt{3} UI \cos \varphi$，则输电电流还可
表示为 $I = P/(1.732U\cos\varphi)$。假设送电距离为 L，所用输电线的电阻率为 ρ，
其截面积为 S，则 $R = \rho L/S$。于是，损耗的电功率可写成

$$\Delta P = 3 \left(\frac{P}{1.732U\cos\varphi} \right)^2 \cdot \rho \frac{L}{S}$$
$$= \frac{\rho P^2 L}{U^2 S\cos\varphi}$$

　　由上式可以看出，在输送的电功率、输电距离、输电导线材料及负载功率因
数都一定的情况下，输电电压 U 愈高，损耗的电功率 ΔP 就愈小。如果允许损
耗的电功率 ΔP 一定时，一般不得超过输送功率的 10%，电压愈高，输电导线的
截面积就愈小，这可大大节省输电导线所用的材料。例如，一段总电阻为 5 Ω
的电缆输送 4 kW 的功率，如果以 200 V 输电，电缆中的电流为 20 A，电缆的功
率损耗为 2 000 W；如果以 4 000 V 输电，电缆中的电流降为 1 A，电缆的功率损
耗则降到 5 W。

　　从减少输电线路上的电功率损耗和节省输电导线所用材料两个方面来说，
远距离输送电能要采用高电压或超高电压。但也不能盲目提高输电电压，因为
输电电压愈高，输电架空线的建设对所用各种材料的要求愈严格，线路的造价
就愈高。长距离高压输电技术可分为交流输电和直流输电两种。

1.　交流高压输电技术

　　我国目前普遍采用的高压交流输电技术，送电距离在 200～300 km 时采
用 220 kV 的电压输电；在 100 km 左右时采用 110 kV；在 50 km 左右时采用
35 kV；在 15～20 km 时采用 10 kV，有的则用 6 600 V。输电电压在 110 kV

以上的线路,称为超高压输电线路。输电电压超过 1 000 kV 时,称为特高压输电线路。

对相距 500 km 甚至几千千米的超远距离输送电力,通常采用特高压输电技术。为了保证输送的电能被有效地输送到目的地,交流特高压输电线路需要满足以下几个特性:① 高的输电能力:输电线路的传输能力与输电电压的平方成正比,与线路阻抗成反比。② 线路参数特性:高压输电线路单位长度的电抗和电阻满足一定比例。③ 小的功率损耗:输电线路的功率损耗与输电电流的平方成正比,与线路电阻成正比。

2008 年,我国首条 1 000 kV 特高压输电线路正式通电运行。这项工程起于山西,途经河南,止于湖北,穿越黄河、汉江两条大河,跨越太行、伏牛两座名山,全长 654 km,是世界上第一条投入商业化运行的高压输电线路。

2. 直流高压输电技术

高压直流输电是将三相交流电通过换流站整流变成直流电,然后通过直流输电线路送往另一个换流站逆变成三相交流电的输电方式。它基本上由两个换流站和直流输电线组成,两个换流站与两端的交流系统相连接,图 7.35 是高压直流输电示意图。

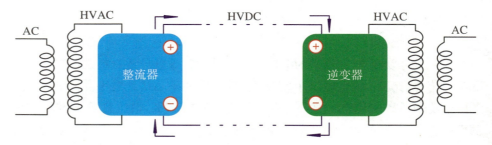

图 7.35 高压直流输电示意图

高压直流输电始于 20 世纪 20 年代,在 1954 年,随着世界上第一条连接瑞典本土大陆与哥德兰岛的高压直流输电(HVDC)线路投入运营,进入了商业运营时代。随着大功率晶闸管(即可控硅)的出现,使 HVDC 得到迅速的发展,我国高压直流输电起步相对较晚,但近年来发展很快。2000 年以后,我国又相继建成了多条 500 kV 容量达 3 000 MW 的直流输电工程。

在发电和变压上,交流输电有明显的优越性,但是在输电问题上,直流输电有交流输电所没有的优点。直流输电的优点主要有 3 个:① 当输电距离足够长时,直流输电的经济性将优于交流输电;② 直流输电通过对换流器的控制可以快速地(时间为毫秒级)调整直流线路上的功率,从而提高交流系统的稳定性;③ 可以连接两个不同步或频率不同的交流系统。

图 7.36　一台高压直流输电系统的变压器

　　高压直流输电用于远距离或超远距离输电,因为它相对于传统的交流输电更经济。直流输电线路造价低于交流输电线路但换流站造价却比交流变电站高得多。一般认为架空线路超过 600 km,电缆线路超过 40 km 时,直流输电较交流输电经济。随着高电压大容量可控硅及控制保护技术的发展,换流设备造价逐渐降低,直流输电近年来发展较快。图 7.36 是一台高压直流输电系统的变压器。

7.4.3　特斯拉线圈*

　　特斯拉线圈(图 7.37)是一种使用共振原理运作的变压器(共振变压器),由美籍塞尔维亚裔科学家尼古拉·特斯拉在 1891 年发明,可以获得上百万伏的高频电压。特斯拉线圈由两组(有时用三组)耦合的共振电路组成。特斯拉线圈的原理是使用变压器使普通电压升压,然后经由两极线圈,从放电终端放电。通俗一点说,它是一个人工闪电制造器,在世界各地都有特斯拉线圈的爱好者,他们做出了各种各样的设备,制造出了炫目的人工闪电。

　　一台高压放电特斯拉线圈主要由升压变压器、陈列电容、打火器、主线圈、二级线圈和放电终端(顶盖)组成,整个系统要接地,这个装置只要接上市电,就可以产生几十万伏的高压,放电端通过设置一些放电尖端可以向空气发出电弧,或与其他导体产生发电回路,形成壮观的放电场景。图 7.38 是特斯拉线圈的原理图,从市电输入到变压器的能量首先传输给电容和电感(初级变压器)组成的 $L_P C_P$ 振荡电路,其振荡频率为

图 7.37　特斯拉高压装置

$$f_P = \frac{1}{2\pi \sqrt{L_P C_P}}$$

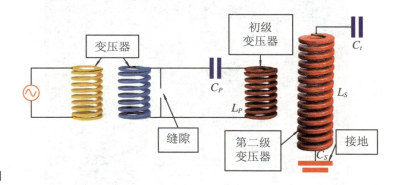

图 7.38　特斯拉线圈原理图

第二级振荡电路由自感为 L_S 的立式线圈（第二级变压器）以及球形电容 C_t 和接地电容 C_S 组成的振荡电路接收，两个电容并联，第二级振荡频率为

$$f_S = \frac{1}{2\pi \sqrt{L_S(C_S + C_t)}}$$

调节两个振荡电路，使之频率相等，即满足 $L_P C_P = L_S(C_S + C_t)$ 时，第二组振荡线路就达到了共振能量吸收。第一级电路的能量为 $E_P = \frac{1}{2} C_P U_P^2$，假定传输效率为 η，则最终在第二级电路中的电压为

$$U_S = U_P \sqrt{\frac{\eta C_P}{C_S + C_P}}$$

由于 C_P 是一个陈列电容，其值可以做得很大，所以通常输出电压 U_S 是输入电压 U_P 的几十倍，这个电压就是顶盖球形电容器与大地之间的电压，通常达到几十万伏，因此在球形电容器周围出现强烈的放电现象。特斯拉线圈常常被做成放电表演装置，其放电程度相当震撼，图 7.39 就是一个表演放电的场景。

图 7.39　特斯拉线圈放电演示

第8章 电磁现象的基本规律与电磁波

麦克斯韦的电磁理论和电磁波使人类进入了信息时代

1840 年前后,大部分电磁学实验规律相继被发现,剩下的问题是对这些实验规律进行概括和总结,寻求它们之间的联系,建立统一的理论。当时关于电磁相互作用理论存在两种观点:一种是超距作用,另一种是近距作用。

电磁作用的超距作用观点认为,电磁作用是瞬时的,作用过程不需要时间。库仑和安培等奉行超距作用的观点,数学家拉格朗日(J. L. Lagrange,1736 – 1813)、拉普拉斯和泊松等人从引力定律出发,发展出数学上简洁而优美的势论。1845 年,纽曼和韦伯提出了超距作用的电磁理论,并将其发展成一套完整的电磁理论,韦伯还企图用势来统一电磁理论。当然这种超距作用观点是错误的。后来,麦克斯韦对这些工作做了一个评价:"由纽曼和韦伯发展起来的这种理论极为精巧,它令人惊叹地广泛应用于静电现象、电磁吸引、电磁感应和抗磁现象,并引入自洽的单位制,从而在电磁科学应用方面取得了重大进展,因此它对我们而言具有权威性。"纽曼和韦伯的电磁理论的合理部分后来被麦克斯韦所采用。

电磁作用的近距作用观点由法拉第提出,并逐渐形成了他特有的"场"的观念。他引进电场线的概念来描述电场,认为场是弥漫在全空间的。电场力和磁场力不是通过空虚空间的超距作用,而是通过电场和磁场来传递的。场线是认识电场和磁场必不可少的组成部分,甚至它们比产生或汇集场线的"源"更富有研究的价值。法拉第的丰硕的实验研究成果以及他的新颖的场的观念,为电磁现象的统一理论准备了条件。汤姆孙评价说:"在法拉第的许多贡献中,最伟大的贡献就是场线的概念了。"

麦克斯韦自幼受到良好的家庭和学校教育。他的数学才华在中学时就崭露头角,不到 15 岁就写了一篇二次曲线做图的论文并发表在《爱丁堡皇家学会学报》上。16 岁进入爱丁堡大学学习物理,在 3 年的时间内学完了 4 年课程。1850 年升入英国剑桥大学 Peterhouse 学院学习,一学期后转入三一学院学习,1854 年因证明著名的 Stokes 定理获得数学学位并获甲等第二名,1855 年成为三一学院的研究员,1856 年担任阿伯丁(Aberdeen)大学自然哲学教授。麦克斯韦不是仅致力于抽象的数学,而是把严谨抽象的数学与生动具体的物理学结合起来。他毕业以后留校工作,在读到法拉第的《电学实验研究》时感到极大的兴趣。1855 年,他发表了第一篇电磁学论文《论法拉第的力线》,在这篇论文中,法拉第的力线概念获得了精确的数学表述,并且由此导出了高斯定律。这篇文章只是限于把法拉第的思想翻译成数学语言,还没有引导到新的结果。此后一段时间,麦克斯韦因为父亲病重不得不从剑桥移居北部城市阿伯丁,不得不中断对电磁现象的研究。在阿伯丁大学他改为研究天文和分子物理,曾提出著名的分子的速度分布律。1860 年,他受聘伦敦国王学院教授,并第一次见到了法拉第,中断 4 年的电磁场研究重新开始了。1861 年,他发表了《论物理的场线》的重要论文。该文不但进一步发展了法拉第的思想,将其扩展到磁场变化产生电场,而且提出了位移电流的概念,即电场变化产生磁场。此后,麦克斯韦按照电磁场必须逐步传播的概念,着重于描述空间相邻各点之间场的变化。他将安培环路定律、电磁感应定律、高斯定律和磁通连续性原理进行了推广,使之可以应用到随时间变化的情况,并在安培环路定律中补充了重要的位移电流一项,最终总结成电磁场理论的 20 个方程(后来经亥姆霍兹和赫兹的整理,变为现代形式的 4 个矢量方程,即著名的麦克斯韦电磁场方程组)。麦克斯韦方程组概括了全部已有关于电磁场的实验事实,方程组给出了电磁场空间分布和时间变化的全部规律。他又根据这组方程推导出电磁场传播的波动方程,指出电磁波的传播速度正是光速,因此可以判定光也是一种电磁波,在 1864 年他发表了第三篇论文《电磁场的动力学理论》。

麦克斯韦 1861 年当选为伦敦皇家学会会员,1865 年春辞去教职回到家乡系统地总结他的关于电磁学的研究成果,完成了电磁场理论的经典巨著《电磁通论》,并于 1873 年出版。这是一部集电磁学大成的划时代著作,全面地总结了 19 世纪中叶以前对电磁现象的研究成果,建立了完整的电磁理论体系。这是一部可以同牛顿的《自然哲学的数学原理》、达尔文的《物种起源》和赖尔的《地质学原理》相媲美的里程碑式的科学著作。1871 年,麦克斯韦受聘为剑桥大学新设立的卡文迪什实验室物理学教授,负责筹建著名的卡文迪什实验室,1874 年建成后担任这个实验室的第一任主任,直到 1879 年 11 月 5 日在剑桥逝世,年仅 48 岁。

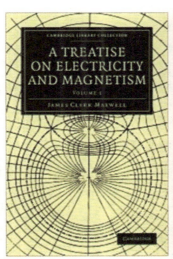
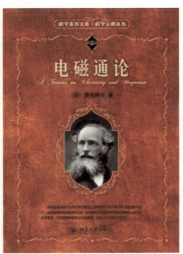

图 8.1 麦克斯韦和他的《电磁通论》英文版和中译本

麦克斯韦善于从实验出发,经过敏锐的观察思考,应用娴熟的数学技巧,通过缜密的分析和推理,大胆地提出有实验基础的假设,建立新的理论,再使理论及其预言的结论接受实验检验,逐渐完善,形成系统、完整的理论。麦克斯韦严谨的科学态度和科学研究方法是人类极其宝贵的精神财富。在 1931 年纪念他诞辰一百周年纪念会上,近代物理学家普朗克(Max Plank,1858 – 1947)这样说:"……麦克斯韦的成就是无与比拟的,他的名字将永远屹立在经典物理学中。他的诞生属于爱丁堡,他个人属于剑桥,而他的工作成果是属于全世界的。"

8.1 静态电场和磁场的基本规律

8.1.1 静电场的泊松方程和拉普拉斯方程

描述静电场的两个方程为

$$\nabla \cdot \vec{E} = \frac{\rho}{\varepsilon_0}, \quad \nabla \times \vec{E} = 0$$

电势与电场强度的关系为 $\vec{E} = -\nabla U$,所以有

$$\nabla \cdot \vec{E} = -\nabla \cdot \nabla U = -\nabla^2 U = \rho/\varepsilon_0$$

或

$$\nabla^2 U = -\rho/\varepsilon_0 \tag{8.1}$$

该方程称为泊松方程,即只要知道空间的电荷分布和边界条件,空间的电势和电场分布就可以解出。如果空间无电荷,则方程变为

$$\nabla^2 U = 0 \tag{8.2}$$

该方程称为拉普拉斯方程。

在直角坐标系下,泊松方程的形式为

$$\frac{\partial^2 U}{\partial x^2} + \frac{\partial^2 U}{\partial y^2} + \frac{\partial^2 U}{\partial z^2} = -\frac{\rho(x, y, z)}{\varepsilon_0} \tag{8.3}$$

【例 8.1】证明在无电荷存在的区域,电势不可能有极大值或极小值。

【证明】根据泊松方程,在空间无电荷的区域,则变为拉普拉斯方程,即

$$\frac{\partial^2 U}{\partial x^2} + \frac{\partial^2 U}{\partial y^2} + \frac{\partial^2 U}{\partial z^2} = 0$$

若电势取极大值,则必须满足 $\frac{\partial^2 U}{\partial x^2} < 0, \frac{\partial^2 U}{\partial y^2} < 0, \frac{\partial^2 U}{\partial z^2} < 0$;若电势取极小值,

则必须满足 $\dfrac{\partial^2 U}{\partial x^2} > 0, \dfrac{\partial^2 U}{\partial y^2} > 0, \dfrac{\partial^2 U}{\partial z^2} > 0$。无论哪种情况都不满足拉普拉斯方程。因此在无电荷存在的区域,电势不可能取极大值或极小值。

8.1.2　边值问题和静电场的唯一性定律

1. 边值问题

为了求解空间的电场和电势分布,需要求解泊松方程,这就需要知道边界条件。一般情况下,求出问题的解析解仅限于电荷分布具有特定的对称性并且没有边界,或者是虽有边界,但边界也具有相似的对称性。然而在工程实际问题中,所遇到的场可能要复杂得多,一般不能用直接积分或高斯定理求解,而需要寻找其他的求解方法。但是,不论这些电场问题如何复杂,从数学上讲它们都是在给定的边界条件下求解泊松方程或拉普拉斯方程的问题,即所谓边值问题。

根据问题所给的边界条件不同,可以分为 3 种类型:

第一类边值问题:给定的边界条件为整个边界上的电势值,又称狄里赫利(Dirichlet)问题。

第二类边值问题:给定的边界条件为整个边界上的电势法向导数值,又称为纽曼(Neumann)问题。

第三类边值问题:给定的边界条件部分为电势值,部分为电势法向导数值,又称为混合边值问题。

2. 唯一性定律

唯一性定理表述为:满足泊松方程或拉普拉斯方程及所给的全部边界条件的电场解是唯一的。也就是说,若要保证 U 为问题的唯一正确解,U 必须满足两个条件:① 要满足泊松方程或拉普拉斯方程,这是必要条件。② 在整个边界上满足所给定的边界条件。所谓边界条件包含了边值问题给出的 3 种情况。

唯一性定理可以采用反证法证明:假定在封闭曲面 S 的空间 V 内有两组不同的解 U 和 U',它们满足同一泊松方程及同一边界条件,即

$$\nabla^2 U = -\frac{\rho}{\varepsilon}, \quad \nabla^2 U' = -\frac{\rho}{\varepsilon} \tag{8.4}$$

取两解之差,$U'' = U - U'$,由于泊松方程为线性方程,所以在 V 内 U'' 一定满足拉普拉斯方程:

$$\nabla^2 U'' = \nabla^2 (U - U') = 0$$

证明过程需要利用高等数学中的格林(G. Green, 1793 – 1841)定理,格林定理的表达式为

$$\iiint_V [\varphi \nabla^2 \psi + (\nabla \varphi \cdot \nabla \psi)] dV = \oiint_S (\varphi \nabla \psi) \cdot d\vec{S} \tag{8.5}$$

在上式中令 $\varphi = \psi = U''$,格林定理变为

$$\iiint_V [U'' \nabla^2 U'' + (\nabla U'' \cdot \nabla U'')] dV = \iiint_V (\nabla U'')^2 dV$$

$$= \oiint_S (U'' \frac{\partial U''}{\partial n} \vec{n}) \cdot d\vec{S}$$

对第一类边值问题:即两个解 U 和 U' 满足相同的边界条件,所以在边界上有

$$U''|_s = U|_s - U'|_s = 0$$

代入格林公式,有

$$\iiint_V (\nabla U'')^2 dV = 0$$

因为 $(\nabla U'')^2 \geqslant 0$,所以 $\nabla U'' \equiv 0$,因此得到

$$U'' = U - U' = c$$

因为电势的绝对值无意义,U 和 $U + c$ 代表同一个电场分布,所以 U 和 U' 实际上描写的是同一个电场解,亦即解是唯一的。

对第二类边值问题:即两个解 U 和 U' 满足

$$\frac{\partial U}{\partial n}\bigg|_s = \frac{\partial U'}{\partial n}\bigg|_{s'}$$

所以

$$\frac{\partial U''}{\partial n}\bigg|_s = \frac{\partial U}{\partial n}\bigg|_s - \frac{\partial U'}{\partial n}\bigg|_s = 0$$

代入格林公式,有

$$\iiint_V (\nabla U'')^2 dV = 0$$

因此得到

$$U'' = U - U' = c$$

所以 U 和 U' 描写的是同一个电场解,即解是唯一的。

对于第三类边值问题:即两个解 U 和 U' 在部分边界 S_1 上满足

$$U''\big|_{s_1} = U\big|_{s_1} - U'\big|_{s_1} = 0$$

在另一部分 S_2 上满足

$$\frac{\partial U''}{\partial n}\Big|_{s_2} = \frac{\partial U}{\partial n}\Big|_{s_2} - \frac{\partial U'}{\partial n}\Big|_{s_2} = 0$$

代入格林公式,有

$$\oiint_S \left(U'' \frac{\partial U''}{\partial n}\, \vec{n} \right) \cdot \mathrm{d}\vec{S}$$

$$= \iint_{S_1} \left(U'' \frac{\partial U''}{\partial n}\, \vec{n} \right) \cdot \mathrm{d}\vec{S} + \iint_{S_2} \left(U'' \frac{\partial U''}{\partial n}\, \vec{n} \right) \cdot \mathrm{d}\vec{S} = 0$$

所以

$$\iiint_V (\nabla U'')^2 \mathrm{d}V = 0$$

因此

$$U'' = U - U' = c$$

所以 U 和 U' 描写的是同一个电场解,即解是唯一的。

　　解的唯一性定理在求解静电场问题中具有重要的理论意义和使用价值。唯一性定理的成立意味着我们可以采用多种形式的求解方法,包括某些特殊、简便的方法,甚至是直接观察的方法。即只要能找到一个既满足泊松方程(或拉普拉斯方程)又满足边界条件的解,那么此解必定是该问题的唯一正确解!无须再做进一步的验证,如果得到了不同形式电势的解,那么也只是形式上的不同而已,电场是唯一的。

8.1.3　电像法

　　电像法是求解静电场的一种特殊方法。它特别适用于对称性的边界,如平面(或球面、圆柱面)导体前面存在点电荷或线电荷情况下的静电场计算问题。

1. 点电荷对无限大接地导体的电像法

　　一点电荷位于一无限大接地导体的旁边,距离平面为 d,如图 8.2 所示。则在导体表面将有感应电荷,感应电荷的分布比较复杂,导体右侧的电场由点电荷和感应电荷共同产生,所产生的场在边界上满足 $U=0$。

　　我们可以把感应电荷的贡献用一虚拟(镜像)电荷来替代,问题是要找出满

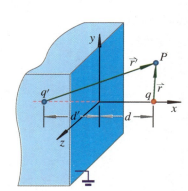

图 8.2　无限大接地导体的电像

足边界条件下的该镜像电荷的位置和数值,则根据唯一性定理,所得到的解将是唯一正确的解。

为了保证边界上的电势处处为 0,我们只要选择镜像电荷的值 $q' = -q$,并且镜像的位置为 $d' = d$,如图 8.2 所示。由 q 和 q' 组成的两电荷系统对导体平面是镜像对称的,正好满足边界条件,即 $U|_s = 0$。

因此我们可得到 $x > 0$ 区域的电势,即为两个电荷电势的叠加:

$$U = \frac{1}{4\pi\varepsilon_0}\left(\frac{q}{r} + \frac{q'}{r'}\right) = \frac{q}{4\pi\varepsilon_0}\left(\frac{1}{r} - \frac{1}{r'}\right)$$

$$= \frac{q}{4\pi\varepsilon_0}\left[\frac{1}{\sqrt{(x-d)^2 + y^2 + z^2}} - \frac{1}{\sqrt{(x+d)^2 + y^2 + z^2}}\right]$$

由电势可以求得 $x > 0$ 区域的电场强度为

$$\begin{cases} E_x = -\dfrac{\partial U}{\partial x} = \dfrac{q}{4\pi\varepsilon_0}\left\{\dfrac{x-d}{\left[(x-d)^2 + y^2 + z^2\right]^{3/2}} - \dfrac{x+d}{\left[(x+d)^2 + y^2 + z^2\right]^{3/2}}\right\} \\[3mm] E_y = -\dfrac{\partial U}{\partial y} = \dfrac{qy}{4\pi\varepsilon_0}\left\{\dfrac{1}{\left[(x-d)^2 + y^2 + z^2\right]^{3/2}} - \dfrac{1}{\left[(x+d)^2 + y^2 + z^2\right]^{3/2}}\right\} \\[3mm] E_z = -\dfrac{\partial U}{\partial z} = \dfrac{qz}{4\pi\varepsilon_0}\left\{\dfrac{1}{\left[(x-d)^2 + y^2 + z^2\right]^{3/2}} - \dfrac{1}{\left[(x+d)^2 + y^2 + z^2\right]^{3/2}}\right\} \end{cases}$$

根据唯一性定律,这就是该问题的解。

我们也可以进一步求出导体表面的感应电荷分布。在 E_x 式中令 $x = 0$,即得到无限接近导体(导体外表面)的电场强度为

$$E_n = E_x(0, y, z) = \frac{-qd}{2\pi\varepsilon_0\,(d^2 + y^2 + z^2)^{3/2}}$$

根据导体外表面的电场强度与电荷面密度的关系,得到

$$\sigma_s = \varepsilon_0 E_n = \frac{-qd}{2\pi\,(d^2 + y^2 + z^2)^{3/2}} \tag{8.6}$$

导体表面的总感应电荷为

$$q_s = \iint\limits_S \rho_s \mathrm{d}S = \int_{-\infty}^{+\infty}\int_{-\infty}^{+\infty} \frac{-qd\,\mathrm{d}y\mathrm{d}z}{2\pi\,(d^2 + y^2 + z^2)^{3/2}} = -q \tag{8.7}$$

求点电荷所受导体表面感应电荷的作用力时,只需计算像电荷在点电荷处产生的电场,则该电荷受到导体表面感应电荷的作用力为

$$F = qE' = -\frac{q^2}{4\pi\varepsilon_0(2d)^2} = -\frac{q^2}{16\pi\varepsilon_0 d^2} \tag{8.8}$$

负号表示作用力为吸引力。可见,像电荷取代了导体表面感应电荷对右边的贡献。

【例 8.2】两个接地导体板夹角为 $60°$,在中间对称轴上有一点电荷 q,质量为 m,距离顶点为 d,求:(1) 该区域的电场分布;(2) 把该点电荷 q 从 d 处移动到无限远处需要做的功。

【解】(1) 根据边界条件,由问题的对称性可以设置 5 个像电荷,像电荷的大小和位置如图所示。6 个电荷处等间距地分布在以 $r = d$ 为半径的圆周上,共同保证导体边界的电势为 0。

在两个导体板之间的 $\pi/3$ 区域内 P 点的电势为

$$U(P) = \frac{q}{4\pi\varepsilon_0}\left(\frac{1}{r_1} - \frac{1}{r_2} + \frac{1}{r_3} - \frac{1}{r_4} + \frac{1}{r_5} - \frac{1}{r_6}\right)$$

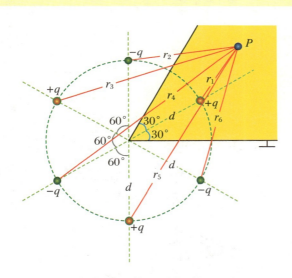

例 8.2 图

(2) 根据对称性,其他 5 个像电荷对该电荷的作用力一定指向圆心(即顶点),合力的大小为

$$\vec{F} = -\frac{q^2}{4\pi\varepsilon_0}\left(\frac{\vec{r}_2}{r_2^3} - \frac{\vec{r}_3}{r_3^3} + \frac{\vec{r}_4}{r_4^3} - \frac{\vec{r}_5}{r_5^3} + \frac{\vec{r}_6}{r_6^3}\right)$$

式中,各矢量以对应像电荷为起点,指向点电荷 q。根据几何关系,最后得到

$$F_0 = -\frac{q^2}{4\pi\varepsilon_0}\left[\frac{2}{d^2}\cos 60° - \frac{2}{(\sqrt{3}d)^2}\cos 30° + \frac{1}{(2d)^2}\right] = -\frac{q^2}{4\pi\varepsilon_0}\frac{15 - 4\sqrt{3}}{12d^2}$$

力的方向沿 q 与中心的连线方向,负号表示吸引力。

当电荷移到无限远处后,导体表面无感应电荷,因此末态的静电能为 0。我们只需要求出初态的静电能,则所做的功就是两个状态的静电能之差。

初态的静电能就是系统所有电荷产生(点电荷 q 和导体表面的感应电何 q_s)的静电能,可以用点电荷体系的静电能公式来求得,由于导体表面电势 U_s 为 0,q 所在处电势为其他像电荷所产生的总电势,即

$$U = -\frac{q}{4\pi\varepsilon_0}\left(\frac{1}{r_2} - \frac{1}{r_3} + \frac{1}{r_4} - \frac{1}{r_5} + \frac{1}{r_6}\right) = -\frac{(5\sqrt{3}-4)q}{8\sqrt{3}\pi\varepsilon_0 d}$$

初态的静电能(相互作用能)为

$$W_0 = \frac{1}{2}(qU + q_s U_s) = \frac{1}{2}qU = -\frac{(5\sqrt{3}-4)q^2}{16\sqrt{3}\pi\varepsilon_0 d}$$

外力所做的功为

$$A = W - W_0 = \frac{(5\sqrt{3}-4)q^2}{16\sqrt{3}\pi\varepsilon_0 d}$$

请思考能否用电势能来计算这个问题。

2. 点电荷对导体球面的电像法

如图 8.3 所示,半径为 a 的导体球壳接地,球外有一个电量为 q 的点电荷,q 与球心的距离为 d,求解球外空间的电场分布和电势分布。

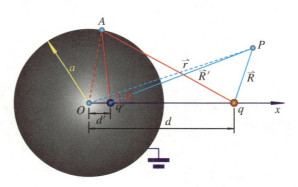

图 8.3　接地导体球面的电像法

这个问题也可采用电像法求解。因导体球壳接地,故球壳电势为 0,即 $U\big|_{r=a} = 0$。解决本题的关键是找到一个像电荷 q',使得 q' 与 q 在球壳上任一点所产生的电势之和为 0。q' 的大小和位置不能明显看出,但根据对称性可猜测 q' 一定在球心 O 与 q 的连线上,设其与 O 的距离为 d',如图 8.3 所示。由源电荷 q 和像电荷 q' 共同产生的电势为

$$U = \frac{1}{4\pi\varepsilon_0}\left(\frac{q}{R} + \frac{q'}{R'}\right)$$

式中,$R = \sqrt{r^2 + d^2 - 2rd\cos\theta}$,$R' = \sqrt{r^2 + d'^2 - 2rd'\cos\theta}$。

在球面上,$U\mid_{r=a} = 0$,则上式变为

$$U = \frac{1}{4\pi\varepsilon_0}\left[\frac{q}{\sqrt{a^2 + d^2 - 2ad\cos\theta}} + \frac{q'}{\sqrt{a^2 + d'^2 - 2ad'\cos\theta}}\right] = 0$$

上式对任意的 θ 都成立,可改写为 $q^2(a^2 + d'^2 - 2ad'\cos\theta) = q'^2(a^2 + d^2 - 2ad\cos\theta)$,该式成立的条件是两边常数项相等,$\cos\theta$ 的系数也相等,即

$$\begin{cases} q^2(a^2 + d'^2) = q'^2(a^2 + d^2) \\ q^2 d' = q'^2 d \end{cases}$$

解该方程组,有

$$\begin{cases} d' = \frac{a^2}{d}, & q' = -\frac{a}{d}q \\ d' = d, & q' = -q \end{cases} \tag{8.9}$$

第二组解违背了镜像电荷设置原则,即像电荷不能设置在被求空间区域,因为这将改变泊松方程! 所以应舍去。因此第一组解即为该问题满足边界条件的电像。

由此,我们可以求得球外 P 点$(r, \theta, \varphi; r > a)$的电势为

$$U = \frac{q}{4\pi\varepsilon_0}\left[\frac{1}{\sqrt{r^2 + d^2 - 2rd\cos\theta}} - \frac{a/d}{\sqrt{r^2 + (a^2/d)^2 - 2r(a^2/d)\cos\theta}}\right]$$

由电势可以求得球外 $r > a$ 区域的电场强度,即

$$\vec{E} = \frac{q}{4\pi\varepsilon_0}\left\{\left[\frac{(r - d\cos\theta)}{R^3} - \frac{(a/d)(r - d'\cos\theta)}{R'^3}\right]\vec{e}_r \right.$$
$$\left. + \left[\frac{d}{R^3} - \frac{(a/d)d'}{R'^3}\right]\sin\theta\ \vec{e}_\theta\right\}$$

求导时我们使用了球坐标。根据唯一性定理,这就是该问题的解。

不难验证 $E_\theta\mid_{r=a} = 0$,即导体壳表面电场切向分量为 0。导体表面的面电荷密度可以根据球面电场的法线分量求得,即

$$\sigma_S = \varepsilon_0 E_n = \frac{q(d^2 - a^2)}{4\pi a(a^2 + d^2 - 2ad\cos\theta)^{3/2}} \tag{8.10}$$

把该面电荷分布对整个球面积分,即得总的感应电荷数量,其值为

$$q_{感应} = -\frac{a}{d}q$$

导体壳上的总电量与像电荷的电量相等。当 a 越大，或 d 越小时，总感应电荷的绝对值越大。

通过像电荷，我们还可以进一步求出导体面感应电荷对球外点电荷的静电力，即

$$\vec{F} = \frac{qq'}{4\pi\varepsilon_0(d-d')^2}\,\vec{e}_x = -\frac{q^2(a/d)}{4\pi\varepsilon_0\left[d-(a^2/d)\right]^2}\,\vec{e}_x$$

$$= -\frac{adq^2}{4\pi\varepsilon_0(d^2-a^2)^2}\,\vec{e}_x$$

该力为吸引力。

如果本问题中导体球既不带电又不接地，则还需要用叠加原理来解。该问题可以分解为两部分：一是导体球接地，球外有一点电荷；二是导体球不接地，球面有均匀分布的电荷，如图 8.4 所示。第一部分就是上面的解，即设置像电荷 $q' = -(a/d)q$，位置为 $x = a^2/d$。第二部分只要设置其表面的电荷为 $q' = (a/d)q$，且为均匀分布，两球叠加后就满足边界条件，即球面不带电，球面上电势不为 0，即不接地。

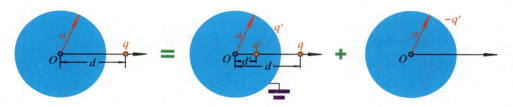

图 8.4 不接地导体的电像法

因此由唯一性定理知，球外的电势由 3 个电荷叠加而成，3 个电荷分别是：① 球外电荷 q，② 球内像电荷 q'，③ 球表面均匀分布的电荷 $-q'$，这相当于放在球心的一个电荷，如图 8.5 所示。

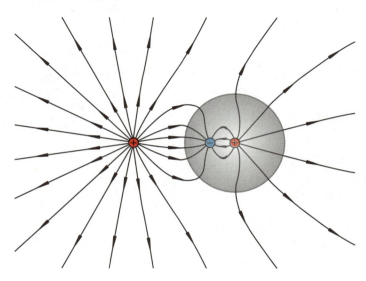

图 8.5 不接地导体球前方放置一点电荷的电场线分布示意图

【例 8.3】一个无限大接地导体平面上有一个鼓起的部分，近似把凸起的部分看成是一个半径为 a 的半球，在导体凸起正前方放置一个点电荷 q，求该电荷受到的作用力。

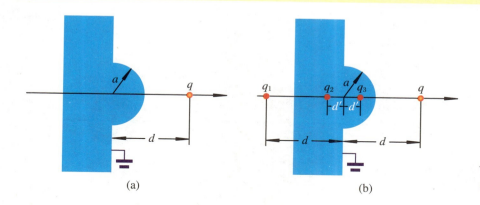

例 8.3 图　平面和球面组合的
电像法

【解】导体平面和半球面上的感应电荷对点电荷的作用力可以用像电荷来计算。像电荷的设置要保证边界的电势为 0。结合平面和球面的电像法结果，本题需要设置 3 个电像，如例 8.3 图(b)所示，其大小和离导体平面的距离分别为：$q_1(-q,d)$；$q_2(-qa/d,a^2/d)$；$q_3(qa/d,a^2/d)$。

所以点电荷受到的静电力就是这 3 个像电荷对它的库仑力，即

$$F = \frac{q}{4\pi\varepsilon_0}\left[\frac{q_1}{(2d)^2} + \frac{q_2}{(d-d')^2} + \frac{q_3}{(d+d')^2}\right]$$

$$= \frac{q}{4\pi\varepsilon_0}\left[-\frac{q}{4d^2} - \frac{qad}{(d^2-a^2)^2} + \frac{qad}{(d^2+a^2)^2}\right]$$

$$= -\frac{q^2}{4\pi\varepsilon_0}\left[\frac{1}{4d^2} + \frac{4d^3a^3}{(d^4-a^4)^2}\right]$$

该力为吸引力。

【例 8.4】如图所示是 STM 的模型，STM 的探针近似为一半径为 a 的导体球，测量的样品可认为是无限大导体平面，设探针中心与样品的距离为 z，且设 $z \gg a$。(1) 求球和平面之间的电容的一阶修正项；(2) 当球带电为 Q时，将球与导体平面完全分离需提供多少的能量？

【解】(1) 首先我们可以认为球与导体平面相距无限远，即为孤立导体球的电容：

$$C_0 = 4\pi\varepsilon_0 a$$

为求一阶修正项，设导体球带电为 Q，因而导体板上另一侧的镜像电荷为$-Q$，空间沿两电荷连线方向上的电场为

$$E = \frac{Q}{4\pi\varepsilon_0} \frac{1}{(z-h)^2} + \frac{Q}{4\pi\varepsilon_0} \frac{1}{(z+h)^2}$$

探针与样品之间的电势差为

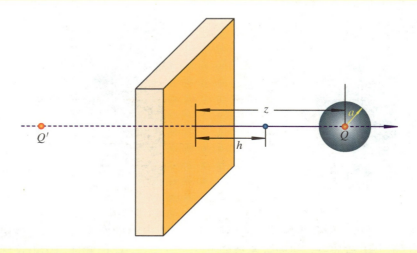

例 8.4 图　在 STM 模型中使用电像法

$$U = \int_0^{z-a} E\mathrm{d}h = \frac{Q}{4\pi\varepsilon_0(z-h)}\bigg|_0^{z-a} - \frac{Q}{4\pi\varepsilon_0(z+h)}\bigg|_0^{z-a}$$

$$= \frac{Q}{4\pi\varepsilon_0 a}\left(1 - \frac{a}{2z-a}\right) \approx \frac{Q}{4\pi\varepsilon_0 a}\left(1 - \frac{a}{2z}\right)$$

根据电容的定义,有

$$C = \frac{Q}{U} = 4\pi\varepsilon_0 a\,\frac{1}{\left(1 - \dfrac{a}{2z}\right)} \approx 4\pi\varepsilon_0 a\left(1 + \frac{a}{2z}\right)$$

设 $C = C_0 + C_1$,则电容的一阶修正值为

$$C_1 = 2\pi\varepsilon_0 a^2/z$$

(2) 两个相距为 $2z$ 的点电荷之间的作用力为

$$F = \frac{Q^2}{4\pi\varepsilon_0(2z)^2}$$

将导体球移至无限远所做的功为

$$W = \int_z^\infty F\mathrm{d}z = \int_z^\infty \frac{Q^2}{16\pi\varepsilon_0 z^2}\mathrm{d}z = \frac{Q^2}{16\pi\varepsilon_0 z}$$

也可以采用静电能之差求功。设平面的感应电荷量为 q_s,平面电势 $U_\mathrm{s} = 0$,所以系统初态的静电能为

$$W_0 = \frac{1}{2}(QU_0 + q_s U_s) = \frac{1}{2}QU_0 = \frac{1}{2}Q\left(\frac{Q}{4\pi\varepsilon_0 a} - \frac{Q}{4\pi\varepsilon_0 2z}\right)$$

$$= \frac{Q^2}{8\pi\varepsilon_0 a} - \frac{Q^2}{16\pi\varepsilon_0 z}$$

末态为一个带电量为 Q 的孤立导体球,静电能为

$$W_1 = \frac{1}{2}QU_1 = \frac{Q^2}{8\pi\varepsilon_0 a}$$

外力做功为

$$W = W_1 - W_0 = \frac{Q^2}{16\pi\varepsilon_0 z}$$

两者计算结果相同。

8.1.4 静态磁场的基本规律

静态磁场的高斯定理和安培环路定理的微分形式为

$$\nabla \cdot \vec{B} = 0, \quad \nabla \times \vec{B} = \mu_0 \vec{j} \tag{8.11}$$

这两个式子表明磁场是无源场,即磁荷不存在。而且磁场是有旋场,这就不能像在静电场中引进标量电势那样引进标量的磁势。

但是磁场可以引进磁矢势。在矢量分析中,一个任意的矢量如果其散度为0,该矢量均可表示成另一个矢量的旋度,因此我们有

$$\nabla \cdot \vec{B} = \nabla \cdot (\nabla \times \vec{A}) = 0$$

或

$$\vec{B} = \nabla \times \vec{A} \tag{8.12}$$

我们把 $\vec{A}$ 称为磁矢势。

根据毕奥－萨伐尔定律和上面对磁矢势的定义,可以求出磁矢势与电流的关系(可参考胡友秋等编著的《电磁学与电动力学》下册 3.1 节)

$$\vec{A} = \frac{\mu_0}{4\pi}\oint_L \frac{I\mathrm{d}\vec{l}}{r} \tag{8.13}$$

磁矢势的物理意义是:在任意时刻,$\vec{A}$ 沿任一闭合回路的线积分等于该时刻通过回路内的磁通量。因此我们可以由上面表达式先求出电流分布产生的磁矢势,然后对磁矢势求旋度,就可得到磁感应强度。对面电流和体电流分布的情况,磁矢势的表达式对应为

$$\begin{cases} \vec{A} = \dfrac{\mu_0}{4\pi} \iint\limits_{S'} \dfrac{\vec{i}\,\mathrm{d}S'}{r} \\[3mm] \vec{A} = \dfrac{\mu_0}{4\pi} \iiint\limits_{V'} \dfrac{\vec{j}\,\mathrm{d}V'}{r} \end{cases}$$

对磁矢势取旋度,就得到磁感应强度 B,那么如果对磁矢势取散度,其结果是什么呢? 可以证明,磁矢势的散度可取为 0(称为库仑规范),即

$$\nabla \cdot \vec{A} = 0 \tag{8.14}$$

根据矢量运算的基本关系,对任意的矢量,均有

$$\nabla \times \nabla \times \vec{A} = \nabla(\nabla \cdot \vec{A}) - \nabla^2 \vec{A}$$

因为取 $\nabla \cdot \vec{A} = 0$,所以有

$$\nabla^2 \vec{A} = -\mu_0 \vec{j} \tag{8.15}$$

这就是关于磁矢势的泊松方程。同理,在无电流分布的区域,泊松方程转变为矢量拉普拉斯方程。因此只要知道电流分布和边界条件,就可以通过解泊松方程得到磁场的分布。具体问题的求解过程可以参考电动力学教材。

在粒子物理的各种加速器装置中,常利用各种静态的电场和磁场,通过电场和磁场把从靶上通过核反应产生的带电粒子进行输运和聚焦,最终获得理想的束流,开展各种实验研究,图 8.6 就是一种输运 π^+、μ^+ 和 e^+ 的联合传输线的模拟示意图。

图 8.6 一种输运 π^+、μ^+ 和 e^+ 的联合传输线的模拟示意图

8.2 时变的电场与磁场的基本规律

上面 8.1 节我们讨论和总结了静态情况下,电场和磁场的基本规律。如果

电场和磁场随时间变化,即时变的电场和磁场情况下,电磁学的基本规律将要
做怎样的修改呢?

8.2.1 时变情况下的电场环路定理

静电场环路定理表明静电场是一个保守力场,静电场力做功与路径无关。
但在随时间变化的情况下,此时空间总电场为

$$\vec{E} = \vec{E}_{势} + \vec{E}_{旋} \tag{8.16}$$

所以,根据电磁感应定律,有

$$\oint_{L} \vec{E} \cdot \mathrm{d}\vec{l} = \oint_{L} \vec{E}_{势} \cdot \mathrm{d}\vec{l} + \oint_{L} \vec{E}_{旋} \cdot \mathrm{d}\vec{l} = -\iint_{S} \frac{\partial \vec{B}}{\partial t} \cdot \mathrm{d}\vec{S}$$

其微分形式为

$$\nabla \times \vec{E} = -\frac{\partial \vec{B}}{\partial t} \tag{8.17}$$

这就是时变情况下电场的环路定理。

8.2.2 时变情况下的电场高斯定理

麦克斯韦假定根据静电场实验规律总结出来的静电场高斯定理 $\nabla \cdot \vec{E} = \rho / \varepsilon_0$ 可以不做修改地推广到在源随时间变化的情况。这是在真空情况下的结
果,如果空间存在电介质,则结果改写为 $\nabla \cdot \vec{D} = \rho_0$。这就是时变情况下的电场
高斯定理。

8.2.3 时变情况下的磁场高斯定理

对同一边界 L,可以做两个曲面 S_1 和 S_2,$S_1 + S_2$ 构成一个闭合曲面 S,如
图 8.7 所示。由法拉第电磁感应定律,两个曲面 S_1 和 S_2 的磁通量对时间的变
化率却对应于同一个环路积分,即

$$\oint_{L} \vec{E} \cdot \mathrm{d}\vec{l} = -\iint_{S_1} \frac{\partial \vec{B}}{\partial t} \cdot \mathrm{d}\vec{S} = -\iint_{S_2} \frac{\partial \vec{B}}{\partial t} \cdot \mathrm{d}\vec{S}$$

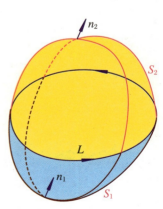

图 8.7 对同一边界 L,
做两个曲面 S_1 和 S_2,
构成封闭曲面

因此有

$$\iint_{S_1}\frac{\partial \vec{B}}{\partial t}\cdot\mathrm{d}\vec{S} = \iint_{S_2}\frac{\partial \vec{B}}{\partial t}\cdot\mathrm{d}\vec{S} \quad 或 \quad \iint_{S_1}\frac{\partial \vec{B}}{\partial t}\cdot\mathrm{d}\vec{S} - \iint_{S_2}\frac{\partial \vec{B}}{\partial t}\cdot\mathrm{d}\vec{S} = 0$$

统一以 S 的外法线方向为正,即

$$\iint_{S_1}\frac{\partial \vec{B}}{\partial t}\cdot\mathrm{d}\vec{S} + \iint_{S_2}\frac{\partial \vec{B}}{\partial t}\cdot\mathrm{d}\vec{S} = \oiint_{S}\frac{\partial \vec{B}}{\partial t}\cdot\mathrm{d}\vec{S} = 0$$

可以改写为

$$\iiint_{V}\nabla\cdot\left(\frac{\partial \vec{B}}{\partial t}\right)\mathrm{d}V = 0$$

因此

$$\nabla\cdot\left(\frac{\partial \vec{B}}{\partial t}\right) = 0 \quad 或 \quad \frac{\partial}{\partial t}(\nabla\cdot\vec{B}) = 0$$

得到

$$\nabla\cdot\vec{B} = 常数$$

若空间某处原来只有静磁场,即 $t=0$ 时,$\nabla\cdot\vec{B}\equiv 0$,则以后任意时刻即使后来有了变化的磁场,仍然有

$$\nabla\cdot\vec{B} = 0 \tag{8.18}$$

这就是时变情况下的磁场高斯定理。

8.2.4 时变情况下的磁场安培环路定理

考虑安培环路定律,其物理意义是无论电流周围是真空还是磁介质,都可以写成

$$\oint_{l}\vec{H}\cdot\mathrm{d}\vec{l} = \sum_i I_i = \iint_s\vec{j}\cdot\mathrm{d}\vec{S}$$

这个规律在时变的情况下是否适用呢?考虑如图 8.8 所示的圆盘型电容器,假设电容器正在充电,其充电电流为 $i(t)$,对同一个安培积分回路,我们可以做两个不同的积分曲面,第一个曲面 S_1 穿过导线的平面,第二个曲面 S_2 穿过电容器内部,因此

对 S_1 平面，$\oint_l \vec{H} \cdot \mathrm{d}\vec{l} = \iint_{S_1} \vec{j} \cdot \mathrm{d}\vec{S} = i_C$

对 S_2 曲面，$\oint_l \vec{H} \cdot \mathrm{d}\vec{l} = \iint_{S_2} \vec{j} \cdot \mathrm{d}\vec{S} = 0$

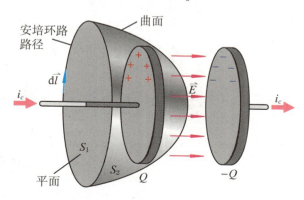

图 8.8　电容器充电时沿不同回路的结果不同

可见，在电流随时间变化时安培回路定律不再适用。那么在时变情况下用什么规律来代替它呢?

　　事实上电容充电或放电时，电容器极板上的电荷密度 σ_C 在随时间增加或减小，因而电容器内部的电场强度 $E_C = \sigma_C/\varepsilon_0$ 也随时间增加或减少，而电容器极板上的总电荷 $q_C = \sigma_C S$ 随时间的变化率等于充放电路中传导电流的大小 i_C，根据电荷守恒律，有

$$\oiint_S \vec{j}_0 \cdot \mathrm{d}\vec{S} = -\frac{\mathrm{d}q_C}{\mathrm{d}t}$$

式中，S 是由 S_1 和 S_2 构成的闭合曲面，q_C 是积聚在 S 面内的自由电荷，根据高斯定理有

$$\oiint_S \vec{D} \cdot \mathrm{d}\vec{S} = q_C$$

对该式求导数，得到电流强度为

$$\frac{\mathrm{d}q_C}{\mathrm{d}t} = \frac{\mathrm{d}}{\mathrm{d}t} \oiint_S \vec{D} \cdot \mathrm{d}\vec{S} = \oiint_S \frac{\partial \vec{D}}{\partial t} \cdot \mathrm{d}\vec{S}$$

因此

$$\oiint_S \vec{j}_0 \cdot \mathrm{d}\vec{S} = -\oiint_S \frac{\partial \vec{D}}{\partial t} \cdot \mathrm{d}\vec{S} \quad \text{或} \quad \oiint_S \left(\vec{j}_0 + \frac{\partial \vec{D}}{\partial t} \right) \cdot \mathrm{d}\vec{S} = 0$$

式中，j_0 表示传导电流密度，上式对整个闭合曲面 $S(= S_1 + S_2)$ 积分，可以改写为

$$\oint \left(\vec{j}_0 + \frac{\partial \vec{D}}{\partial t} \right) \cdot \mathrm{d}\vec{S} = \iint\limits_{S_1} \left(\vec{j}_0 + \frac{\partial \vec{D}}{\partial t} \right) \cdot \mathrm{d}\vec{S} + \iint\limits_{S_2} \left(\vec{j}_0 + \frac{\partial \vec{D}}{\partial t} \right) \cdot \mathrm{d}\vec{S} = 0$$

可见 $\iint\limits_S \frac{\partial \vec{D}}{\partial t} \cdot \mathrm{d}\vec{S}$ 具有与电流相同的量纲,为此定义位移电流 I_D,即

$$I_D = \frac{\mathrm{d}\Phi_D}{\mathrm{d}t} = \iint\limits_S \frac{\partial \vec{D}}{\partial t} \cdot \mathrm{d}\vec{S} = \iint\limits_S \vec{j}_D \cdot \mathrm{d}\vec{S} \tag{8.19}$$

把 $\vec{j}_D$ 定义为电流密度,它不是真实的电流,只是电位移矢量的时间变化率。

把传导电流与位移电流合起来称为全电流 I,即

$$I = I_0 + I_D = \iint\limits_S \vec{j}_0 \cdot \mathrm{d}\vec{S} + \iint\limits_S \frac{\partial \vec{D}}{\partial t} \cdot \mathrm{d}\vec{S} = \iint\limits_S \left(\vec{j}_0 + \frac{\partial \vec{D}}{\partial t} \right) \cdot \mathrm{d}\vec{S} \tag{8.20}$$

这样定义全电流后,安培环路定律右边可理解成对全电流的求和,即

$$\oint_l \vec{H} \cdot \mathrm{d}\vec{l} = \sum I \tag{8.21}$$

这样改造后,安培环路定律就可以推广到时变情况了。在上面电容器充电的例子中,对 S_1 平面的积分对应于传导电流,而对曲面 S_2 的积分对应于电容器内部的位移电流,即传导电流中断之处由位移电流接上,使得全电流保持连续性。

由此,麦克斯韦把安培环路定律推广到了随时间变化情况下也适用的普遍形式:

$$\oint_l \vec{H} \cdot \mathrm{d}\vec{l} = \sum I_0 + \iint\limits_S \frac{\partial \vec{D}}{\partial t} \cdot \mathrm{d}\vec{S} \tag{8.22}$$

对应的微分形式为

$$\nabla \times \vec{H} = \vec{j}_0 + \frac{\partial \vec{D}}{\partial t} \tag{8.23}$$

假定空间中不存在自由电荷和传导电流,则有

$$\oint_l \vec{H} \cdot \mathrm{d}\vec{l} = \iint \frac{\partial \vec{D}}{\partial t} \cdot \mathrm{d}\vec{S} = \varepsilon_0 \varepsilon_r \iint \frac{\partial \vec{E}}{\partial t} \cdot \mathrm{d}\vec{S} \tag{8.24}$$

该式表明,空间随时间变化的电场可以激发磁场,这就是位移电流的物理本质。这正好与变化的磁场可以激发电场的法拉第电磁感应定律相对应。使得电和磁在激发场的方面继续保持着对称性,否则若只有电磁感应定律,则破坏了这种电磁的对称性,即随时间变化的磁场在空间激发电场和随时间变化的电场在空间激发磁场,这种相互激发使电磁场不断地在空间传播。

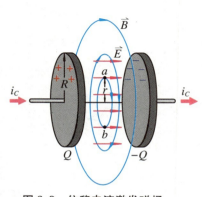

图 8.9　位移电流激发磁场

【例 8.5】 一无限长直螺线管，横截面的半径为 R，单位长度的匝数为 n，当导线中载有交流电流 $I = I_0 \sin \omega t$ 时，试求螺线管内外的位移电流密度。

【解】 因管内涡旋电场强度为

$$E_1 = -\frac{1}{2\pi r}\frac{\mathrm{d}\Phi}{\mathrm{d}t} = -\frac{1}{2\pi r}\frac{\mathrm{d}}{\mathrm{d}t}(\mu_0 n I_0 \sin \omega t \cdot \pi r^2)$$
$$= -\frac{1}{2}\mu_0 n I_0 \omega r \cos \omega t$$

故位移电流密度为

$$j_D = \frac{\partial D}{\partial t} = \varepsilon_0 \frac{\partial E_1}{\partial t} = \frac{1}{2}\varepsilon_0 \mu_0 n I_0 \omega^2 r \sin \omega t$$

因管外涡旋电场强度为

$$E_2 = -\frac{1}{2\pi r}\frac{\mathrm{d}\Phi}{\mathrm{d}t} = -\frac{1}{2\pi r}\frac{\mathrm{d}}{\mathrm{d}t}(\mu_0 n I_0 \sin \omega t \cdot \pi R^2)$$
$$= -\frac{1}{2r}\mu_0 n I_0 \omega R^2 \cos \omega t$$

故位移电流密度为

$$j_D = \frac{\partial D}{\partial t} = \varepsilon_0 \frac{\partial E_2}{\partial t} = \frac{1}{2r}\varepsilon_0 \mu_0 n I_0 \omega^2 R^2 \sin \omega t$$

位移电流的方向就是涡旋电场的方向，涡旋电场与磁场方向成左手系。

值得注意的是，只要电场是随时间变化的，它一定会激发磁场，但是在似稳条件下，位移电流激发磁场可以忽略，即只有随时间迅变的位移电流才激发磁场。在传导电流不连续的情况下，安培环路定律为

$$\oint_L \vec{H} \cdot \mathrm{d}\vec{l} = \sum (I_0 + I_D)$$

在似稳条件下，毕奥–萨伐尔定律近似成立，即

$$\vec{B} = \frac{\mu_0}{4\pi}\int \frac{I_0 \mathrm{d}\vec{l} \times \vec{e}_r}{r^2}$$

无需加上位移电流项。

【例 8.6】 细直导线中间被截去一段长度为 l 的小段。导线中通有低频交流电 $I_0(t)$，如例 8.6 图 I 所示，取一圆形环路，没有传导电流流过该环路，在似稳条件下，计算环路上的磁感应强度。

【解】 设导线的两个端点的电量为 $+q$ 和 $-q$，产生的电场为

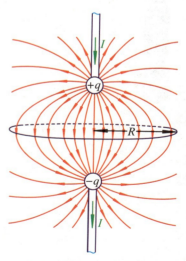

例 8.6 图 I 细直导线截去一段后产生的磁感应强度

$$E = \frac{q}{4\pi\varepsilon_0} \frac{ql}{\left[r^2 + (l/2)^2\right]^{3/2}}$$

通过环路 L 的电位移通量为

$$\Phi_D = \varepsilon_0 R \int_0^R 2\pi r E \mathrm{d}r = q\left[1 - \frac{1}{\sqrt{(2R/l)^2 + 1}}\right]$$

通过环路 L 的位移电流为

$$I_D = \frac{\mathrm{d}\Phi_D}{\mathrm{d}t} = \frac{\mathrm{d}q}{\mathrm{d}t}\left[1 - \frac{1}{\sqrt{(2R/l)^2 + 1}}\right] = I_0\left[1 - \frac{1}{\sqrt{(2R/l)^2 + 1}}\right]$$

由安培环路定律,磁场为

$$2\pi R B = \mu_0 I_D$$

$$B = \frac{\mu_0 I_0}{2\pi R}\left[1 - \frac{1}{\sqrt{(2R/l)^2 + 1}}\right]$$

事实上,这个磁场并不是位移电流产生的,而是传导电流产生的,只不过这样计算磁场更方便。为了证明这个磁场是由传导电流产生的,我们现在来计算传导电流在这里产生的磁场。

无限长导线在距离导线为 R 的一点 P 处产生的磁场为

$$B = \frac{\mu_0 I_0}{2\pi R}$$

两头被截去只剩一段长为 l 的导线在中心对称距离导线为 R 的一点 P 所激发的磁场为(见例 8.6 图 Ⅱ)

$$B = \frac{\mu_0 I_0}{4\pi R}(\cos\theta_1 - \cos\theta_2) = \frac{\mu_0 I_0}{4\pi R} \cdot 2 \cdot \frac{l/2}{\sqrt{R^2 + (l/2)^2}}$$

$$= \frac{\mu_0 I_0}{2\pi R} \frac{1}{\sqrt{(2R/l)^2 + 1}}$$

两者之差就是无限长直导线中间截去一段长为 l 的导线产生的磁感应强度,即

$$B = \frac{\mu_0 I_0}{2\pi R}\left[1 - \frac{1}{\sqrt{(2R/l)^2 + 1}}\right]$$

这正好等于上面用位移电流计算的结果。

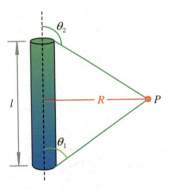

例 8.6 图 Ⅱ　有限长一段
导线产生的磁场

8.3　麦克斯韦方程组

8.3.1　麦克斯韦方程组

　　麦克斯韦在对电磁现象的实验做了以上创造性的总结和发展后,得到了在普遍情况下电磁场必须满足的 4 个方程式,这些方程现在写成

$$\begin{cases} \oiint_{S} \vec{D} \cdot \mathrm{d}\vec{S} = \sum q_0 \\[2mm] \oint_{l} \vec{E} \cdot \mathrm{d}\vec{l} = -\iint \frac{\partial \vec{B}}{\partial t} \cdot \mathrm{d}\vec{S} \\[2mm] \oiint_{S} \vec{B} \cdot \mathrm{d}\vec{S} = 0 \\[2mm] \oint_{l} \vec{H} \cdot \mathrm{d}\vec{l} = \sum I_0 + \iint_{S} \frac{\partial \vec{D}}{\partial t} \cdot \mathrm{d}\vec{S} \end{cases} \tag{8.25}$$

这就是著名的麦克斯韦方程组的积分形式。对应的微分形式为

$$\begin{cases} \nabla \cdot \vec{D} = \rho_0 \\[2mm] \nabla \times \vec{E} = -\frac{\partial \vec{B}}{\partial t} \\[2mm] \nabla \cdot \vec{B} = 0 \\[2mm] \nabla \times \vec{H} = \vec{j}_0 + \frac{\partial \vec{D}}{\partial t} \end{cases} \tag{8.26}$$

　　如果应用到各向同性线性电磁介质上,还需要电磁介质的本构方程,即

$$\begin{cases} \vec{B} = \mu_0 \mu_r \vec{H} \\[2mm] \vec{D} = \varepsilon_0 \varepsilon_r \vec{E} \\[2mm] \vec{j}_0 = \sigma \vec{E} \end{cases} \tag{8.27}$$

　　若将式(8.25)应用于两种电磁介质的界面上,边界的电磁特性方程即边值关系为

$$
\begin{cases}
\vec{n} \cdot (\vec{D}_2 - \vec{D}_1) = \sigma_0 \\
\vec{n} \times (\vec{E}_2 - \vec{E}_1) = 0 \\
\vec{n} \cdot (\vec{B}_2 - \vec{B}_1) = 0 \\
\vec{n} \times (\vec{H}_2 - \vec{H}_1) = \vec{j}_0
\end{cases}
\tag{8.28}
$$

可以证明,只要给定空间的电荷和电流分布,给定初始条件和边界条件,就可以由麦克斯韦方程组得到电磁场的唯一确定的解,这就是电磁场的唯一性定理。

此外,带电粒子在磁场中的受力即为洛伦兹力

$$
\vec{F} = q(\vec{E} + q\vec{v} \times \vec{B})
\tag{8.29}
$$

以上所有的方程构成了电磁场的基本方程。麦克斯韦电磁场理论是一个完整的理论体系,它的建立不但为电磁学领域已有的研究成果做了很好的总结,而且为进一步研究提供了理论基础,从而迎来了电磁学全面蓬勃发展的新时期。

麦克斯韦电磁场理论的历史意义还在于引起了物理实在观念的深刻变革。在电磁场理论建立之前,所谓物理实在指的就是物质的存在均为实物粒子,当时认为世间万物无非都是实物粒子的组合,别无其他。质点的运动遵循牛顿定律。此外,对于非接触物体之间的各种作用(如引力、磁力和电力),超距作用观点占据统治地位,即认为既无需媒介物传递,也无需传递时间。

电磁场理论使人们认识到除了实物粒子外,还有电磁场这种完全不同于实物粒子的另一类物理实在,电磁场具有能量、动量等基本物理性质,电磁场可以脱离物质单独存在,并且能够与物质交换能量和动量,电磁场的运动变化遵循麦克斯韦方程,非接触的电磁物体之间的电磁作用,是以电磁场为媒介物传递的,是需要传递时间的,即是近距作用。

麦克斯韦电磁场理论的建立开辟了许多新的研究课题和新的研究方向。例如,电磁波的研究带来了通信、广播和电视事业的发展;物质电磁性质的研究推动了材料科学的发展;带电粒子和电磁场相互作用的研究应用于其他分支学科,导致不少交叉学科(如等离子体物理、磁流体力学等)的形成与发展。

所有这些,对于 20 世纪科学的发展、技术的进步和社会的文明,都起了重要的作用。

【例 8.7】 证明麦克斯韦方程组隐含电荷守恒定律。

【证明】 对麦克斯韦方程组的微分形式(8.26)第四式两边用 $(\nabla \cdot)$ 作用,利用 $\nabla \cdot (\nabla \times \vec{H}) = 0$,得

$$
\nabla \cdot \vec{j} = -\nabla \cdot \frac{\partial \vec{D}}{\partial t} = -\frac{\partial}{\partial t}(\nabla \cdot \vec{D}) = -\frac{\partial \rho}{\partial t}
$$

这就是电荷守恒律的微分形式,证毕。

【例8.8】 电导率为 σ，介电常数为 ε 的导电介质内初始时刻有 ρ_0 的自由电荷，求导电介质内自由电荷随时间的变化关系。

【解】 根据麦克斯韦方程组，即 $\nabla \cdot \vec{D} = \rho$，或 $\varepsilon \nabla \cdot \vec{E} = \rho$，又因为 $\vec{j} = \sigma \vec{E}$，所以 $\nabla \cdot \vec{j} = \dfrac{\sigma}{\varepsilon} \rho$，利用上题中电荷守恒关系，得到 $\dfrac{\partial \rho}{\partial t} = -\dfrac{\sigma}{\varepsilon} \rho$，或 $\dfrac{\mathrm{d}\rho}{\rho} = -\dfrac{\sigma}{\varepsilon} \mathrm{d}t$，两边积分，利用初始条件 $\rho(t)\big|_{t=0} = \rho_0$，得到

$$\rho(t) = \rho_0 \mathrm{e}^{-\frac{\sigma}{\varepsilon}t} = \rho_0 \mathrm{e}^{-\frac{t}{\tau}}$$

式中，$\tau = \varepsilon/\sigma$ 称时间常数，其物理意义是当 $t = \tau$ 时，体内的自由电荷数量为初始值的 $1/e$。

8.3.2　其他形式的麦克斯韦方程组 *

1. 光子质量不为 0 时的麦克斯韦方程组

光子质量等于 0，虽然在很高的精度上与实验结果相符，但仍然只是一个科学假设，如果光子质量不为 0，将会出现许多新的结果。20 世纪 30 年代，普鲁卡（A. Proca, 1897 – 1955）首先研究了如果光子质量不为 0 会引起什么后果的问题，根据变分原理，他得到修改后的电磁场方程——普鲁卡方程，即

$$\begin{cases} \nabla \cdot \vec{E} = \dfrac{\rho_0}{\varepsilon_0} - \mu^2 U \\ \nabla \times \vec{E} = -\dfrac{\partial \vec{B}}{\partial t} \\ \nabla \cdot \vec{B} = 0 \\ \nabla \times \vec{B} = \mu_0 \vec{j}_0 - \mu^2 \vec{A} + \dfrac{1}{c^2}\dfrac{\partial \vec{E}}{\partial t} \end{cases} \tag{8.30}$$

光子质量 m_γ 与系数 μ 的关系为 $m_\gamma = \dfrac{\mu \hbar}{c}$，其中 $\hbar$ 是普朗克常数，c 是光速。

普鲁卡方程组中如果光子质量为 0，则回到麦克斯韦方程组。如果光子质量不为 0，则会得到一些新的结果：① 静电场的解中必定包含指数衰减因子 $\mathrm{e}^{-\mu}$，所以静电场要比平方反比规律衰减得更快些；② 出现真空光速色散效应，即真空中光的群速度与 ω 有关；③ 光波不再仅是横波，还有纵波；等等。

但是，普鲁卡电磁场方程组并不是对麦克斯韦方程组的全盘否定，而是前者比后者更全面。或者说，普鲁卡方程组的出现揭示了麦克斯韦方程组的近似

性。当然最根本的问题即光子质量是否为 0 是要由实验来决定的。

物理学家们进行了许多实验以期确定光子静质量上限。例如,1940 年,德布罗意(L. de Broglie,1892 - 1987)用双星观测方法得到 $m_\gamma \leqslant 8 \times 10^{-40}\,\text{g}$;1969 年,费恩贝格(G. Feinberg,1933 - 1992)利用脉冲星光进行观测得到 $m_\gamma \leqslant 10^{-44}\,\text{g}$;1975 年,戴维斯(L. Davies)等利用木星磁场进行观测,结果为 $m_\gamma \leqslant 7 \times 10^{-49}\,\text{g}$;等等。也有许多研究者利用对库仑平方反比律的检验来求取光子的静质量,如维廉斯(E. R. Williams)在 1971 年测量的结果为 $m_\gamma \leqslant 10^{-47}\,\text{g}$。美国物理学家莱克(R. Lakes),是一位曾进行过光子静质量实验的学者,他对此评论说:"你决不能肯定地说什么东西绝对是零。"显然,莱克认为光子应该有静质量。

2. 存在磁荷时的麦克斯韦方程组

现有的理论和实验都表明自然界不存在磁荷。磁荷的概念在历史上曾经出现过一段时间,最初人们认为磁场是由磁荷产生的,磁荷的概念对电磁学的发展曾经做出过贡献。但是麦克斯韦电磁理论中并不包含磁荷(或磁单极子),磁荷或磁单极子是否真的不存在需要用实验来验证。

若存在磁流和磁荷,磁荷密度和磁流密度分别为 ρ_m 和 j_m,则麦克斯韦方程组可以改成更加对称的形式,即

$$\begin{cases} \nabla \cdot \vec{D} = \rho_0 \\ \nabla \times \vec{E} = -\vec{j}_\text{m} - \dfrac{\partial \vec{B}}{\partial t} \\ \nabla \cdot \vec{B} = \rho_\text{m} \\ \nabla \times \vec{H} = \vec{j}_0 + \dfrac{\partial \vec{D}}{\partial t} \end{cases} \tag{8.31}$$

此外,类似地也可以推出磁荷守恒定律,即

$$\nabla \cdot \vec{j}_\text{m} = -\frac{\partial \rho_\text{m}}{\partial t} \tag{8.32}$$

1930 年,物理学家狄拉克提出了存在磁单极子的假设,引起了物理学家的极大兴趣,因为磁单极子的存在会使电磁现象具有更好的对称性。我们可以设想两个磁荷 g 之间的作用能与两个电荷之间的作用能具有相同的形式,即

$$W_g = \frac{\mu_0}{4\pi} \frac{g^2}{r}$$

从量子力学可以推导出磁荷也是量子化的,最小磁荷 g_min 与最小的电荷 e 之间的关系为

$$g_\text{min} = \frac{137}{2} ce \tag{8.33}$$

则两个最小磁荷之间的相互作用能为

$$W_{g\min} = \left(\frac{137}{2}\right)^2 W_e \approx 5\,000\,W_e \tag{8.34}$$

因此可以估算出最小磁荷的质量为

$$m_g \approx 5\,000\,m_e \approx 3m_p \tag{8.35}$$

即最小磁荷的质量约为质子质量的 3 倍。因此磁单极子的产生或湮没是一种高能行为,产生一对正负磁荷的最小能量至少为 6 GeV。不过这只是一种估算磁单极子质量的方式,使用不同方式估算其结果会有较大的差别。

8.4 平面电磁波

8.4.1 真空中自由空间的电磁波

对自由和无界真空,且 $\rho_0 = 0$,$j_0 = 0$,则麦克斯韦方程组为

$$\begin{cases} \nabla \cdot \vec{D} = 0 \\ \nabla \times \vec{E} = -\dfrac{\partial \vec{B}}{\partial t} \\ \nabla \cdot \vec{B} = 0 \\ \nabla \times \vec{H} = \dfrac{\partial \vec{D}}{\partial t} \end{cases} \tag{8.36}$$

考虑到真空中 $\vec{D} = \varepsilon_0 \vec{E}$,$\vec{B} = \mu_0 \vec{H}$,则有

$$\nabla \times (\nabla \times \vec{E}) = -\nabla \times \frac{\partial \vec{B}}{\partial t} = -\frac{\partial}{\partial t}(\nabla \times \vec{B}) = -\mu_0 \varepsilon_0 \frac{\partial^2 \vec{E}}{\partial t^2}$$

利用矢量运算关系式 $\nabla \times (\nabla \times \vec{E}) = \nabla(\nabla \cdot \vec{E}) - \nabla^2 \vec{E} = -\nabla^2 \vec{E}$,上式就变为

$$\nabla^2 \vec{E} - \varepsilon_0 \mu_0 \frac{\partial^2 \vec{E}}{\partial t^2} = 0 \tag{8.37}$$

同理可以导出

$$\nabla^2 \vec{B} - \varepsilon_0 \mu_0 \frac{\partial^2 \vec{B}}{\partial t^2} = 0 \tag{8.38}$$

这两个方程都是波动方程,也正是电场和磁场的运动方程,表明随时间变化的电场和磁场是以波的形式传播的,这就是电磁波的传播方程! 电磁波的传播速度可以从波动方程本身得到,即令

$$v = \frac{1}{\sqrt{\varepsilon_0 \mu_0}} \tag{8.39}$$

$$v = \frac{1}{\sqrt{\mu_0 \varepsilon_0}} = \frac{1}{\sqrt{(4\pi \times 10^{-7}\ \mathrm{T \cdot m \cdot A^{-1}})(8.85 \times 10^{-12}\ \mathrm{C^2 \cdot N^{-1} \cdot m^{-2}})}}$$
$$= 2.997 \times 10^8\ \mathrm{m \cdot s^{-1}} = c$$

这正是光在真空中的传播速度,1864 年 12 月 8 日,麦克斯韦在英国皇家学会宣读了他的论文《电磁场的动力学理论》,在这篇论文中用醒目的斜体字写道:"**我们不可避免地推论,光是媒介中起源于电磁现象的横波**。"

所以真空中电磁波的传播方程为

$$\begin{cases} \dfrac{\partial^2 \vec{E}}{\partial t^2} - c^2\ \nabla^2 \vec{E} = 0 \\[2mm] \dfrac{\partial^2 \vec{B}}{\partial t^2} - c^2\ \nabla^2 \vec{B} = 0 \end{cases} \tag{8.40}$$

我们熟知的一维波动方程为

$$\frac{\partial^2 u}{\partial t^2} - c^2 \frac{\partial^2 u}{\partial x^2} = 0 \tag{8.41}$$

其解为平面波,即

$$u(x,t) = A_1 e^{ikx-i\omega t} + A_2 e^{ikx-i\omega t} = A_1 e^{ik(x+ct)} + A_2 e^{ik(x-ct)} \tag{8.42}$$

对电磁波,这里 $u(x,t)$ 就是 $E(x,t)$ 或 $B(x,t)$。

8.4.2　赫兹实验

赫兹是德国物理学家,生于汉堡。赫兹在柏林大学随亥姆霍兹学物理时,受亥姆霍兹的鼓励开始研究麦克斯韦电磁理论,当时德国物理界深信韦伯的电力与磁力可瞬时传送的理论。因此赫兹就决定用实验来验证韦伯理论与麦克斯韦理论谁的正确。依照麦克斯韦理论,电扰动能够辐射电磁波。赫兹根据电容器经由电火花隙会产生振荡的原理,设计了一套电磁波发生器。1886 年 10 月,赫兹在做放电实验时,发现其旁边的一个开路线圈也发出火花,他敏锐地想到这可能是电磁振荡的共振现象,是由于开路线圈的固有频率等于放电回路的固有频率所致,如图 8.10 所示。赫兹使用了产生高频电磁波的偶极振子,A 和 B 是两段共轴的黄铜杆,A 和 B 之间有一个火花间隙,间隙两边的端点上各焊

有一个黄铜球,当充电到一定程度时,间隙被火花击穿,两个黄铜球就连成一个
通路,电荷便经由电火花隙在黄铜球之间振荡,这时就相当于一个振荡的谐振
子,其振荡频率高达 $10^8 \sim 10^9$ Hz。由于谐振子振荡辐射的电磁波使系统的能量
不断地损失,因此每次引起高频振荡衰减得很快,所以实际上是间隙性的阻尼
振荡。

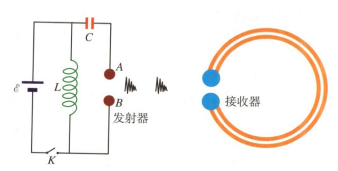

图 8.10　赫兹实验
和物理学家赫兹

　　1887 年,赫兹把发射电磁振荡的振荡器和接收振荡信号的探测器相隔一定
的距离,探测器距振荡器 10 m 远,他坐在一暗室内,适当调节其方向和间隙,赫
兹发现,当偶极振子两个球之间有火花跳过时,探测器振子的两个球间隙中也
有火花跳过。赫兹再在暗室远端的墙壁上覆盖一个可反射电波的锌板,入射波
与反射波重叠应产生驻波,他也以检波器在距振荡器不同距离处监测加以证
实。赫兹先求出振荡器的频率,又以检波器量得驻波的波长,二者乘积即电磁
波的传播速度。正如麦克斯韦所预测的那样,电磁波传播的速度等于光速。这
样赫兹就实现了电磁波的发射和接收,证实了电磁波的存在,从而证实了麦克
斯韦电磁理论。

　　1888 年 1 月 21 日,赫兹完成了他的著名论文《论电动力学作用的传播速
度》,通常人们把这一天定为实验证实电磁波存在的纪念日。赫兹在实验时曾
指出,电磁波可以被反射、折射并如同可见光一样的被偏振。从他的振荡器所
发出的电磁波是平面偏振波,其电场平行于振荡器的导线,而磁场垂直于电场,
且两者均垂直于传播方向。1888 年 12 月 13 日,赫兹在柏林普鲁士科学院宣读
了他的论文《论电力辐射》,这篇论文以及后续的两篇续篇,标志着赫兹对电磁
波探索的成功完成,也标志着无线电、电视和雷达发展历程的历史起点。自
1889 年起赫兹在波昂大学任物理学教授,1894 年元旦因患毒血症病逝,年仅 37
岁。为了纪念赫兹在电磁波方面的成就,国际电工委员会的电磁单位命名委员
会在 1933 年把 1 周/秒的频率命名为 1 赫兹(Hertz),简称为赫(Hz)。

　　1889 年在一次著名的演说中,赫兹也明确地指出,光是一种电磁现象。第
一次以电磁波传递信息的是 1896 年意大利的马可尼。1901 年,马可尼又成功
地将信号送到大西洋彼岸的美国。20 世纪无线电通信更有了异常惊人的发展。
赫兹实验不仅证实了麦克斯韦的电磁理论,更为无线电、电视和雷达的发展找
到了途径。

8.4.3 平面电磁波的性质

存在各向同性线性介质,并且 $\rho_0 = 0$, $\vec{j}_0 = 0$ 时,麦克斯韦方程组可改写为

$$\begin{cases} \nabla \cdot \vec{E} = 0, \quad \nabla \cdot \vec{H} = 0 \\ \nabla \times \vec{E} = -\mu_0 \mu_r \dfrac{\partial \vec{H}}{\partial t} \\ \nabla \times \vec{H} = \varepsilon_0 \varepsilon_r \dfrac{\partial \vec{E}}{\partial t} \end{cases} \tag{8.43}$$

对定态电磁波,电场和磁场的波动方程可以表示为

$$\begin{cases} \vec{E} = \vec{E}_0 \, e^{-i(\omega t - \vec{k} \cdot \vec{r})} \\ \vec{H} = \vec{H}_0 \, e^{-i(\omega t - \vec{k} \cdot \vec{r})} \end{cases} \tag{8.44}$$

式中,$\vec{k}$ 为波数矢量。对这种电场,有 $\nabla \cdot \vec{E} = i\vec{k} \cdot \vec{E}$,$\nabla \times \vec{E} = i\vec{k} \times \vec{E}$,$\dfrac{\partial \vec{E}}{\partial t} = -i\omega \vec{E}$;对磁场也有类似的结果。将式(8.44)代入麦克斯韦方程组,有

$$\begin{cases} \vec{k} \cdot \vec{E} = 0, \quad \vec{k} \cdot \vec{H} = 0 \\ \vec{k} \times \vec{E} = \mu_0 \mu_r \omega \vec{H} \\ \vec{k} \times \vec{H} = -\varepsilon_0 \varepsilon_r \omega \vec{E} \end{cases} \tag{8.45}$$

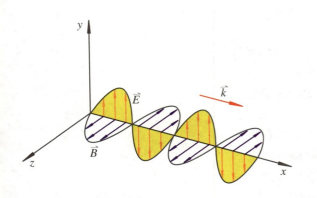

图 8.11 平面电磁波

该式表明,在任何时刻,电磁波的电场强度矢量 $\vec{E}$ 和磁感应强度矢量 $\vec{B}$ 总是垂直的,并且与电磁波传播方向 $\vec{k}$ 垂直,因此电磁波是横波,而且 $\vec{E}$,$\vec{B}$ 和 $\vec{k}$ 3 个矢量构成右手螺旋关系,如图 8.11 所示。此外,如果已经确定 $\vec{k}$ 和 $\vec{E}$,则 $\vec{B}$(或 $\vec{H}$)可以直接从第二个方程求出。

为了进一步得到电磁波的特性,我们用"$\vec{k} \times$"作用在方程组 (8.45) 第二式的两边,有

$$\vec{k} \times (\vec{k} \times \vec{E}) = \mu_0 \mu_r \omega \, \vec{k} \times \vec{H}$$

亦即

$$\vec{k}(\vec{k} \cdot \vec{E}) - k^2 \vec{E} = \mu_0 \mu_r \omega \, \vec{k} \times \vec{H}$$

由于 $\vec{k} \cdot \vec{E} = 0$,把方程组(8.45)的第三式 $\vec{k} \times \vec{H}$ 代入上式,有

$$\left(\varepsilon_0\varepsilon_r\omega - \frac{k^2}{\mu_0\mu_r\omega}\right)\vec{E} = 0$$

该方程有非零解的条件是

$$\frac{\omega}{k} = \frac{1}{\sqrt{\varepsilon_0\varepsilon_r\mu_0\mu_r}} = \frac{c}{\sqrt{\varepsilon_r\mu_r}} \qquad (8.46)$$

由于 $\vec{k}\times\vec{E} = \mu_0\mu_r\omega\vec{H}$ 的模为 $kE = \mu_0\mu_r\omega H$，消去 ω/k，得到

$$\sqrt{\varepsilon_0\varepsilon_r}E_0 = \sqrt{\mu_0\mu_r}H_0 \qquad (8.47)$$

这表明电磁波 $\vec{E}$ 的振幅和 $\vec{H}$ (或 $\vec{B}$)的振幅之间满足

$$\frac{E_0}{H_0} = \sqrt{\frac{\mu_0\mu_r}{\varepsilon_0\varepsilon_r}} \quad 和 \quad \frac{E_0}{B_0} = \sqrt{\frac{1}{\varepsilon_0\varepsilon_r\mu_0\mu_r}} \qquad (8.48)$$

在真空中,有

$$\frac{E_0}{B_0} = \sqrt{\frac{1}{\varepsilon_0\mu_0}} = c \qquad (8.49)$$

在介质中,电磁波的电场和磁场幅度满足

$$\frac{E_0}{B_0} = \frac{c}{\sqrt{\varepsilon_r\mu_r}} = \frac{c}{n} \qquad (8.50)$$

式中, $n = \sqrt{\varepsilon_r\mu_r}$ 为介质的折射率。

8.4.4 电磁波在导体中的传播

现在我们讨论电磁波在导体中的传播。由于导体的基本特性是导体内无自由电荷积累,即

$$\rho = 0, \quad \vec{j} = \sigma\vec{E} \qquad (8.51)$$

所以麦克斯韦方程为

$$\begin{cases} \nabla \cdot \vec{D} = 0 \\ \nabla \times \vec{E} = -\dfrac{\partial \vec{B}}{\partial t} \\ \nabla \cdot \vec{B} = 0 \\ \nabla \times \vec{H} = \sigma \vec{E} + \dfrac{\partial \vec{D}}{\partial t} \end{cases} \tag{8.52}$$

用 $\nabla \times$ 作用在第二式两边,考虑到 $\nabla \times (\nabla \times \vec{E}) = -\nabla^2 \vec{E}$,所以有

$$\begin{cases} \nabla^2 \vec{E} - \mu\sigma \dfrac{\partial \vec{E}}{\partial t} - \varepsilon\mu \dfrac{\partial^2 \vec{E}}{\partial t^2} = 0 \\ \nabla^2 \vec{B} - \mu\sigma \dfrac{\partial \vec{B}}{\partial t} - \varepsilon\mu \dfrac{\partial^2 \vec{B}}{\partial t^2} = 0 \end{cases} \tag{8.53}$$

即 $\vec{E}$ 和 $\vec{B}$ 满足相同的波动方程,该方程的标量形式为

$$\nabla^2 u - \mu\varepsilon \frac{\partial^2 u}{\partial t^2} - \mu\sigma \frac{\partial u}{\partial t} = 0 \tag{8.54}$$

如果我们只考虑一维电磁波在导体中的传播,即 $\dfrac{\partial^2 u}{\partial z^2} - \mu\varepsilon \dfrac{\partial^2 u}{\partial t^2} - \mu\sigma \dfrac{\partial u}{\partial t} = 0$,其解为

$$\Psi(z, t) = \Psi_0 \mathrm{e}^{-\beta z} \mathrm{e}^{\mathrm{i}(\alpha z - \omega t)} \tag{8.55}$$

式中,系数 α 和 β 满足

$$\begin{cases} \alpha^2 - \beta^2 = \omega^2 \mu\varepsilon \\ 2\alpha\beta = \omega\mu\sigma \end{cases}$$

解这个方程组,得

$$\begin{cases} \alpha = \omega \sqrt{\dfrac{\mu\varepsilon}{2}} \sqrt{\sqrt{1 + \left(\dfrac{\sigma}{\omega\varepsilon}\right)^2} + 1} \\ \beta = \omega \sqrt{\dfrac{\mu\varepsilon}{2}} \sqrt{\sqrt{1 + \left(\dfrac{\sigma}{\omega\varepsilon}\right)^2} - 1} \end{cases} \tag{8.56}$$

对良导体,即满足 $\sigma/(\varepsilon\omega) \gg 1$,因此

$$\alpha \approx \beta = \sqrt{\frac{\omega\mu\sigma}{2}} \tag{8.57}$$

我们把电磁波在导体中波幅降为 $1/e$ 的深度称为穿透深度 δ,即

$$\delta = \frac{1}{\beta} = \sqrt{\frac{2}{\omega\mu_\sigma}} \tag{8.58}$$

对铜导体,对 $\omega = 50\ \text{Hz}$ 的电磁波,其穿透深度为 $\delta = 0.9\ \text{mm}$,可见电磁波很难在导体中传播。

常数 α 是沿 k 方向的相移常数,它表示单位长度上的相移变化,单位是 $\text{rad} \cdot \text{m}^{-1}$,波传播的相速度为

$$v = \frac{\omega}{\alpha} = \sqrt{\frac{2}{\mu\varepsilon}}\left[\sqrt{1 + \left(\frac{\sigma}{\omega\varepsilon}\right)^2} + 1\right]^{-1/2} \tag{8.59}$$

该式表明电磁波在导体中传播是要损耗的,但 $\vec{E}$、$\vec{B}$ 和 $\vec{k}$ 仍满足正交关系,并且导体中的电磁波是一衰减色散波。此外,电场和磁场强度在任何时刻、任何地点不再同相,每一组正交分量之比不再等于波阻抗,如图 8.12 所示。

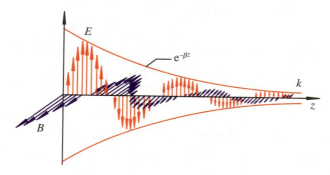

图 8.12　导体中的电磁波

8.4.5　电磁波谱

人们通过实验发现了不同频率和波长的电磁波,如无线电波、红外光、可见光、紫外光、X 射线和 γ 射线等。这些电磁波按频率和波长的顺序排列起来构成电磁波谱。图 8.13 给出了各种电磁波的名称和近似的波长范围。真空中波长和频率的关系为 $\lambda = c/\nu$,ν 为频率。

已知的电磁波谱从很高的 γ 射线的频率($\nu \leqslant 10^{26}\ \text{Hz}$)到无线电长波的频率($\nu \geqslant 10\ \text{Hz}$)。人的视觉可感觉到的可见光只占已知波谱的很小一部分,它的波长在 $7\,600 \sim 4\,000\ \text{Å}$($1\ \text{Å} = 10^{-10}\text{m}$)之间。可见光的两边延伸区域是红外线和紫外线,红外线的波长范围是 $7\,600 \sim 700\ \mu\text{m}$,紫外线的波长范围是 $50 \sim 4\,000\ \text{Å}$。X 射线的波长范围是 $4 \times 10^{-2} \sim 10^2\ \text{Å}$,γ 射线的波长更短。无线电的

波长范围是 $10^{-4}\sim10^{6}$ m,其中长波波长达几千米,中波波长一般为 $3\times10^{3}\sim50$ m,短波波长为 10 m$\sim$1 cm。

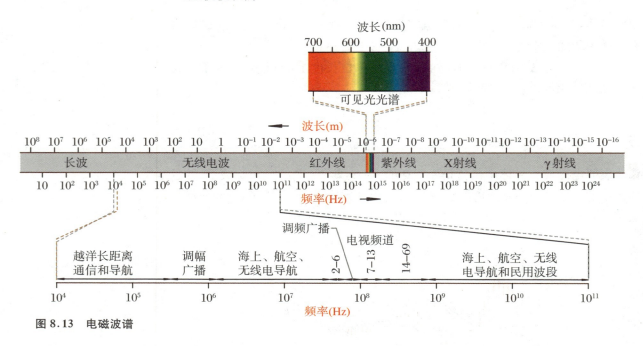

图 8.13　电磁波谱

可见光、红外线和紫外线可由分子、原子的外层电子能级跃迁所产生,它们的用途极广。红外线的热效应显著,不仅能使照相底片感光,还可用于食品加工、军事侦察和分析物质分子结构。紫外线有明显的生物作用,它能杀菌、杀虫,在医疗和农业上都有应用。

1. X 射线

1895 年,伦琴(W. Röntgen,1845 – 1923)发现 X 射线。X 射线可由原子内层电子跃迁所产生,它的穿透能力很强,可用于检查人体和金属部件及分析晶体结构。X 射线的波长范围 λ 为 0.01$\sim$20 nm,通常分为 3 种:超硬 X 射线(λ<0.01 nm)、硬 X 射线(0.01 nm<λ<0.1 nm)和软 X 射线(0.1 nm<λ<1 nm)。X 射线产生的机制如图 8.14 所示,从阴极发射的热电子经加速电压加速后撞击阳极,阳极材料的原子内层电子被高能电子碰撞后发生散射,留下空穴,高能态的电子退激到低能态的空穴过程中,其携带的能量以韧致辐射的形式从原子中发射出来,就是 X 射线。阳极通常采用高熔点金属(如 W,Fe,Ni),阴极一般是 W 丝,窗口采用 Be 材料。

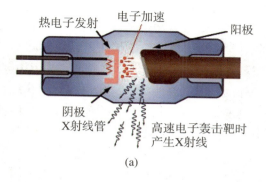

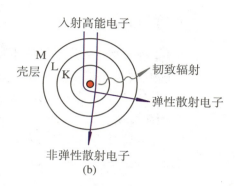

图 8.14   X 射线产生
机制：(a) X 射线管；
(b) 韧致辐射原理

X 射线广泛地应用于材料分析，如 X 射线荧光光谱法，就是利用样品对 X 射线的吸收随样品中的成分及其众寡变化而变化来定性或定量测定样品成分的一种方法，即照射原子的 X 射线能量与原子的内层电子的能量在同一数量级时，内层电子共振吸收射线的辐射能量后发生跃迁，而在内层电子轨道上留下一个空穴，处于高能态的外层电子跳回低能态的空穴，将过剩的能量以 X 射线的形式放出，所产生的 X 射线即为代表各元素特征的 X 射线荧光谱线。其能量等于原子内壳层电子的能级差，即原子特定的电子层间跃迁能量。

2. γ 射线

γ 射线是高频的电磁波，主要是从高激发态的原子核退激时发射和通过原子核反应产生，由于能量很高，因此穿透能力极强，在宇宙射线和高能加速器中均可观测到。许多放射性同位素也会发射 γ 射线。γ 射线应用也很广，通过对 γ 射线的研究可以探索原子核的内部结构。图 8.15(a) 表示了同位素 ^{60}Co 原子核衰变成 ^{60}Ni 核过程中放出的两种能量的 γ 射线示意图，图 8.15(b) 是衰变纲图，图 8.15(c) 是用闪烁体探测器测量得到的两种 γ 射线的能谱图。

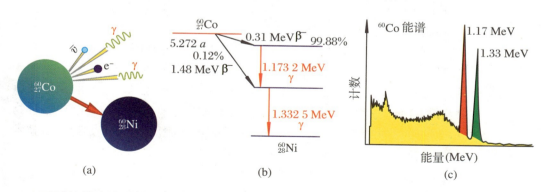

图 8.15 ^{60}Co 衰变
放出 γ 射线示意图

不同的核素在衰变过程中放出的 γ 射线的能量是确定的，因此可以通过测量 γ 射线来分析材料的放射性同位素核的种类，这种方法在核物理、核安全、地矿、天体等方面有广泛的应用。

3. 紫外线和红外线

紫外线和红外线都是看不见的光。紫外线是一种波长比紫光还短的不可见光,其波长范围为 5~400 nm。1801 年,德国物理学家里特(J. W. Ritter,1776 - 1810)发现在日光光谱的紫端外侧一段能够使含有溴化银的照相底片感光,因而发现了紫外线的存在。一切高温物体发出的光中都有紫外线。自然界中主要的紫外线光源是太阳。太阳光透过大气层时,波长短于 290 nm 的紫外线被大气层中的臭氧吸收掉。人工的紫外线光源有多种气体的电弧(如低压汞弧、高压汞弧),荧光作用强,日光灯、各种荧光灯和农业上用来诱杀害虫的黑光灯都是用紫外线激发荧光物质发光的。

红外线是一种波长比红光的波长还长的不可见光。其波长范围很宽,在 760~0.7 × 10⁶ nm 之间。红外线是英国物理学家赫谢尔(W. Herschel,1878 - 1822)于 1800 年研究光谱中各种色光的热效应时发现的,一切物体都在不停地辐射红外线,物体温度越高,辐射红外线的本领越强。红外线的主要特征是热作用强。物体的温度越高,辐射出的红外线就越多。根据这个原理制成的红外线夜视仪能够在黑暗的环境中,把肉眼直接看不清楚的物体分辨出来。

4. 微波

波长从 1 m 到 1 mm 范围内的电磁波称为微波。微波波段对应的频率范围为 $3 \times 10^8 \sim 3 \times 10^{11}$ Hz。微波波段又可划分为:分米波(1 m~10 cm)、厘米波(10 cm~1 cm)和毫米波(1 cm~1 mm)。微波可广泛地应用于卫星通信、多路通信、天文学研究和微波波谱学研究中,如军事上的雷达技术、民用的通信技术、生物医学的研究等。

微波主要有以下几个特性:

(1) 似光性。微波波长非常短,当微波照射到某些物体上时,将产生显著的反射和折射,就和可见光的反、折射一样。同时微波传播的特性也和可见光相似,能像可见光一样沿直线传播和容易集中,即具有似光性。这样利用微波就可以获得方向性好、体积小的天线设备,用于接收地面上或宇宙空间中各种物体反射回来的微弱信号,从而确定该物体的方位和距离,这就是雷达导航技术的基础。1943 年,世界上第一台微波雷达的工作波长为 10 cm。

(2) 穿透性。微波照射于介质物体时,能深入该物体内部的特性称为穿透性。例如,微波是射频波谱中唯一一个能穿透电离层的电磁波(光波除外),因而成为人类外层空间的"宇宙窗口";毫米波还能穿透等离子体,是远程导弹和航天器重返大气层时实现通信和末端制导的重要手段。

(3) 信息性。微波波段的信息容量是非常巨大的,即使是很小的相对带宽,

其可用的频带也是很宽的,可达数百甚至上千兆赫。所以现代多路通信系统,
包括卫星通信系统,几乎无例外地都是工作在微波波段。

(4) 非电离性。微波的量子能量不够大,因而不会改变物质分子的内部结
构或破坏其分子的化学键,所以微波和物体之间的作用是非电离的。由物理学
可知,分子、原子和原子核在外加电磁场的周期力作用下所呈现的许多共振现
象都发生在微波范围,因此微波为探索物质的内部结构和基本特性提供了有效
的研究手段。

5. 无线电

无线电的波长范围是 $10^{-4} \sim 10^6$ m,其中长波波长达几千米,中波波长在
$3 \times 10^3 \sim 50$ m 之间,短波波长在 10 m~1 cm 之间。

对无线电波(kHz ～ MHz)而言,可用振荡电路产生电磁振荡,由 RLC 振
荡电路的齐次振荡方程

$$L \frac{\mathrm{d}^2 q}{\mathrm{d}t^2} + R \frac{\mathrm{d}q}{\mathrm{d}t} + \frac{q}{C} = 0$$

当电阻很小时,其解为

$$q = q_0 \mathrm{e}^{-\alpha t} \cos(\omega_0 t + \varphi)$$

电荷在电路中做受迫振动,如图 8.16 所示,振荡过程中发射电磁波损耗的能量
可以用直流电源供电。

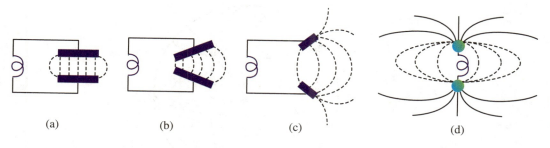

图 8.16　谐振
产生电磁波

为了使谐振电路的电磁能量尽量往外发射,通常电容器两极可以完全打
开,就像一个振荡的电偶极子,如图 8.16(d)所示,这个电偶极子的电矩做周期
性变化,即

$$p = ql = ql_0 \cos \omega t = p_0 \cos \omega t$$

这等效于一振荡电流元,即

$$il = \frac{\mathrm{d}q}{\mathrm{d}t} l = \frac{\mathrm{d}p}{\mathrm{d}t} = -p_0 \omega \sin \omega t$$

电偶极振子(或磁偶极振子)振动过程发出的是球面电磁波,即

$$E = E_0 \cos \omega \left(t - \frac{r}{v} \right), \quad H = H_0 \cos \omega \left(t - \frac{r}{v} \right) \qquad (8.60)$$

电偶极子的辐射过程如图 8.17 所示,辐射的电磁场是有旋场,每振荡一个周期发射出一个闭合的电场线圈和磁场线圈,电场线和磁场线环环相扣向外传播。

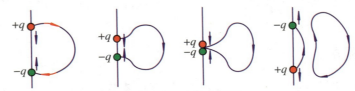

(a) 谐振子振动产生电场和磁场

图 8.17 偶极振荡产生的电磁波机制

(b) 电场和磁场环环相扣,向外传播

实际的电磁振动是向四面八方传播的。电偶极振子发射的电磁波,$\vec{E}$ 在子午面(一系列包含极轴的平面)内,$\vec{H}$ 在与赤道面平行的平面内。波场中任一点的 $\vec{E}$ 与 $\vec{H}$ 相互垂直,传播方向 $\vec{k}$ 沿 $\vec{E} \times \vec{H}$ 的方向,如图 8.18 所示。

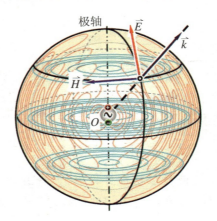

图 8.18 偶极辐射产生球面波示意图

8.5　电磁场能量和能量传输

8.5.1　电磁场的能量

　　麦克斯韦方程组作为电磁场的普遍规律,不仅揭示了电磁波的存在,预言了光就是电磁波,而且揭示了电磁场具有能量和动量,具有能量和动量是物质的普遍属性,从而麦克斯韦方程组揭示了电磁场的物质性。

　　假设一个电荷密度为 ρ 的带电体,在电磁场的作用下以 v 运动,在 $\mathrm{d}t$ 时间内,一小体积 $\mathrm{d}V$ 中的电荷 $\rho\mathrm{d}V$ 移动了距离 $\mathrm{d}l$,则电磁场对电荷所做的元功为

$$\mathrm{d}W = \vec{F} \cdot \mathrm{d}\vec{l} = \rho\mathrm{d}V(\vec{E} + \vec{v} \times \vec{B}) \cdot \vec{v}\,\mathrm{d}t$$
$$= \rho\,\vec{v} \cdot \vec{E}\,\mathrm{d}t\mathrm{d}V = \vec{j} \cdot \vec{E}\,\mathrm{d}t\mathrm{d}V$$

可见,电磁场在单位时间内对整个空间内的运动电荷所做的功为

$$\frac{\mathrm{d}W}{\mathrm{d}t} = \iiint_V \vec{j} \cdot \vec{E}\,\mathrm{d}V \tag{8.61}$$

现在从麦克斯韦方程组的两个方程来寻求机械功与电磁场矢量之间的关系。因为

$$\nabla \times \vec{H} = \frac{\partial \vec{D}}{\partial t} + \vec{j}, \quad \nabla \times \vec{E} = -\frac{\partial \vec{B}}{\partial t}$$

这两个式子变形后得到

$$[\vec{E} \cdot (\nabla \times \vec{H}) - \vec{H} \cdot (\nabla \times \vec{E})] = \vec{E} \cdot \frac{\partial \vec{D}}{\partial t} + \vec{H} \cdot \frac{\partial \vec{B}}{\partial t} + \vec{j} \cdot \vec{E}$$

利用矢量分析中的关系,对于满足 $\vec{D} = \varepsilon\vec{E}$,$\vec{B} = \mu\vec{H}$ 的各向同性线性介质,上式可以写成

$$-\nabla \cdot (\vec{E} \times \vec{H}) = \frac{\partial}{\partial t}\left(\frac{\varepsilon}{2}E^2 + \frac{1}{2\mu}B^2\right) + \vec{j} \cdot \vec{E}$$

为了描述电磁波的能量传播,常引入能流密度矢量的概念,定义

$$\vec{S} = \vec{E} \times \vec{H} \tag{8.62}$$

能流密度矢量 $\vec{S}$ 有时也称为坡印亭矢量。引进电磁能量密度 w，即

$$w = \frac{\varepsilon}{2}E^2 + \frac{1}{2\mu}B^2 \tag{8.63}$$

则上式变为

$$-\frac{\partial w}{\partial t} = \nabla \cdot \vec{S} + \vec{j} \cdot \vec{E} \tag{8.64}$$

将上式对 V 空间求积分，并定义体积 V 内总电磁能量为 W，即

$$W = \iiint_V w \, \mathrm{d}V = \frac{1}{2}\iiint_V (\vec{E} \cdot \vec{D} + \vec{B} \cdot \vec{H}) \mathrm{d}V$$

$$= \frac{1}{2}\iiint_V \left(\varepsilon E^2 + \frac{B^2}{\mu} \right) \mathrm{d}V \tag{8.65}$$

利用高斯散度定理得

$$-\frac{\partial W}{\partial t} = \iiint_V \vec{j} \cdot \vec{E} \, \mathrm{d}V + \oiint_s \vec{S} \cdot \mathrm{d}\vec{A} \tag{8.66}$$

该方程表明，电磁场对 V 内运动电荷所做的功和从流出空间 V 的能量之和等于 V 内电磁能量的减少。这就是总电磁能量守恒方程。

考察下面两种情况：

（1）若体积 V 为整个空间，而电磁扰动只存在于有限范围内，则有

$$-\frac{\partial W}{\partial t} = \iiint_V \vec{j} \cdot \vec{E} \, \mathrm{d}V$$

该式表示电磁在单位时间内对传导电流所做的功一定是单位时间电磁本身能量的减少。这就是全空间电磁能量守恒表达式。

（2）若空间 V 为有限空间，利用欧姆定律 $\vec{j} = \sigma \vec{E}$，则有

$$\frac{\partial W}{\partial t} + \iiint_V \frac{j^2}{\sigma} \mathrm{d}V = -\oiint_s \vec{S} \cdot \mathrm{d}\vec{A}$$

该式表明，对空间区域 V 内的电磁能量增加与在 V 内消耗的焦耳热之和等于从 V 的界面 S 流入 V 内的电磁能量。这就是有限空间内的电磁能量守恒表达式。

8.5.2 电磁场的能流

在上面我们已经定义了电磁场的能流密度 $\vec{S}$,下面我们详细讨论能流密度矢量的物理内涵。电磁波的能量来自波源,能量流动的方向就是波传播的方向。能量传播的速度就是波速 v ,单位时间内通过介质中某一面积的平均能量,叫作通过该面积的平均能流。在单位时间内通过面积 A 的平均能量为

$$\overline{P} = wvA \tag{8.67}$$

在单位时间内通过垂直于波传播方向的单位面积上的平均能量即能流密度 S (即波的强度 I)为

$$S = I = \frac{\overline{P}}{A} = wv \tag{8.68}$$

能流密度是矢量,因此能流密度指单位时间内通过与传播方向垂直的单位面积的能量,其方向为电磁波传播方向。在真空中其数值为

$$|\vec{S}| = |\vec{E} \times \vec{H}| = \frac{EB}{\mu_0} \tag{8.69}$$

对平面电磁波,如图 8.19 所示,有

$$\vec{E} = E_0 \cos(kx - \omega t)\, \vec{e}_y, \qquad \vec{B} = B_0 \cos(kx - \omega t)\, \vec{e}_z$$

可以得到能流为

$$\vec{S} = \frac{1}{\mu_0}\big[E_0 \cos(\omega t - kx)\, \vec{e}_y\big] \times \big[B_0 \cos(\omega t - kx)\, \vec{e}_z\big]$$

$$= \frac{E_0 B_0}{\mu_0} \cos^2(\omega t - kx)\, \vec{e}_x$$

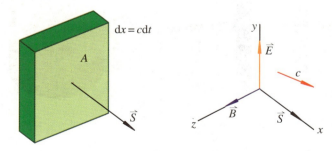

图 8.19 能流密度矢量:(a) 能流密度矢量示意图;(b) 平面电磁波能流密度矢量

能流 $\vec{S}$ 的方向正是电磁波的传播方向。因为 $\overline{\cos^2(\omega t - kx)} = 1/2$，所以波的强度为

$$I = \bar{S} = \frac{E_0 B_0}{2\mu_0} \tag{8.70}$$

图 8.20 表示谐振子振动产生平面电磁波的能流密度传播示意图。

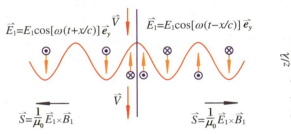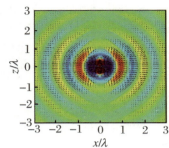

图 8.20 谐振子振动产生平面电磁波的能流密度传播示意图

1. 电磁能量在电路中的传输

能流密度矢量的概念不仅适用于电磁波，也适用于稳恒定场。电路里磁场线总是沿右旋方向环绕电流的。在电源内部，电流密度 $\vec{j}$ 与非静电力 $\vec{K}$ 的方向一致，与 $\vec{E}$ 的方向相反。能流密度矢量沿垂直于 $\vec{j}$ 的方向向外，即电源向外部空间输出能量，如图 8.21(a)所示。

在电源以外的导线内，$\vec{E}_内$ 与 $\vec{j}$ 方向一致，故 $\vec{S} = \vec{E} \times \vec{H}$ 沿垂直于 $\vec{j}$ 的方向向导线内部。导线外的电场 $\vec{E}_外$ 一般有较大的法向分量，但因切向分量连续，导线表面外的电场或多或少总是有些切向分量的，这些切线分量与 $\vec{E}_内$ 和电流方向一致。由此可见，导体表面外的能流密度矢量 $\vec{S} = \vec{E} \times \vec{H}$ 的法向分量部分总是指向导体内部的，如图 8.21(b)所示。

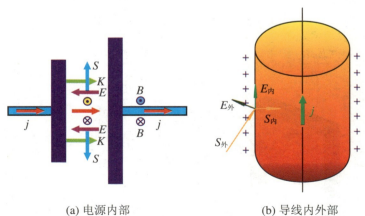

图 8.21 电路中的能流密度矢量：
(a) 电源内部；**(b)** 导线内外部

(a) 电源内部   (b) 导线内外部

$\vec{j}$ 一定，电导率 σ 愈大，$\vec{E}_内$ 本身与 $\vec{E}_外$ 的切向分量越小，导体内的 $\vec{S}$ 和导体外表面垂直于表面分量的 $\vec{S}$ 就越小。在 $\sigma \to \infty$ 的极限情形下，导体外的 $\vec{S}$ 与导

体表面平行。

至于 $\vec{S}$ 的切向分量的方向,则需分两种情形来讨论:① 在导体表面带正电荷的地方,$E_{外}$ 的法向分量向外,$\vec{S}$ 的切向分量与电流平行;在导体表面带负电荷的地方,$E_{外}$ 的法向分量向内,$\vec{S}$ 的切向分量与电流反平行。② 整个电路中能量传输:在靠近电源正极的导线表面上带正电,在靠近电源负极的导线表面上带负电。图 8.22 中的小箭头代表 $\vec{S}$ 方向,即能量流动的方向,则能量从电源向周围空间发出,在电阻很小的导线表面基本上沿切线前进,流向负载。在电阻较大的负载表面,能量将以较大的法线分量输入。在导线表面经过折射,直指它的中心。由此可见,电磁场能量不是通过电流沿导线内部从电源传给负载的。

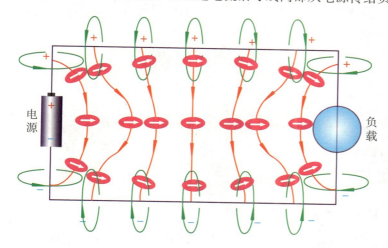

图 8.22　直流电路各部分的电磁场
能量传输示意图

【**例 8.9**】半径为 a 的长直导线载有电流 I,I 沿轴线方向并均匀地分布在横截面上,试证明:(1) 在导线表面上,能流密度处处垂直于表面向里;(2) 导线内消耗的焦耳热等于 S 输入的能量。

【**解**】(1) 根据欧姆定理 $\vec{j} = \sigma \vec{E}$,有

$$\vec{E} = \rho \vec{j} = \rho \frac{I}{\pi a^2} \vec{e}_I$$

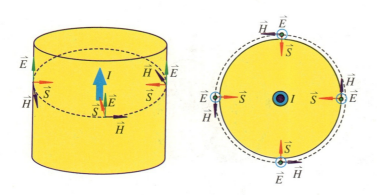

例 8.9 图

导线表面的磁场强度为

$$\vec{H} = \frac{I}{2\pi a}\vec{e}_\varphi$$

式中,$\vec{e}_I$ 为电流方向,$\vec{e}_\varphi$ 与 $\vec{e}_I$ 成右手螺旋关系。所以导线表面的能流密度为

$$\vec{S} = \vec{E} \times \vec{H} = \frac{\rho I}{\pi a^2}\vec{e}_I \times \left(\frac{I}{2\pi a}\vec{e}_\varphi\right) = -\frac{\rho I^2}{2\pi^2 a^3}\vec{e}_n$$

式中,$\vec{e}_n$ 为导体表面的外法线矢量。可见在导体表面处,能流密度处处垂直于表面向里。

（2）单位时间由 S 输入导线的能量,即功率为

$$P = -\vec{S} \cdot \vec{e}_n \cdot 2\pi al = \frac{I^2\rho l}{\pi a^2} = I^2 R$$

式中,R 是该段导线的电阻。所以导线内消耗的焦耳热等于从导线侧面输入的能量,这表明电磁能量是通过导体周围的介质传播的,导线只起到引导能量传输方向的作用。

2. 电容充电时的能量传输

假设电容器为圆盘型平行板电容器,如图 8.23 所示。现在来讨论电容器充电过程中的能量传输。假设极板上已充电的电量为 Q,则极板间的电场强度为

$$\vec{E} = \frac{\sigma}{\varepsilon_0}\vec{e}_z = \frac{Q}{\pi R^2\varepsilon_0}\vec{e}_z$$

磁感应强度 $\vec{B}$ 的方向为围绕导线的圆周 $\vec{e}_\varphi$ 的方向,其大小可用麦克斯韦方程组中的表达式给出,即

$$\oint \vec{B} \cdot \mathrm{d}\vec{l} = \mu_0 I + \mu_0\varepsilon_0\frac{\mathrm{d}}{\mathrm{d}t}\iint_S \vec{E} \cdot \mathrm{d}\vec{S}$$

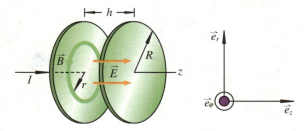

图 8.23　电容充电时的能量传输

对 $r < R$ 的电容器内部积分,得

$$B \cdot 2\pi r = 0 + \mu_0 \varepsilon_0 \frac{\mathrm{d}}{\mathrm{d}t}\left(\frac{Q}{\pi R^2 \varepsilon_0}\pi r^2\right) = \frac{\mu_0 r^2}{R^2}\frac{\mathrm{d}Q}{\mathrm{d}t}$$

考虑到 B 的方向,有

$$\vec{B} = \frac{\mu_0 r}{2\pi R^2}\frac{\mathrm{d}Q}{\mathrm{d}t}\vec{e}_\varphi$$

为简化起见,设电荷随时间为线性变化,则

$$\vec{S} = \frac{1}{\mu_0}\vec{E}\times\vec{B} = \frac{1}{\mu_0}\left(\frac{Q}{\pi R^2 \varepsilon_0}\vec{e}_z\right)\times\left(\frac{\mu_0 r}{2\pi R^2}\frac{\mathrm{d}Q}{\mathrm{d}t}\vec{e}_\varphi\right)$$

$$= -\left(\frac{Qr}{2\pi^2 R^4 \varepsilon_0}\right)\left(\frac{\mathrm{d}Q}{\mathrm{d}t}\right)\vec{e}_r$$

由于充电过程中 $\mathrm{d}q/\mathrm{d}t > 0$,因此能流密度矢量沿垂直于电容器轴线的方向向内,即电容器充电过程中电容器内部电场的能量是从电容器侧面不断地流入!

在充电到电量 Q 时,电容器存贮的能量为

$$W_e = w_e V = \frac{\varepsilon_0}{2}E^2(\pi R^2 h) = \frac{1}{2}\varepsilon_0\left(\frac{Q}{\pi R^2 \varepsilon_0}\right)^2\pi R^2 h = \frac{Q^2 h}{2\pi R^2 \varepsilon_0}$$

单位时间能量的增加为

$$\frac{\mathrm{d}W_e}{\mathrm{d}t} = \frac{Qh}{\pi R^2 \varepsilon_0}\left(\frac{\mathrm{d}Q}{\mathrm{d}t}\right)$$

从电容器边界流入的能量为

$$\oiint_S \vec{S}\cdot\mathrm{d}\vec{A} = \left(\frac{Qr}{2\pi^2 \varepsilon_0 R^4}\frac{\mathrm{d}Q}{\mathrm{d}t}\right)(2\pi R h) = \frac{Qh}{\pi R^2 \varepsilon_0}\left(\frac{\mathrm{d}Q}{\mathrm{d}t}\right)$$

两者正好相等! 即单位时间内电容器内部存贮能量的增加数量就等于从电容器侧面的边界流入的能量的数量。

对对称型电容器,即导线位于圆形极板的中心处,则充电时能流密度矢量是对称地从侧面流到内部,如图 8.24(a)所示。对导线处于圆盘的偏心位置时,其能量流动方向也是从侧面进入,但是指向导线的中心,而不是指向圆盘的中心,如图 8.24(b)所示。从力学角度来看,由于第二种情况能量是偏心地非对称流动,必定引起一个附加的角动量,这个角动量将使该圆盘电容器(如果是悬挂起来)发生转动,这种现象可以用两张 CD 片作为电容器的极板,将其悬挂后充电,可以看到 CD 盘片沿悬挂点在转动,如图 8.25 所示。

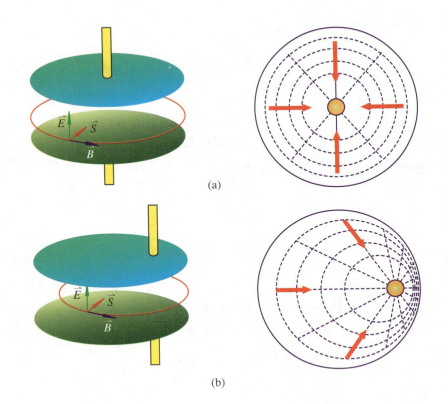

图 8.24 电容器充电时能流密度矢量:对称型(a)和非对称型(b)电容器中内部的流动方向

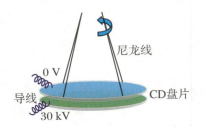

图 8.25 电容器充电导线偏离中心时,充电过程将使圆盘转动起来

3. 螺线管中的能量传输

现在来讨论电感线圈在通电过程中,线圈内部电磁能量建立的过程。如图 8.26 所示的线圈,假设某时刻 t 线圈中的电流强度为 I,则线圈内部的磁感应强度为 $\vec{B} = \mu_0 n I \vec{e}_k$,式中 n 为单位长度的匝数。为简化计,设电流随时间为线性变化,则该时刻线圈内部的电场强度可以由下式求得:

$$\oint_L \vec{E} \cdot \mathrm{d}\vec{l} = -\iint_A \frac{\mathrm{d}\vec{B}}{\mathrm{d}t} \cdot \mathrm{d}\vec{S}$$

即

$$\vec{E} = -\frac{\mu_0 n r}{2}\left(\frac{\mathrm{d}I}{\mathrm{d}t}\right)\vec{e}_\varphi$$

对充电过程 $\mathrm{d}I/\mathrm{d}t > 0$,由能流密度矢量的定义,得

$$\vec{S} = \frac{\vec{E} \times \vec{B}}{\mu_0} = \frac{1}{\mu_0}\left[-\frac{\mu_0 n I}{2}\left(\frac{\mathrm{d}I}{\mathrm{d}t}\right)e_\varphi\right] \times (\mu_0 n I \vec{e}_z) = -\frac{\mu_0 n^2 r I}{2}\left(\frac{\mathrm{d}I}{\mathrm{d}t}\right)\vec{e}_r$$

线圈在充电过程中产生的感应电动势为

$$\mathcal{E} = -N\frac{\mathrm{d}\Phi_B}{\mathrm{d}t} = -(nl)\left(\frac{\mathrm{d}B}{\mathrm{d}t}\right)\pi r^2 = -\mu_0 \pi n^2 r^2 l\left(\frac{\mathrm{d}I}{\mathrm{d}t}\right)$$

线圈内部磁场的能量为

$$W_{\mathrm{m}} = \left(\frac{B^2}{2\mu_0}\right)(\pi r^2 l) = \frac{1}{2}\mu_0 \pi n^2 I^2 r^2 l$$

能量随时间的变化率为

$$\frac{\mathrm{d}W_{\mathrm{m}}}{\mathrm{d}t} = \mu_0 \pi n^2 I r^2 l\left(\frac{\mathrm{d}I}{\mathrm{d}t}\right)$$

从线圈侧面流入线圈内部的能量为

$$\oiint\limits_S \vec{S}\cdot\mathrm{d}\vec{A} = \frac{\mu_0 n^2 rI}{2}\left(\frac{\mathrm{d}I}{\mathrm{d}t}\right)\cdot(2\pi rl) = \mu_0 \pi n^2 I r^2 l\left(\frac{\mathrm{d}I}{\mathrm{d}t}\right)$$

两者又是正好相等!

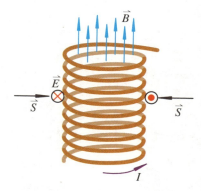

图 8.26　线圈的电磁能量
传输过程

8.5.3　太阳光的能量传输

1. 太阳光的电场和磁场强度

太阳光作为电磁波的一个组成部分,她每天普照地球,使地球上的生命得以繁衍,使地球万物生机勃勃,使世界变得姹紫嫣红、五彩缤纷。

太阳光是可见光波段内的电磁波,是由于太阳发生热核聚变反应所产生的剧烈光辐射。太阳光包含了各种波长的光:红外线、红、橙、黄、绿、蓝、靛、紫、紫外线等,太阳光谱的颜色和强度如图 8.27 所示。太阳光谱属于 G2V 光谱型,有效色温为 5 770 K。太阳辐射至地球表面附近的光谱主要集中在可见光部分 $(0.4 \sim 0.76\,\mu\mathrm{m})$ 和波长大于可见光的红外线 $(>0.76\,\mu\mathrm{m})$,小于可见光的紫外线 $(<0.4\,\mu\mathrm{m})$ 的部分较少。在全部辐射能量中,波长在 $0.15 \sim 4\,\mu\mathrm{m}$ 之间的占 99% 以上,且主要分布在可见光区和红外区,前者占太阳辐射总能量的约 50%,后者占约 43%,紫外区的太阳辐射能很少,只占总量的约 7%。在地面上观测的太阳辐射的波段范围为 $0.295 \sim 2.5\,\mu\mathrm{m}$。小于 $0.295\,\mu\mathrm{m}$ 和大于 $2.5\,\mu\mathrm{m}$ 波长的太阳辐射,因地球大气中臭氧、水汽和其他大气分子的强烈吸收,不能到达地面。

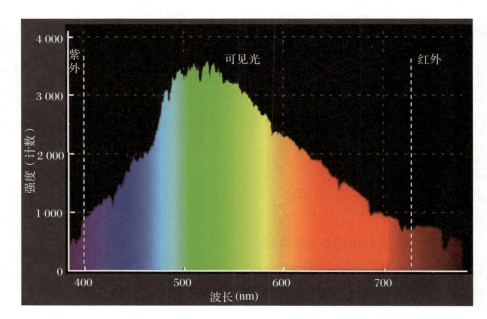

图 8.27　太阳光谱的颜色和强度

　　到达地球大气上界的太阳辐射能量称为天文太阳辐射量。在地球位于日地平均距离处时,地球大气上界垂直于太阳光线的单位面积在单位时间内所受到的太阳辐射的全谱总能量,称为太阳常数。太阳常数的常用单位为 $W \cdot m^{-2}$。因观测方法和技术不同,得到的太阳常数值不同。世界气象组织(WMO)1981年公布的太阳常数值是 $1\,368\ W \cdot m^{-2}$。

　　太阳光射到地球表面时,近似为平面波,设其平面波的电场和磁场为

$$\vec{E} = \vec{E}_0 \sin \omega t, \quad \vec{B} = \vec{B}_0 \sin \omega t$$

由于 $\sqrt{\varepsilon_0}\,E = \sqrt{\mu_0}\,H$,所以能量密度为

$$w = w_e + w_m = \frac{1}{2}\varepsilon_0 E^2 + \frac{1}{2}\mu_0 H^2 = \varepsilon_0 E^2 = \varepsilon_0 E_0^2 \sin^2 \omega t$$

其平均值为

$$w = \frac{1}{T}\int_0^T \tilde{\omega}\,\mathrm{d}t = \frac{\varepsilon_0 E_0^2}{T}\int_0^T \sin^2 \omega t\,\mathrm{d}t$$

$$= \frac{\varepsilon_0 E_0^2}{T}\left[\frac{1}{2}\omega t - \frac{1}{2}\sin \omega t \cos \omega t\right]_{t=0}^{t=T} = \frac{1}{2}\varepsilon_0 E_0^2$$

单位时间内射到 $1\ m^2$ 面积上的太阳光的能量为

$$\bar{W} = \frac{wct}{t} = \frac{1}{2}\varepsilon_0 E_0^2 c$$

这就是太阳常数,取太阳常数值为 1 368 W·m^{-2},所以

$$E_0 = \sqrt{\frac{2\overline{W}}{\varepsilon_0 ct}} = \sqrt{\frac{2 \times 1\,368}{8.854 \times 10^{-12} \times 3 \times 10^8 \times 1}} = 1.01 \times 10^3 (\text{V} \cdot \text{m}^{-1})$$

$$H_0 = \sqrt{\frac{\varepsilon_0}{\mu_0}} E_0 = \sqrt{\frac{8.854 \times 10^{-12}}{4\pi \times 10^{-7}}} \times 1.01 \times 10^3 = 2.68 (\text{A} \cdot \text{m}^{-1})$$

这表明,在地球表面附近,太阳光的电场强度达到了 1 000 V·m^{-1}。在这么强的电势变化下,人在阳光下散步为何不会触电? 请读者自行做出解释。

2. 光压

电磁场作为物质存在的一种形式,不仅有能量,还有动量。电磁波的动量密度为

$$\begin{cases} g = \dfrac{\widetilde{w}}{c} = \dfrac{\varepsilon_0 E^2}{c} = \dfrac{1}{c^2} |\vec{E} \times \vec{H}| \\[3mm] \vec{g} = \dfrac{1}{c^2} (\vec{E} \times \vec{H}) = \dfrac{\vec{S}}{c^2} \end{cases} \tag{8.71}$$

即电磁波的动量密度大小正比于能流密度,方向沿电磁波的传播方向,即能流密度方向。

下面来推导电磁波的动量密度矢量。设平面电磁波垂直地射在一块金属平板上,如图 8.28 所示,在这里将有一部分电磁波被反射。设入射波的传播方向为 z 方向,$\vec{E}$ 和 $\vec{H}$ 分别沿 x 和 y 方向。金属表面附近的自由电子将在电场的作用下沿 x 方向往复运动,形成传导电流,由于电子的运动方向与磁场垂直,它将受到一个洛伦兹力,$\vec{F}$ 沿 $\vec{E} \times \vec{H}$ 的方向。于是在电磁波的作用下,金属板将受到一个朝 +z 方向的压力,或者说产生光压。

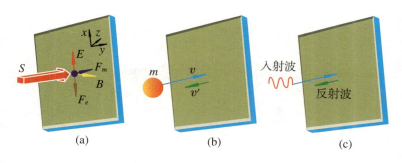

图 8.28　电磁波照射金属表面产生光压

ΔA 面元上光压的大小为

$$\Delta\vec{F} = \frac{1}{c}(\vec{S}_\text{入} - \vec{S}_\text{反})\Delta A$$

Δt 时间内板受到的冲量为

$$\Delta \vec{G}_{板} = \Delta \vec{F} \Delta t = \frac{1}{c}(\vec{S}_{入} - \vec{S}_{反})\Delta A \Delta t$$

根据动量守恒,Δt 时间内电磁波的动量改变量为

$$\Delta \vec{G} = - \Delta \vec{G}_{板} = \frac{1}{c}(\vec{S}_{反} - \vec{S}_{入})\Delta A \Delta t$$

在 Δt 时间内,电磁波传播的距离为 $c\Delta t$,体积为 $\Delta V = \Delta A c \Delta t$,单位体积的动量改变为

$$\Delta \vec{g} = \frac{\Delta \vec{G}}{\Delta V} = \frac{1}{c^2}(\vec{S}_{反} - \vec{S}_{入})$$

g 就是电磁波的动量密度,普遍地有

$$\vec{g} = \frac{1}{c^2}\vec{S} = \frac{1}{c^2}\vec{E} \times \vec{H} \tag{8.72}$$

这就是电磁波动量密度的表达式,从这里推导出的动量密度与式(8.71)定义的结果一样。

我们定义电磁波被平板反射的反射系数 r 为 $r = S_{反}/S_{入}$,则得到光压为

$$P = \frac{1}{c}(1 + r)|S_{入}| = \frac{1}{c}(1 + r)EH \tag{8.73}$$

若发生全反射,则 $r = 1$,$P = 2EH/c$;若发生全吸收,则 $r = 0$,$P = EH/c$。

下面来计算太阳光作用在整个地球上给地球带来的光压。在 t 时间内射到地球上的太阳光的动量为

$$p = \pi R^2 ctg = \pi R^2 t \frac{S}{c}$$

设这些动量全部被地球吸收,故地球受到太阳光的作用力为

$$F = \frac{\mathrm{d}p}{\mathrm{d}t} = \frac{\pi R^2}{c}S$$

把地球的数据和太阳常数代入,我们得到

$$F = \frac{\pi \times (6.4 \times 10^6)^2}{3 \times 10^8} \times \frac{1.94 \times 4.186\,8}{1 \times 10^{-4} \times 60}$$
$$= 5.8 \times 10^8(\mathrm{N})$$

而地球与太阳之间的万有引力值为

$$F_G = G\,\frac{mM}{r^2} = 6.67 \times 10^{-11} \times \frac{6 \times 10^{24} \times 2 \times 10^{30}}{(1.5 \times 10^{11})^2}$$
$$= 3.6 \times 10^{22}(\text{N})$$

即太阳光辐射地球对地球产生的光压的作用力相比万有引力可以忽略不计。

8.5.4　无线输电技术 *

　　无线输电技术是一种利用无线电技术传输电磁能量的技术，目前尚在研究阶段。在技术上，无线输电技术与无线电通信中所用的发射与接收技术并无本质区别。但是前者着眼于传输能量，而非附载于能量之上的信息。无线输电技术的最大困难在于无线电波的弥散性与不期望的吸收与衰减。对于无线电通信，无线电波的弥散问题甚至不一定是件坏事，但是却可能给无线输电带来严重的传输效率问题。一个办法是使用微波甚至激光传输，理论上，无线电波波长越短，其定向性越好，弥散越小。

　　早在 1899 年，特斯拉就进行了无线功率传输的实验，结果可以在没有导线的情况下点亮 25 英里以外的氖气照明灯。但是由于技术上的困难，无线能量传输一直没有得到发展。20 世纪 60 年代，雷声公司（Raytheon）的布朗（W. C. Brown）做了大量的研究工作，奠定了无线能量传输的基础。1968 年，格雷斯（P. Glaser）提出了在功率级别远低于国际安全标准的条件下，利用微波从太阳能动力卫星向地面传输能量的想法；而在 1987 年 10 月 7 日的一项固定高海拔中继平台（SHARP）实验中，一架小型飞机依靠 RF 波束提供的能量在空中飞行。1995 年，美国 NASA 设立了一个集科研、技术和投资、学习于一身的 250 MW 太阳能动力系统（SPS），而日本的目标则是计划在 2025 年建立一个低成本的 SPS 示范模型。

　　无线能量传输技术按照其传输和接收的方式可以分为：① 辐射技术。通过某种独特的接收器接收空气中尚未散失的辐射能量，并将其转换成电能，储存到附近的电池中。② 谐振耦合技术。当两个物体在同一频率实现共振时，将实现能量的无线传输；2006 年美国麻省理工学院的马林 – 绍里亚等人发起了一项无线电力研究的谐振耦合技术（又称 WiTricity 技术）的研究计划，2008 年成功地"通过强耦合磁共振实现无线能量传输"的工作，他们展示了一个原理性的实验，能够传输的功率为 60 W，距离为 2.13 m，效率可达 40%。③ 微波技术。通过微波传输能量。

　　目前无线能量传输使用最多的是"磁耦合共振"技术，即使用两个线圈，其中一个接在家用电源的接线盒上,另一个安装在用电器上。第一个线圈以一定的频率振动,发射电磁波,第二个线圈以相同的频率振动时,就可以接收第一个线圈发射的电磁能量,使用电器工作。

无线能量传输技术中几个关键的指标是传输距离、传输效率、传输功率和装置体积等。无线能量传输技术的主要困难是:① 能量传输过程损耗太大,传输效率低。② 如果辐射是全方位的,则传输效率更低;如果是定向传输,则需要十分复杂的跟踪设备。

尽管无线能量传输的研究在世界范围内越来越热,其展示的各种无线能量传输装置也越来越多,但是,人们还是有很多问题想知道,比如:究竟无线传输的功率可以达到多大? 可以传得多远? 传输过程的损耗能小到什么程度? 所有这些都需要我们进一步研究和探索,我们期待在日常生活中可以很方便地使用无线能量传输来给各种用电设备随时充电,如图 8.29 所示,我们也期待我们的地球表面和地下不再有那么多的各种电缆线!

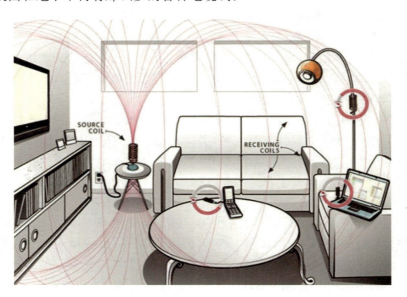

图 8.29　家庭内的无线能量传输和接收系统

习 题

第 1 章　电力与电场

1.1　摩擦带电通常比接触带电产生的带电量的数量级要大,请说明原因。

1.2　电磁学建立初期曾采用一种单位制——静电单位制(esu),静电单位制是把库仑定律写成 $F = q_1 q_2 / r^2$,并且长度、质量和时间用厘米、克和秒(即 CGS 制),请导出静电单位制中电量与国际单位制中电量(即库仑)的转换关系,并且把密立根油滴实验测定的静电单位制电子电量 $e = 4.774 \times 10^{-10}$ 转换成国际单位制中的电量。

1.3　把总电量为 Q 的同一种电荷分成两部分,一部分均匀分布在地球上,另一部分均匀分布在月球上,使它们之间的库仑力正好抵消万有引力。已知 $1/(4\pi\varepsilon_0) = 9.00 \times 10^9 \, \text{N·m}^2 \text{C}^{-2}$,引力常数 $G = 6.67 \times 10^{-11} \, \text{N·m}^2 \text{kg}^{-2}$,地球质量 $m = 5.98 \times 10^{24} \, \text{kg}$,月球质量 $m = 7.34 \times 10^{22} \, \text{kg}$。

(1) 求 Q 的最小值;

(2) 如果电荷分配与质量成正比,求 Q 值。

1.4　如果人体内的正负电荷量不是严格相等,而是有亿分之一的偏差的,试计算两个人相距 1 m 之间的静电力,并计算两人之间的万有引力,比较这两个结果。假设人的体重为 50 kg,近似认为人体内的中子数和质子数量相等。如果人体之间的万有引力是电力的 1 万倍,请估计人体内正负电荷的偏差是多少。

1.5　在地球周围的大气中,电场平均值约为 150 N·C^{-1},方向向下。为了使一个质量为 0.5 kg 的带电小球"悬浮"在此电场中,(1) 计算小球上的电量值;(2) 如果小球的密度很小,只有 $\rho = 0.1 \, \text{g·cm}^{-3}$,请计算小球表面的电场,并讨论这个实验能否实现。

1.6　一个细圆环的半径为 R,均匀带电,带电量为 Q,在圆环的轴线上有一个均匀带电的直线,单位长度的带电量为 λ,起点在圆心处,终点在无限远处,求它们之间的库仑力。

1.7　半径为 R 的细金属环带电量为 $+ Q$,小球质量为 m,电量为 $- q$,它可以沿着穿过环中心的一根细轨道无摩擦地运动,如果把小球放置在与环中心距离为 $x_0 \ll R$ 处无初速地释放,求小球的运动规律。

1.8　真空中有两个点电荷 q_1 和 q_2,它们的质量为 m_1 和 m_2,位置为 r_1 和 r_2,相距为 r_0,只考虑库仑相互作用,求两个电荷相遇的时间。

1.9　定向运动的电子束以速度 $v = 10^5 \, \text{m·s}^{-1}$ 从细长缝中飞出,电子束中电子密度为 $n = 10^{10} \, \text{m}^{-3}$,求离缝多远处束的厚度增加一倍。(电子质量 $m = 9 \times 10^{-31} \, \text{kg}$;电子电量 $e = -1.6 \times 10^{-19} \text{C}$。)

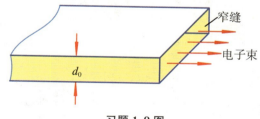

习题 1.9 图

1.10　半径为 R 的无限长圆柱体,柱内电荷密度为 $\rho = ar - br^3$,r 为柱内某点到圆柱体轴线的距离,a,b 为常数。求圆柱体内外场分布。

1.11　电荷分布在半径为 R 的半圆环上,线电荷密度为 $\lambda_0 \sin \theta$,λ_0 为常数,θ 为半径 OB 和直径 AC 间的夹角。证明:AC 上任一点的电场强度都与 AC 垂直。

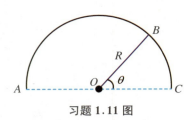

习题 1.11 图

1.12 一无限长均匀带电导线,线电荷密度为 λ,一部分弯成半圆形,其余部分为两条无穷长平行直导线,两直线都与半圆的直径 AB 垂直,如图所示,求圆心 O 处的电场强度。

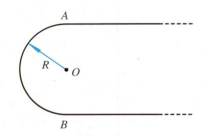

习题 1.12 图

1.13 半径为 R 的无限长半圆柱薄筒,均匀带电,单位面积的电量为 σ,求半圆柱轴线上一点 O 的场强.

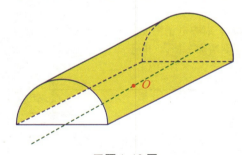

习题 1.13 图

1.14 如图所示是一种电四极子,它由两个电偶极矩 $p = ql$ 的电偶极子组成,并在一条直线上,但方向相反,它们的负电荷重合在一起,求它们的延长线上离中点距离为 r 处的电场,设 $r \gg l$。

习题 1.14 图

1.15 面电四极子如图所示,点 $A(r,\theta)$ 与电四极子共面,极轴($\theta = 0$)通过正方形中心并与两边平行。设 $r \gg l$,求面电四极子在 A 点产生的电场强度。

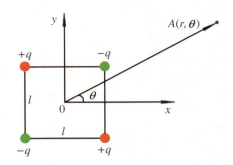

习题 1.15 图

1.16 比较静电场的高斯定理,请你导出万有引力的高斯定理,并说明其物理意义。

1.17 如图所示,电场线从正电荷 $+q_1$ 出发,与正点电荷及负点电荷的连线成 α 角,则该电场线进入负点电荷 $-q_2$ 的角度 β 是多大?

习题 1.17 图

1.18 一个无限长半径为 R 的圆柱面均匀带电,电荷密度为 σ,圆柱面上有一条宽度为 $a(a \ll R)$ 无限长的狭缝,如图所示,求圆柱面内外任一点的电场强度。

习题 1.18 图

1.19 实验测得,在近地面处有向上的静电场,在 200 m 高度电场强度值为 200 N·C^{-1};在高度为 300 m 处有方向向上的电场,其值约为 60 N·C^{-1}。(1)试估算大气中电荷体密度;(2)假定地球上的电荷全部在地面上,试估算地面上的电荷面密度。

1.20 在半导体 p-n 结附近总是堆积着正、负电荷,在 n 区内有正电荷,p 区内有负电荷,两区电荷的代数和为 0。我们把 p-n 结看成一对带正、负电荷的无限大平板,它们相互接触(见图)。取坐标 x 的原点在 p,n 区的交界面上,n 区的范围是 $-x_n \leqslant x \leqslant 0$,p 区的范围是 $0 \leqslant x \leqslant x_p$。设两区内电荷体分布是均匀的:

n 区: $\rho_e(x) = N_D e$;

p 区: $\rho_e(x) = -N_A e$;

这称为突变结模型,这里 N_D、N_A 是常数,且 $N_A x_p = N_D x_n$,证明电场的分布为

(1) n 区: $E(x) = \dfrac{N_D e}{\varepsilon_0}(x_n + x)$;

(2) p 区: $E(x) = \dfrac{N_A e}{\varepsilon_0}(x_p - x)$。

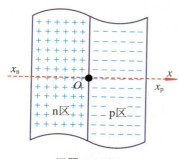

习题 1.20 图

1.21 一个电荷体密度按 $\rho = \rho_0 e^{-kr}/r$ 对称分布的球体,求球体内任一点的电场强度。

1.22 假定地球原来是电中性的,必须将多少千克的电子从地球表面移走(假定剩余的正电荷分布在地球表面),从而使地球表面的电势为 1 V?

1.23 是否可能存在这样的静电场,其电场强度矢量在电场所占有的全部空间内均指向同一方向,其大小在与电场强度垂直的方向逐渐增加(如线性增加),为什么?

1.24* 假设在另一个宇宙的星球中静电场与距离的三次方成反比,即 $E = \dfrac{kq}{4\pi\varepsilon_0 r^3}$,问能否定义一个与我们地球上所用的电势有相似意义的电势? 如果可能,其形式如何? 在这个星球上有一个无限大均匀带电的导体板,求该导体板在导体外距离导体为 r 的地方产生的电势。

1.25 半径为 R_1 的导体球外有同心的导体球壳,壳的内外半径分别为 R_2 和 R_3,已知球壳带的电量为 Q,球的电势为 0。求内球的电荷量和球壳的电势。

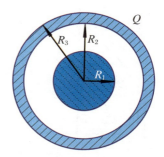

习题 1.25 图

1.26 有若干个互相绝缘的不带电的导体 $A,B,C,\cdots$,它们的电势都是 0,如果把其中任一个 A 带上正电,证明:(1) 所有这些导体的电势都高于 0;(2) 其他导体的电势都低于 A 的电势。

1.27 证明:在静电场中凡是电场线都是平行直线的地方,电场强度的大小必定处处相等。换句话说,凡是电场强度的方向处处相同的地方,电场强度的大小必定处处相等。

1.28 求总电量为 Q、半径为 R 的均匀带电圆环在轴线上距离圆心为 x 处的各点的电势。假设环足够细,近似为线电荷。

1.29 已知空间某个区域的电势表达式为 $\varphi = A/\sqrt{x^2+y^2+a^2}$,其中 A 和 a 都是常数,求电场强度的 3 个分量值和总电场及其方向。

1.30 在卢瑟福模型中,将原子核看成是一个 $+Ze$ 的点电荷位于中心,而将电子看成是半径为 r_a、与核同心、所带电量为 $-Ze$ 的均匀球形分布,证明这样的电荷分布在 $r < r_a$ 处产生的电势为 $\varphi = \dfrac{Ze}{4\pi\varepsilon_0}\left(\dfrac{1}{r} - \dfrac{3}{2r_a} + \dfrac{r^2}{2r_a^3}\right)$,并在此基础上求出 $r < r_a$ 处的电场强度。

1.31 有一半径为 R 的均匀带电球体,电荷体密度为 $+\rho$,今沿球体直径挖一细隧道,设挖隧道前后其电场分布不变。现在洞口处由静止释放一点电荷 $-q$,其质量为 m,重力可以忽略不计,试求点电荷在隧道内的运动规律。

1.32 如图所示,在一厚度为 d 的无穷大平板层内均匀地分布有正电荷,其密度为 ρ,求在平板层内及平板层外的电场强度 E,并作 $E(r)$ 图。

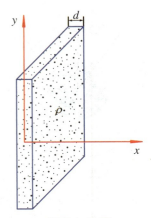

习题 1.32 图

1.33 如图所示是一个探测器模型,两个相距为 $2b$ 的接地导体板之间有一个长方形的均匀离子电荷饱和区,高度为 $2a$,电荷密度为 r,忽略边界效应,求两个接地板之间的电荷层内外 3 个区域 Ⅰ,Ⅱ,Ⅲ 的电场和电势。

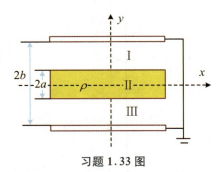

习题 1.33 图

1.34 一无限大均匀带电薄平板,电荷密度为 σ,在平板中部有一个半径为 r 的小圆孔。(1)求圆孔中心轴线上与平板相距为 x 的一点 P 的电场强度;(2)以圆孔中心为电势参考点,求该 P 点的电势。

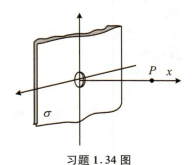

习题 1.34 图

1.35 一无限长均匀带电的圆柱面,半径为 R,面电荷密度为

σ,假设沿轴线将其切开,求其中一半圆柱面单位长度所受的力。

1.36 一对无限长共轴圆筒,内外筒的半径分别为 R_1 和 R_2,圆筒面均匀带电,沿轴线方向单位长度的电量分别为 λ_1 和 λ_2。(1)求各区域内的电场强度;(2)若 $\lambda_1 = -\lambda_2$,情况如何?

第 2 章　静电场中的物质与电场能量

2.1 导体球 A 内有两个中空的球形空腔。A 上的总电量为 0,而两个空腔中心处分别带有 $+q_1$ 和 $+q_2$ 的点电荷,在与球相距很远处有一个点电荷,电量为 q_3。求:(1)3 个电荷所受到的静电力;(2)导体空腔受到的静电力。

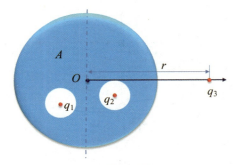

习题 2.1 图

2.2 平行板电容器接到电压为 U 的电源上,将厚度为 L 的带电导体板移入电容器中,与两极板的距离分别为 L 和 $4L$,导体板带正电且与移入前极板的电量 Q 相等,面积亦相等,距离 $6L$ 远小于极板尺寸,为了将导体板从 AB 位置移到 CD 位置,需要做多少功?

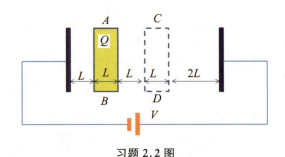

习题 2.2 图

2.3 有 4 个导体板,如图所示,每个板带电量分别为 $+5\,C$、$+1\,C$、$+1\,C$ 和 $+2\,C$,近似认为板为无限大,则 8 个面的电荷分别为多少?用一根导线把中间两个板接通,则 6 个面(A、B、C、F、G 和 H)的电量分别为多少?

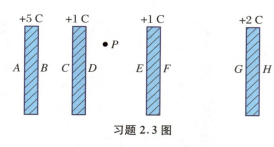

习题 2.3 图

2.4 电容器的极板能否用电介质来制备？为什么？请根据电容器的定义来说明。

2.5 两根平行的输电线半径均为 a 和 b，它们之间的距离为 d，假设 $d \gg a, d \gg b$，求单位长度的电容值。

2.6 把地球和月球均当作导体球，地球半径为 a，月球半径为 b，它们之间的距离远大于它们各自的半径（即可视为孤立导体球），则地球与月球之间的电容值为多少？如果地球与月球之间用一根细导线接通，则此时地球与月球之间的电容为多少？

2.7 假设电容器电容为 C，充电前两个极板均带有正电量 Q，然后将其与电源电压为 U 的电池组连接充电，则最后两个极板上的电量是否等量异号？请用 Q, C 和 U 表示充电后极板的电量。

2.8 一个球形电容器由三个很薄的同心导体壳组成，它们的半径分别为 a, b, d。一根绝缘细导线通过中间壳层的一个小孔把内外球壳连接起来。忽略小孔的边缘效应。（1）求此系统的电容；（2）若在中间球壳上放置任意电量 Q，确定中间球壳内外表面上的电荷分布。

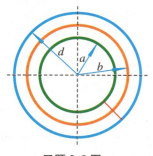

习题 2.8 图

2.9 两块长与宽均为 a 和 b 的导体平板在制成平行板电容器时稍有偏斜，使两板间距一端为 d，另一端为 $d + h$，且 $h \ll d$，求该电容器的电容。

2.10 一平行板电容器两极板的面积都是 S，相距为 d，分别维持电势 $U_A = U$ 和 $U_B = 0$ 不变。现将一块带有电荷量为 q 的导体薄片（厚度可忽略）放在两个极板的正中

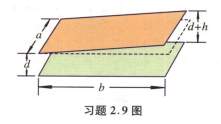

习题 2.9 图

间，面积也是 S，忽略边缘效应，求薄片的电势。

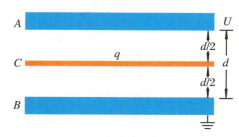

习题 2.10 图

2.11 有 3 个电容分别为 C_1, C_2 和 C_3 的电容器，先将 C_1 充电至 V_0，然后将 3 个电容串联成一个闭合回路，如图所示。试求各电容上的电量和电压。

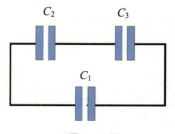

习题 2.11 图

2.12 在如图所示的电路中，$C_1 = C_3 = 2\,\mu\text{F}, C_2 = C_4 = C_5 = 1\,\mu\text{F}, \mathscr{E} = 600\,\text{V}$，试求各电容器两端的电压。

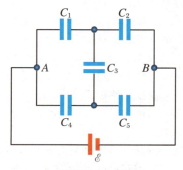

习题 2.12 图

2.13 静电加速器高压电极外面有一接地的金属罩,罩内充有一定压强的气体,设电极是一个金属球,接地金属罩是一个同心金属球壳,如图所示,工作时电极与金属罩之间的电势差为 U_0。

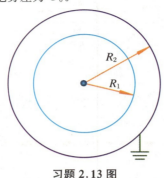

习题 2.13 图

(1) 若 R_1 已知,则在理想情况下,R_2 取何值时,电极处的电场为最小值?

(2) 在实际应用时可以选择 R_1/R_2 的比值,使电极处的场强为上述最小值的若干倍,但仍低于击穿电场,求当电极场强为最小值的 4 倍时,R_1/R_2 的值为多少?

2.14 两个导体相距很远,其中一个导体电荷为 Q_1,电势为 U_1,另一个导体电荷为 Q_2,电势为 U_2,电容为 C 的电容器原来不带电,现用极细的导线将它与两导体相连,求电容充电后的电压。

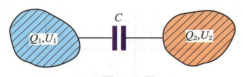

习题 2.14 图

2.15 水分子是有极分子,一个水分子的电偶极矩为 0.61×10^{-30} C·m,若所有的水分子电矩都朝同一方向。(1) 试估算水的极化强度;(2) 直径为 1 mm 的水滴的电偶极矩有多大?距水 10 cm 处的电场强度有多大?

2.16 平行板电容器两极板相距 3.0 cm,其间放有两层相对介电常量分别为 $\varepsilon_{r1} = 2$ 和 $\varepsilon_{r2} = 3$ 的介质,位置与厚度如图所示。已知极板上面电荷密度为 σ,略去边缘效应,求:(1) 极板间各处 P,E 和 D 的值;(2) 极板间各处的电势(设 $V_A = 0$);(3) 3 个介质分界面的极化电荷面密度。

2.17 一个半径为 a 的导体球面套有一层厚度为 $b - a$ 的均匀电介质,电介质的介电常数为 ε,设内球的电量为 q,求空间的电势分布。

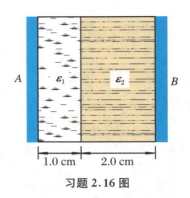

习题 2.16 图

2.18 为了使感光膜上吸收的带电墨粉能转印到纸上,V_1,V_2 和 V_3 分别是三个界面处的电位,如图所示,假设面电荷密度为 σ_s,必须加多大的电场以克服加在墨粉上的向上或向下的力?求满足上述条件对电压 V_a 有什么要求?假定 $d_1 = d_2 = d_3$。

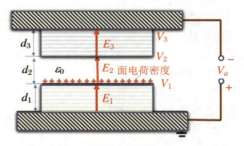

习题 2.18 图

2.19 赫兹型喷墨打印机是利用喷流束上施加强电场时产生的静电雾化现象而制成的。喷射的角度随电压的变化而变化。如图所示,假设墨滴的半径为 $r = 25\ \mu$m,电量为 $q = 10^{-13}$ C,从喷嘴飞出的初速度为 $u_0 = 10$ m·s^{-1},加速电压为 $U = 2$ kV,极板的间距为 $d = 5$ mm,长 $L = 1$ cm,求墨滴飞行距离 L 后的偏离 y 和偏向角 θ。

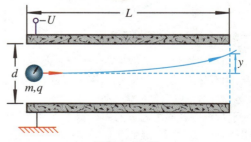

习题 2.19 图

2.20 球形电容器由半径为 R_1 的导体和与它同心的导体球壳构成,壳的内半径为 R_2,其间有两层均匀介质,分界面的半径为 a,相对介电常量分别为 ε_1 和 ε_2。(1) 求电容 C;(2) 当内球带电荷 $-Q$ 时,求介质表面上极化电荷的面密度 σ'。

2.21 如图所示,在内外半径为 a,b 的球形电容器的两个极板之间的区域中,一半充满绝对介电常量为 ε_1、另一半充满绝对介电常量为 ε_2 的线性均匀介质。内外极板自由电荷带电量分别为 $+Q$ 和 $-Q$,求:(1) 两种介质中的电场强度;(2) 系统的电容。

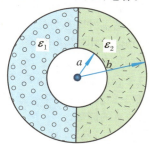

习题 2.21 图

2.22 如图所示,一导体球外充满两半无限电介质,介电常量分别为 ε_1 和 ε_2,介质界面为通过球心的无限平面。设导体球半径为 R,总电荷为 q,求空间电场分布和导体球表面的自由面电荷分布。

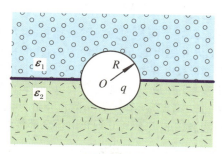

习题 2.22 图

2.23 半径为 R 的金属球,外面包有一层相对介电常数为 $\varepsilon_r=2$ 的均匀电解质材料,内外半径分别为 $R_1=R$,$R_2=2R$,介质球内均匀分布着电量为 q_0 的自由电荷,金属球接地,求介质外表面的电势。

2.24 电帘子是利用带电粉体可无接触保持的原理实现的,如图所示的是其中的一种类型,许多圆筒电极并列放置,在其上施加交流电压时,带电粉体可以稳定地保持在电极上方空间,请定性地解释电帘子的原理。

2.25 在静电复印机里,常用如图所示的电路来调节 A,C 两

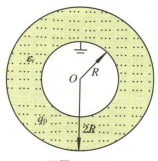

习题 2.23 图

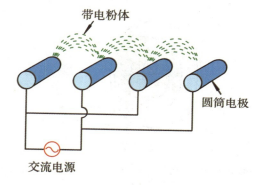

习题 2.24 图

极板之间的电场强度,从而来控制复印件颜色的深浅。在操作时,首先要对由金属平板 A,B 组成的电容器充电,A 和 B 之间充有介电常数为 ε 的电介质,充电后两极板的电势差为 U;然后断开电源,将连接 A 和 C 的可调电源 U' 接上,这样 A 和 C 板之间的电场强度就随 U' 的变化而变化,设各极板面积相等,A 和 C 很近,A 与 B 和 A 与 C 的间距分别为 d_1 和 d_2,A 和 C 之间的相对介电常数取1,求可变电源电动势为 U_0 时,P 点的电场强度。

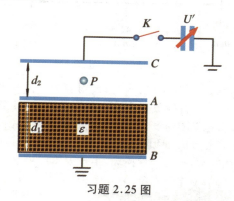

习题 2.25 图

2.26 一同心球形电容器由两个同心薄球壳构成,外球壳半径为 5 cm,内球壳半径可以任意选择,两球壳之间充满各向同性的均匀介质,电介质的击穿强度为 $2.0×10^7 V·m^{-1}$,求该电容器所能承受的最大电压。

2.27 高压电缆的耐压问题。如图所示的电缆,半径为 a 的金属圆柱外包两层同轴的均匀介质层。其介电常数为 ε_1 和 ε_2,$\varepsilon_2 = \varepsilon_1/2$,两层介质的交界面半径为 b,整个结构被内径为 c 的金属屏蔽网包围。设 a 为已知,要使两层介质中的击穿场强都相等,且在两层介质的交界面上出现场强的极值,应该怎样选择 b 和 c?

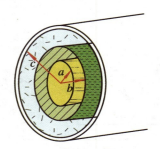

习题 2.27 图

2.28 真空中电荷 q 均匀分布在半径为 a 的球内,假设球的相对介电常数为 ε_r,求电场的储能。

2.29 已知一个半径为 1 cm 的绝缘肥皂泡的电势为 100 V,如果它收缩成半径为 1 mm 的液滴,它的静电能改变多少?

2.30 3 个带正电的粒子分别被固定在如图中相应位置。每个粒子的质量、带电量和相邻粒子间距 r 都已经给出。同时释放 3 个粒子。求 3 个粒子彼此离得非常远时它们的动能。假设粒子沿同一直线运动。粒子在图中分别标号为 1,2,3。

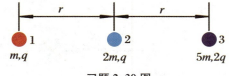

习题 2.30 图

2.31 半径为 R 的一个雨滴(假设雨滴为导体),带有电量 Q,今将它打破成两个完全相同的雨滴,并分开到很远,静电能改变多少?如果分成 n 个完全相同的小雨滴,最终分散到无限远处,则静电能又改变了多少?

2.32 如图所示,A 为一导体球,半径为 R_1,B 为一同心导体薄壳,半径为 R_2。今用一电源保持内球电势为 V,已知外球壳上的带电量为 q_2。求:(1) 内球上的电量

q_1;(2) 内球与外球壳系统的静电能。

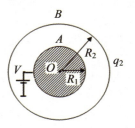

习题 2.32 图

2.33 一个 100 pF 的电容器充电到 100 V,把充电电源断开后,再把这个电容器并联在另外一个电容器上,最后的电压是 30 V,第二个电容器多大? 损失能量多大? 其间发生了什么状况?

2.34 图中 $C_1 = 3.0$ mF,$C_2 = 3.0$ mF,$C_3 = 4.0$ mF,接到 300 V 的电源上。求:(1) 各电容器极板上的电量和电势差;(2) 系统总的能量。

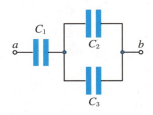

习题 2.34 图

2.35 如图所示,3 个面积均为 S 的金属板 A,B,C 水平放置,A,B 相距为 d_1,B,C 相距为 d_2,A 和 C 接地,构成两个平行板电容器,上板 A 中央有一小孔 D,B 板开始不带电。质量为 m,电荷量为 $q(q>0)$ 的液滴从小孔 D 上方高度为 h 的 P 点由静止开始一滴一滴落下。假设液滴接触 B 板后立即将电荷全部传给 B 板。油

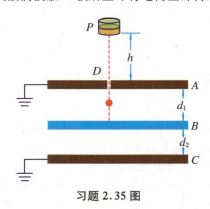

习题 2.35 图

滴间的静电相互作用可以忽略，重力加速度为 g。
(1) 若某带电液滴在 A, B 板之间做匀速直线运动，此液滴是从小孔 D 上方落下的第几滴？(2) 若发现第 N 滴带电液滴在 B 板上方某点转向向上运动，求此点与 A 板的距离 H。

2.36 已知在内半径为 R_1、外半径为 R_2 的接地金属球壳内部充满着均匀空间电荷密度 ρ。求：(1) 系统的静电能；(2) 球心处的电势。

2.37 如图所示，两个电容器串联，极板的面积为 S，中间刚性部分长度为 b，可上下移动。(1) 求总电容；(2) 如果外接电源电压为 U，求电容器的总储能。

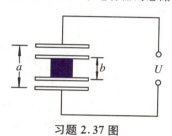

习题 2.37 图

2.38 一个半径为 a 的带电球，其体电荷密度在球内随离球心距离 r 的变化关系为 $\rho = Ar^{1/2}$，式中 A 为常数。求：(1) 球内和球外各处的电场；(2) 球内和球外各处的电势；(3) 该球的自能；(4) 球体的等效电容。

2.39 两个相同的细金属环同轴固定放置，相隔一个距离，两环带等量异号电荷。远离环处有一个带正电的粒子，沿环中心轴并垂直于环面直线飞向环，为了飞过两个环，粒子具有最小速度 v_0，设远离环时粒子的初速度为 v_1 ($v_1 > v_0$)，求粒子在飞过环过程中的最大速度和最小速度比值。

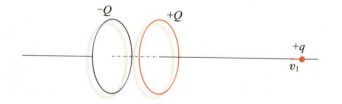

习题 2.39 图

2.40 A, B 和 C 3 个小球的质量分别为 m, M, m，带有相同的电量 Q，用不可伸长的轻绳相连接，如图所示。此系统放在光滑的水平桌面上，推动 B 球，使它沿垂直于绳连线方向具有初速度 v_0，求此后运动过程中 A, C 两个球之间的最近距离，当 3 个球又位于一条直线上

时，B 球的速度为多大？

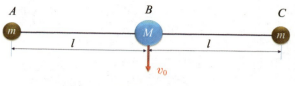

习题 2.40 图

2.41* 一个单电子器件由金属层 M、薄绝缘层 I 和金属层 M 构成，如图(a)所示。(1) 把该器件看成是一个电容为 C 的电容器，如图(b)所示，电子以隧穿的方式到达另一边，如果隧穿引起体系的能量增加，则此过程就不会再发生，称为库仑阻塞。求 $V_{AB} = V_A - V_B$ 在什么范围内单电子隧穿被禁止？(2) 假定 $V_{AB} = 0.10\ \text{mV}$ 是发生隧穿的电压，求电容值。(3) 用图(c)所示的器件与电压恒为 V 的恒压源相接，组成双结结构的器件来观察单电子隧穿，中间单金属块称单电子岛，已知岛中有 $-ne$ 的净电量，n 可正、可负或为 0，两个 MIM 结的电容分别为 C_S 和 C_D，试求单电子岛上的静电能。

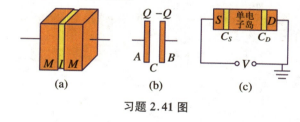

习题 2.41 图

第 3 章　电流与电路

3.1 一条铝钱的横截面积为 $0.10\ \text{mm}^2$，在室温 300 K 时载有 5.0×10^{-4} A 的电流。设每个铝原子有 3 个电子参加导电。已知铝的原子量为 27，室温下的密度为 $2.7\ \text{g} \cdot \text{cm}^{-3}$，电阻率为 2.8×10^{-8} m，电子的质量为 $m = 9.1 \times 10^{-31}$ kg，阿伏伽德罗常数为 $6.0 \times 10^{23}\ \text{mol}^{-1}$，玻耳兹曼常数 $K = 1.38 \times 10^{-23}\ \text{J} \cdot \text{K}^{-1}$。求这条铝线内：(1) 电子定向运动的平均速度；(2) 电子热运动的方均根速率；(3) 一个电子两次相继碰撞之间的时间；(4) 电子的平均自由程；(5) 电场强度的大小。

3.2 在半径为 a, b 的同心球壳导体之间填满电导率为 σ 的导电介质，求两球壳之间的电阻。

3.3 丹聂尔电池由两个同轴圆筒构成，长为 l，外筒是内半径

为 b 的铜,内筒是外半径为 a 的锌,两筒间充满介电常数为 ε、电阻率为 ρ 的硫酸铜溶液。如图所示,略去边缘效应。求:(1) 该电池的内阻;(2) 该电池的电容;(3) 电阻与电容之间的关系。

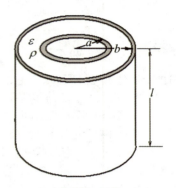

习题 3.3 图

3.4 假设一金属中的载流子(电子)密度为 7.5×10^{28} 个 $/\mathrm{m}^3$,其平均自由时间为 1.7×10^{-14} s,请利用德鲁特模型计算出该金属的电阻率。

3.5 如图所示电线被风吹断,一端触及地面,从而使 200 A 的电流由接触点流入地内。设地面水平,土地的电阻率 $\rho = 10^2\ \Omega \cdot \mathrm{m}$,当一个人走近输电线接地端时,左、右两脚间(约 0.6 m)的电压称跨步电压,试求距高压线触地点 1 m 和 10 m 处的跨步电压。

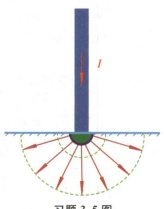

习题 3.5 图

3.6 若把大地看成是一个电导率为 σ 的导电介质。(1) 将半径为 R 的球形电极的一半埋到地下,求其接地电阻;(2) 在距离为 $d(d \gg R)$ 的地方同样埋一相同的电极,求它们之间的电阻。

3.7 如图所示的电路图中,包含有 50 只不同的安培表($A_1 \sim A_{50}$),以及 50 只相同规格的伏特表($V_1 \sim V_{50}$)。第 1 只

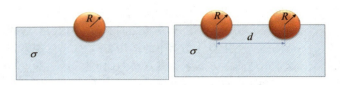

习题 3.6 图

伏特表的读数为 $U_1 = 9.6$ V,第 1 只安培表的读数为 $I_1 = 9.5$ mA,第 2 只安培表的读数为 $I_2 = 9.2$ mA。试根据给出的这些条件求所有伏特表的读数的总和。

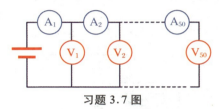

习题 3.7 图

3.8 如图所示的电路中,$\mathscr{E}_1 = 3.0$ V,内阻 $r = 0.5\ \Omega$,$\mathscr{E}_2 = 1.0$ V,内阻 $r_2 = 0.50\ \Omega$,电阻 $R_1 = 5.0\ \Omega$,$R_2 = 2.0\ \Omega$,$R_3 = 4.0\ \Omega$,求:(1) a,b 两点的电势;(2) 各个电阻上消耗的电功率。

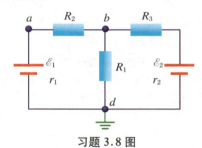

习题 3.8 图

3.9 有两个白炽灯,分别标注 100 V 40 W 和 110 V 120 W,如果把它们串联起来接到 220 V 的电源上,其中一个马上就烧坏了。为什么烧坏? 如果两个灯泡都是 110 V 40 W 的,则结果会怎样?

3.10 一个三量程的电压表内部线路如图所示,其中 $R_g = 15.0\ \Omega$ 是转动线圈的电阻。当指针偏转满格时,通过 R_g 中的电流为 1.00 mA。试求电阻 R_1,R_2 和 R_3 的值及每个量程的电阻。

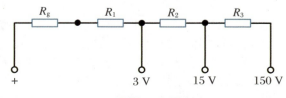

习题 3.10 图

3.11 3 个电池并联,已知 $\mathscr{E}_1 = 1.40$ V,$\mathscr{E}_2 = 1.50$ V,$\mathscr{E}_3 = 1.80$ V,$r_1 = r_2 = 1.00$ Ω,$r_3 = 1.60$ Ω。求每个电池的电流、端电压和输出功率。

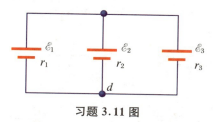

习题 **3.11** 图

3.12 在电源输出功率时,有时要考虑效率问题,如图所示,电源电动势为 $\mathscr{E}$,内阻为 r,负载电阻为 R,请证明当 $R = r$ 时,电源输出功率达到最大值,并求这个值。

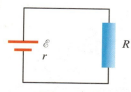

习题 **3.12** 图

3.13 两个电阻值分别为 R_1 和 R_2 的电阻并联,总电流为 I_0,R_1 和 R_2 上的电流分别为 I_1 和 I_2,且 $I_0 = I_1 + I_2$。证明电流在两条支路中的分配使得这两个电阻上消耗的焦耳热为最小。

3.14 如图所示有 Y 形电路和 △ 形电路,证明两者之间等效电阻的变换关系为

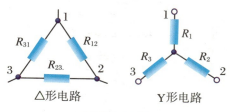

习题 **3.14** 图

$$\begin{cases} R_1 = \dfrac{R_{31} R_{12}}{R_{12} + R_{23} + R_{31}} = \dfrac{R_{31} R_{12}}{\Delta} \\[2mm] R_2 = \dfrac{R_{12} R_{23}}{R_{12} + R_{23} + R_{31}} = \dfrac{R_{12} R_{23}}{\Delta} \\[2mm] R_3 = \dfrac{R_{23} R_{31}}{R_{12} + R_{23} + R_{31}} = \dfrac{R_{23} R_{31}}{\Delta} \end{cases}$$

$$\begin{cases} R_{12} = \dfrac{R_1 R_2 + R_2 R_3 + R_3 R_1}{R_3} = \dfrac{Y}{R_3} \\[2mm] R_{23} = \dfrac{R_1 R_2 + R_2 R_3 + R_3 R_1}{R_1} = \dfrac{Y}{R_1} \\[2mm] R_{31} = \dfrac{R_1 R_2 + R_2 R_3 + R_3 R_1}{R_2} = \dfrac{Y}{R_2} \end{cases}$$

3.15 证明 5 个电阻如图连接的 ab 之间的总电阻为

$$R_{ab} = \dfrac{R_1 R_2 (R_3 + R_4) + R_3 R_4 (R_1 + R_2) + (R_1 + R_2)(R_3 + R_4) R_5}{(R_1 + R_3)(R_2 + R_4) + (R_1 + R_2 + R_3 + R_4) R_5}$$

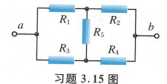

习题 **3.15** 图

3.16 求下列 3 个无限大网络中相邻点 A 和 B 之间的电阻,假设每两个节点之间的电阻都为 r.

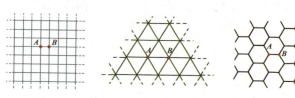

习题 **3.16** 图

3.17 求图(a)-(c)中 A,B 两点之间的电阻,假设每边的电阻都为 r。

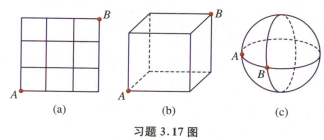

(a)　　　　　(b)　　　　　(c)

习题 **3.17** 图

3.18 求如图所示一维半无限长电阻网络 a,b 两点的等效电阻,每边的电阻均为 r。

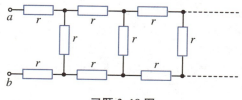

习题 **3.18** 图

3.19 7个均为 r 的电阻组成网络单元,有无数多个这样的单元组成一维半无限长网络。如图所示,求 A,B 间等效电阻 R_{AB}。

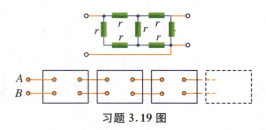

习题 3.19 图

3.20 含有巨大数目的相同格子的线路接在电压为 10 V 的电源上,每一个格子由 3 个相同的伏特表组成,求:(1) 第1个格子里 3 个伏特表的读数;(2) 第 5 个格子里 3 个伏特表的读数。

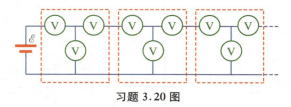

习题 3.20 图

3.21 设同轴电缆内外半径分别为 a 和 b,它们之间填充电阻率为 ρ 的介质。求单位长度的漏电阻。

3.22 如图所示电路,已知 $\mathscr{E}_1 = 6$ V,$\mathscr{E}_2 = 4.5$ V,$\mathscr{E}_3 = 2.5$ V,$R_1 = R_2 = 0.5\ \Omega$,$R_3 = 2.5\ \Omega$(忽略电源内阻),求通过电阻 R_1,R_2 和 R_3 的电流。

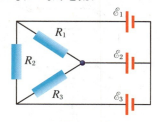

习题 3.22 图

3.23 如图所示,3 个电源的电动势分别为 $\mathscr{E}_1 = 12.0$ V,$\mathscr{E}_2 = \mathscr{E}_3 = 6.0$ V,电阻 $R_1 = R_2 = R_3 = 3\ \Omega$,$R_4 = 6\ \Omega$,求 R_4 上的电压和通过 R_2 的电流。

3.24 一电路如图所示,已知 $\mathscr{E}_1 = 12$ V,$\mathscr{E}_2 = 10$ V,$\mathscr{E}_3 = 8$ V,$r_1 = r_2 = r_3 = 1\ \Omega$,$R_1 = R_3 = R_4 = R_5 = 2\ \Omega$,$R_2 = 3\ \Omega$,求:(1) 图(a)中 a,b 两点间电压。(2) 图(b)中通过 R_1 的电流。

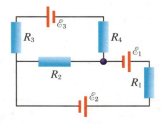

习题 3.23 图

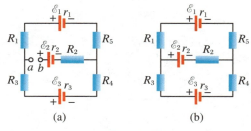

(a)   (b)

习题 3.24 图

3.25 一个平面把空间分为两个部分,一半充满了均匀的导电介质,而物理学家在另一半空间里工作。他们在平面上画出一个边长为 a 的正方形的轮廓,并用精细的电极使一电流 I_0 在正方形的两个相邻角,一个流入,一个流出。同时,他们测量另两个角之间的电势差为 V,如图所示。问物理学家们如何用这些数据来计算均匀介质的电阻率?

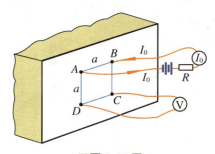

习题 3.25 图

3.26 改装电表。(1) 某电流计具有 10.0 Ω 的电阻,满量程偏转时需要电流为 0.01 A,如何将这个电流计改装成一个量程为 120 V 的电压表?(2) 一个电流计内阻为 20 Ω,加上 0.20 V 的电压时,读数为满刻度,如何将它改装成一个量程为 10 A 的电流计?

3.27 一电路如图所示,电容 C 与电阻 R 并联,接到电动势为 $\mathscr{E}$、内阻为 r 的电源上,在 $t=0$ 时刻接通开关 K。试求 t 时刻的电流 $I(t)$ 和 R 两端的电压 $U(t)$。

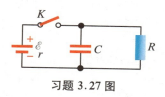

习题 3.27 图

3.28 一电路如图所示,电容 C_1 和 C_2 及电阻 R_1 和 R_2 均已知,G 为电流计。试证明:如果 $R_1 C_1 = R_2 C_2$,则接通开关 K 后,G 中指针不会发生偏转。

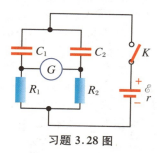

习题 3.28 图

3.29 $3 \times 10^6 \Omega$ 的电阻与 $1\,\mu F$ 电容和 $\mathscr{E} = 4\,V$ 的电源连接成简单回路,试求在电路接通后 $1\,s$ 的时刻,下列各量的变化率:(1) 电容上电荷增加的速率;(2) 电容器内储存能量的速率;(3) 电阻上产生的热功率;(4) 电源提供的功率。

3.30* 半径分别为 a 和 b、长为 $L(L \gg b > a)$ 的两薄金属圆筒同轴放置,其间充满电阻率为 ρ 的均匀介质,内外圆筒间加有电压 U,忽略边缘效应。(1) 求流经内外圆筒的电流强度;(2) 若沿圆筒轴线方向加上磁感应强度为 B 的均匀磁场,求流经内外筒的电流强度 I',设介质的相对磁导率为1,载流子带电量为 e,载流子浓度为 n(忽略电流自身产生的磁场)。

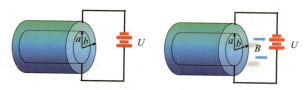

习题 3.30 图

3.31* 一个球形电容器,在区域 $0 \leqslant r \leqslant R_1$ 的球形区域内充满了介电常数为 ε_1、电导率为 σ_1 的均匀介质,在区域 $R_1 \leqslant r \leqslant R_2$ 的球形区域内充满了介电常数为 ε_2、电导率为 σ_2 的另一种均匀介质,R_2 外为真空。设 $t = 0$ 时,自由电荷的体密度的分布为

$$\rho_e = \begin{cases} \rho_{e0}, & 0 \leqslant r \leqslant R_1 \\ 0, & R_1 \leqslant r \leqslant R_2 \end{cases}$$

且初始时刻 R_1 和 R_2 两球面上的自由面电荷密度 σ_{e1},σ_{e2} 均为 0,求 σ_{e1} 和 σ_{e2} 随时间 t 的变化。

第 4 章 磁力与磁场

4.1 一段长度为 l 的通电导线,电流为 I,求离导线中点为 r 的 P 点的磁感应强度,并讨论 $l \gg r$ 的结果。

4.2 一电流环由两个同心圆弧和两段相互垂直的导线组成,如图所示,通有电流 I,求:(1) 圆心 O 点的磁感应强度;(2) 若 $I = 20$ A,$a = 30$ mm,$b = 50$ mm,计算圆心处 B 的值。

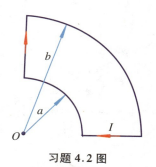

习题 4.2 图

4.3 一段无限长导线弯成如图所示的形状,通有电流 I,求圆心 O 处的磁感应强度。

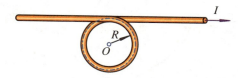

习题 4.3 图

4.4 细导线密绕成一个"蚊香"型的平面环带,共有 N 匝,内外半径分别为 a 和 b,当导线中通有电流 I 时,每圆圈近似为圆形,求:(1) 环带中心的磁场;(2) 环带中心对称轴上 r 处的磁场。

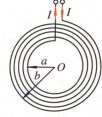

习题 4.4 图

4.5 一条载有电流 I 的无限长直导线,在某处分成两路后又汇聚成一路,这两路正好是半径为 R 的圆,求:(1) 圆心处的磁感应强度;(2) 若流入圆和流出圆的电流在圆心处的夹角为 θ,求圆心处的磁感应强度。

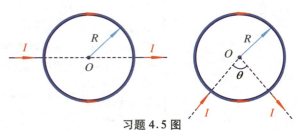

习题 4.5 图

4.6 一载有电流为 I 的导线弯成半径为 R 的圆弧,圆弧的两端是一条直线,对圆心的夹角为 2θ,求圆心处的磁感应强度。

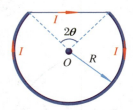

习题 4.6 图

4.7 一载有电流 I 的导线弯成抛物线状,焦点到顶点的距离为 a,求焦点处的磁感应强度。

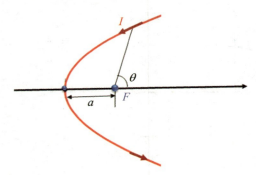

习题 4.7 图

4.8 氢原子处于基态时,它的电子在半径为 0.529×10^{-8} cm 的轨道上做匀速圆周运动,速率为 2.19×10^8 cm·s^{-1},求电子在原子核中心处产生的磁感应强度。

4.9 电荷量 Q 均匀地分布在半径为 R 的球面上,这个球面以匀角速度 ω 绕一个直径轴旋转,求:(1) 轴线上离圆心为 r 处的磁感应强度;(2) 该球的磁矩。

4.10 两圆线圈半径为 R,平行且共轴放置,圆心 O_1、O_2 相距为 a,所载电流均为 I,且电流方向相同。(1) 以 O_1、O_2 连线的中点为原点,求轴线上坐标为 x 的任一点处的磁感应强度。(2) 试证明:当 $a = R$ 时,O 点处

的磁场最为均匀(这样放置的一对线圈叫做亥姆霍兹线圈,常用它获得近似均匀的磁场,见书中相关章节的描述)。

4.11 假定地球的磁场是由地球中心的小电流环产生的,已知地面磁极附近磁场为 0.8 G,地球半径 $R = 6 \times 10^6$ m,求小电流环的磁矩。

4.12 一根很长的同轴电缆,由一导体圆柱(半径为 a)和一同轴的导体圆管构成,导体圆管的内、外半径分别为 b、c,沿导体柱和导体管通以反向电流,电流强度均为 I,且均匀地分布在导体的横截面上,求:(1) 导体圆柱内($r<a$)、(2) 两导体之间($a<r<b$)、(3) 导体圆管内($b<r<c$)、(4) 电缆外($r>c$)各处的磁感应强度大小。

4.13 外半径为 a 的无限长圆柱形导体(相对磁导率为1),管内空心部分半径为 b,空心管的轴线与圆柱管轴线平行,两轴线相距为 d。导体管内有一均匀分布的电流 I。求:(1) 导体管轴线上和空心管轴线上的磁感应强度大小和方向;(2) 空心管内任意一点 r 处的磁感应强度,并讨论大小和方向;(3) 设 $a = 10$ mm,$b = 0.5$ mm,$d = 5.0$ mm,$I = 20$ A,分别计算上述两处的磁感应强度大小。

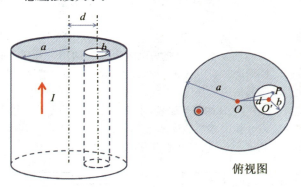

习题 4.13 图

4.14 脉冲星或中子星表面的磁场有 10^8 T 那样强。考虑这样一个中子星表面上一个氢原子中的电子,电子距质子 0.53×10^{-10} m,其速度是 2.2×10^6 m·s^{-1}。试将质子作用到电子上的电力与中子星磁场作用到电子上的磁力加以比较。

4.15 设在一均匀磁场 B_0 中有一带电粒子在与 B_0 垂直的平面内做圆周运动,速率为 v_0,电荷为 e,质量为 m。当磁场由 B_0 缓慢变化到 B 时,求粒子的运动速率和回旋半径 r。

4.16 如图所示为一均匀密绕的无限长直螺线管的一端,半径为 R,O 点为该端面的中心,螺线管单位长度的匝数为 n,电流为 I。求端面近中心处 P 点(与 O 点距离为 z,与 z 轴距离为 r)的磁感应强度的轴线分量和径向分量。

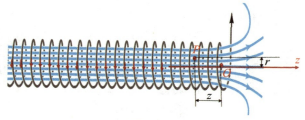

习题 4.16 图

4.17 一段导线弯成如图所示的形状,它的质量为 m。上面水平一段长为 l,处在均匀磁场中,磁感应强度 B 与导线垂直。导线下面两端分别插在两个浅水银槽里,并通过水银槽与一带开关 K 的外电源连接。当 K 一接通,导线便从水银槽里跳起来。(1)设跳起来的高度为 h,求通过导线的电量 q;(2)当 $m = 10\,\text{g}$,$l = 20\,\text{cm}$,$h = 2.0\,\text{m}$,$B = 0.10\,\text{T}$ 时,求 q 的量值。

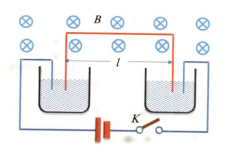

习题 4.17 图

4.18 无限长直导线载有电流 I_1,在它旁边与其共面的半径为 R 的圆电流载有电流 I_2,圆心到直线电流的距离为 L,如图所示,求:(1)圆电流对无限长直导线的磁力;(2)圆电流所受的力矩。

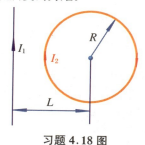

习题 4.18 图

4.19 两个圆线圈的半径分别为 R_1 和 R_2,所载的电流分别为 I_1 和 I_2,圆心距离为 l,如图放置,当 $l \gg R_1$,$l \gg R_2$ 时,求 I_1 作用在线圈 2 上的力矩。

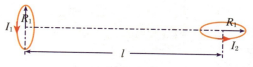

习题 4.19 图

4.20 将一电流均匀分布的无限大载流平面放入均匀磁场 B_0 中,放入后平面两侧的磁感应强度分别为 B_1 和 B_2,如图所示。求:(1)无限大载流平面的电流密度 i;(2)无限大载流平面单位面积上的安培力。

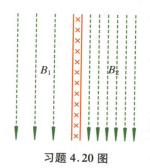

习题 4.20 图

4.21 两条相互平行的导线,通有同方向的电流 I_1,中间放置有一个矩形线圈,通有电流 I_2,尺寸如图所示,开始时,它们在同一平面内,求作用在线圈上的合力和合力矩。

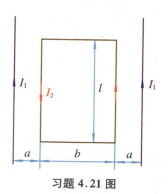

习题 4.21 图

4.22 如图所示,一平面塑料圆盘的半径为 R,其表面带有面密度为 σ 的剩余电荷。假定圆盘绕其轴线 AA'' 以角速度 ω 转动,磁场 B 的方向垂直于转轴 AA'。试求磁场作用于圆盘的力矩大小。

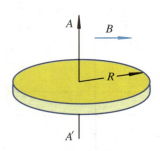

习题 4.22 图

4.23 电阻丝连成的二端网络如图所示,电流 I 从 A 端流入, C 端流出。设周围有均匀强磁场 B,如果对角线的长度为 L,试证该网络各部分所受磁场的安培力为

$$\vec{F} = I \vec{L} \times \vec{B}$$

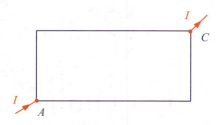

习题 4.23 图

4.24* 从麦克斯韦时代开始,很多物理学家们就被磁单极子迷住了,因为没有很好的理由说明它是存在的。英国《自然》杂志 2009 年发表一篇 S. T. Bramwell 关于磁单极子的研究工作的论文,这篇文章证明了原子级磁荷的存在,它们的表现和相互作用就像我们所熟悉的电荷一样,同时该研究还表明了电和磁之间存在一个完美的对称性。即电荷 q 之间的库仑力为 $\vec{F} = \dfrac{1}{4\pi\varepsilon_0}$

$\cdot \dfrac{q_1 q_2}{r^2} \vec{e}_r$,那么磁荷 g 之间的磁库仑力为 $\vec{F} = \dfrac{\mu_0}{4\pi}$

$\dfrac{g_1 g_2}{r^2} \vec{e}_r$,且 $\dfrac{1}{\sqrt{\varepsilon_0 \mu_0}} = c$,$c$ 为真空中的光速。有一组粒子,地球人只知道其中第 i 个粒子的带电量为 q_i,而外星人(假如存在的话)对它们的描述是其中第 i 个粒子带有真实电荷量 q_i' 和磁荷量 g_i。(1) 先考虑第一组粒子,这组中有两个静止的粒子,外星人认为每个粒子带有电荷和磁荷,分别为 q_1' 和 g_1'。而地球人认为 $g_1 = 0$,则 q_1 取多少值时两种描述给出的力相同?(2) 再考虑两组粒子,外星人认为第一组粒子的每个粒子所带电荷和磁荷量分别为 q_1' 和 g_1',第二组

粒子的每个粒子所带电荷和磁荷量分别为 q_2' 和 g_2',而地球人认为磁荷为 0,要使两组之间的相互作用力相同,则电荷与磁荷的关系应满足什么条件?

4.25 估算地球磁场对电视机显像管的影响。假设电视机内电子的加速电压为 2 万伏,电子枪到屏的距离为 40 cm,试计算电子束在地球磁场(假设为 0.4 Gs)作用下约偏转了多少。

4.26 为什么在平行导线中通以相同方向的电流时会相互吸引,而两束平行的阴极射线则相互排斥?

4.27 一电子在 $B = 20$ G 的均匀磁场中做螺旋线运动,回旋半径为 $R = 20$ cm,螺距为 $h = 5.0$ cm,电子的质量和电量已知,求该电子的速度。

4.28 如图所示,质量均为 m,电量为 $-q$ 和 $+q$ 的两个带电质点相距 $2R$。开始时,系统的质心静止地位于坐标原点 O 处,且两带电质点在 xOy 平面上绕质心 C 沿顺时针方向做圆周运动。设当系统处于图示位置时,规定为 $t = 0$ 时刻,从该时刻起在所讨论的空间加上沿 z 轴方向的弱匀强磁场 B。试求:质心 C 的速度分量 v_x 和 v_y 随时间 t 的变化关系及运动轨迹方程,定性画出质心 C 的运动轨迹。设两带电质点绕质心的圆周运动保持不变。

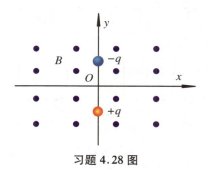

习题 4.28 图

4.29 已知电子的质量为 m,电量为 e,以角速度 ω 绕质子做圆周运动。当在垂直于电子轨道平面上加上均匀的磁场 B 时,设电子的回旋半径不变,而速度变为 ω',证明:

$$\Delta \omega = \omega' - \omega = \pm \dfrac{eB}{2m}$$

4.30 将两极板之间的距离为 d 的平行板电容器放入磁场中,磁场方向垂直于板面,磁感应强度为 B,在电容器内负极板附近有慢速的电子源,它向各个方向发射电子。当两极板之间的电压为多大时,电子将聚焦在正

极的极板上?

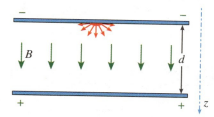

习题 4.30 图

4.31 一质谱仪的构造原理如图所示,离子源 S 产生质量为 m、电荷为 q 的离子,发射时速度很小,可以认为是静止的。离子经电势为 U 的区域加速,然后进入磁感应强度为 B 的均匀磁场中,最后到达荧光屏 P 点,求:(1) P 点距离离子入口处的距离 x;(2) 若 $U = 750 \text{ V}$,$B = 3\,580 \text{ G}$,$x = 10 \text{ cm}$,则入射离子的荷质比为多少?

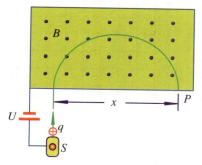

习题 4.31 图

4.32 空间某一区域有均匀磁场,磁感应强度 B 沿 x 轴方向,一质量为 m、电荷为 q 的粒子在这个磁场中运动,开始时速度为 v_0,且与 z 轴垂直,与 B 的夹角为 β,位置为 $x_0 = y_0 = 0, z_0 = mv_0\sin\beta/qB$,求粒子的运动轨迹。

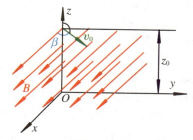

习题 4.32 图

4.33* 带电粒子的电荷为 q、质量为 m,以 v_0 的速度进入一个不均匀的磁场 $B(r)$ 中,入口处粒子与磁力线成 θ_0 角,入口处的磁感应强度为 B_0,随后在磁场中做螺线

运动。在该过程中,带电粒子的磁矩 m 是守恒量。(1) 求带电粒子在磁场的磁矩 μ;(2) 求粒子在任意处的回旋半径 R;(3) 求粒子在任意周期内的螺距 h;(4) 证明该粒子做螺旋运动所包围的磁力线根数始终是相等的;(5) 如果该粒子在某处掉头运动,则该处的磁感应强度 B_1 为多少?

4.34* 一个长为 L、半径为 R 的圆柱体中沿轴线方向有均匀电流 I 通过(电流密度为 i),若有一高能粒子束,每个粒子具有平行于圆柱体轴的动量 p 和正电荷 q,从左边撞击圆柱体的一端。证明通过圆柱体后粒子束聚焦到一点并计算焦距。(设圆柱体的长度远小于焦距,做薄透镜近似,忽略圆柱体材料本身对粒子的减速和散射作用。)

粒子束

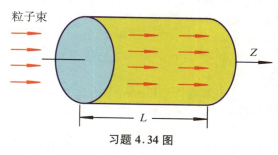

习题 4.34 图

4.35 霍尔效应的总电场为 $\vec{E} = \vec{j}/\sigma + R_H \vec{j} \times \vec{B}$,式中 R_H 称为霍尔系数,σ 为电导率。
(1) 对单种载流子,证明由 R_H 可得到载流子的电荷符号和载流子密度。
(2) 提出一实验方法来测定室温下某种样品的 R_H,画出电路、仪器和样品的连接方式,要求确定霍尔电压的大小和极性。
(3) 列出磁场存在和消失时应测定的全部参数,注明每个参数的单位。
(4) 从实验上如何补偿和样品的接触点间的整流效应。
(5) 如样品室温下 R_H 为负值,指出载流子种类。
(6) 在液氮温度下,上述样品的 R_H 变正,试在下列简化的假定下解释室温和低温下得到的结果:(A) 同种类型的载流子具有相同的漂移速度;(B) 忽略大多数半导体具有两个不同覆盖带这一事实。

4.36 如图所示的矩形管长为 l、宽为 a、高为 b,有电阻率为 ρ 的水银流动。当其一端加上压强 P 时,水银流速为 v_0。现在竖直方向加上磁感应强度为 B 的均匀磁场,试求水银的流速。

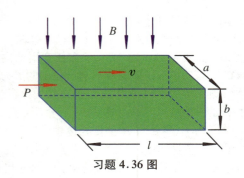

习题 4.36 图

第 5 章 物质中的磁场与磁性材料

5.1 顺磁质分子的磁矩和玻尔磁矩 $m_B = e h/(4\pi m_e)$ 同量级。设顺磁质温度为 $T = 300\,K$，磁感应强度 $B = 1\,T$，问 kT 是 $m_B B$ 的多少倍？（$h = 6.626 \times 10^{-34}\,J \cdot s^{-1}$，$e = 1.602 \times 10^{-19}\,C$，$m_e = 9.11 \times 10^{-31}\,kg$，$k = 1.3 \times 10^{-23}\,J \cdot K^{-1}$。）

5.2 一均匀磁化棒直径为 $10\,mm$，长为 $30\,mm$，磁化强度为 $1\,200\,A \cdot m^{-1}$，求它的磁矩 μ。

5.3 中子的总电荷为 0，但却有磁矩。已知中子由一个带 $+2e/3$ 的上夸克和两个带 $-e/3$ 的下夸克组成，假定一个简单的运动模型，即上个夸克在一个半径为 r 的圆周上以相同速率 v 运动，两个下夸克的运动方向一致但与上夸克相反。(1) 求中子的磁矩表达式；(2) 如果夸克的轨道半径 $r = 1.2 \times 10^{-15}\,m$，要使中子具有实验磁矩值 $m = 9.66 \times 10^{-27}\,A \cdot m^2$，则夸克的运动速率应该多大？

5.4 在铁晶体中，每个原子都有两个电子的自旋参与磁化过程，设一根磁铁棒的直径为 $1.0\,cm$，长为 $12\,cm$，其所有有关电子的自旋都沿棒轴的方向排列整齐。已知铁的密度为 $7.8\,g \cdot cm^{-3}$，摩尔质量为 $55.85\,g \cdot mol^{-1}$。求：(1) 自旋已排列整齐的总电子数为多少？(2) 这些排列整齐的电子的总磁矩为多大？(3) 磁铁棒的面电流多大时才能产生这样大的磁矩？(4) 这个大的面电流在磁铁棒内部产生的磁场为多大？

5.5 螺绕环的导线内通有电流 20 A。利用冲击电流计测得环内磁感应强度的大小是 $1.0\,Wb \cdot m^{-2}$。已知环的周长是 40 cm，绕有导线 400 匝。计算：(1) 磁场强度；(2) 磁化强度；(3) 磁化率；(4) 磁化面电流和相对磁导率。

5.6 一孤立导体球的半径为 R，充电到电势为 U，球的介电常数为 ε_0，磁导率为 μ_0，球绕一直径轴以匀角速度 ω 旋转，求旋转球的磁矩。

5.7 一细长的均匀磁化棒，磁化强度为 M，M 沿棒长方向，如图所示，求习题 5.7 图中各点的磁场强度 H 和磁感应强度 B。

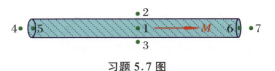

习题 5.7 图

5.8 如图是退火纯铁的起始磁化曲线。在这种铁芯的长螺旋管的导线上通入 6.0 A 的电流时，管内产生 1.2 T 的磁场。如果抽出铁芯，要使管内产生相同的磁场，需要在导线中通入多大的电流？

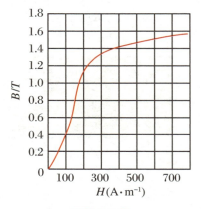

习题 5.8 图

5.9 顺磁性材料的磁化强度与温度 T 和磁场 B 的关系为 $\vec{M} = C\vec{B}/\mu_0 T$，$C$ 为居里常数。一顺磁性盐的居里温度为 $1.8 \times 10^{-3}\,K$。(1) 求室温 293 K 下该盐在 0.35 T 的磁场中的磁化强度；(2) 在 0.25 T 的磁场中若磁化强度与(1)具有相同的值，则温度应为多高？

5.10 在空气中（$\mu_r = 1$）和软铁（$\mu_r = 7\,000$）的交界面上，软铁上的磁感应强度与交界面法线方向的夹角为 $85°$，求空气中磁感应强度与交界面法线方向的夹角。

5.11 静磁屏蔽通常是利用高磁导率的铁磁材料做成屏蔽罩以屏蔽外磁场。屏蔽的效果可用屏蔽系数 K 表示。K 可以定义为腔内磁场强度 H_1 与外部所加均匀磁场强度 H_0 的比值，即 $K = \dfrac{H_1}{H_0}$，管状磁介质（内外半径分别为 R_1 和 R_2）的屏蔽系数为

$$K \approx \frac{4}{\mu_r \left[1 - \left(\dfrac{R_1}{R_2}\right)^2\right]}$$

粒子物理实验中的光电倍增管通常会受使用环境的磁场影响而影响其性能,一个光电倍增管的外径为 $R = 25\,\text{mm}$,在磁场强度为 500 G 的环境中使用,可以选用一个圆筒形磁屏蔽体套住管子,假设选用坡莫合金做屏蔽层,其相对磁导率为 5×10^4,为了使屏蔽后与环境地磁场 0.5 G 相当,需要选择坡莫合金圆筒的外径为多少?

5.12 一介质球均匀磁化,磁化强度为 M,试求沿 M 的直径上球内离球心为 r 处的磁感应强度。

5.13 地球的磁场可以近似地看成一个位于地球中心的磁偶极子,请证明:(1) 磁倾角(地磁场的方向与当地水平面之间的夹角)β 与纬度 φ 的关系为 $\tan\beta = 2\tan\varphi$;(2) 地磁北极处的垂直分量是地磁赤道上水平分量的两倍。

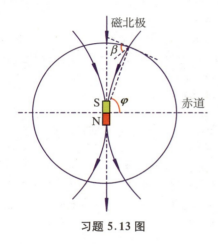

习题 5.13 图

5.14 两块无限大的导体平板上均匀地通有电流;电流面密度为 i_0,两块板上电流相互平行,但方向相反,板之间有两层相对磁导率为 μ_{r1} 和 μ_{r2} 的顺磁性介质。求:(1) 各区域的磁感应强度;(2) 3 个分界面的磁化电流面密度。

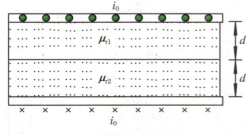

习题 5.14 图

5.15 在真空中有两块很大的导电电介质平板平行放置,如图所示,载有相反方向的电流,电流密度为 j,且均匀分布在截面上,板的厚度为 d,两个板的中心距离为 $2d$,两块导电介质板的相对磁导率分别为 μ_{r1} 和 μ_{r2},求精简各区域的磁场分布。

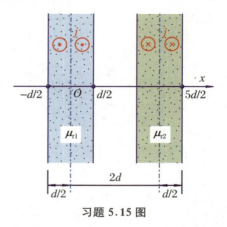

习题 5.15 图

5.16 一块厚度为 b 的大导体平板中均匀地通有体密度为 j 的电流,在平板两侧分别有相对磁导率为 μ_{r1} 和 μ_{r2} 的无限大各向同性均匀磁介质。设导体平板的相对磁导率为 1,求导体内外任一点的磁感应强度。

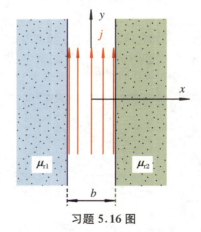

习题 5.16 图

5.17 请你设计一块磁铁(使用最少量的铜),使得在横截面积为 $1\,\text{m}\times2\,\text{m}$、长为 0.1 m 的气隙中产生 10^4 G 的磁场。假定铁芯的磁导率很高,计算所消耗的功率与所需铜的质量,以及磁铁的磁极之间的引力。(已知铜的电阻率是 $2\times10^{-6}\,\Omega\cdot\text{cm}$,它的密度是 $8\,\text{g}\cdot\text{cm}^{-3}$,容许通过的最大电流密度是 $1\,000\,\text{A}\cdot\text{cm}^{-2}$。)

5.18 已知一个电磁铁由绕有 N 匝载流线圈的 C 形铁片

($\mu \gg \mu_0$)所构成（如图所示）。如果铁的横截面积为 A，电流为 I，气隙宽度为 d，C 形的每边边长为 l，求气隙中的磁感应强度。

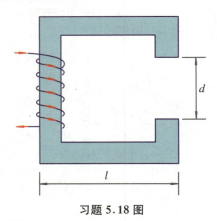

习题 5.18 图

5.19 横截面为正方形的电磁铁，具有 1 500 匝密绕线圈。磁芯的内、外半径分别为 10 cm 和 12 cm，磁材料的磁导率为 1 200，若通过的电流为 4 A，求：(1) 气隙为 1 cm 时，磁材料中的磁感应强度；(2) 气隙为 2 cm 时，磁材料中的磁感应强度。

5.20 科学研究中也常常使用电磁铁来产生较强的磁场，如图所示是一个电磁铁的结构，尺寸见图中标注，电磁铁的两极是圆柱形的，半径为 0.25 m，两极间气隙的间距为 0.15 m，磁路其他部分是边长为 0.5 m 的正方形铁芯，如果要在气隙中产生 1.0 T 的磁场，则其线圈的总匝数为多少？设铁的相对磁导率为 3 000。

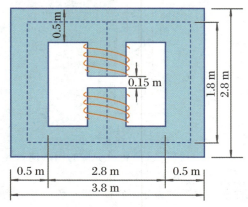

习题 5.20 图

5.21 为了设计一个电磁铁起重机，现采用马蹄形磁铁，如图所示，两极的横截面为边长为 a 的正方形，相对磁导率为 200，每极线圈的匝数为 200，电流 $I = 2$ A，并且 $R =$

$a = x = 5.0$ cm，$l = d = 10$ cm，衔铁与磁极直接接触，求该电磁铁的吸力。

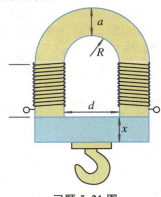

习题 5.21 图

5.22 证明：处于稳定磁场中的超导体，其外表面处的磁场方向一定平行于超导体表面。

5.23 超导体的 H_c 与 T 的关系见公式(5.36)，铅的 $T_c = 7.2$ K，$H_0 = 6.39 \times 10^4$ A·m^{-1}，试问用铅做成半径为 1.0 mm 的导线，在 $T = 3.6$ K 时能通过多大的电流而不破坏其超导态？

第6章　电磁感应与磁场的能量

6.1 如图所示，一根可以滑动的导线 AB 放置在一个导轨上，导轨的形状如图所示，均匀磁场 B 垂直于导轨平面，求：导轨以恒定的速度 v 运动时所产生的动生电动势为多少？

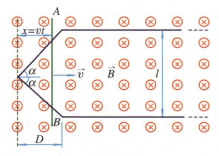

习题 6.1 图

6.2 复位线圈有时用来测量某区域的磁场大小。有这样一个线圈，匝数为 N，每匝的面积为 S，线圈很小，以使其内的磁场是近似均匀的，这个线圈最初以其轴与磁场线相平行的方式放置，然后绕其轴翻转（转动）180°，使得其轴线与磁场反平行，该线圈与一冲击电流计相接，通过它可以测出流过的总电量为 Q,假设线圈的总电阻为 R,求线圈处的磁场大小。

6.3 一根无限长直导线通有电流 $I = I_0 \sin \omega t$,在它旁边有一个与导线平行的矩形线圈,长为 l,宽为 $(b-a)$,仅考虑传导电流。求:(1) 在线圈上的感应电动势;(2) 若线圈以一匀速 v 离开导线,则线圈上的电动势为多少?(3) 如果线圈的总电阻为 R,为保持线圈匀速运动,需要给线圈加多大的力?

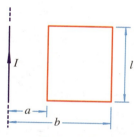

习题 6.3 图

6.4 如图所示,一个半径为 R 的圆线圈绕其直径 PQ 以角速度 ω 匀速转动。在线圈中心沿 PQ 方向放置一个小磁体,它的磁矩为 μ。试求在 P 点(或 Q 点)与 PQ 弧中点 C 之间的那段导线上产生的感应电动势。

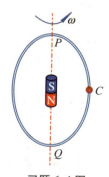

习题 6.4 图

6.5 一列火车中的一节闷罐车厢宽 2.5 m、长 9.5 m、高 3.5 m,车壁由金属薄板制成。在地球磁场的竖直分量为 0.62×10^{-4} T 的地方,这个闷罐车以 60 km·h^{-1} 的速度在水平轨道上向北运动。
(1) 这个闷罐车两边之间的金属板上的感应电动势是多少?
(2) 若考虑车厢两边积累的电荷所引起的电场,问车内净电场是多少?
(3) 若将车厢两边当作两个非常长的平行平板处理,那么每一边上的面电荷密度是多少?

6.6 一根无限长直导线中通有电流 I,在其旁边有一个 U 形的导线上有根可滑动的导线 ab,如图所示,设三者在同一平面内,今使 ab 导线以匀速 v 运动,求线框中的感应电动势。

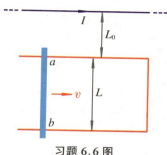

习题 6.6 图

6.7 如图,长直导线中电流为 I,且与直角三角形共面,已知:$AC = b$,且与 I 平行,$BC = a$,若三角形以 v 向右平移,当 B 点与长直导线的距离为 d 时,求三角形内感应电动势的大小和方向。

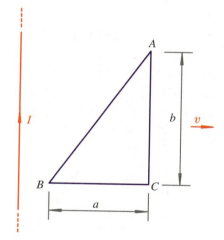

习题 6.7 图

6.8 细金属框为边长为 a 的正方形,水平放置在均匀磁场中不动。磁感应强度为 B_0,方向垂直于框面,质量为 m 的金属横杆 $P_1 P$ 放在框离一边 $a/4$ 处,所有材料的电阻率为 ρ,截面积为 S。求消除磁场后横杆具有的速度。(摩擦力和横杆消失时的位移不计。)

6.9 一个滑动导线电路平面被垂直安置于板上,如图所示,假设导线上所有电阻 R 都集中在底部,导轨摩擦力可以忽略,均匀磁场与平面垂直,导轨的质量为 m,长度为 l。(1) 证明滑动导轨的收尾速度为 $v_T = mgR / B^2 l^2$;(2) 如果磁场与平面成 θ 角,收尾速度又为多少?

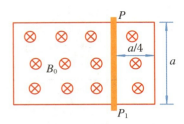

习题 6.8 图

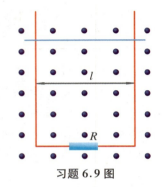

习题 6.9 图

6.10　一半径为 a 的小线圈,电阻为 R,开始时与一个半径为 $b(b \gg a)$ 的大线圈共面且同心,固定大线圈,并在其中维持恒定电流 I,使小线圈绕其直径以匀角速度 ω 转动(线圈自感可以忽略)。求:(1) 两线圈的互感系数;(2) 小线圈中的感应电流;(3) 维持线圈转动需要的外力矩;(4) 大线圈中的感应电动势。

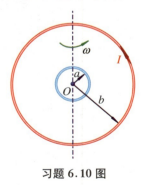

习题 6.10 图

6.11　一个 N 匝闭合线圈,半径为 a,电阻为 R,自感为 L,在均匀磁场 B 中,该线圈围绕与 B 垂直的直径转动。(1) 当以常角速度 ω 转动时,求线圈中电流与转动角度 θ 的函数关系。这里 $\theta = \omega t$ 是 t 时刻线圈与磁场 B 之间的夹度。(2) 为了维持上述的转动,需加多大的外力矩?

6.12　航天飞机机翼的平面近似为一等腰三角形,高(从头至

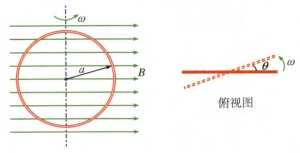

习题 6.11 图

尾)为 37.2 m,底部(翼展)为 28.8 m。假设它为一导体,处在高度为 250 km 的极轨道上,头朝前,正面向上,正穿过与机翼面垂直的大小为 10^{-3} T 的地磁场。机首与左右翼梢间的电动势为多大? 能否用它作为紧急情况下的电源?

6.13　电子感应加速器是应用电磁感应效应加速环形真空室中电子的装置。如果电子回旋周期为 1/60 s,回旋半径为 40 cm,在一个回旋周期内磁通量密度的改变量为 5 Wb·m^{-2},那么电子回旋一周得到多少能量? 加速电子的电场强度是多大?

6.14　半径为 R 的圆柱形空间存在均匀的随时间线性变化的磁场,$B = B_0 + kt$,k 为常数,如图所示,在这个横截面上有一根长为 $2R$ 的导体,其中长度为 R 的部分在圆柱面内,另一半在外面,求 ab 导体上的感应电动势 U_{ab} 和导体 ac 上的感应电动势 U_{ac}。

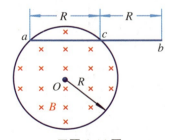

习题 6.14 图

6.15　半径为 a,电阻为 r 的均匀细导线首尾相接形成一个圆。现将电阻为 R(且 $r = 9R$)的伏特计以及电阻可以忽略的导线,按图(a)和(b)所示的方式分别与脚点相连接。这两点之间的弧线所对的圆心角为 $\theta = \pi/3$。若在垂直圆平面的方向上有均匀变化的磁场,已知磁感应强度随时间的变化率为 k。(1) 图(a)中伏特计的读数为多少? (2) 图(b)中伏特计的读数为多少?

6.16　一环形螺线管有 N 匝,环半径为 R,环的横截面为矩

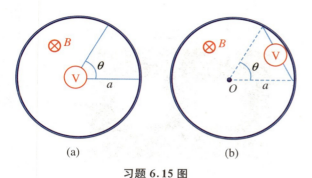

(a)   (b)

习题 6.15 图

形,其尺寸如图所示。求:(1)此螺线管的自感系数;(2)这个环形螺线管和位于它的对称轴处的长直导线之间的互感系数。

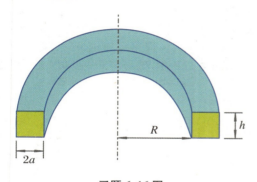

习题 6.16 图

6.17 如图所示,无电阻的电感器 L 连接导轨 MM 的两端,在导体棒 MN 上施加一恒力 F 使之向右运动,棒长为 l,质量为 m,在导轨上无摩擦地滑动,并切割磁力线,磁感应强度为 B。(1)如果它在水平方向上的初始位置是 $x(0)=0$,求 $x(t)$;(2)试分析滑动棒运动过程中的能量转换过程。

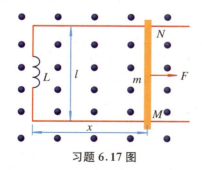

习题 6.17 图

6.18 一个边长分别为 a 和 b 的长方形线圈,在 $t=0$ 时刻正好从如图所示的磁场为 B 的区域上方由静止开始释

放。线圈的电阻为 R,自感为 L,质量为 m。考虑它的上边处在零磁场区的运动。(1)假定自感可以忽略而电阻不能忽略,求出线圈的作为时间函数的电流和速度;(2)假定电阻可以忽略而电感不可以忽略,求出线圈的作为时间函数的电流和速度。

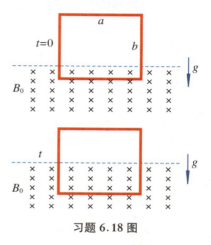

习题 6.18 图

6.19 如图所示,一长为 L 的金属棒 OA 与载有电流 I 的无限长直导线共面,金属棒可以绕 O 点在平面内以角速度 ω 匀速转动。试求当金属棒转至棒垂直于直导线时(见图),棒内的感应电动势。

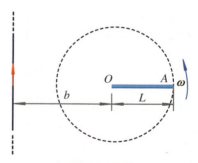

习题 6.19 图

6.20 无限长的光滑导轨上有一辆载有磁铁的小车,质量为 m,磁极 N 在下、S 在上,磁铁的端面为边长为 a 的正方形(设磁场全部集中在端面,磁感应强度为 B),两导轨之间焊接有一系列的金属条,构成边长为 a 的正方形格子,每边电阻为 R,要使小车以匀速下滑,则导轨的倾角为多少?

6.21 两个同样的金属环半径为 R,质量为 m,放在磁感应强度为 B_0 的均匀磁场中,其方向垂直于环向里,如图所示,两环接触点 A 和 C 有良好的电接触,$\alpha=\pi/3$,

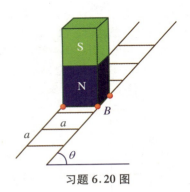

习题 6.20 图

求在 Δt 时间内消去磁场后每个环具有的速度。设每个环的总电阻为 r，环的电感不计，接触点 A 和 C 处没有摩擦（磁场消去过程中环位移很小）。

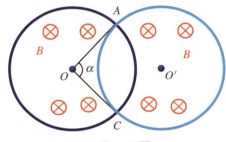

习题 6.21 图

6.22 两根平行的输电线，横截面积的半径都是 a，中线相距为 $d(d \gg a)$，载有大小相等、方向相反的电流。设导电内部的磁通量可以忽略不计。求：(1) 两根导线单位长度的自感；(2) 若将两根导线保持平行地缓慢分开到相距 $d'(d' > d)$，磁场对单位长度导线做的功。

6.23 在一个无限长直导线旁边距离为 d 处有一个任意形状的小回路，此回路的面积为 S，证明其互感系数 $M = \mu_0 S/(2\pi d)$。

6.24 一个变压器如图所示，线圈 A, B, C 的匝数分别为 500, 1 000, 500，截面积分别是 0.005 m^2，0.001 m^2，0.000 5 m^2，芯的水平臂截面积是 0.002 m^2，如果芯的相对磁导率 $\mu_\mathrm{r} = 10\ 000$，求：(1) 线圈 A 和 C 间的互感；(2) 线圈 A 和 B 间的互感。

6.25 有一个平绕于圆筒上的螺旋线圈，长10 cm，直径1 cm，共1000 匝，用每千米电阻为 247 Ω 的漆包线绕制。求：(1) 线圈的自感系数和电阻。(2) 如果把这线圈接到电动势为 2 V 的蓄电池上，那么：① 线圈中通电开始时的电流增长率是多少？② 线圈中的电流达到稳定后，稳定电流是多少？③ 这个回路的时间常数是多少？

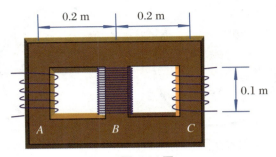

习题 6.24 图

经过多少时间电流达到稳定值的一半？④ 电流稳定后，线圈中所储存的磁能是多少？磁能密度是多少？

6.26 (1) 利用磁场能量方法计算如图所示的两个同轴导体圆柱面组成的传输线单位长度的自感系数 L，内导体圆筒半径为 a，外导体圆柱半径为 b。(2) 如果电流为常数，而将外圆柱面半径加倍，那么磁能增加多少？(3) 在上述过程中，磁场做了多少功？电池提供了多少能量？二者与磁能的增加有何关系？

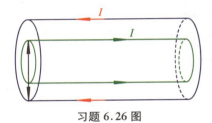

习题 6.26 图

6.27 在一个纸筒上绕有两组线圈 (a, b) 和 (a', b')，如图所示，每个线圈的自感都是 0.050 H，求：(1) a 和 a' 相接时，b 和 b' 之间的自感；(2) a' 和 b 相接时，a 和 b' 之间的自感。

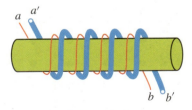

习题 6.27 图

6.28 如图所示，截面积为 S、单位长度匝数为 n 的螺线管环上套有一个边长为 l 的正方形线圈，今在线圈中通以交流电 $I = I_0 \sin \omega t$，螺线管环的两端为开端，求 a, b 两端的感应电动势。

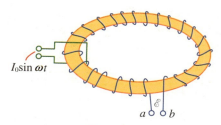

习题 6.28 图

6.29 有 5 个自感线圈如图连接，它们之间的互感可以忽略不计，求 a,b 之间的总自感。

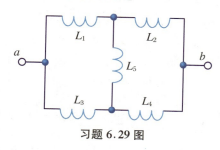

习题 6.29 图

6.30 一匝正方形细导线线圈的自感为 L_1，如图（a）所示，用同样的导线沿立方体边围成线圈的自感为 L_2，如图（b）所示，求围成图（c）所示的线圈的自感 L_3 为多少？

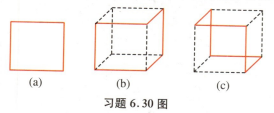

习题 6.30 图

6.31 证明：对两个自感分别为 L_1 和 L_2、互感为 M 的线圈，有下列关系：

$$L_{顺并}L_{反串} = L_{反并}L_{顺串}$$

6.32 如图所示，在开关闭合前电感上的电流为 0。求：（1）开关闭合后电感上的电流和电压；（2）当电感上的电流为 I_0 时，将开关断开，电感上的电压和电流。

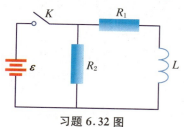

习题 6.32 图

6.33 如图所示，L 为理想自感，已知 $U = 220$ V，$R_1 = 10\ \Omega$，$R_2 = 100\ \Omega$，$L = 10$ H，将电路接通后并持续很长的时间。（1）求在电阻 R_2 上放出的焦耳热；（2）然后断开开关并持续很长时间，求在 R_2 上放出的焦耳热。

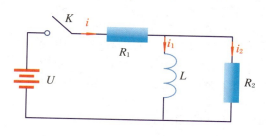

习题 6.33 图

6.34 半径为 R 的超导圆环，自感为 L，置于磁感应强度为 B 的均匀磁场中，环的轴线与 B 垂直，环内没有电流，现将该环绕垂直于 B 的直径转 $90°$，使它的轴线平行于 B，求：（1）环内的电流；（2）外力所做的功。

第 7 章　交流电路与电力输送

7.1 黑匣子里有电阻 R_x 和电感 L_x，它们以某种方式连接，接到外电路。当外加直流电压为 20 V 时，流入黑匣子的电流为 0.5 A；当外接频率为 50 Hz、电压有效值为20 V 的交流电时，测得黑匣子的电流有效值为 0.4 A，则 R_x 和 L_x 为多少？

7.2 一 RC 串联电路，接到 220 V、50 Hz 的交流电路上，要求通过的电流为 70 mA，R 两端的电压为 8 V，求 C 的值。

7.3 交流电压的峰值 $V_m = 1$ V、频率 = 50 Hz，将这个电压接在 RLC 串联电路的两端，$R = 40\ \Omega$，$L = 0.1$ H，$C = 50\ \mu F$。计算：（1）这个电路的总阻抗；（2）阻抗幅角 φ；（3）每个元件两端上的电压峰值。

7.4 在 RLC 串联电路里，电源具有 50 V 的恒定电压振幅，$R = 300\ \Omega$，$L = 0.9$ H，$C = 2\ \mu F$。（1）计算电源角频率分别为 500 rad·s⁻¹ 和 1000 rad·s⁻¹ 时的电路阻抗。（2）在电源频率从 1000 rad·s⁻¹ 缓慢下降到 500 rad·s⁻¹ 时，描述电源振幅如何随频率变化。（3）当 $\omega = 500$ rad·s⁻¹ 时，求相位角，并画出相应的复矢量图。（4）在什么频率下电路发生共振？共振时的功率因数为多大？（5）如果电阻减到 100 Ω，求电路的共振频率，这时电流有效值是多少？

7.5 一个 50 Hz 的交流电压与 RLC 串联，$R = 40\ \Omega$，$L = 0.1$

H，$C = 50\ \mu F$。求：（1）RLC 电路的功率因数；（2）如果电压源有效值 $U = 100\ V$，那么这个电路的电流最大值是多少？（3）消耗的功率为多少？

7.6 一个螺线管用来在很大的空间产生磁场，尺寸如下：长 2 m，半径 0.1 m，匝数 1 000，忽略边缘效应。（1）以 H 为单位，计算该螺线管的自感。（2）当有 2000 A 的电流通过线圈时，轴线上的磁感应强度是多少？（3）磁螺线管的储能是多少？（4）若螺线管导线的电阻为 0.1 Ω，螺线管接到 20 V 的电源上，则回路的瞬态电流 $i(t)$ 和时间常数是多少？

7.7 求如图所示的无限网络的总等效阻抗。

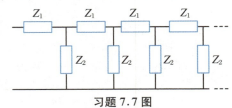

习题 7.7 图

7.8 RC 振荡器的电路如图所示。（1）求系统的总阻抗；（2）总电压 $u(t)$ 与分电压 $u_2(t)$ 的位相相等时，电路中的频率称为振荡频率，以 ω_0 表示，证明 $\omega_0 = 1/RC$；（3）当 $\omega = \omega_0$ 时，证明 $u(t)$ 与 $u_2(t)$ 的峰值关系为 $U_0 = 3U_{20}$。

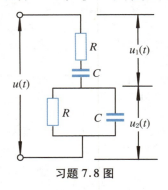

习题 7.8 图

7.9 如图所示电路，已知 $R_1 = 2.0\ \Omega$，$Z_{C1} = 1.0\ \Omega$，$Z_{C2} = 3.0\ \Omega$，$R_2 = 1.0\ \Omega$，$Z_L = 2.0\ \Omega$。（1）判断电路总复阻抗是感性还是容许性的？（2）如果在 a, b 两端加上 220 V 的市电，则 C_1 上的电压为多少？

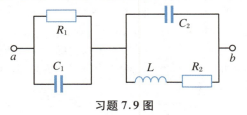

习题 7.9 图

7.10 一电路如图所示，电源提供频率为 ω、幅值为 U_0 的交流电压，ω 可调。问：（1）电路的总阻抗为多大？（2）电源的输出功率何时达到最大？

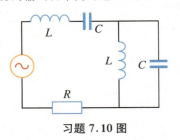

习题 7.10 图

7.11 在 RLC 串联交流电路中，已知 $R = 30\ \Omega$，$L = 127\ mH$，$C = 40\ \mu F$，该电路的电压为

$$u(t) = 220\sqrt{2}\sin(314t + 20°)\ (V)$$

求：（1）电流的有效值 I 与瞬时值 i；（2）各部分电压的有效值与瞬时值；（3）有功功率 $P_{有}$、无功功率 $P_{无}$。

7.12 如图所示为一单位供电系统，输电线路干线的电压 $U = 220\ V$，频率为 50 Hz，用户与干线之间串联一个抗流线圈，$L = 50\ mH$，内阻 $r = 1\ \Omega$。求：（1）用户用电 $I = 2\ A$ 时，灯泡两端的电压为多少？（2）用户包括抗流线圈能得到的最大功率是多少？（3）当用户发生短路时，抗流线圈中消耗的功率为多少？

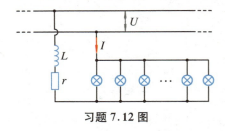

习题 7.12 图

7.13 一电路如图所示，电路中各元件数据标在图中，若在 a, b 两端加上 50 Hz，220 V 的交流电。（1）求电路的总阻抗；（2）求电容上的电流；（3）求电路的有功功率；（4）求电路的功率因数；（5）能使该电路的功率因数达到 1 吗？若能应如何做？

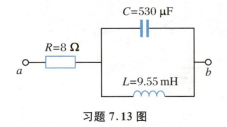

习题 7.13 图

7.14 设原电路的功率因数为 $\cos\varphi_L$,要求补偿到 $\cos\varphi$,需并联多大电容(设 U,P 为已知)?并联电容补偿后,总电路的有功功率是否改变了?

7.15 一变压器的原线圈为 660 匝,接在 220V 的交流电源上,测得 3 个副线圈的电压分别为(1) 5 V,(2) 6.8 V,(3) 350 V,分别求它们的匝数。设这 3 个副线圈中的电流分别是(1) 3 A,(2) 2 A,(3) 280 μA。问通过原线圈中的电流是多少?

7.16 如图所示是用来测量谐振频率的电桥,称为频率桥。第一臂通常是谐振电路,把第一臂调到谐振状态,则呈电阻性,即四臂都呈电阻性,求谐振频率。

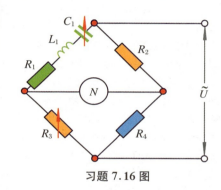

习题 7.16 图

7.17 一台发电机沿干线输送电能给用户,此发电机的电动势为 ε,角频率为 ω,干线及发电机的总电阻为 R_0,电感为 L_0,用户电路中的电阻为 R,电感为 L,求:(1) 电源供给的全部功率 P;(2) 用户得到的功率 P';(3) 整个系统的效率。

7.18 一单相发电机的铭牌上标注 $U = 220$ V,$I = 3$ A,$\cos\varphi = 0.8$,则该发电机的视在功率、有功功率和绕组的阻抗分别为多少?

7.19 一串联谐振电路的谐振频率为 $f = 600$ kHz,电容为 370 pF,有功电阻为 $r = 15\ \Omega$,求该谐振电路的 Q 值。

7.20 请你自己绕一个变压器,要求在 50 Hz 的频率下,输入电压为 220 V,输出电压为 40 V 和 6 V,使用的铁芯面积为 8×10^{-4} m^2,最大磁感应强度为 1.2 T,请计算初级线圈和次级线圈的匝数。

7.21 一个螺线管有一根铁芯,铁芯露出一点,在露出的铁芯上套一个闭合铝环,将螺线管连接电源的开关 K 接通,铝环就会跳起来,解释这种现象。(把铝环看成一个 RL 串联的电路,铝环受安培力在一个周期内的平均值不为 0。)

第 8 章　电磁现象的基本规律与电磁波

8.1 试证明:平行板电容器必定存在边缘效应,即在两个极板间电场是均匀的,而到电容器极板外边电场突然变为 0 是不可能的。

8.2 试证明:磁铁 N 极和 S 极之间的磁场必定存在边缘效应,即在两极间磁场是均匀的,在两极外磁场突然变为 0 是不可能的,如图所示。

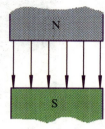

习题 8.2 图

8.3 证明恩肖定理:只受静电力作用的电荷,不可能处于静止稳定平衡状态。

8.4 两块无限大接地导体平面相距 $4x$,其间有 2 个点电荷($+Q,-Q$),距离其中一个板分别为 $x,3x$。求把这两个电荷移到很远处(它们之间相距亦很远),需要做多大的功?

8.5 一电偶极子 p 垂直放置在无限大接地导体前,电偶极子的方向垂直于导体平面,p 朝上放置,中心点距导体平面为 d,求它受到导体的作用力。

8.6 如图所示,一半径为 R 的导体球壳,球内部距离球心为 d($d < R$)处有一点电荷 q,求:(1) 当球壳接地时球内的电场强度和电势;(2) 当球壳不接地且带电量为 Q 时球内的电场强度和电势。

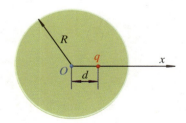

习题 8.6 图

8.7 证明两个带正电的导体球可能是相互吸引的。证明时可以假定一个电量为 Q、半径为 R,另一个为点电荷,电量为 q,相距为 d,给出其吸引力要满足的条件。

8.8 一半径为 a 的无限长直导线的线电荷密度为 λ_e,与一电势为 0 的无限大金属板相距为 b,$b \gg a$,试对单位长度导线计算此系统的电容。

8.9 一球形放电器由两个相同的金属球构成,球的半径都是 2.0 cm,两个球心相距 10 cm。已知空气的击穿电强为 30 kV·cm^{-1},则该放电装置加到多高的电压便会放电?请估计一阶近似。

习题 8.9 图

8.10 【分裂导线】对于输电高压高于 500 kV 的电力系统,必须避免在正常气象下发生电晕。电晕是当高压输电线的表面的电场强度超过空气击穿电场时,导线周围的空气被击穿而发生的局部放电现象。电晕将增加输电的功率消耗,并会干扰附近的通信线路。解决电晕的方法是采用分裂导线法,如图所示,导线的半径为 r_0 不变,图(b)是两分裂导线,图(c)是三分裂导线,图(d)是四分裂导线。(1)证明两分裂导线[如图(e)所示]可以减低电场强度;(2)若 $d=2$ m,$c=0.2$ m,$r_0=0.05$ m,两分裂导线的表面电场强度是无分裂导线[如图(a)所示]表面电场强度的百分之几?

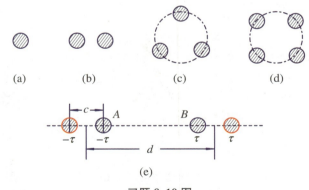

习题 8.10 图

8.11 在 $z=0$ 的平面上有两根细导线,它们之间的电容为 C,若在 $z<0$ 的半无限大空间充满绝对介电常数为 ε 的电介质,则此时两者之间的电容为多少?

8.12 设一导线的电导率为 σ,介电常量为 ε,通以角频率 ω 的交流电。(1)导线中传导电流与位移电流之比是多少?(2)已知铜的电导率 $\sigma=5.9\times10^7$ $\Omega^{-1}\cdot$m^{-1},分别

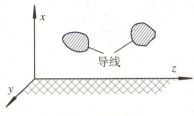

习题 8.11 图

计算铜导线载有频率为 50 Hz 和 3.0×10^{11} Hz 的交流电时,传导电流密度与位移电流密度的大小之比。

8.13 一无限长螺线管的半径为 a、单位长度的匝数为 n,通有交流电流 $I=I_0\sin\omega t$,求螺线管内外的位移电流密度的大小。

8.14 一个质量为 5 kg、半径为 10 cm 的导电金属小球在真空中以 $v=2400$ m·s^{-1} 的速度运动,在空间区域内所存储的能量(电能或磁能)已经限定。(1)要使小球改变方向,采用电场还是磁场可使小球所受的力较大?(2)如果金属球面的电场不能大于 10 kV·m^{-1},求金属球走完 100 m 后的横向速度与外场的关系。

8.15 空间是否存在这样的电场,其电场线总是平行的,但沿电场线方向电场强度是增加的(比如线性增加)?如果可以,请你设置一种这样的场。

8.16 在麦克斯韦方程组中,(1)如果所有源的符号都变号(称为电荷共轭变换),则写出这时的 E' 和 B' 与变号前的 E 和 B 的关系;(2)如果进行空间反演(即 $x\to-x$),结果会如何?(3)如果进行时间反演(即 $t\to-t$),结果又会如何?

8.17 两个分别为 R_1 和 R_2 的电阻与一个电容器构成如图所示的电路。电容器由两个圆形极板组成,其半径为 b,间距为 d,电源电压为 U_0,当电路达到稳定时开关 K 断开,求:(1)t 时刻电容器内部的位移电流;(2)电容器两个极板之间的磁感应强度 B 的分布;(3)从电容器流出的能量密度。

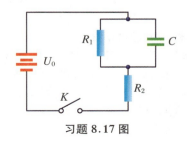

习题 8.17 图

8.18 某位同学在黑板上随意写了一个电场：$\vec{E} = E_0 y\cos \omega t \cdot \vec{e}_x$，请你证明这个电场不存在！（提示：计算出磁场，看是否满足麦克斯韦方程组。）

8.19 已知电磁波的电场为 $\vec{E} = E_0\cos(\omega\sqrt{\varepsilon_0\mu_0}\,z - \omega t)\vec{e}_x$，求：(1)电磁波的磁场 H；(2)能流密度矢量及其在一个周期内的平均值。

8.20 空气中均匀平面电磁波入射到平板媒质中（长、宽、厚均足够大），空气中的波长为 $\lambda_0 = 600$ m，媒质的参数为：$\sigma = 4.5$，$\varepsilon_r = 80$，$\mu_r = 1$。求电磁波入射媒质后的波长 λ、相速度 v_p 和趋肤深度 δ。

8.21 两半径为 R 的圆形导体平板构成一平行板电容器，两极板的间距为 d，两极板间充满介电常数为 ε、电导率为 σ 的介质，设两极板间加入缓变的电压 $u = U_m\cos \omega t$，略去边缘效应。求：(1)电容器内的瞬时坡印亭矢量和平均坡印亭矢量；(2)进入电容器的平均功率；(3)电容器内损耗的瞬时功率和平均功率。

8.22 如图所示的电路中，电源电压为 U，通过一个电缆向负载电阻 R 供电。同轴电缆由一长直导线和套在外面的金属圆筒组成，设边缘效应和电缆本身消耗的能量可以忽略不计，试证明：电缆内导线和圆筒间的电磁场向负载 R 传输的功率正好等于 R 消耗的功率。

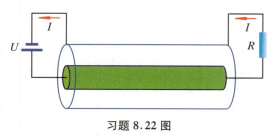

习题 8.22 图

8.23 目前实验室利用先进技术可以在空气中产生 $B = 1.0$ T 的磁场，且并不复杂。(1)试求这磁场的能量密度；(2)要想用电场产生相等的能量密度，这个电场 E 要多大？这在实验中容易吗？

8.24 设想在太阳系中放置一质量为 m 的空间站，并不使其绕太阳做轨道运动（静止的空间站）。该站上有一面向太阳的大反射面，来自太阳的辐射功率 P 的辐射压力 F_{red} 与太阳质量 M_s 引起的对其引力 F_G 等值相反，处于平衡状态。(1)证明该站反射面的面积大小为

$$S = \frac{2\pi GM_s mc}{P}$$

这里 G 为万有引力常数。(2)若太阳的辐射功率 $P = 3.77 \times 10^{26}$ W，空间站质量 $m = 10^6$ kg，发射面为正方形，则其边长 L 为多少？

8.25 人造地球卫星由于受到太阳的光压，会产生偏离原来的轨道。设一人造地球卫星的质量为 $m = 100$ kg，外形近似为半径 $r = 1.0$ m 的球，射到它上面的光大约有 50% 被反射，另 50% 被吸收，已知太阳常数值（指地球轨道处，垂直于太阳光的每平方米面积接收到的太阳光的功率）为 1.35×10^3 W·m^{-2}。求：(1)卫星所受到的太阳光的压力；(2)由此产生的附加加速度。

8.26 估算用太阳能电池为一个四口之家发电所需的面积，假定太阳能的转换效率为 10%，一个典型的房顶面积是否足够？（所需数据自己假设。）

8.27 一个 100 W 的照明灯泡大约有 5% 的功率转化为可见辐射，(1)距离灯泡 1 m 处的可见光辐射平均强度为多少？(2)10 m 远处呢？

8.28 激光束的平均功率为 4.3 mW，在半径为 1.2 m 的光束中具有相同的强度，假设光束垂直入射到一个完全吸收的表面。(1)光束施加在其照射面上的压强为多少？(2)激光束施加在表面上的力是多少？

8.29 在真空中，一带电粒子在平面电磁波里运动，试证明：电磁波的电场作用在它上面的力大于电磁波的磁场作用在它上面的力。

部分习题参考答案

（因为具体所用模型和方法不同，有些问题的答案可能会有所不同；这里给出的答案仅作参考。关于问题的详细讨论，可以参阅与本书配套的习题分析与解答。）

第 1 章

1.2 $1\ esu = 3.335\ 56 \times 10^{-10} C$，$1.592\ 4 \times 10^{-19} C$

1.3 $Q_{min} = 1.14 \times 10^{14} C$，$Q = 5.21 \times 10^{14} C$

1.4 电力 $5.2 \times 10^{12} N$，万有引力 $1.67 \times 10^{-7} N$，偏差为：$a \approx 1.8 \times 10^{-20}$

1.5 $-3.3 \times 10^{-2} C$，小球表面电场很大，空气会被击穿

1.6 $F = \dfrac{Q\lambda}{4\pi\varepsilon_0 R}$

1.7 简谐运动，$x(t) = x_0 \cos\sqrt{\dfrac{qQ}{4\pi\varepsilon_0 mR^3}}\,t$

1.8 $t = \sqrt{\dfrac{m\pi^3\varepsilon_0 r_0^3}{2q_1 q_2}}$，式中 $m = \dfrac{m_1 m_2}{m_1 + m_2}$ 为折合质量

1.9 $l = 2.5\ cm$

1.10 $E_内 = \dfrac{4ar^2 - 3br^3}{12\varepsilon_0}$，$E_外 = \dfrac{4aR^3 - 3bR^4}{12\varepsilon_0 r}$，电场方向沿径向方向

1.12 电场为 0

1.13 $E = \dfrac{\sigma}{\pi\varepsilon_0}$，方向沿面对称轴的法线方向

1.14 $E = \dfrac{3Q}{4\pi\varepsilon_0 r^4}$，$Q = 2ql^2$ 称电四极子的电四极矩

1.15 $\vec{E} = -\dfrac{9ql^2\sin\theta\cos\theta}{4\pi\varepsilon_0 r^4}\vec{e}_r + \dfrac{3ql^2\cos 2\theta}{4\pi\varepsilon_0 r^4}\vec{e}_\theta$

1.16 $\sin\dfrac{\beta}{2} = \sqrt{\dfrac{q_1}{q_2}}\sin\dfrac{\alpha}{2}$

1.18 $\vec{E}_内 = -\dfrac{\sigma a}{2\varepsilon_0 r}\vec{e}_{r_1}$，$\vec{E}_外 = \dfrac{R\sigma}{r\varepsilon_0}\vec{e}_{r_1} - \dfrac{\sigma a}{2\varepsilon_0 r}\vec{e}_{r_1}$。这里 $\vec{r}_1$ 是圆柱面中心径向方向矢径，$\vec{e}_{r_1}$ 是对应的单位矢量，$\vec{r}_2$ 是以狭缝为中心的径向矢径，$\vec{e}_{r_2}$ 是对应的单位矢量

1.20 n 区：$E(x) = \dfrac{N_D e}{\varepsilon_0}(x + x_n)$，$p$ 区：$E(x) = \dfrac{N_A e}{\varepsilon_0}(x_P - x)$

1.19 $\sigma = 4.25 \times 10^{-9} C\cdot m^{-2}$

1.21 $E = \dfrac{\rho_0}{\varepsilon_0 kr^2}[1 - (kr + 1)e^{-kr}]$

1.22 $m = 4 \times 10^{-15}\ kg$

1.24 $U = \dfrac{kq}{8\pi\varepsilon_0 r^2}$，$E_r = \dfrac{k\sigma}{2\varepsilon_0 r}$，$U = -\dfrac{k\sigma}{2\varepsilon_0}\ln\left(\dfrac{r}{r_0}\right)$

1.25 $q = \dfrac{R_1 R_2}{R_1 R_3 - R_1 R_2 - R_2 R_3}Q$，$U = \dfrac{Q + q}{4\pi\varepsilon_0 R_3}$

1.28 $\varphi = \dfrac{Q}{4\pi\varepsilon_0\sqrt{x^2 + R^2}}$

1.29 $E_x = \dfrac{Ax}{\sqrt{(x^2 + y^2 + a^2)^3}}$，$E_y = \dfrac{Ay}{\sqrt{(x^2 + y^2 + a^2)^3}}$，$E_z = 0$

$E = \dfrac{A\sqrt{x^2 + y^2}}{\sqrt{(x^2 + y^2 + a^2)^3}}$

1.30 $\vec{E} = \dfrac{Ze}{4\pi\varepsilon_0}\left(\dfrac{1}{r^2} - \dfrac{r}{r_a^3}\right)\vec{e}_r$

1.31 在球心处做简谐振动，周期为 $T = 2\pi\sqrt{\dfrac{3m\varepsilon_0}{q\rho}}$

1.32 $-d/2 < x < d/2$，$E = \rho x / \varepsilon_0$；$x \leqslant -d/2$ 或 $x \geqslant d/2$，$E = \rho d / 2\varepsilon_0$

1.33 $E_外 = \begin{cases} a\rho/\varepsilon_0 & y \geqslant a \\ -a\rho/\varepsilon_0 & y \leqslant -a \end{cases}$，$E_内 = \dfrac{\rho}{\varepsilon_0}y$

$$U_{外} = \begin{cases} a\rho(b-y)/\varepsilon_0 & y \geqslant a \\ a\rho(b+y)/\varepsilon_0 & y \leqslant -a \end{cases}$$

$$U_{内} = \frac{\rho}{\varepsilon_0}\left[-\frac{y^2}{2} + a\left(b - \frac{a}{2}\right)\right]$$

1.34 $E = \dfrac{\sigma}{2\varepsilon_0}\dfrac{x}{\sqrt{x^2 + r^2}}, V = \dfrac{\sigma}{2\varepsilon_0}\left(\sqrt{x^2 + r^2} - r\right)$

1.35 $F_x = \dfrac{\lambda^2}{4\pi^2\varepsilon_0 R}$

1.36 $r < R_1, E = 0; R_1 < r < R_2, E = \dfrac{\lambda_1}{2\pi\varepsilon_0 r}; r > R_2,$

$E = \dfrac{\lambda_1 + \lambda_2}{2\pi\varepsilon_0 r}$

当 $\lambda_1 = -\lambda_2$, $R_1 < r < R_2, E = \dfrac{\lambda_1}{2\pi\varepsilon_0 r}$; 其他区域,

$E = 0$

第 2 章

2.1 $F_1 = 0, F_2 = 0, F_3 = \dfrac{q_3(q_1 + q_2)}{4\pi\varepsilon_0 r^2}, F_A = -F_3$

2.2 $W = \dfrac{13}{180}\dfrac{\varepsilon_0 S V^2}{L}$

2.3   (1) $Q_A = 4.5\text{C}$, $Q_B = 0.5\text{C}$, $Q_C = -0.5\text{C}$, $Q_D = 1.5\text{C}$, $Q_E = -1.5\text{C}$, $Q_F = 2.5\text{C}$, $Q_G = -2.5\text{C}$, $Q_H = 4.5\text{C}$

(2) $Q_A = 4.5\text{C}$, $Q_B = 0.5\text{C}$, $Q_C = -0.5\text{C}$, $Q_D = 0\text{C}$, $Q_E = 0\text{C}$, $Q_F = 2.5\text{C}$, $Q_G = -2.5\text{C}$, $Q_H = 4.5\text{C}$

2.4   不可以,因为电介质材料不是等势体,两个极板没有确定的电势差

2.5 $C = \dfrac{2\pi\varepsilon_0}{\ln\dfrac{(d-a)(d-b)}{ab}}$

2.6   (1) $C = \dfrac{4\pi\varepsilon_0 ab}{a+b}$,(2) $C = 4\pi\varepsilon_0(a+b)$

2.7   两个极板内表面分别带上 $+CU$ 和 $-CU$ 的电量,两个极板的外表面仍带 $+Q$ 的电量,最终两个极板外表面的电量会转移到电源上

2.8 $C = 4\pi\varepsilon_0 b\left(\dfrac{a}{b-a} + \dfrac{d}{d-b}\right)$, $q_1 = \dfrac{a(d-b)}{b(d-a)}Q$; $q_2 = \dfrac{d(b-a)}{b(d-a)}Q$

2.9 $C = \dfrac{\varepsilon_0 ab}{h}\ln\left(1 + \dfrac{h}{d}\right)$

2.10 $U_C = \dfrac{1}{2}\left(U + \dfrac{qd}{2\varepsilon_0 S}\right)$

2.11 $Q_1 = \dfrac{C_1^2(C_2 + C_3)V_0}{C_1 C_2 + C_2 C_3 + C_3 C_1}$,

$Q_2 = Q_3 = \dfrac{C_1 C_2 C_3 V_0}{C_1 C_2 + C_2 C_3 + C_3 C_1}$;

$U_1 = \dfrac{C_1(C_2 + C_3)V_0}{C_1 C_2 + C_2 C_3 + C_3 C_1}$,

$U_2 = \dfrac{C_1 C_3 V_0}{C_1 C_2 + C_2 C_3 + C_3 C_1}$,

$U_3 = \dfrac{C_1 C_2 V_0}{C_1 C_2 + C_2 C_3 + C_3 C_1}$

2.12 $U_1 = 225\,\text{V}$, $U_2 = 375\,\text{V}$, $U_3 = 37.5\,\text{V}$, $U_4 = 262.5\,\text{V}$, $U_5 = 337.5\,\text{V}$

2.13 $R_2 \to \infty$, $E(R_1)_{\max} = \dfrac{U_0}{R_1}, \dfrac{R_1}{R_2} = \dfrac{3}{4}$

2.14 $U = \dfrac{(U_1 - U_2)Q_1 Q_2}{Q_1 Q_2 + C U_1 Q_2 + C U_2 Q_1}$

2.15 $P = 2.04 \times 10^{-2}\,\text{C·m}^{-2}$, $P = 8.54 \times 10^{-11}\,\text{C · m}^{-2}$ $E = 1.5 \times 10^3\,\text{V·m}^{-1}$

2.16 $D_1 = D_2 = \sigma$; $E_1 = \dfrac{\sigma}{\varepsilon_1}, E_2 = \dfrac{\sigma}{\varepsilon_2}$; $P_1 = \dfrac{1}{2}\sigma$,

$P_2 = \dfrac{2}{3}\sigma$

$U_1 = \dfrac{\sigma}{\varepsilon_1} \cdot l, U_2 = \dfrac{\sigma}{\varepsilon_1} \cdot l_1 + \dfrac{\sigma}{\varepsilon_2}(l - l_1), \sigma_1' = -\dfrac{1}{2}\sigma$,

$\sigma_2' = \dfrac{2}{3}\sigma, \sigma_{中}' = -\dfrac{1}{6}\sigma$

2.17 $U = \dfrac{q}{4\pi\varepsilon_0 b} + \dfrac{q}{4\pi\varepsilon}\left(\dfrac{1}{r} - \dfrac{1}{b}\right)$, $a < r < b$;

$U = \dfrac{q}{4\pi\varepsilon r}$, $r > b$

2.18 $V_3 < \dfrac{(1 + 2k_2)d\sigma_s}{(k_1 - 1)k_2\varepsilon_0}$ 或 $V_a > \dfrac{(1 + 2k_2)d\sigma_s}{(k_1 - 1)k_2\varepsilon_0}$, 其中 $k_1 = \dfrac{\varepsilon_1}{\varepsilon_0}, k_2 = \dfrac{\varepsilon_2}{\varepsilon_0}$

2.19 $y = 0.31\,\text{mm}, \theta = 3.5°$

2.20 $C = \dfrac{4\pi\varepsilon_0\varepsilon_1\varepsilon_2 R_1 R_2 a}{\varepsilon_2 R_2(a - R_1) + \varepsilon_1 R_1(R_1 - a)}$

$\sigma_a = -\dfrac{Q}{4\pi a^2}\dfrac{\varepsilon_1 - \varepsilon_2}{\varepsilon_1\varepsilon_2}$, $\sigma_{R_1} = \dfrac{Q}{4\pi R_1^2}\left(1 - \dfrac{1}{\varepsilon_1}\right)$,

$$\sigma_{R_2} = -\frac{Q}{4\pi R_2^2}\left(1 - \frac{1}{\varepsilon_2}\right)$$

2.21　$\vec{E} = \vec{E}_1 = \vec{E}_2 = \dfrac{Q\vec{r}}{2\pi(\varepsilon_1 + \varepsilon_2)r^3}$；$C = \dfrac{2\pi(\varepsilon_1 + \varepsilon_2)ab}{b - a}$

2.22　$\vec{E} = \dfrac{q\,\vec{r}}{2\pi(\varepsilon_1 + \varepsilon_2)r^3}$，上半球面 $\sigma_1 = \dfrac{\varepsilon_1 q}{2\pi R^2(\varepsilon_1 + \varepsilon_2)}$，

　　　下半球面 $\sigma_2 = \dfrac{\varepsilon_2 q}{2\pi R^2(\varepsilon_1 + \varepsilon_2)}$

2.23　$U = \dfrac{5q_0}{168\pi\varepsilon_0 R}$

2.24　带电粒子受重力、梯度力和惯性力作用以与电源相同
　　　频率振动,最终达到平衡

2.25　$E_p = \dfrac{U - U_0}{\varepsilon_0\left(\dfrac{d_1}{\varepsilon} + \dfrac{d_2}{\varepsilon_0}\right)}$

2.26　2.5×10^5 V

2.27　$b = \dfrac{\varepsilon_1}{\varepsilon_2}a$，$c = \sqrt{2}ea$

2.28　$W = \dfrac{q^2}{8\pi\varepsilon_0 a}\left(1 + \dfrac{1}{5\varepsilon_r}\right)$

2.29　$\Delta W = 5 \times 10^{-8}$ J

2.30　$E_{k1} = \dfrac{9q^2}{16\pi\varepsilon_0 r}$，$E_{k2} = \dfrac{q^2}{8\pi\varepsilon_0 r}$，$E_{k3} = \dfrac{5q^2}{16\pi\varepsilon_0 r}$

2.31　$\Delta W = \left(\dfrac{1}{\sqrt[3]{4}} - 1\right)\dfrac{Q^2}{8\pi\varepsilon_0 R}$，$\Delta W = \left(\dfrac{1}{n^{2/3}} - 1\right)\dfrac{Q^2}{8\pi\varepsilon_0 R}$

2.32　$q_1 = 4\pi\varepsilon_0 R_1 V - \dfrac{R_1}{R_2}q_2$，

　　　$W = \dfrac{1}{8\pi\varepsilon_0}\left[(4\pi\varepsilon_0 V)^2 R_1 - \dfrac{R_1}{R_2^2}q_2^2 + \dfrac{1}{R_2}q_2^2\right]$

2.33　233 pF，3.5×10^{-7} J

2.34　(1) $q_1 = 6.3 \times 10^{-4}$ C, $q_2 = 2.7 \times 10^{-4}$ C, $q_3 = 3.6 \times 10^{-4}$ C；

　　　　$U_1 = 210$ V, $U_2 = U_3 = 90$ V

　　　(2) $W = 94.5$ J

2.35　$n = \dfrac{mg\varepsilon_0 S(d_1 + d_2)}{q^2 d_2} + 1$，

　　　$H = d_1 - \dfrac{h}{\dfrac{(N - 1)q^2 d_2}{mg\varepsilon_0 S(d_1 + d_2)} - 1}$

2.36　$W = \dfrac{\rho^2\pi}{54\varepsilon_0}\left(R_2^3 - 6R_1^3\ln\dfrac{R_2}{R_1} - \dfrac{R_1^6}{R_2^3}\right)$，

　　　$U_0 = \dfrac{\rho}{6\varepsilon_0 R_2}(3R_1^2 R_2 - R_2^3 - 2R_1^3)$

2.37　$C = \dfrac{\varepsilon_0 S}{a - b}$，$W = \dfrac{\varepsilon_0 S U^2}{2(a - b)}$

2.38　$\vec{E}_内 = \dfrac{2A}{7\varepsilon_0}\cdot r^{3/2}\vec{e}_r$，$\vec{E}_外 = \dfrac{2Aa^{7/2}}{7\varepsilon_0}\cdot\dfrac{1}{r^2}\vec{e}_r$，

　　　$U_外 = \dfrac{2Aa^{7/2}}{7\varepsilon_0}\dfrac{1}{r}$，$U_内 = \dfrac{A}{\varepsilon}\left(\dfrac{2}{5}a^{5/2} - \dfrac{4}{35}r^{5/2}\right)$，

　　　$W = \dfrac{4}{21}\dfrac{\pi A^2}{\varepsilon_0}a^6$，$C = \dfrac{24}{7}\pi\varepsilon_0 a$

2.39　$\dfrac{v_{\max}}{v_{\min}} = \dfrac{\sqrt{v_1^2 + v_0^2}}{\sqrt{v_1^2 + v_0^2}} = \dfrac{\sqrt{1 + (v_0/v_1)^2}}{\sqrt{1 - (v_0/v_1)^2}}$

2.40　$x = \dfrac{1}{\dfrac{1}{2l} + \dfrac{Mmv_0^2}{kQ^2(M + 2m)}}$，$u_1 = \dfrac{1 - M/2m}{1 + M/2m}v_0$，

　　　$u_2 = \dfrac{2}{1 + M/2m}v_0$

2.41　(1) $-\dfrac{e}{2C} < U < \dfrac{e}{2C}$；(2) $C = 8.0 \times 10^{-16}$ F；

　　　(3) $W_n = \dfrac{(ne)^2}{2(C_S + C_D)}$

第 3 章

3.1　(1) 1.7×10^{-7} m·s^{-1}；(2) 1.1×10^5 m·s^{-1}；
　　　(3) 1.4×10^{-4} s；(4) 1.55×10^{-9} m；(5) 1.4×10^{-4} V·m^{-1}

3.2　$R = \dfrac{1}{4\pi\sigma}\left(\dfrac{1}{a} - \dfrac{1}{b}\right)$

3.3　$R = \dfrac{\rho}{2\pi l}\ln\dfrac{b}{a}$，$C = \dfrac{Q}{U} = \dfrac{2\pi\varepsilon l}{\ln(b/a)}$，$RC = \varepsilon\rho$

3.4　$\rho = 2.8 \times 10^{-8}$ Ω·m

3.5　1 m，1 194 V；10 m，18 V

3.6　$R = \dfrac{1}{2\pi\sigma R}$，$R = \dfrac{1}{\pi\sigma}\dfrac{d - 2R}{Rd - R^2}$

3.7　$U = 304$ V

3.8　$U_a = 2.75$ V, $U_b = 1.73$ V, $P_{R_1} = 0.598$ W, $P_{R_2} = 0.516$ W, $P_{R_3} = 0.105$ W

3.9　110 V 40 W 烧坏,通过的电流太大;两个灯泡都正常

3.10　$R_1 = 2985$ Ω，3 V 档电阻为 3.00×10^3 Ω；$R_2 = 1.2 \times 10^4$ Ω，15 V 档电阻为 1.5×10^4 Ω；$R_3 = 1.35 \times 10^5$ Ω，150 V 档电阻为 1.5×10^5 Ω

3.11　$I_1 = -0.133$ A；$I_2 = -0.033$ A，$I_3 = 0.166$ A；$U_1 = 1.27$ V，$U_2 = 1.47$ V，$U_3 = 1.53$ V；$P_1 = -0.17$ W，P_2

$= -0.05\,\text{W},P_3 = 0.26\,\text{W}$

3.12 $P_{\max} = \dfrac{\varepsilon^2}{4R}$

3.16 $r/2$, $r/3$, $2r/3$

3.17 $13r/7, 5r/6, 5r/12$

3.18 $R = (1 + \sqrt{3})r$

3.19 $R_k = (5 + 2\sqrt{55})r/15$

3.20 (1) 4.23 V, 5.77 V, 1.54 V;(2) 全部为第一个格子 3 个值的 1/194

3.21 $R = \dfrac{\rho}{2\pi}\ln\dfrac{b}{a}$

3.22 $I_1 = 3\,\text{A}$; $I_2 = 7\,\text{A}$; $I_3 = 0.8\,\text{A}$

3.23 $I = \dfrac{8}{7}\,\text{A}, U_4 = \dfrac{12}{7}\,\text{V}$

3.24 (1) $I = 0.4\,\text{A}$, $U_{ab} = 0\,\text{V}$; (2) $I = 0.4\,\text{A}$

3.25 $\rho = \dfrac{(2 + \sqrt{2})\pi a V_{CD}}{I_0}$

3.26 (1) 串联 11 990 Ω 电阻;(2) 并联 0.02 Ω 电阻

3.27 $I(t) = \dfrac{\mathscr{E}}{R + r}\left[1 + \dfrac{R}{r}\mathrm{e}^{-\frac{R+r}{RrC}t}\right]$,

$U(t) = \dfrac{R\mathscr{E}}{R + r}\left[1 - \mathrm{e}^{-\frac{R+r}{RrC}t}\right]$

3.29 (1) $\dfrac{\mathrm{d}Q}{\mathrm{d}t} = I_0\mathrm{e}^{-\frac{t}{RC}}$,(2) $\dfrac{\mathrm{d}W}{\mathrm{d}t} = \dfrac{\mathscr{E}^2}{R}(1 - \mathrm{e}^{-\frac{t}{RC}})\mathrm{e}^{-\frac{t}{RC}}$,

(3) $P = 2.74\times 10^{-6}\,\text{W}$,(4) $P_{源} = 3.82\times 10^{-6}\,\text{W}$

3.30 (1) $I = \dfrac{2\pi LU}{\rho\ln\left(\frac{b}{a}\right)}$, (2) $I' = \dfrac{2\pi LU}{\rho\ln\frac{b}{a}\left[1 + \left(\frac{B}{\rho ne}\right)^2\right]}$

3.31 $\sigma_{e1}(t) = \dfrac{1}{3}R_1\rho_{e0}(\mathrm{e}^{-\frac{t}{\tau_1}} - \mathrm{e}^{-\frac{t}{\tau_2}})$, $\tau_1 = \dfrac{\varepsilon_1}{\sigma_1}$;

$\sigma_{e2} = \dfrac{R_1^3}{3R_2^2}\rho_{e0}(1 - \mathrm{e}^{-\frac{t}{\tau_2}})$, $\tau_2 = \dfrac{\varepsilon_2}{\sigma_2}$

第 4 章

4.1 $B = \dfrac{\mu_0 I}{2\pi r}\dfrac{l}{\sqrt{l^2 + 4r^2}}$, $B \approx \dfrac{\mu_0 I}{2\pi r}$

4.2 (1) $B = \dfrac{\mu_0 I}{8ab}(b - a)$; (2) 42 μT

4.3 $B = \dfrac{\mu_0 I}{2R}\left(1 + \dfrac{1}{\pi}\right)$

4.4 (1) $B = \dfrac{\mu_0 NI}{2(b - a)}\ln\dfrac{b}{a}$;

(2) $B = \dfrac{\mu_0 NI}{2(b - a)}\left(\ln\dfrac{b + \sqrt{r^2 + b^2}}{a + \sqrt{r^2 + b^2}} + \dfrac{a}{\sqrt{r^2 + a^2}} - \dfrac{b}{\sqrt{r^2 + b^2}}\right)$,

$\vec{e}_l$ 为电流 I 的右旋方向

4.5 圆心处的 B 均为 0

4.6 $B = B_1 + B_2 = \dfrac{\mu_0 I}{2R}\left(1 - \dfrac{\theta}{\pi} + \dfrac{\tan\theta}{\pi}\right)$

4.7 $B = \dfrac{\mu_0 I}{4a}$

4.8 $B = 12.5\,\text{T}$

4.9 $\begin{cases}\vec{B} = \dfrac{\mu_0 Q}{6\pi R}\vec{\omega}, & r < R \\[2mm] \vec{B} = \dfrac{\mu_0 Q}{6\pi r^3}R^2\vec{\omega}, & r > R\end{cases}$, $\vec{m} = \dfrac{1}{3}QR^2\vec{\omega}$

4.10 $B(x) = \dfrac{\mu_0 IR^2}{2\left[R^2 + \left(\frac{a}{2} + x\right)^2\right]^{3/2}} + \dfrac{\mu_0 IR^2}{2\left[R^2 + \left(\frac{a}{2} - x\right)^2\right]^{3/2}}$

4.11 $\mu = 8.6\times 10^{22}\,\text{A}\cdot\text{m}^2$

4.12 (1) $B = \dfrac{\mu_0 r}{2\pi a^2}I$;(2) $B = \dfrac{\mu_0 I}{2\pi r}$;

(3) $B = \dfrac{\mu_0 I}{2\pi r}\left(\dfrac{c^2 - r^2}{c^2 - b^2}\right)$;(4) $B = 0$

4.13 实心导体轴线上,$B_O = -\dfrac{\mu_0 Ib^2}{2\pi d(a^2 - b^2)}$,方向与 I 成左手系,空心导体轴线上,$B_{O'} = \dfrac{\mu_0 Id}{2\pi(a^2 - b^2)}$,方向与 I 成右手系,$B_P = B_{O'}$;$B_O = 2\times 10^{-6}\,\text{T}$,$B_{O'} = 2\times 10^{-4}\,\text{T}$

4.14 $\dfrac{F_m}{F_e} \approx 400$

4.15 $v = v_0\sqrt{B/B_0}$, $r = \dfrac{mv_0}{e}\sqrt{\dfrac{1}{B_0 B}}$

4.16 $B_z = \dfrac{\mu_0 nI}{2}\left(1 + \dfrac{z}{\sqrt{z^2 + r_0^2}}\right)$, $B_r = \dfrac{\mu_0 nIrr_0^2}{4(r_0^2 + z^2)^{3/2}}$

4.17 (1) $q = \dfrac{m\sqrt{2gh}}{Bl}$,(2) $q = 3.13\,\text{C}$

4.18 (1) $F = \mu_0 I_1 I_2\left(\dfrac{L}{\sqrt{L^2 - R^2}} - 1\right)$

4.19 $M = \dfrac{\pi\mu_0 I_1 I_2 R_1^2 R_2^2}{2l^3}$,方向指向纸里

4.20 $i = (B_2 - B_1)/\mu_0$, $f = (B_2^2 - B_1^2)/2\mu_0$,方向向左

4.21 (1) $F = \dfrac{\mu_0 I_1 I_2 l}{\pi}\left(\dfrac{1}{a} - \dfrac{1}{a + b}\right)$,方向指向右

4.22　$\tau = \pi\sigma\omega R^4 B/4$

4.24　(1) $q_1' = \sqrt{q_1'^2 + g_1'^2/c^2}$，(2) $\dfrac{g_1'}{q_1'} = \dfrac{g_2'}{q_2'}$

4.25　6.7×10^{-3} m

4.26　阴极射线是电子流，除了由于电流的安培力是吸引力外，还存在电荷之间的库仑力，库仑力是排斥力，其值大于安培力，所以最终为排斥力

4.27　$v = 7.0 \times 10^7$ m·s^{-1}

4.28　$v_x = \dfrac{2qBR}{m}(1 - \cos\omega t), v_y = \dfrac{2qBR}{m}\sin\omega t$，滚轮线

4.30　$U_0 = \dfrac{ed^2 B^2}{2\pi^2 n^2 m}$

4.31　(1) $x = \sqrt{\dfrac{8mU}{qB^2}}$，(2) $\dfrac{q}{m} = 4.68 \times 10^6$ C·kg^{-1}

4.32　$\begin{cases} x = v_0 t\cos\beta \\ y = \dfrac{mv_0\sin\beta}{qB}\sin\left(\dfrac{qB}{m}t\right) \\ z = \dfrac{mv_0\sin\beta}{qB}\cos\left(\dfrac{qB}{m}t\right) \end{cases}$

4.33　$\mu = \dfrac{mv_0^2\sin^2\theta_0}{2B_0}, R = \dfrac{mv_0\sin\theta_0}{q\sqrt{B_0 B}}$，

　　　$h = \dfrac{2\pi mv_0}{qB}\sqrt{1 - \dfrac{B}{B_0}\sin^2\theta_0}$

4.34　$f = \dfrac{2\pi p R^2}{\mu_0 qIL}$

4.35　(1) $R_H = -\dfrac{1}{qn}$；(2) $R_H = \dfrac{Vt}{I_y B_z}$；(3) 应测得全部参数 $B_z(T)$，$I_y(A)$，$t(m)$，$V(V)$；

　　　(4) $V_0 = \dfrac{V_2 I_{y1} B_{z1} - V_1 I_{y2} B_{z2}}{I_{y1} B_{z1} - I_{y2} B_{z2}}$；(5) 该样品的载流子为正，即为 P 型半导体，(6) 液氮温度下，电子的霍尔效应超过空穴的霍尔效应，而 R_H 便由负变正

4.36　$v = v_0\left[1 - \left(\dfrac{vB^2 l}{\rho P}\right)\right]$

第 5 章

5.1　447 倍

5.2　$\mu = 2.8 \times 10^{-3}$ A·m^2

5.3　$2evr/3$，7.55×10^7 m·s^{-1}

5.4　(1) 1.6×10^{24}；(2) 14.6 A·m^2；

(3) $i = 1.55 \times 10^6$ A·m^{-1}；　(4) $B = 1.94$ T

5.5　(1) 2.0×10^4 A·m^{-1}；(2) 7.76×10^5 A·m^{-1}；(3) 38.8
　　　(4) 7.76×10^5 A·m^{-1}，39.8

5.6　$\mu_m = \dfrac{4\pi\varepsilon_0 \omega R^3 U}{3}$

5.7　$B_1 = \mu_0 M$，$B_2 = B_3 = 0$，$B_4 = B_5 = B_6 = B_7 = \dfrac{\mu_0 M}{2}$；

　　　$H_1 = H_2 = H_3 = 0$，$H_4 = -H_5 = -H_6 = H_7 = \dfrac{M}{2}$

5.8　由图读出 $B = 1.2$ T 时，$H = 220$ A·m^{-1}，$I' \approx 2.6 \times 10^4$ A

5.9　1.7 A·m^{-1}；　210 K

5.10　$\theta = 5.6'$

5.11　内径为 25 mm 时，外径为 26 mm

5.12　球内：$B(z) = \dfrac{2\mu_0 M}{3}$；球外：$B(z) = \dfrac{\mu_0}{4\pi}\dfrac{2M}{|z|^3}$

5.14　$\begin{cases} B_1 = \mu_0\mu_{r1} i_0 \\ B_2 = \mu_0\mu_{r2} i_0 \end{cases}$，$\begin{cases} \text{上：} i_m = M_1 = (\mu_{r1}-1)i_0 \\ \text{中：} i_m = M_1 - M_2 = (\mu_{r1}-\mu_{r2})i_0 \\ \text{下：} i_m = M_2 = (\mu_{r2}-1)i_0 \end{cases}$

5.15　$0, x < -\dfrac{d}{2}, x > \dfrac{5d}{2}$；$\mu_0 jd, \dfrac{d}{2} < x < \dfrac{3d}{2}$；

　　　$\mu_0\mu_{r1} j\left(\dfrac{d}{2}+x\right), -\dfrac{d}{2} < x < \dfrac{d}{2}$；

　　　$\mu_0\mu_{r2} j\left(\dfrac{5d}{2}-x\right), \dfrac{3d}{2} < x < \dfrac{5d}{2}$

5.16　到体内 $B = -\mu_0 jx$，左边磁介质中：$B = -\mu_0\mu_{r1} jb/2$，右边磁介质中：$B = -\mu_0\mu_{r2} jb/2$

5.17　$P = 9.5 \times 10^4$ W，$m_{铜} = 3.8 \times 10^2$ kg，

　　　$F = \dfrac{B^2 S}{2\mu_0} = 8.0 \times 10^5$ N

5.18　$B = \dfrac{NI_0\mu\mu_0}{4\mu_0 l + (\mu - \mu_0)d}$

5.19　(1) 0.71 T；　(2) 0.37 T

5.20　总匝数为 9.45×10^4

5.21　$F \approx 50$ N

5.23　$I < 3.0 \times 10^2$ A

第 6 章

6.1　三角导轨段：$\mathscr{E} = 2Blv^2 t\tan\alpha$；平行导轨段：$\mathscr{E} = Blv$

6.2　$B = RQ/2NS$

6.3 (1) $\mathscr{E} = -\dfrac{\mu_0 I_0 \omega l \cos \omega t}{2\pi} \ln \dfrac{b}{a}$;

(2) $\mathscr{E} = -\dfrac{\mu_0 I_0 l}{2\pi}\left(\omega \cos \omega t \ln \dfrac{b+vt}{a+vt}\right.$
$\left. + \sin \omega t\ \dfrac{(a-b)v}{(a+vt)(b+vt)}\right)$;

(3) $F = \dfrac{(\mu_0 I_0 l)^2 \sin \omega t}{(2\pi)^2 R} \cdot \dfrac{b-a}{(a+vt)(b+vt)}$

$\cdot \left[\omega \cos \omega t \ln \dfrac{b+vt}{a+vt} + \sin \omega t\ \dfrac{(a-b)v}{(a+vt)(b+vt)}\right]$

6.4 $\mathscr{E} = \dfrac{\mu_0 \mu \omega}{4\pi R}$

6.5 (1) 2.6×10^{-3} V; (2) $E = 1.0 \times 10^{-3}$ V·m^{-1}; (3) 8.8×10^{-15} C·m^{-2}

6.6 $\mathscr{E} = -\dfrac{\mu_0}{2\pi} Iv \ln\left(\dfrac{L_0+L}{L_0}\right)$

6.7 $\mathscr{E} = \dfrac{\mu_0 Ivb}{2\pi a}\ln\dfrac{a+d}{d} - \dfrac{\mu_0 I}{2\pi(a+d)}vb$,方向:顺时针

6.8 $v = \dfrac{a^3 S}{31 m\rho}B_0^2$

6.9 $v_T = \dfrac{mgR}{B^2 l^2 \sin^2\theta}$

6.10 $M = \left(\dfrac{\mu_0 \pi a^2}{2b}\right)\cos \omega t$, $I_1 = \left(\dfrac{\mu_0 I_2 \pi a^2}{2bR}\right)\omega \sin \omega t$,

$\vec{M} = \left(\dfrac{\mu_0^2 I_2^2 \pi^2 a^4}{4b^2 R}\right)\omega \sin^2\omega t(-\vec{e}_z)$,

$\mathscr{E}_2 = \left(\dfrac{\mu_0 \pi a^2}{2b}\right)^2 \dfrac{I}{R}\omega^2 \cos 2\omega t$

6.11 $I = \dfrac{\pi a^2 \omega NB}{\sqrt{\omega^2 L^2 + R^2}}(Re^{-\frac{R}{L}t} - R\cos \omega t - \omega L \sin \omega t)$,

$M = \dfrac{\pi^2 a^4 \omega NB^2 \cos \omega t}{\sqrt{\omega^2 L^2 + R^2}}(Re^{-\frac{R}{L}t} - R\cos \omega t - \omega L \sin \omega t)$

6.12 288 V

6.13 151 eV, 60 V·m^{-1}

6.14 $U_{ab} = \dfrac{\pi}{12}kR^2$, $U_{ac} = \dfrac{3\sqrt{3}+\pi}{12}kR^2$

6.15 $U = 0$, $U = \dfrac{2\pi^2 a^2 k \sin\theta}{9\theta(2\pi-\theta)+4\pi^2}$

6.16 (1) $L = \dfrac{\mu_0 N^2 h}{2\pi}\ln\dfrac{R+2a}{R}$, (2) $M = \dfrac{\mu_0 Nh}{2\pi}\ln\dfrac{R+2a}{R}$

6.17 $x(t) = \dfrac{FL}{B^2 l^2}(1-\cos \omega t)$; $\omega = \dfrac{Bl}{\sqrt{mL}}$

6.18 $v(t) = \dfrac{mgR}{B^2 a^2}\left[1 - \exp\left(-\dfrac{B^2 a^2}{mR}t\right)\right]$,

$i(t) = \dfrac{mg}{Ba}\left[1 - \exp\left(-\dfrac{B^2 a^2}{mR}t\right)\right]$;

$v(t) = \dfrac{g}{\omega}\sin \omega t$, $i(t) = \dfrac{mg}{Ba}(1-\cos \omega t)$, $\omega = \dfrac{Ba}{\sqrt{mL}}$

6.19 $\mathscr{E} = \dfrac{\mu_0 \omega I}{2\pi}\left(L - b\ln\dfrac{b+L}{b}\right)$,A 点电势高

6.20 $\theta = \arcsin\dfrac{2B^2 a^2 v}{(3+\sqrt{3})mgR}$

6.21 $v = \dfrac{9\sqrt{3}R^3}{10mr}B_0^2$

6.22 (1) $L = \dfrac{\mu_0}{\pi}\ln\dfrac{d-a}{a}$,(2) $W = \dfrac{\mu_0 I^2}{2\pi}\ln\dfrac{d'}{d}$

6.23 $M = \dfrac{\mu_0 S}{2\pi d}$

6.24 (1) $M_{AC} = 2.09$ H, (2) $M_{AB} = 16.8$ H

6.25 (1) $L = 9.87 \times 10^{-4}$ H, $R = 7.76\ \Omega$,

(2) $\dfrac{dI}{dt} = 2.03 \times 10^3$ A·s^{-1}, (3) $I = 0.258$ A,

(4) $\tau = 1.27 \times 10^{-4}$ s, $t = 8.8 \times 10^{-5}$ s,

(5) $W = 3.28 \times 10^{-5}$ J, $w = 4.18$ J·m^{-3}

6.26 (1) $L = \dfrac{\mu_0}{2\pi}\ln\dfrac{b}{a}$, (2) $\Delta W = \dfrac{\mu_0 I^2}{4\pi}\ln 2$, (3) $A_磁 = \dfrac{\mu_0 I^2}{4\pi}\ln 2$, $W_{电源} = \dfrac{\mu_0 I^2}{2\pi}\ln 2$

6.27 $L_{bb'} = 0$; $L_{ab'} = 0.2$ H

6.28 $\mathscr{E} = |\mu_0 nS\omega I_0 \cos \omega t|$

6.29 $L_{ab} = \dfrac{L_1 L_2(L_3+L_4)+L_3 L_4(L_1+L_2)+(L_1+L_2)(L_3+L_4)L_5}{(L_1+L_3)(L_2+L_4)+(L_1+L_2+L_3+L_4)L_5}$

6.30 $L_3 = 3(L_2 - L_1)$

6.33 $Q_2 = 220$ J, $Q_2 = 2\,420$ J

6.34 $I = -\pi R^2 B/L$, $A = \pi^2 B^2 R^4/2L$

第 7 章

7.1 $R_x = 40\ \Omega$, $L_x = 0.6$ H

7.2 $C = 1\ \mu$F

7.3 (1) $51.4\ \Omega$, (2) $\varphi = -0.678$ rad, (3) $V_{mL} = 0.611$ V, $V_{mC} = 1.24$ V, $V_{mR} = 0.778$ V

7.4 (1) $626\ \Omega$, $500\ \Omega$; (2) 先上升,在 $\omega = 745$ rad·s^{-1} 时电流极大,然后下降; (3) $\varphi = -61.4°$,电流超前电压;

(4) 119 Hz，$\cos\varphi = 1$；(5) 119 Hz，0.354 A

7.5　(1) 0.78，(2) 2.75 A，(3) 152.1 W

7.6　$L = 2\times10^{-2}$H，$B = 1.26$ T，$W_m = 4\times10^4$ J，$\tau = 0.2$ s

7.7　$Z = Z_1(1 + \sqrt{1 + 4Z_2/Z_1})/2$

7.8　$Z = \dfrac{\sqrt{R^2\left(R^2 + \dfrac{2}{\omega^2 C^2}\right)^2 + \dfrac{1}{\omega^2 C^2}\left(2R^2 + \dfrac{1}{\omega^2 C^2}\right)^2}}{R^2 + \dfrac{1}{\omega^2 C^2}}$

7.9　$4.9 + 0.7$ j；电感性，36.4 V

7.10　$Z = \sqrt{R^2 + \left(\dfrac{\omega^2 LC - 1}{\omega C} + \dfrac{\omega L}{1 - \omega^2 LC}\right)^2}$，

　　　$\omega_{极} = \dfrac{\sqrt{(3\pm\sqrt{5})/2}}{\sqrt{LC}}$，$\omega_c = \dfrac{0.62}{\sqrt{LC}}$ 或 $\omega_c = \dfrac{1.62}{\sqrt{LC}}$

7.11　$i(t) = 6.22\sin(314t + 73°)$(A)，

　　　$u_R(t) = 187\sin(314t + 73°)$(V)；

　　　$u_L(t) = 249\sin(314t + 163°)$(V)，

　　　$u_C(t) = 498\sin(314t - 17°)$(V)，$P_{有} = 585.2$ W，

　　　$P_{无} = 776.6$ W

7.12　216 V，1 540 W，195 W

7.13　$Z = 10\ \Omega$，$I_C = 22$ A，$P_{有} = 3\,872$ W，$\cos\varphi = 0.8$，在原
　　　电路上并联一个 $C = 0.19$ mF 的电容

7.14　$C = \dfrac{P}{\omega U^2}(\tan\varphi_L - \tan\varphi)$，没有改变

7.15　(1) 15 匝，(2) 20 匝，(3) 1 050 匝，0.13 A

7.16　$\omega = \dfrac{1}{\sqrt{L_1 C_1}}$

7.17　(1) $P = \dfrac{\mathscr{E}^2(R + R_0)}{(R + R_0)^2 + \omega^2(L + L_0)^2}$，

　　　(2) $P' = \dfrac{\mathscr{E}^2 R}{(R + R_0)^2 + \omega^2(L + L_0)^2}$，

　　　(3) $\eta = \dfrac{R}{R + R_0}$

7.18　$P_{视} = 660$ VA，$P_{有} = 528$ W，$z = 73.3\ \Omega$

7.19　47.8

7.20　$N_1 = 1\,320$，$N_2 = 188$，$N_3 = 28$

第 8 章

8.4　$A = \dfrac{Q^2}{4\pi\varepsilon_0 x}\ln 2$

8.5　$\vec{F} = -\dfrac{3}{128}\dfrac{p^2}{\pi\varepsilon_0 d^4}\vec{e}_y$，y 沿导体法线方向

8.6　(1) $U_1 = \dfrac{q}{4\pi\varepsilon_0}\left(\dfrac{1}{\sqrt{r^2 + d^2 - 2rd\cos\theta}} - \dfrac{R}{\sqrt{r^2 d^2 + R^4 - 2rR^2 d\cos\theta}}\right)$

　　　$\vec{E} = \dfrac{q}{4\pi\varepsilon_0}\left[\dfrac{r - d\cos\theta}{(r^2 + d^2 - 2rd\cos\theta)^{3/2}}\right.$

　　　　　$\left. + \dfrac{R(dR^2\cos\theta - rd^2)}{(r^2 d^2 + R^4 - 2rdR^2\cos\theta)^{3/2}}\right]\vec{e}_r$

　　　　　$+ \dfrac{q}{4\pi\varepsilon_0}\left[\dfrac{rd\sin\theta}{(r^2 + d^2 - 2rd\cos\theta)^{3/2}}\right.$

　　　　　$\left. - \dfrac{drR^3\sin\theta}{(r^2 d^2 + R^4 - 2rdR^2\cos\theta)^{3/2}}\right]\vec{e}_\theta$

　　　(2) 电场同(1)结果，$U_2 = U_1 + \dfrac{Q + q}{4\pi\varepsilon_0 R}$

8.7　$q > \dfrac{d(d^2 - a^2)^2}{(2d^2 - a^2)a^3}Q$

8.8　$C = \dfrac{2\varepsilon_0\pi}{\ln\left(\dfrac{2b}{a}\right)}$

8.9　$\Delta U = 81.4$ kV

8.10　$\dfrac{E_{2\max}}{E_{1\max}} = \dfrac{\ln(d/r_0)}{\ln(d^2/cr_0)}$，62%

8.11　$C' = C(\varepsilon_r + 1)/2$

8.12　$\sigma/\omega\varepsilon$，1.67×10^{16}，2.78×10^6

8.13　$j_{D内} = \dfrac{1}{2}\varepsilon_0\mu_0 nI_0\omega^2 r\sin\omega t$，

　　　$j_{D外} = \dfrac{1}{2r}\varepsilon_0\mu_0 nI_0\omega^2 a^2\sin\omega t$

8.14　$\dfrac{f_e}{f_m} = \dfrac{c}{v} \gg 1$，$v_\perp = \dfrac{4\pi\varepsilon_0 r^2(E_0 - 3E)El}{mv_0}$，$v_{\perp e最大值} \approx 9.3$
　　　$\times 10^{-11}$ m·s^{-1}

8.15　一种场分布如 $\vec{E} = kx\vec{e}_x$，满足题意并且满足麦克斯
　　　韦方程组

8.16　$\vec{E}' \to -\vec{E}$，$\vec{B}' \to -\vec{B}$；(2) $\vec{E}' \to \vec{E}$，$\vec{B}' \to \vec{B}$；(3) $\vec{E}'$
　　　$\to \vec{E}$，$\vec{B}' \to -\vec{B}$

8.17　$I_d = -\dfrac{U_0}{(R_1 + R_2)}\mathrm{e}^{-t/\tau c}$，其中 $C = \dfrac{\varepsilon_0\pi b^2}{d}$；

　　　$B = -\dfrac{\mu_0 rU_0}{2\pi b^2(R_1 + R_2)}\mathrm{e}^{-t/\tau c}$；

　　　$|\vec{S}| = \dfrac{\varepsilon_0 bU_0^2 R_1}{2(R_1 + R_2)^2 d^2 C}\mathrm{e}^{-t/\tau c}$，从电容器内部流出能量

8.19 $\vec{H} = \sqrt{\dfrac{\varepsilon_0}{\mu_0}} E\, \vec{e}_y$, $\vec{S}_{ave} = \dfrac{1}{2}\sqrt{\dfrac{\varepsilon_0}{\mu_0}} E_0^2\, \vec{e}_z$

8.20 $\lambda = 67\ \mathrm{m}$, $v_p = 3.35 \times 10^7\,\mathrm{m \cdot s^{-1}}$, $\delta = 0.34\ \mathrm{m}$

8.21 (1) $\vec{S} = \dfrac{U_m r}{2d^2}\left[\dfrac{\varepsilon\omega \sin(2\omega t)}{2} - \sigma \cos^2(\omega t)\right]\vec{e}_r$,

　　　 $\overline{\vec{S}} = -\dfrac{\sigma r U_m^2}{4d^2}\,\vec{e}_r$; (2) $\overline{P}_{in} = \dfrac{\sigma \pi R^2 U_m^2}{2d}$;

　　　 (3) $P_{耗} = \dfrac{\sigma \pi R^2 U_m^2}{d}\cos^2(\omega t)$, $\overline{P}_{耗} = \dfrac{\sigma \pi R^2 U_m^2}{2d}$

8.23 $\omega_m = 4.0 \times 10^5\,\mathrm{J \cdot m^{-3}}$, $E = 3.0 \times 10^8\,\mathrm{V \cdot m^{-1}}$, 高于空

气的击穿强度

8.24 $L = 2.58 \times 10^4\ \mathrm{m}$

8.25 (1) $F = \dfrac{3\pi r^2 S}{2c} = 2.1 \times 10^{-5}\ \mathrm{N}$; (2) $a = 2.1 \times 10^{-7}\ \mathrm{m \cdot s^{-2}}$

8.26 $S \approx 25\ \mathrm{m^2}$

8.27 $0.4\ \mathrm{W \cdot m^{-2}}$, $4 \times 10^{-3}\ \mathrm{W \cdot m^{-2}}$

8.28 $P_{压} = 3.2 \times 10^{-12}\,\mathrm{Pa^{-2}}$, $F = 1.4 \times 10^{-11}\,\mathrm{N}$

附录 I   物理学常用常数表

物理量	符号	2010CODATA 推荐值*	常用值
真空中光速	c	299792458 m·s	3.00×10^8
万有引力常数	G	6.67384×10^{-11} m^3·kg^{-1}·s^{-2}	6.67×10^{-11}
阿伏伽德罗常数	N_A	$6.02214129 \times 10^{23}$ mol^{-1}	6.02×10^{23}
玻尔兹曼常数	K	$1.3806488 \times 10^{-23}$ J·K^{-1}	1.38×10^{-23}
普朗克常数	h	$6.6260957 \times 10^{-34}$ J·s	6.63×10^{-34}
电子电量	e	$1.602176565 \times 10^{-19}$ C	1.60×10^{-19}
电子静止质量	m_e	$9.10938291 \times 10^{-31}$ kg	9.11×10^{-31}
质子静止质量	m_p	$1.672621777 \times 10^{-27}$ kg	1.67×10^{-27}
中子静止质量	m_n	$1.674927351 \times 10^{-27}$ kg	1.67×10^{-27}
真空介电常数	ε_0	$8.854187817 \times 10^{-12}$ F·m^{-1}	8.85×10^{-12}
真空磁导率	μ_0	$1.2566370614 \times 10^{-6}$ H·m^{-1}	1.27×10^{-6}
玻尔半径	a_0	$5.2917721092 \times 10^{-11}$ m	0.53×10^{-10}
玻尔磁子	μ_B	$9.27400968 \times 10^{-24}$ A·m^2	9.27×10^{-24}
电子磁矩	μ_e	$9.28476430 \times 10^{-24}$ A·m^2	9.28×10^{-24}
质子磁矩	μ_p	$1.410606743 \times 10^{-26}$ A·m^2	1.41×10^{-26}
中子磁矩	μ_n	$-0.96623647 \times 10^{-26}$ A·m^2	0.97×10^{-26}
核磁子	μ_N	$5.05078353 \times 10^{-27}$ A·m^2	5.05×10^{-27}
磁通量子	Φ_0	$2.067833758 \times 10^{-15}$ Wb	2.07×10^{-15}
康普顿波长	λ	$2.4263102389 \times 10^{-12}$ m	2.43×10^{-12}
经典电子半径	r_e	$2.8179403267 \times 10^{-15}$ m	2.82×10^{-15}
精细结构常数	α	$7.2973525698 \times 10^{-3}$	7.30×10^{-3}
重力加速度	g	9.80665 m·s^{-2}	9.81

资料来源:http://physics.nist.gov/cuu/Constants/Table/allascii.txt。

附录 Ⅱ　矢量分析与场论初步

一、矢量运算

1. 矢量的标积

两个矢量的标积定义为一个标量,它等于这两个矢量的大小和它们之间夹角的余弦的乘积,即

$$C = \vec{A} \cdot \vec{B} = AB\cos\theta$$

简单地说,就是一个矢量 $\vec{A}$ 在另一个矢量上 $\vec{B}$ 的投影与这个矢量 $\vec{B}$ 的大小的乘积。

矢量标积的一些运算法则:

$$\vec{A} \cdot \vec{B} = \vec{B} \cdot \vec{A}$$
$$\vec{A} \cdot \vec{A} = A^2$$
$$\vec{A} \cdot (\vec{B} + \vec{C}) = \vec{A} \cdot \vec{B} + \vec{A} \cdot \vec{C}$$

在直角坐标系中

$$
\begin{aligned}
\vec{A} \cdot \vec{B} &= (A_x \vec{e}_x + A_y \vec{e}_y + A_z \vec{e}_z) \\
&\quad \cdot (B_x \vec{e}_x + B_y \vec{e}_y + B_z \vec{e}_z) \\
&= A_x B_x + A_y B_y + A_z B_z
\end{aligned}
$$

2. 矢量的叉积

两个矢量 $\vec{A}$ 和 $\vec{B}$ 的叉积也是矢量,方向垂直于 $\vec{A}$ 和 $\vec{B}$ 构成的平面,大小为以 $\vec{A}$ 和 $\vec{B}$ 矢量为边的平行四边形面积,即

$$\vec{C} = \vec{A} \times \vec{B} = AB\sin\theta \, \vec{e}_n$$

式中,θ 为 $\vec{A}$ 和 $\vec{B}$ 矢量的夹角,$\vec{e}_n$ 为右手四指从 $\vec{A}$ 按旋转到 $\vec{B}$ 时大拇指所指的方向,如图 A.1 所示。所以叉乘又称为面积矢量。

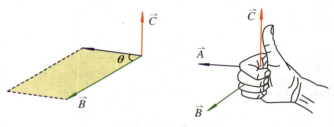

图 A.1　矢量的平移

矢量叉积的一些运算法则:

$$\vec{A} \times \vec{B} = -\vec{B} \times \vec{A}$$
$$\vec{A} \times \vec{A} = 0$$
$$\vec{A} \times (\vec{B} + \vec{C}) = \vec{A} \times \vec{B} + \vec{A} \times \vec{C}$$

在直角坐标系中

$$
\begin{aligned}
\vec{A} \times \vec{B} &= (A_x \vec{e}_x + A_y \vec{e}_y + A_z \vec{e}_z) \\
&\quad \times (B_x \vec{e}_x + B_y \vec{e}_y + B_z \vec{e}_z) \\
&= (A_y B_z - A_z B_y) \vec{e}_x + (A_z B_x - A_x B_z) \vec{e}_y \\
&\quad + (A_x B_y - A_y B_x) \vec{e}_z
\end{aligned}
$$

此式也可以用一个很容易记忆的行列式表示,即

$$
\vec{A} \times \vec{B} = \begin{vmatrix} \vec{e}_x & \vec{e}_y & \vec{e}_z \\ A_x & A_y & A_z \\ B_x & B_y & B_z \end{vmatrix}
$$

3. 矢量的其他运算公式

$$\vec{A} \cdot (\vec{B} \times \vec{C}) = \vec{C} \cdot (\vec{A} \times \vec{B}) = \vec{B} \cdot (\vec{C} \times \vec{A})$$
$$\vec{A} \times (\vec{B} \times \vec{C}) = \vec{B}(\vec{A} \cdot \vec{C}) - \vec{C}(\vec{A} \cdot \vec{B})$$
$$(\vec{A} \times \vec{B}) \times \vec{C} = (\vec{A} \cdot \vec{C})\,\vec{B} - (\vec{B} \cdot \vec{C})\,\vec{A}$$
$$(\vec{A} \times \vec{B}) \cdot (\vec{C} \times \vec{D}) = (\vec{A} \cdot \vec{C})(\vec{B} \cdot \vec{D})$$
$$- (\vec{A} \cdot \vec{D})(\vec{B} \cdot \vec{C})$$

二、哈密顿 (Hamilton) 算符 (或算子) "∇"

引进微分算子"∇",读作"Nabla"。在直角坐标系中,∇ 的表达式为

$$\nabla = \vec{e}_x \frac{\partial}{\partial x} + \vec{e}_y \frac{\partial}{\partial y} + \vec{e}_z \frac{\partial}{\partial z}$$

在柱坐标和球坐标系中,"∇"的表达式分别为

$$\nabla = \vec{e}_r \frac{\partial}{\partial r} + \vec{e}_\varphi \frac{1}{r} \frac{\partial}{\partial \varphi} + \vec{e}_z \frac{\partial}{\partial z}$$

$$\nabla = \vec{e}_r \frac{\partial}{\partial r} + \vec{e}_\theta \frac{1}{r} \frac{\partial}{\partial \theta} + \vec{e}_\varphi \frac{1}{r \sin\theta} \frac{\partial}{\partial \varphi}$$

另外,还经常用到标量拉普拉斯算子,即

$$\nabla^2 = \nabla \cdot \nabla 。$$

在直角坐标系中,拉普拉斯算子的表达式为

$$\nabla^2 = \frac{\partial^2}{\partial x^2} + \frac{\partial^2}{\partial y^2} + \frac{\partial^2}{\partial z^2}$$

在柱坐标系中和球坐标中,拉普拉斯算子的表达式分别为

$$\nabla^2 = \frac{1}{r} \frac{\partial}{\partial r}\left(r \frac{\partial}{\partial r} \right) + \frac{1}{r^2}\left(\frac{\partial^2}{\partial \varphi^2} \right) + \frac{\partial^2}{\partial z^2}$$

$$\nabla^2 = \frac{1}{r^2} \frac{\partial}{\partial r}\left(r^2 \frac{\partial}{\partial r} \right) + \frac{1}{r^2 \sin\theta} \frac{\partial}{\partial \theta}\left(\sin\theta \frac{\partial}{\partial \theta} \right) + \frac{1}{r^2 \sin^2\theta} \frac{\partial^2}{\partial \varphi^2}$$

三、场论初步

若对全空间或其中某一区域 V 中每一点 P,都有一个标量值(或矢量值)与之对应,则称在 V 上给定了一个标量场(或矢量场)。例如:温度和密度都是标量场,力和速度都是矢量场。在引进直角坐标系后,P 点的位置可由坐标确定;因此给定了某个标量场就等于给定了一个标量函数 $u(x, y, z)$。在以下讨论中总是设它对每个变量都有一阶连续偏导数;同理,每个矢量场都可用某个向量函数 $\vec{A}$ 表示,并假定它们有一阶连续偏导数,即

$$\vec{A}(x, y, z)$$
$$= A_x(x, y, z)\,\vec{e}_x + A_y(x, y, z)\,\vec{e}_y + A_z(x, y, z)\,\vec{e}_z$$

相对应,A_x,A_y,A_z 为所定义区域上的标量函数。

1. 标量场的梯度

(1) 梯度的定义

我们定义一个矢量 $\vec{A}$,其方向就是标量函数 u 在 P 点处变化率为最大的方向,其大小就是这个最大变化率的值,这个矢量 $\vec{A}$ 称为函数 u 在 P 点处的梯度(gradient),记为

$$\text{grad}\,u = \vec{A} = \frac{\partial u}{\partial x}\,\vec{e}_x + \frac{\partial u}{\partial y}\,\vec{e}_y + \frac{\partial u}{\partial z}\,\vec{e}_z$$

已可以用哈密顿算符表示,即

$$\vec{A} = \text{grad}\,u = \nabla u$$

∇u 称梯度场。

(2) 梯度的性质

梯度有以下重要性质:

① 方向导数等于梯度在该方向上的投影即 $\frac{\partial u}{\partial l} = \nabla u \cdot \vec{l}$。

② 标量场 u 中每一点 P 处的梯度,垂直于过该点的等值面,且指向函数 $u(P)$ 增大的方向。也就是说,梯度就是该等值面的法向矢量。

③ $\nabla \times \nabla u = 0$,这就是说如果一个矢量 $\vec{A}$ 满足 $\nabla \times \vec{A} = 0$,即 $\vec{A}$ 是一个无旋场,则矢量 $\vec{A}$ 可以用一个标量函数的梯度来表示,即 $\vec{A} = \nabla u$。如静电场中的电场强度就可以用一个标

量函数静电势的梯度来表示。

2. 矢量场的散度

（1）散度的定义

设有矢量场 $\vec{A}$，在场中任一点 P 处做一个包含 P 点在内的任一闭合曲面 S，S 所限定的体积为 ΔV，当体积 ΔV 以任意方式缩向 P 点时，取下列极限

$$\lim_{\Delta V \to 0} \frac{\oiint_S \vec{A} \cdot d\vec{S}}{\Delta V}$$

如果上式的极限存在，则称此极限为矢量场 $\vec{A}$ 在 P 点处的散度（divergence），记作

$$\text{div}\,\vec{A} = \lim_{\Delta V \to 0} \frac{\oiint_S \vec{A} \cdot d\vec{S}}{\Delta V}$$

在直角坐标系中，散度的表达式为

$$\text{div}\,\vec{A} = \frac{\partial A_x}{\partial x} + \frac{\partial A_y}{\partial y} + \frac{\partial A_z}{\partial z}$$

也可以用哈密顿算子表示，即

$$\begin{aligned}
\nabla \cdot \vec{A} &= \left(\vec{e}_x \frac{\partial}{\partial x} + \vec{e}_y \frac{\partial}{\partial y} + \vec{e}_z \frac{\partial}{\partial z} \right) \\
&\quad \cdot (A_x \vec{e}_x + A_y \vec{e}_y + A_z \vec{e}_z) \\
&= \frac{\partial A_x}{\partial x} + \frac{\partial A_y}{\partial y} + \frac{\partial A_z}{\partial z}
\end{aligned}$$

可见，$\nabla \cdot \vec{A}$ 为一标量，表示场中一点处的通量对体积的变化率，也就是在该点处对一个单位体积来说所穿出的通量，称为该点处源的强度，它描述的是场分量沿着各自方向上的变化规律。当 $\nabla \cdot \vec{A}$ 的值不为 0 时，其符号为正或为负。当 $\nabla \cdot \vec{A}$ 的值为正时，则表示矢量场 $\vec{A}$ 在该处有散发通量之正源，称为源点；当 $\nabla \cdot \vec{A}$ 的值为负时，则表示矢量场 $\vec{A}$ 在该点处有吸收通量之负源，称为汇点；当 $\nabla \cdot \vec{A}$ 的值等于 0 时，则表示矢量场 $\vec{A}$ 在该点处无源。我们称 $\nabla \cdot \vec{A} \equiv 0$ 的场是连续的或无散的矢量场，在第 4 章讲的磁场就是连续的或无散的矢量场。

（2）高斯散度定理

在矢量分析中，一个重要的定理是

$$\iiint_V \nabla \cdot \vec{A}\, dV = \oiint_S \vec{A} \cdot d\vec{S}$$

上式称为高斯散度定理，它说明了矢量场散度的体积分等于

矢量场在包围该体积的闭合面上的法向分量沿闭合面的面积分。散度定理广泛地用于将一个封闭面积分变成等价的体积分，或者将一个体积分变成等价的封闭面积分。有关它的证明这里略去。

3. 矢量的环量及旋度

（1）环量的定义

设有矢量场 $\vec{A}$，$\vec{l}$ 为场中的一条封闭的有向曲线，定义矢量场 $\vec{A}$ 环绕闭合路径 $\vec{l}$ 的线积分为该矢量的环量（circulation），记作

$$\Gamma = \oint_L \vec{A} \cdot d\vec{l}$$

可见，矢量的环量也是一标量，如果矢量的环量不等于 0，则在 $\vec{l}$ 内必然有产生这种场的漩涡源；如果矢量的环量等于 0，则我们说在 $\vec{l}$ 内没有漩涡源。

（2）旋度的定义

矢量的环量和矢量穿过闭合面的通量一样都是描绘矢量场 $\vec{A}$ 性质的重要物理量，它同样是一个积分量。为了知道场中每个点上漩涡源的性质，我们引入矢量场的旋度的概念。

设 P 为矢量场中的任一点，做一个包含 P 点的微小面元 ΔS，其周界为 $\vec{l}$，它的正向与面元 ΔS 的法向单位矢量 $\vec{n}$ 成右手螺旋关系，则矢量场 $\vec{A}$ 沿 $\vec{l}$ 之正向的环量与面积 ΔS 之比，当曲面 ΔS 在 P 点处保持以 $\vec{n}$ 为法矢的条件下，以任意方式缩向 P 点，若其极限

$$\lim_{\Delta S \to P} \frac{\oint_l \vec{A} \cdot d\vec{l}}{\Delta S}$$

存在，则称它为矢量场在 P 点处沿 $\vec{n}$ 方向的环量面密度（即单位面积的环量）。

显然，环量面密度与 $\vec{l}$ 所围成的面元 ΔS 的方向有关。例如，在流体情形中，某点附近的流体沿着一个面上呈漩涡状流动时，如果 $\vec{l}$ 围成的面元与漩涡面的方向重合，则环量面密度最大；如果所取面元与漩涡面之间有一夹角，则得到的环量面密度总是小于最大值；若面元与漩涡面相垂直，则环量面密度等于 0。可见，必存在某一固定矢量 $\vec{B}$，这个固定矢量 $\vec{B}$ 在任意面元方向上的投影就给出该方向上的环量面密度，$\vec{B}$ 的方向为环量面密度最大的方向，其模即为最大环量面密度的数值，我们称固定矢量 $\vec{B}$ 为矢量 $\vec{A}$ 的旋度（curl 或 rotation），记作

$$\text{rot}\,\vec{A} = \vec{B}$$

该式为旋度矢量在 $\vec{n}$ 方向的投影,即

$$\lim_{\Delta S \to P} \frac{\oint_l \vec{A} \cdot \mathrm{d}\vec{l}}{\Delta S} = \mathrm{rot}_n \vec{A}$$

因此,矢量场的旋度仍为矢量。在直角坐标系中,旋度的表达式

$$\mathrm{rot}\,\vec{A} = \left(\frac{\partial A_z}{\partial y} - \frac{\partial A_y}{\partial z}\right)\vec{e}_x + \left(\frac{\partial A_x}{\partial z} - \frac{\partial A_z}{\partial x}\right)\vec{e}_y$$
$$+ \left(\frac{\partial A_y}{\partial x} - \frac{\partial A_x}{\partial y}\right)\vec{e}_z$$

也可以用算子 ∇ 表示,即

$$\nabla \times \vec{A} = \mathrm{rot}\,\vec{A} = \begin{vmatrix} \vec{e}_x & \vec{e}_y & \vec{e}_z \\ \dfrac{\partial}{\partial x} & \dfrac{\partial}{\partial y} & \dfrac{\partial}{\partial z} \\ A_x & A_y & A_z \end{vmatrix}$$

一个矢量场的旋度表示该矢量单位面积上的环量,它描述的是场分量沿着与它相垂直的方向上的变化规律。若矢量场的旋度不为 0,则称该矢量场是有旋的。涡旋流动的水和台风是流体旋转速度场最好的例子。若矢量场的旋度等于 0,则称此矢量场是无旋的或保守的,静电场中的电场强度就是一个保守场。

旋度的一个重要性质就是它的散度恒等于 0,即

$$\nabla \cdot (\nabla \times \vec{A}) \equiv 0$$

这就是说,如果一个矢量场 $\vec{B}$ 的散度等于 0,则这个矢量就可以用另一个矢量的旋度来表示,即如果

$$\nabla \cdot \vec{B} = 0$$

则可令 $\vec{B} = \nabla \times \vec{A}$ 。这里 $\vec{B}$ 若表示磁感应强度,则 $\vec{A}$ 就是磁矢势。

(3) 斯托克斯定理(Stokes' theorem)

矢量分析中的另一个重要定理是

$$\oint_l \vec{A} \cdot \mathrm{d}\vec{l} = \iint_S (\nabla \times \vec{A}) \cdot \mathrm{d}\vec{S}$$

称为斯托克斯定理,其中 S 是闭合路径 $\vec{l}$ 所围成的面积,它的方向与 $\vec{l}$ 的方向成右手螺旋关系,它说明矢量场 $\vec{A}$ 的旋度法向分量的面积分等于该矢量沿围绕此面积曲线边界的线积分。证明略去。

4. 一些标量场和矢量场运算的关系式

$$\nabla(u + v) = \nabla u + \nabla v$$
$$\nabla(u \cdot v) = u(\nabla v) + (\nabla u)v$$
$$\nabla(u^2) = 2u(\nabla u)$$

若 $r = r(x, y, z)$,$\varphi = \varphi(x, y, z)$,则 $\mathrm{d}\varphi = \mathrm{d}\vec{r} \cdot \nabla\varphi$

若 $f = f(u)$,$u = u(x, y, z)$,则 $\nabla f = f'(u)\nabla u$

$$\nabla \cdot (\varphi \vec{A}) = \varphi \nabla \cdot \vec{A} + \vec{A} \cdot \nabla\varphi$$
$$\nabla \cdot (\vec{A} \times \vec{B}) = \vec{B} \cdot (\nabla \times \vec{A}) - \vec{A} \cdot (\nabla \times \vec{B})$$
$$\nabla(\vec{A} \cdot \vec{B}) = (\vec{A} \cdot \nabla)\vec{B} + (\vec{B} \cdot \nabla)\vec{A} + \vec{A} \times (\nabla \times \vec{B})$$
$$+ \vec{B} \times (\nabla \times \vec{A})$$
$$\nabla \times (\vec{A} \pm \vec{B}) = \nabla \times \vec{A} \pm \nabla \times \vec{B}$$
$$\nabla \cdot (\vec{A} \pm \vec{B}) = \nabla \cdot \vec{A} \pm \nabla \cdot \vec{B}$$
$$\nabla \times (\varphi \vec{A}) = \varphi \nabla \times \vec{A} + \nabla\varphi \times \vec{A}$$
$$\nabla \cdot (\nabla \times A) = 0$$
$$\nabla \times \nabla \times A = \nabla(\nabla \cdot A) - \nabla^2 A$$
$$\nabla \times (\vec{A} \times \vec{B}) = \vec{A}\nabla \cdot \vec{B} - \vec{B}\nabla \cdot \vec{A}$$
$$+ (\vec{B} \cdot \nabla)\vec{A} - (\vec{A} \cdot \nabla)\vec{B}$$
$$\vec{A} \times (\nabla \times \vec{A}) = \frac{1}{2}\nabla A^2 - (\vec{A} \cdot \nabla)\vec{A}$$

附录 Ⅲ　名词术语

（按拼音字母顺序排列）

A

安培定律 Ampere law
安培[分子电流]假说 Ampère hypothesis
安培环路定理 Ampère circuital theorem
安培力 Ampère force

B

巴克好森效应 Barkhausen effect
半导体 semiconductor
饱和磁化强度 saturation magnetization
饱和极化强度 saturated polarization
本征半导体 intrinsic semiconductor
毕奥-萨伐尔定律 Bio-Savart law
边值关系 boundary relation
变压器 transformer
并联共振 parallel resonance
玻尔磁矩 Bohr magnetic moment
玻尔兹曼分布 Boltzmann distribution

C

场致发射显微镜 field emission microscopy
超导体 superconductor
超级电容器 super capacitor
超顺磁性 superparamagnetism
充电 charging
冲击电流计 ballistic galvanometer
穿透深度 penetration depth
传导电流 conduction current
串联共振 series resonance
磁场强度 magnetic field intensity，magnetic field strength

磁场线 magnetic field line
磁畴 magnetic domain
磁单极子[magnetic] monopole
磁电子学 magnetic electronics
磁导率 [magnetic] permeability
磁动势 magnetomotive force
磁感应强度 magnetic induction
磁荷 magnetic charge
磁化 magnetization
磁化率 magnetic susceptibility
磁极 magnetic pole
磁极化强度 magnetic polarization
磁介质 magnetic medium
磁镜 magnetic mirror
磁矩 magnetic moment
磁聚焦 magnetic focusing
磁路定律 magnetic circuit law
磁能密度 magnetic energy density
磁屏蔽 magnetic shielding
磁通量 magnetic flux
磁通量子化 [magnetic] flux quantization
磁约束 magnetic confinement
磁致电阻 magnetoresistance
磁滞回线 [magnetic] hysteresis loop
磁滞损耗 [magnetic] hysteresis loss
磁阻 [magnetic] reluctance，magnetic resistance

D

戴维宁定理 Thevenin's theorem
单电子器件 single electron devices
德鲁特模型 Drude model
等势面 equipotential surface

等效电阻 equivalent resistance
低介电常数材料 low-k materials
电场强度 electric field intensity,electric field strength
电场线 electric field line
电磁波 electromagnetic wave
电磁感应 electromagnetic induction
电磁波谱 electromagnetic spectrum, electromagnetic wave spectrum
电磁相互作用 electromagnetic interaction
电磁振荡 electromagnetic oscillation
电导率 conductivity
电动机 motor
电动势 electromotive force,EMF
电感 inductance
电荷守恒定律 law of conservation of charge
电极化强度 electric polarization
电介质 dielectric
电流密度 current density
电流元 current element
电流源 current source，current supply
电偶极矩 electric dipole moment
电偶极子 Electric dipole
电容 capacitance,capacity
电容率 permittivity
电势 electric potential
电通量 electric flux
电位移矢量 electric displacement vector
电像法 metrod of images
电压源 voltage source
电晕放电 corona discharge
电子感应加速器 betatron
电子枪 electron gun
电阻率 resistivity
叠加原理 superposition principle

E

埃廷豪森效应 Ettingshausen effect
二极磁铁 dipole magnets

F

发电机 generator
法拉第电磁感应定律 Farady law of electromagnetic induction

法拉第圆筒 Faraday cylinder
反铁磁性 antiferromagnetism
范德格拉夫起电机 Van de Graaff generator
放电 discharge
费米面 Fermi surface

G

感抗 inductive reactance
感生电动势 induced electromotive force
感应电流 induction current
高斯定理 Gauss theorem
各向同性介质 isotropic medium
各向异性介质 anisotropic medium
光压 light pressure
轨道磁矩 orbital magnetic moment
过阻尼 overdamping

H

核电池（同位素电池）nuclear battery
赫兹振子 Hertzian oscillator
互感 mutual induction
霍尔效应 Hall effect

J

基尔霍夫定律 Kirchhoff's law
极化电荷 polarization charge
极化率 polarizability,electric susceptibility
加速器 accelerator
交换作用 exchange interaction
交流电路 alternating circuit
交流发电机 alternator,alternating current generetor
介电常量 dielectric constant
介孔材料 mesoporous materials
精细结构常数 fine structure constant
静磁场 magnetostatic field
静电场 electrostatic field
静电感应 electrostatic induction
静电平衡 electrostatic equilibrium
静电屏蔽 electrostatic screening,electrostatic shielding
静电透镜 electrostatic lens
静电学 electrostatics
静息电位 resting potential
居里定律 Curie law

居里-外斯定律 Curie-Weiss law
巨磁电阻 Giant magnetoresistance
绝热去磁制冷 adiabatic demagnetization refrigeration
绝缘体 insulator

K

抗磁性 diamagnetism
库仑定律 Coulomb law
库仑力 Coulomb force
库仑势垒 Coulomb barrier
库仑阻塞 Coulomb blockade
夸克 quark

L

拉普拉斯方程 Laplace equation
楞次定律 Lenz law
里纪-勒迪克效应 Righi-Leduc effect
临界阻尼 critical damping
量子超导干涉仪 SQUID
量子化电导 quantization conductance
量子霍尔效应 quantum Hall effect
量子反常霍尔效应 quantum anomalous Hall effect
伦敦方程 London equation
洛伦兹力 Lorentz force

M

麦克斯韦方程组 Maxwell equations
摩擦起电 electrification by friction

N

能量密度 energy density
能流密度 energy flux density
能斯特效应 Nernst effect
诺顿定理 Norton theorem

O

欧姆定律 Ohm law
偶极子 dipole

P

品质因数 quality factor
平面电磁波 plane electromagnetic wave
坡印亭矢量 Poynting vector

Q

气泡室 bubble chamber
欠阻尼 underdamping
趋肤效应 skin effect
取向极化 orientation polarization

R

热电子发射 thermionic emission
热敏电阻 thermistor
容抗 capacitive reactance
软磁材料 soft magnetic material

S

剩余磁化强度 remanent magnetization
剩余极化强度 remanent polarization
色散关系 dispersion relation
四极磁铁 quadrupole magnet
似稳电路 quasistatic circuit
束缚电荷 bound charge
束缚电流 bound current
顺磁性 paramagnetism
生物电流 biological electric current
隧道电流 tunnel current

T

特斯拉线圈 tesla coil
铁磁性 ferromagnetism
铁氧体 ferrite
同步回旋加速器 synchrocyclotron

W

位移电流 displacement current
温差电效应 thermoelectric effect
涡电流 eddy current
涡旋电场 vortex electric field

X

相位 phase
心电图 electrocardiogram（ECG）

Y

压电效应 piezoelectric effect

亚铁磁材料 ferrimagnetic material
亚铁磁性 ferrimagnetism
以太 ether
硬磁材料 hard magnetic materials
永磁体 permanent magnet
永电体 electret
有功功率 active power
右手定则 right-hand rule
圆滚线 cycloid
约瑟夫森效应 Josephson effect

Z

载流子 charge carrier

暂态过程 transient state process
张量 tensor
直流 direct current，DC
质谱仪 mass spectrometer
周期 period
自感 self-induction
自旋磁矩 spin magnetic moment
自由电荷 free charge
阻抗 impedance

附录 Ⅳ　教学计划参考方案

(80 学时和 60 学时教学计划)

80 学时教学计划		教学内容	60 学时教学计划	
章(学时)	学时	节　名	学时	章(学时)
绪论(2)	2	绪论	2	绪论(2)
一 (8)	1	1.1 电力起源	0.5	一 (6)
	1	1.2 库仑定律	0.5	
	2	1.3 电场强度	1	
	2	1.4 高斯定理	2	
	2	1.5 环路定理	2	
二 (10+2)	1	2.1 静电场中的导体	1	二 (8+2)
	2	2.2 电容与电容器	2	
	3	2.3 静电场中的介质	2	
	4	2.4 静电场的能量	3	
	1	*2.5 介观体系的电学特性	1	
	1	*2.6 生物和医学中的电现象	1	
三 (8+1)	1	3.1 电流与电流密度	1	三 (6+1)
	3	3.2 欧姆定律	2	
	1	3.3 电源及电动势	1	
	3	3.4 直流电路的基本规律	2	
	1	*3.5 雷电的形成机制与安全用电	1	

80 学时教学计划		教学内容	60 学时教学计划	
四 (12+1)	2	4.1 磁现象与磁力	1	四 (9+1)
	3	4.2 电流的磁场	2	
	3	4.3 静磁场的基本定理	3	
	3	4.4 带电粒子在磁场中的运动	2	
	1	4.5 霍尔效应	1	
	1	*4.6 天体的磁场和强磁场产生	1	
五 (6+2)	3	5.1 磁介质及其磁化	2	五 (4+3)
	3	5.2 磁性材料	2	
	2	*5.3 新型材料中的磁现象	2	
	1	*5.4 磁场的测量	1	
六 (8)	1	6.1 电磁感应定律	1	六 (7)
	2	6.2 动生电动势和感生电动势	1	
	2	6.3 互感与自感	2	
	1	6.4 似稳电路和暂态过程	1	
	2	6.5 磁场的能量	2	
七 (6)	2	7.1 交流电的产生和基本特性	1	七 (4)
	1.5	7.2 交流电路的复数解法	1.5	
	2	7.3 交流电的功率	1	
	0.5	*7.4 变压器与电力输送	0.5	
八 (8)	2	8.1 静态电场和磁场的基本规律	2	八 (6)
	1	8.2 时变的电场与磁场的基本规律	1	
	1	8.3 麦克斯韦方程组	1	
	2	8.4 平面电磁波	1	
	2	8.5 电磁场能量和能量传输	1	
合计：68 学时+4(选择)			合计：52 学时+2(选择)	

【说明】

1. 所提供的两套教学进度为正常 80 学时(实际上课 72 学时+习题课 6 学时+考试 2 学时)和 60 学时(实际上课 54 学时+习题课 4 学时+考试 2 学时)的教学方案,供主讲老师安排教学和学生课前预习参考。

2. 带"*"章节为选择性教学内容,结合所开课程的院系的学科方向,由主讲老师决定,也可以由学生自行阅读。对 60 学时的教学计划,也可以选择某些没有带"*"的章节让学生自行阅读。

3. 作业题共 251 道,对 80 学时教学计划,教师可以根据上课内容选择 200 道左右的习题布置给学生;对 60 学时教学计划,可以选择 160 道习题布置给学生。